高等学校计算机基础教育教材精选

C程序设计案例教程
（第2版）

张　莉 主编

清华大学出版社
北 京

内容简介

本书作为精品教学建设立项教材，集多年各个时期教学改革立项实施方案及C语言教学资源建设之精华，结合现代程序设计理念，优化、提炼了相关知识要点。

全书共13章，通过应用案例全面解析C语言程序设计的知识要点、实现方法、基本原理以及C语言的语义、语法规范等，覆盖了相关知识内容与重点，主要包括计算机程序设计算法与实现、C语言程序的组成结构、编译运行、各种数据存储类型及相关运算、各类程序流程控制命令与控制结构、数组的定义与使用、函数定义与变量的作用、编译预处理与宏定义的使用方法、数据存储地址的操作与指针变量、构造类型与自定义类型的定义与使用、位运算操作与应用、文件系统管理与数据操作等。

本书可作为高等学校本科的计算机专业基础课教材，也可作为各学科专业公共基础课教材，还可以作为高校课程设计或软件研发人员实现程序算法的参考案例用书，并可供全国计算机等级考试和编程基础培训的案例分析教学、自学使用。

图书在版编目（CIP）数据

C程序设计案例教程/张莉主编. --2版. --北京：清华大学出版社，2015
高等学校计算机基础教育教材精选
ISBN 978-7-302-40036-3

Ⅰ. ①C…　Ⅱ. ①张…　Ⅲ. ①C语言－程序设计－教材　Ⅳ. ①TP312

中国版本图书馆CIP数据核字(2015)第077238号

责任编辑：焦　虹　战晓雷
封面设计：常雪影
责任校对：焦丽丽
责任印制：何　芊

出版发行：清华大学出版社
http://www.tup.com.cn
地　址：北京清华大学学研大厦A座
邮　编：100084
社 总 机：010-62770175
邮　购：010-62786544
投稿与读者服务：010-62795954，jsjjc@tup.tsinghua.edu.cn
质量反馈：010-62772015，zhiliang@tup.tsinghua.edu.cn
印 装 者：北京密云胶印厂
经　销：全国新华书店
开　本：185mm×260mm　**印　张：**26.5　**字　数：**613千字
版　次：2011年4月第1版　2015年5月第2版　**印　次：**2015年5月第1次印刷
印　数：1～2000
定　价：44.50元

产品编号：062175-01

出版说明

在教育部关于高等学校计算机基础教育三层次方案的指导下，我国高等学校的计算机基础教育事业蓬勃发展。经过多年的教学改革与实践，全国很多学校在计算机基础教育这一领域中积累了大量宝贵的经验，取得了许多可喜的成果。

随着科教兴国战略的实施以及社会信息化进程的加快，目前我国的高等教育事业正面临着新的发展机遇，但同时也必须面对新的挑战。这些都对高等学校的计算机基础教育提出了更高的要求。为了适应教学改革的需要，进一步推动我国高等学校计算机基础教育事业的发展，我们在全国各高等学校精心挖掘和遴选了一批经过教学实践检验的优秀的教学成果，编辑出版了这套教材。教材的选题范围涵盖了计算机基础教育的三个层次，包括面向各高校开设的计算机必修课、选修课，以及与各类专业相结合的计算机课程。

为了保证出版质量，同时更好地适应教学需求，本套教材将采取开放的体系和滚动出版的方式(即成熟一本，出版一本，并保持不断更新)，坚持宁缺毋滥的原则，力求反映我国高等学校计算机基础教育的最新成果，使本套丛书无论在技术质量上还是在文字质量上均成为真正的“精选”。

清华大学出版社一直致力于计算机教育用书的出版工作，在计算机基础教育领域出版了许多优秀的教材。本套教材的出版将进一步丰富和扩大我社在这一领域的选题范围、层次和深度，以适应高校计算机基础教育课程层次化、多样化的趋势，从而更好地满足各学校由于条件、师资和生源水平、专业领域等的差异而产生的不同需求。我们热切期望全国广大教师能够积极参与到本套丛书的编写工作中来，把自己的教学成果与全国的同行们分享；同时也欢迎广大读者对本套教材提出宝贵意见，以便我们改进工作，为读者提供更好的服务。

我们的电子邮件地址是:jiaoh@tup. tsinghua. edu. cn。联系人:焦虹。

清华大学出版社

前言

C语言自产生以来,表现卓越,曾开发出经典UNIX操作系统,使UNIX成为世界上第一个易于移植的计算机操作系统,还开发出诸多广为使用的应用系统程序。如今,伴随着信息技术更为广泛的发展与应用,C语言程序设计不仅为IT专业系统开发人员和各学科领域程序设计人员所青睐,同时也为具有各种学科专业背景的信息技术人才所喜爱,用以拓展各专业领域信息化技术研发,应用广泛,经久不衰。

当前,在信息技术广为渗透和应用的各学科专业领域,信息作为资源不断扩展和激增,资源开发需求不断增大,信息已成为当今世界经济发展的三大战略资源之一。面对日益增长的信息资源,需要利用信息技术进行采集、管理、共享、开发和利用。信息技术是计算机技术、传感技术、网络技术和通信技术综合发展的产物,而逐步产业化实施的物联网技术则是信息技术在其相关技术领域的发展延伸与集成。从本质上讲,物联网技术就是计算机软件技术、硬件技术、通信传输技术、光电感应技术和与之相应的系统管理工具、开发工具、分析软件等集合的总称。因此,信息技术在不断发展应用和实现的过程中,对于信息资源的开发和利用均离不开程序设计的软件实现,C语言程序设计作为现代编程的基础,其应用已遍布各个领域。

随着信息技术快速发展并渗透到各个专业领域,物联网技术已步入实施并逐渐走向产业化发展的进程,因此,社会对具有不同专业背景的信息技术人才的需求越来越大,对具备信息技术综合应用与研发能力的人才的编程能力要求也越来越高,以C语言程序设计实现系统软件和应用软件的开发,其适用范围更为广阔,因此,学习和掌握C语言程序设计作为各行业信息化综合应用开发工具,已成为现代信息技术应用人才的基本必备知识与技能。

C语言程序设计不仅具有高级语言程序算法易于表达和描述的特点,可用于编写复杂的系统软件,如操作系统程序、编译系统程序和数据库系统软件等;还具有计算机低级语言能够执行硬件底层操作的能力,易于使用,如按内存地址操作数据、按字节运算数据、按字位运算数据,还可以进行CPU寄存器操作、设计中断服务、访问硬件设备端口等。因此,在快速发展的计算机信息技术领域,C语言程序设计能够持久存在并得以丰富和发展。

由于C语言具有与其他计算机程序设计语言不同的优点,使用C语言编程的编译运行效率高,语义语法结构描述简洁流畅,因此,C语言程序设计至今仍是掌握各种现代编程技术的重要基础。

本教材源于多年来不同阶段教学改革立项资源建设与实践教学的积累与提炼,在内容取材和编写方面力求案例翔实、要点突出、结构紧凑,易读易懂,也便于拓展开发和应用，可以有效帮助读者系统而又全面地学习理解和应用C语言程序设计的知识要点。

本教材依据教育部高等学校计算机科学与技术教学指导委员会和计算机基础课程教学指导委员会《关于进一步加强高等学校计算机基础教学的意见》2009年相关教学方案设定知识点内容，结构完整，案例覆盖全面，均以应用实例解析知识要点。例如，通过检验舍入误差理解和使用单精度和双精度实型数据；利用英制和公制转换算法等理解运算符与表达式的应用；利用计算器程序的操作运算实现理解和应用选择判断条件与分支结构的流程控制关系；使用递推法计算三角函数值以及近似求解计算圆周率等算法实现理解畅叙流程的循环控制结构；利用各种字符图形输出理解循环控制结构嵌套关系；利用枚举法求解大面值货币等值兑换零钞组合计算理解变量赋值求解运算的实现过程。此外，还利用循环嵌套实现数据排序与插值运算；利用循环迭代算法求解高次方程或定积分等；利用递归算法解决狭小货运场地行李搬运问题；利用函数实现生物细胞繁殖计算、验证哥德巴赫数学问题、查找检验质数、水仙花数等；以及利用结构体等构造类型实现组合数据结构的学籍管理等。

学习和掌握C语言程序设计方法，从实际应用的角度需要涉及一些计算机专业基础知识，如操作系统、数据结构、数据库系统和软件工程等，有些内容从掌握到应用还需要有一定的实践积累过程，才能提高实际编程调试和综合应用能力。因此，本教材以实用案例示教相关知识要点，引导和启发读者在理解的基础上充分发挥自己的创新思维，为进一步拓展应用付诸实践奠定基础。

本教材凝结了精品课教学团队多年积累的教改立项和精品课程建设资源成果，参加本精品教材相关教学建设的有孟超英教授、陈雷副教授、郑立华副教授、段清玲副教授、李林副教授、孙龙青副教授、马钦博士、杨丽丽博士等，历经数年得以提炼和完成。另外，我校C程序设计精品课程建设长久以来得到各兄弟高校著名专家学者多方面的指导、帮助和支持，这里特别要感谢著名计算机教育家谭浩强教授、清华大学吴文虎教授、清华大学郑莉教材、北京理工大学李凤霞教授、北京师范大学沈复兴教授、清华大学黄维通教授等著名学者给予的具体指导和帮助。

本教材立足于对现代程序设计基础教育理念的探索与创新实践，各章节知识要点和案例设计力求全面翔实，各有侧重。尽管编者为此付出了极大的努力，但本教材仍难免有不足之处，还需要不断地在教学实践中提炼、补充与完善，诚望广大读者提出宝贵的意见，共同探索物联网时代程序设计基础教育与教材建设的有效方法，以便更好地满足现代信息技术人才培养的实际需求。

为了配合本书教学，清华大学出版社免费提供电子教案，可在清华大学出版社网站(http://www.tup.com.cn)下载。

本教材通过登录智学苑网(http://www.izhixue.com.cn) MOOC 或学堂在线(http://www.xuetangx.com.cn)平台，可随时随地按知识点自主选择学习和完成各种自测练习。作者 E-mail：zl@cau.edu.cn。

编　者

2015年2月于北京

目录

第1章 计算机程序设计算法实现

信息技术不断发展，推进了因特网、物联网和传感网等技术领域产业化迅速发展。信息技术是计算机技术、传感技术、网络技术和通信技术综合发展的产物，物联网技术则是信息技术在信息资源需求不断增大、信息资源开发利用不断向产业化方向发展过程中，其相关技术的发展延伸与集成，从本质上讲，是计算机软件技术、硬件技术、通信传输技术、光电感应技术和与之相应的系统管理工具、开发工具、分析软件等集合总称。提高现代信息技术水平，掌握计算机程序设计综合应用技能，是利用现代信息技术解决实际问题的基础，需要熟练掌握至少一种计算机程序设计语言及相关程序算法的实现方法。本章主要内容如下：

- 计算机程序设计语言；
- 程序设计过程；
- 程序设计算法；
- 用自然语言描述程序算法；
- 用程序流程图描述程序算法；
- 用 N-S 图描述程序算法；
- 用程序设计语言描述与实现程序算法。

1.1 程序设计概述

学习程序设计并不是简单地学习计算机语法规范或程序设计语言本身，而是要学会怎么用计算机程序设计语言解决实际问题，以提高工作效率和工作质量。计算机信息技术应用领域广泛，新技术的发展日新月异，计算机语言种类繁多，学无止境。然而无论新技术如何推陈出新，向前发展，计算机程序设计语言的基本作用却万变不离其宗，都是相似的。C 语言是现代编程语言的经典代表，能够熟练掌握运用 C 语言解决实际问题的基本实现方法，就能很快领悟各种现代编程语言的语义、语法和使用规范。

1.1.1 程序设计语言

多年以来，国内外教育界专家一直认为，计算机教育必须要学习程序设计语言及设计方法，特别是高等教育更需要加强现代信息技术综合应用能力素质教育，培养学生结合专业掌握应用程序设计语言及现代编程方法。这不仅可以培养学生运用程序设计算法来解决实际问题的应用能力,提高专业技术拓展能力,也可以提高信息技术综合应用技能。

在国内外高校普遍开设的信息技术教育课程系列中,C语言程序设计通常作为现代编程核心基础课程,不仅为计算机专业所开设,也普遍为各种学科专业所开设,使在校学生系统有效地掌握现代信息技术的基础理论和应用技能。C程序设计已成为培养现代信息技术人才的重要必修环节,造就出一大批现代IT精英,不仅提高了个人的就业实力,也提高了信息技术产业在国际经济活动中的行业竞争力。目前,教育部在进一步加强高等教育现代信息技术教育的同时,推动着物联网、传感网相关技术产业链发展的人才培养。

实际上,能实现各种程序算法的计算机语言很多,高校信息技术教育选择什么样的计算机语言完成基本教学目标是根据学科专业发展和人才培养目标设计的,计算机程序设计语言实现程序算法的语义规范都是相似的,其区别就是开发应用领域与开发工具功能上的不同侧重,具体表现为不同的应用环境、开发工具或函数库的不同。

可以从许多方面对语言进行分类,如按对机器的依赖程度分类、按程序设计方法学分类、按计算方法分类和按应用领域分类等。通常从应用领域有以下分类。

(1) 科学计算语言。用于科学计算编程,以数学模型为基础,过程描述的是数值计算,如FORTRAN语言。

(2) 系统开发语言。用于编写编译程序、应用软件、数据库管理系统(DBMS)和操作系统等,如C语言、C++语言等。

(3) 实时处理语言。用于及时响应环境信息编程,执行时可根据外部信号对不同程序段进行并发控制执行。

(4) 商用语言。主要用于商业处理、经济管理等编程,基础为自然语言模型。

(5) 人工智能描述语言。可用于模拟人的思维推理过程,实现智能化控制等编程。

(6) 模拟建模语言。用以模拟实现客观事物发展与变化过程,以预测未来发展的结果。

(7) 网络编程语言。在网络技术基础上实现网络系统及应用编程,如Java语言是一种跨平台分布式程序设计语言,Delphi语言一般适于网络化环境的编程等。

不同应用可以选择不同语言实现编程。就技术性和实用性而言,选用哪种程序设计语言需根据实用目的和系统环境而定,各种语言尽显其功能与特点;就计算机语言学习基础而言,语义控制等都是类似的;就现代编程技术基础而言,仍以C语言最具有代表意义,这是C语言在国内外高校计算机教育中经久不衰的原因之一。

C语言编程流畅、编译效率高、应用广泛,也是现代网络编程如Java、面向对象可视化编程和Visual C++等程序设计的基础。我国高校1993年前后逐步引入了C语言程序设计,由于C语言最早产生于UNIX操作系统平台,后来普及到各类计算机上,因此其编码效率较高,能进行底层操作,比如处理机器的中断地址、设备端口、寄存器和字位操作等,还可以处理字符、图形和编写界面。C语言使用方便,是开发系统软件的良好选择。对于学生来说,如果能在掌握一些硬件的基本知识的基础上熟练掌握C语言,将使自己在就业时有很大的优势。

如今，学好计算机技术已经成为人们完善自我、提高工作技能的重要需求，是人们现代生活中的一部分，这是因为相当多的职业都离不开计算机，而计算机的发展与运用正是现代科学技术发展的重要标志。充分利用和掌握计算机技术，才能达到期望的职业技能应用水平。

计算机可以代替人从事重复性的劳动，并能完成人所不能做到的事情。有人误以为计算机就是操作使用的工具，计算机工作的每一步都要靠人手工操作完成；而另一些人对计算机的作用估计过高，认为只要有了计算机，一切事情都可以自动办到。其实，计算机是按照人为设计的步骤，编制好程序，事先输入计算机，才能自动连续地执行并能重复运行，从而精确、快速、规范地代替人进行复杂烦琐的工作。计算机是集人类智慧设计和制造的，因此计算机不可能完全代替人，仍然需要人进行开创性的劳动。因此，有必要利用算法与程序实现人们要做的各种事情，以借助计算机完成更为复杂的工作。

1.1.2 程序设计过程

程序设计是指使用一种计算机语言为实现解决实际问题的算法去设计编写计算机程序的过程。计算机语言是人与计算机进行交流的媒介，用计算机语言编写的程序能够控制计算机准确地按程序步骤执行操作。通过计算机解决实际问题的一般过程如图 1-1 所示。

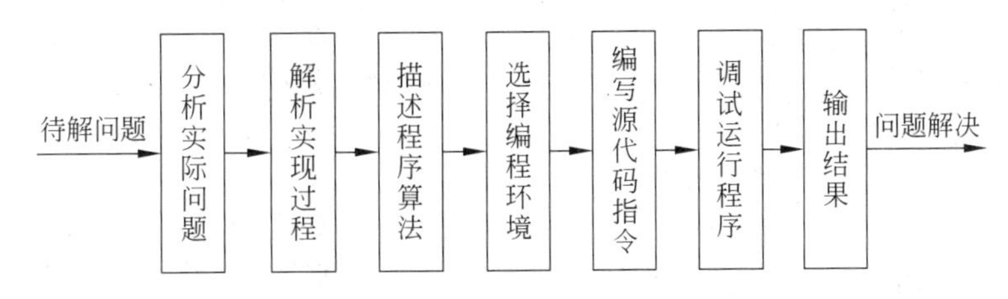

图 1-1 计算机程序设计实现过程

其中，“分析实际问题”是编写程序、实现程序设计算法的第一步，分析待解决问题的输入输出需求和实现过程，如果是应用软件系统，则需要大量的实地调研和分析工作，分析问题及建立算法模型是实现具体算法的重要步骤，一般应有必要的专业基础理论与专业背景，还应具备一定的实际经验，因此常常由具有专业技术背景的人员与程序员共同协作完成；“解析实现过程”是在分析问题的基础上解析程序的实现过程和实现方法；“描述程序算法”是根据实际问题性质和解决方案，用自然语言表达，必要时还应建立数学模型等，用程序流程图、N-S 图等软件工程工具详细描述解决问题的过程，以便用程序代码实现算法；“选择编程环境”主要根据实际解决问题的需要或算法模型及使用运行环境进行选择；“编写源代码指令”是根据算法描述，按选择语言的语义语法规则编写源代码；“调试运行程序”是在程序设计语言编译环境中录入、编译、运行源程序代码，直至正确“输出结果”，整个程序设计过程往往需要反复，其中程序设计与调试工作需要一个熟练过程，熟中生巧，关键是程序算法设计，输出正确的运算结果是目的。

1.2 程序设计算法与实现

简单地说,计算机程序设计算法就是用计算机解决问题的方法和步骤。例如,编程实现计算圆柱体体积。分析这个问题,其核心是数学计算问题,首先用数学公式表达,然后用计算机语言编程实现。计算机程序指令通常分为操作命令和操作对象两部分,程序运行时通过指令操作运算对象,顺序执行每一条指令直到结束。编程时需设计圆柱体圆截面半径 r 和圆柱体高度 h 两个变量,用以接收存放用户输入的两个变量数据值,然后根据求圆柱体体积公式

$$v=\pi r^2 h$$

计算得到圆柱体体积值,数据存入变量 v,需要时输出体积值。其中 π 在计算机中一般没有现成的值,也没有语言命令可以识别的 π 符号,π 值可以用一些数学算法根据运算精度求得,符号以字母标示。假使运算精度确定,可以使用特殊常量代换 π 值:

```
#define  PI  3.14159
```

或建立其他数学模型实现要达到的精度,编写程序实现整个程序算法,C 语言源程序代码如下。

例 1-1 编程实现计算任意圆半径和高度的圆柱体体积。

```
#include "stdio.h"                          /* 宏定义说明使用输入输出函数 */
#define PI 3.14159                          /* 宏定义 PI 宏代换常量 */
main()
{
    float r,h,v;                            /* 定义 3 个整型数值变量 */
    printf("Please input the radius");      /* 输出显示提示信息 */
    scanf("%f",&r);                         /* 程序运行时从键盘输入半径值 */
    printf("Please input the height");      /* 输出显示提示信息 */
    scanf("%f",&h);                         /* 程序运行时从键盘输入高度值 */
      v=PI*r*r*h;                           /* 计算体积 */
    printf("\nThe volume is%f\n",v);        /* 输出圆柱体积计算结果值 */
}
```

其中/*…*/为 C 语言程序注释命令,不被编译执行。在 C++ 语言中可使用双斜线//作为注释命令。

最后程序经过录入、调试,正确运行后便能实现“编程实现计算任意圆半径和高度的圆柱体体积”算法的输入、计算、输出整个过程。这样就完成了计算机程序算法与程序设计实现整个过程,分别在 TC 2.0 和 Visual C++ 环境下载入程序运行、输入数据及输出结果如图 1-2 所示。

使用计算机语言进行程序设计,语义和语法是编写程序的文法规则,不能有误,否则计算机语言编译或解释系统就会检测出程序有语法错误,计算机源程序就不会被正确“翻

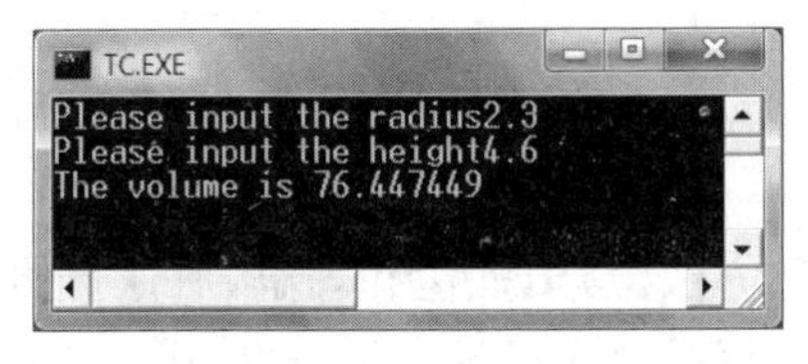

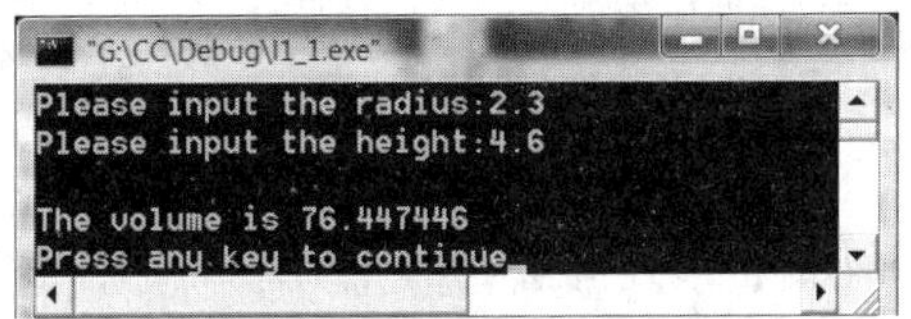

图 1-2　TC 2.0 和 Visual C++ 环境下程序运行时的输入与输出结果

译”成机器语言执行，任何计算机语言的语句应书写准确。但是解决问题的算法可以自由灵活地优化设计，同一个问题的算法可以有多种，可编写出的程序也不是唯一的。因此，熟练掌握语法规范和语言结构是必需的，而解决实际问题的算法实现是核心与关键。计算机程序可以这样表示：

程序=算法+数据结构

其中，“算法”是对问题求解操作过程的描述，即操作步骤的描述；“数据结构”则是对数据的描述，包括对数据类型的描述和对数据组织形式的描述与定义。

如果考虑现代编程的工程化与多样性，程序可以这样表示：

程序=数据结构+算法+（程序设计方法+编程工具+语言环境）

其中算法是关键，是实现程序设计的依据和基础，算法分析做完整、做精细才能实现完整的程序设计过程，才有对源程序进行优化的基础。

1.3　计算机程序算法的表示

人们在实际生活和工作中，无论做什么事情，都需要有计划、按步骤去完成，如果计划去看一场电影或听一场音乐会，通常需要按指定的方式到指定的地点付款、购票，再按规定的时间到规定的地点，验票进门找到自己的座位，接下来看电影或听音乐会。实施执行这件事情的整个过程是按时间、按步骤顺序进行的，有条不紊直至完成，这仅仅是人们日常生活所熟悉的许许多多事情中的一项活动，这个过程实施的步骤就是“算法”，只是人们习以为常，从没有去细究其思维支配的过程，也就不必细细描述。

要让计算机去做一件事情，就必须把如何做这件事情分拆成许许多多小步骤，每一步正好由计算机语言的命令来完成，计算机按着顺序执行这一系列小步骤，最后执行完一系列命令，把所要做的事情做完。

描述这些步骤的方法有自然语言、流程图和 N-S 图等，描述每一步骤的计算机命令选用的就是计算机语言。把计算机每一条命令对应的一系列步骤组成一个规则的整体就是计算机程序。计算机程序设计“算法”就是利用计算机语言，让计算机完成解决问题的步骤。那么假使解决问题的一项活动还穿插有其他活动，则需要周密计划、严谨安排，先做什么，后做什么，再做什么，才可能有效完成，对应解决问题的步骤，使用计算机语言编程完成整个程序流程控制。

1.3.1 自然语言描述

用自然语言描述算法是非常直接的一种表示方法，易于表达和理解，所以自然语言描述算法的最大优点是便于人与人之间直接交流。可是最大的缺点也产生于人与人之间的交流，表现在自然语言表述不够严谨和理解不一致时容易产生歧义性。

例如，“学期末优秀学生奖候选人的条件是：考核达标，平均成绩 90 分以上或从未迟到早退者，即可参加评奖。”

听起来很容易理解，但理解方式不是唯一的。

理解 1：考核达标且平均成绩 90 分以上者，即可参加评奖。

理解 2：考核达标且从未迟到早退者，即可参加评奖。

理解 3：从未迟到早退者，即可参加评奖。

所以自然语言表述不能有效合理地表达算法，显然也不能利用计算机有效地进行程序设计和实现算法。

1.3.2 程序流程图描述

所有的计算机程序流程控制结构都可以分为顺序结构、条件分支结构和循环结构 3 种形式。其中，顺序结构是程序设计最基本的结构，由顺序命令组成，程序执行流程是按顺序执行方式运行的。条件分支结构根据不同的条件执行不同的命令。循环结构根据给定的条件反复执行某一段程序，并不断修改给定的条件，最终结束循环。

用自然语言描述程序的执行步骤，如果是顺序结构还比较容易，但是稍微复杂一点的程序流程，比如说条件判断分支结构或循环结构等，就不是很方便，因此，美国国家标准学会（American National Standard Institute，ANSI）规定了一些常用的流程图符号，表示程序的执行步骤与控制流向，这就是程序流程图，如图 1-3 所示。

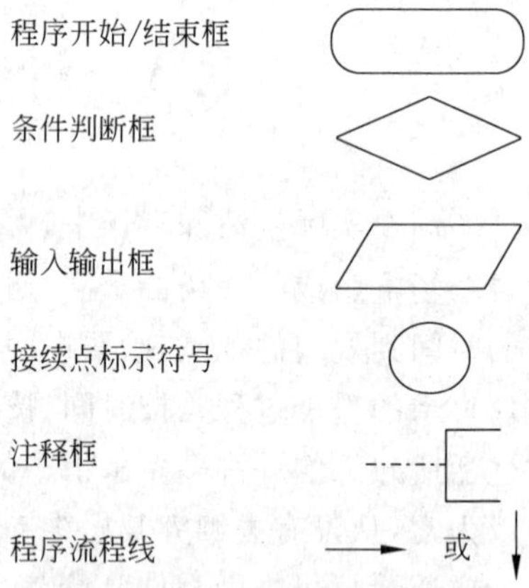

程序开始/结束框

条件判断框

输入输出框

接续点标示符号

注释框

程序流程线 或

图 1-3 程序流程图基本符号

使用程序流程图表示程序算法，流程清晰，易看易懂，用这样一些符号描述程序的执行步骤为国际通用表示方法，在程序设计中普遍使用。

例如，用程序流程图表示这样一个算法：输入两个数，如果这两数之和大于 0，则输出结果；如果这两数之和小于 0，则重新输入两个数；两数之和等于 0 结束。程序流程图如图 1-4 所示。

虽然用程序流程图表示算法，程序步骤和过程表达清楚，使用方便，简明易看，容易理解，但是要表示复杂一些的算法就会显得凌乱繁杂，如图 1-5 所示。

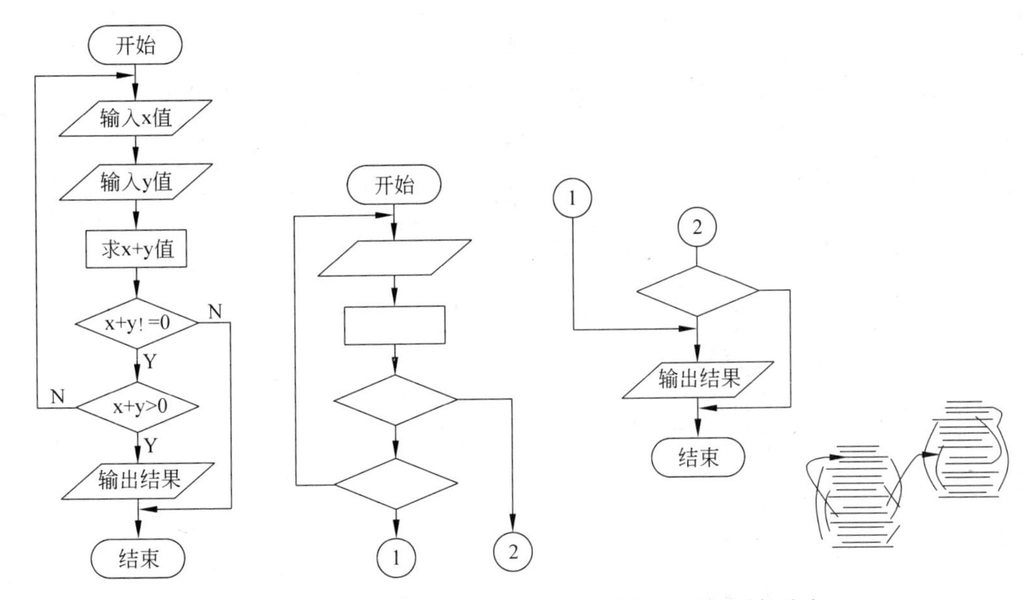

图 1-4　算法程序流程图　　　　图 1-5　表示复杂的算法看似乱麻

由于这个原因,人们想到应该规定几种基本的算法设计结构,然后按照一定的规范组合成整体的算法结构。这些基本结构可以组成各种新的基本结构,然后按顺序搭接构成整个程序的算法结构,可以使程序设计质量大为提高。

1966 年,Bohra 和 Jacopini 提出了程序设计的 3 种基本结构,至今仍是各种计算机程序设计语言支持的程序流程控制基本结构。3 种程序控制结构表示如图 1-6 所示。

实际上,使用上述 3 种基本结构很容易组成任何一种复杂的程序算法。很明显,以上 3 种基本结构都是一个入口和一个出口,用这 3 种基本结构组成的程序算法都属于结构化程序设计(structured programming)的算法,每种基本结构对外应没有无规则转向流程,否则就不能称为结构化程序设计。

1.3.3　N-S 图描述

结构化程序设计可以用程序设计基本结构组成的构件顺序组合成各种复杂的算法结构,这样用程序流程图的程序流程线就显得多余,于是美国学者 I. Nassi 和 B. Shneiderman 于 1973 年提出了一种新的程序控制流程图的表示方法,可以使用矩形框表示 3 种基本结构,而使用 3 种基本结构的矩形框嵌套就可以组成各种复杂的程序算法,这就是 N-S 图,如图 1-7 所示。

例如,输入两个数值数据,比较其大小,将较大的数输出。用 N-S 图表示其算法如图 1-8 所示。

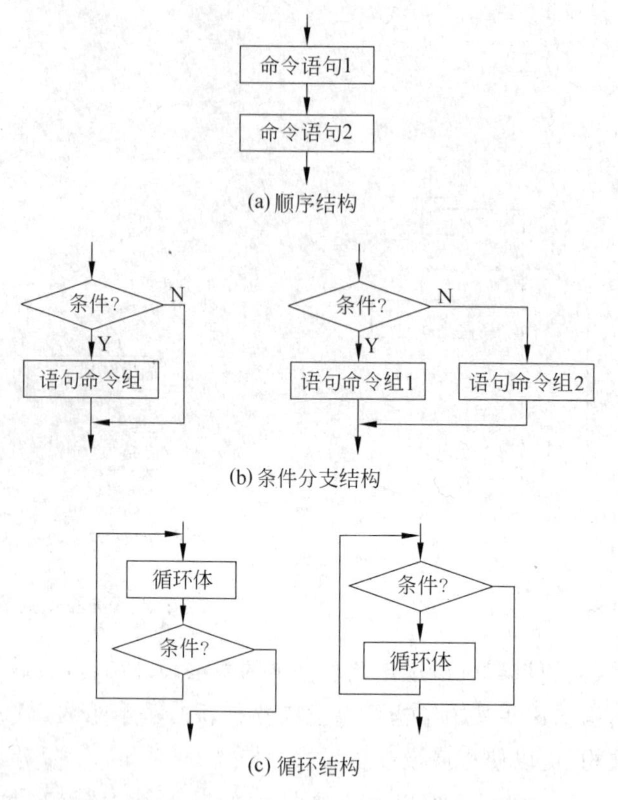

图 1-6　程序流程图表示的 3 种程序控制结构

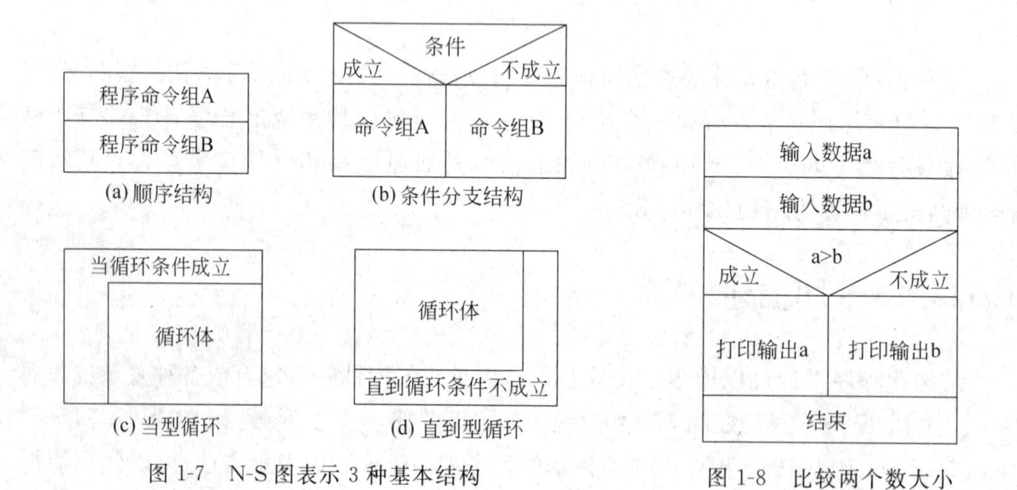

图 1-7　N-S 图表示 3 种基本结构

图 1-8　比较两个数大小

1.3.4　程序设计语言描述

计算机语言是程序设计算法的直接表示方式，是计算机执行步骤的描述，也是程序算法的实现工具。计算机语言种类繁多，各有其特有的功能与优点，发展也很快，但万变不离其宗，其编程所使用的控制结构的算法实现都是类似的。实现算法时，应根据解决实际问题的需要以及程序运行的环境选择和使用计算机语言，为了有效地解决问题实现算法，一般应熟练掌握一到两种程序设计语言。

人们相互之间需要沟通交流信息、表述自己的想法时，使用的是能够相互理解的语言进行传递和表达，称为自然语言。只要能完整有效地表达所传递的信息，无论是什么语种，如汉语、英语、俄语、日语等均可以用来描述。同样，人们在同计算机打交道的时候也要使用相互理解的语言，以便人们把要计算机干什么事的信息任务告诉给计算机，相应地，计算机处理完毕后也会把运算的结果告诉给人们。人们用以同计算机打交道的语言叫做计算机语言。计算机语言描述算法有机器语言、汇编语言和高级语言之分。

1. 机器语言

机器语言(machine language)是由 0 和 1 组成的二进制代码指令的集合，计算机 CPU 能够直接识别并执行，不需要任何翻译程序。每一台计算机都有机器指令系统。机器指令由操作码和操作数组成，每一条指令让计算机执行一个简单的特定操作，例如，从某一内存单元中取出一个数或给某一内存单元存入一个数，对两个数进行相加、相减、相乘或相除等操作。一条机器指令是一串二进制代码。机器指令既可以表达算法，也可以让计算机执行指定的操作。

例如，计算表达式 m/n－z 的值，并把结果值存到 10010000 号内存单元。假设已知某计算机的取数操作码为 1000，除法操作码为 1010，减法操作码为 1001，传送操作码为 0100，另外也知 m、n、z 中的 3 个数已分别存放在 11110110、10101101、01010110 号内存单元。用机器语言可描述为如下程序：

```
1000    11110110    取出放在 11110110 内存单元的值
1010    10101101    除以放在 10101101 内存单元的值
1001    01010110    把结果值减去放在 01010110 内存单元的值
0100    10010000    把最后结果值存到 10010000 号内存单元
```

很明显，用机器语言描述和编制程序算法是一件繁杂琐细的工作。首先要把算法分解成一个个小步骤，然后用二进制代码去描述表达这些步骤，不能有差错。机器语言难读、难写、难检验，显然这样描述程序算法自然效率极低，很容易出错。

2. 汇编语言

汇编语言(assembler language)是用助记符(mnemonic)表达的计算机语言，是一种符号语言。20 世纪 50 年代初出现了汇编语言。汇编语言和机器语言相比，表示方法有了一定的改进，比二进制代码容易书写，容易记忆。例如，计算表达式 m÷n－z 值的程序可以写成

```
LDA    M
DIV    N
SUB    Z
MOV    Y
```

可见,汇编语言指令的操作码部分使用的是英语单词的简略形式符号表示,相对比较容易记忆。其中地址码部分直接写变量名,比二进制代码直观方便,不易弄错。

计算机 CPU 不能直接识别这种语言,必须用事先存放在存储器中的“翻译程序”把汇编语言翻译成机器语言,计算机指令系统才能识别和执行,这个翻译程序称为汇编程序,翻译成机器语言描述的程序叫目标程序。图 1-9 表示了计算机系统执行汇编语言源程序的过程。

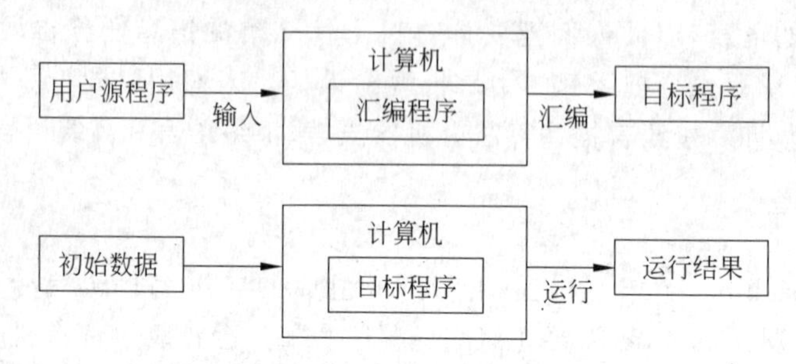

图 1-9　计算机系统执行汇编语言源程序的过程

汇编语言的编译效率很高,最接近机器语言。汇编语言比机器语言更接近用户,算法表达容易了许多,可是指令的结构仍依赖于机器语言的指令结构,即汇编语言指令仍与机器语言的指令一一对应,这与人们熟悉的自然语言或数学表示方式仍相差许多。像 Y=M/N-Z 这样一个简单的数学表达式也要拆成 4 步去做,还是太细琐麻烦。若复杂一些的算法表示起来更烦琐,束缚了人们使用计算机的创造性思维。另外,不同计算机系统的汇编系统也是不同的,也就是说汇编语言和机器语言一样没有通用性。汇编语言在改进计算机语言,方便用户使用方面,也就是表达算法方面,还不能尽如人意,随即就有了更接近人们使用的高级语言。

3. 高级语言

不管使用机器语言还是使用汇编语言描述算法和编写程序,都没有摆脱计算机指令系统的束缚。到了 1954 年,出现了一种与具体计算机指令系统无关的语言,即高级语言(high-level language)。它与人们习惯使用的自然语言和数学语言非常接近,例如,$y=2x^2-x+1$ 这样一个数学式子用高级语言来写,就写成 y=2 * x^2-x+1,基本上是原样表达,不需要再分步骤。而且不同的计算机系统上所配置的高级语言基本上是相同的,即高级语言具有很强的通用性,这样描述程序算法显然就得心应手得多。

例如,有一个数学函数,要求实现输入 x 的值,然后根据 x 取值输出 y 的值。数学函数表示如下:

$$y=\begin{cases}2x+1, & x>0\\0, & x=0\\3x-1, & x<0\end{cases}$$

用 Visual Basic 语言描述的程序算法如下:

```
INPUT "x=", x
```

```
IF x>0 THEN y=2 * x+1
IF x=0 THEN y=0
IF x<0 THEN y=3 * x-1
PRINT "y="; y
END
```

用 C 语言描述的程序算法如下：

```
main()
{
    int x,y;
    printf("Please input x:");
    scanf("%d",&x);
    if(x>0)
            y=2 * x+1;
    else if(x<0)
            y=3 * x-1;
        else
            y=0;
printf("x=%d,y=%d\n",x,y);
}
```

N-S 图如图 1-10 所示。

高级语言编写的源程序必须要“翻译”成机器指令才能让计算机执行。高级语言的“翻译”过程一般分为两种方式：编译方式和解释方式。解释方式是把高级语言编写的源程序在专门的解释程序中逐条语句读入、分析、翻译成机器指令，其特点是每次执行程序都离不开解释环境，不生成目标程序，每次运行时都要逐句读入检查分析，译出一句，执行一句，因而解释方式的运行速度慢，但用户使用调试时却很方便，如 BASIC 语言程序的执行就采用解释方式。高级语言的解释过程如图 1-11 所示。

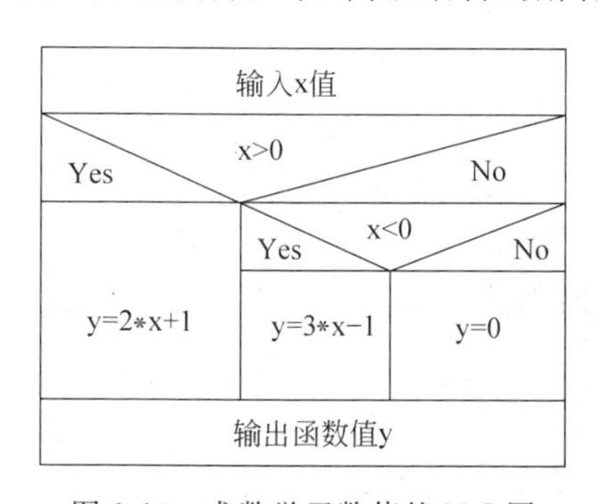

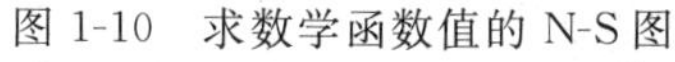
图 1-10　求数学函数值的 N-S 图

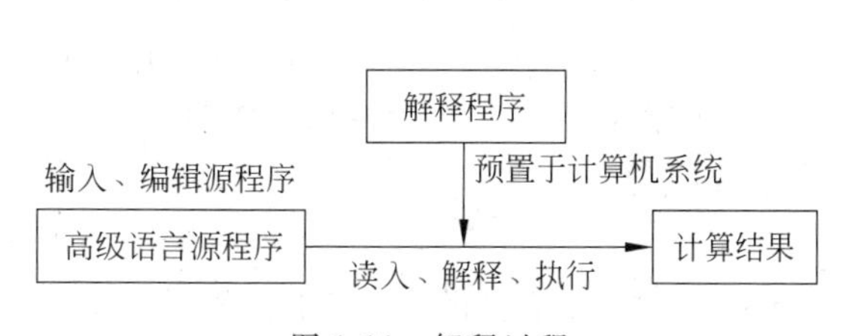

图 1-11　解释过程

编译方式是用编译程序把用高级语言编写的整个源程序一次性地翻译成用机器语言表述的目标程序，把生成的目标程序和可能调用到的内部函数、库函数等链接生成机器的可执行程序，然后再执行得到计算结果。如 C 语言程序的执行就采用编译方式。高级语言的编译过程如图 1-12 所示。

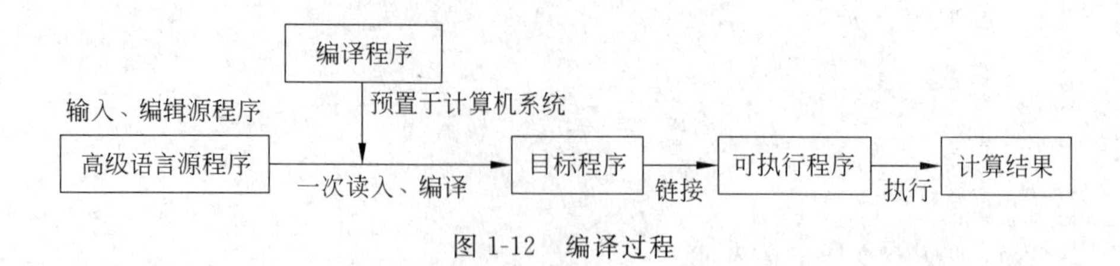

图 1-12　编译过程

高级语言的翻译处理程序，不管是解释程序还是编译程序，都需要预先装入计算机。算法设计实现时解释方式灵活，但花费时间长、速度慢，执行过程中始终离不开解释程序。而编译方式在一次性编译后执行速度快，加密性好，所以开发应用软件或系统软件大多使用编译方式的程序设计语言。C 语言就是典型的编译方式程序设计语言。

1.4　程序算法实现案例分析

程序设计的关键是分析和设计算法，然后用计算机语言描述并实现。试举一个典型案例分析其实现过程，例如，计算 1＋2＋…＋100 之和，可表示为

$$\text{sum} = \sum_{i=1}^{100} i$$

分析：这是一个自然数升序的连续加法运算问题，设一个变量 i 作为存放加数的变量，同时可用来累计加法运算的次数；再设一个变量 sum 用来存放连续加法运算的累加值。当 i 大于 100 时结束程序，输出求和结果。

分析算法步骤如下：

S_1：累加器变量 sum 赋初值 0，即 sum＝0。

S_2：计数器变量 i 赋初值 1，即 i＝1。

S_3：使累加器 sum 变量值加计数器 i 变量值，结果仍放在 sum 中，即 sum＝sum＋i，此时 sum 值为

$$\text{sum} = \text{sum} + \text{i} = 0 + 1 = 1$$

S_4：使计数器变量 i 加 1，结果仍放在 i 中，即 i＝i＋1，此时 i 值为

$$\text{i} = \text{i} + 1 = 1 + 1 = 2$$

S_5：使累加器 sum 变量值加计数器 i 变量值，结果仍放在 sum 中，即 sum＝sum＋i，此时 sum 值为

$$\text{sum} = \text{sum} + \text{i} = 1 + 2 = 3$$

S_6：使 i 加 1，结果仍放在 i 中，即 i＝i＋1，此时 i 值为

$$\text{i} = \text{i} + 1 = 2 + 1 = 3$$

……

可见，累加器变量和计数器变量的赋值运算的算法是重复进行的，可以用循环控制来实现，程序流程图如图 1-13 所示，N-S 图如图 1-14 所示。

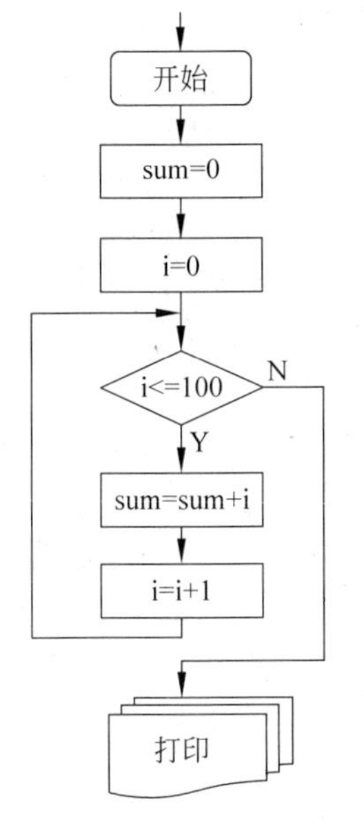

图 1-13　累加运算程序流程图

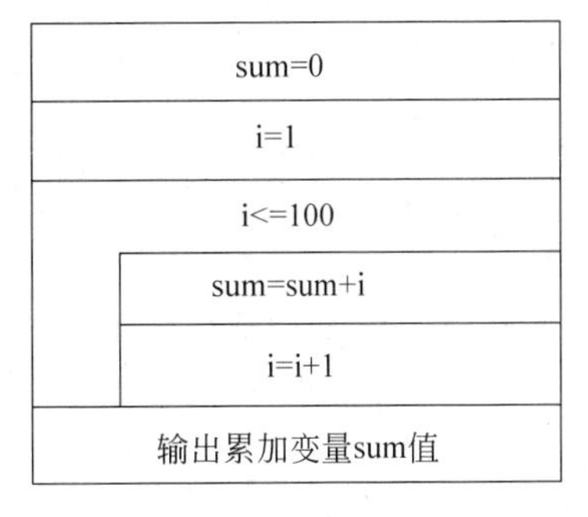

图 1-14　累加运算 N-S 图

C 语言程序算法如下：

```
main()
{
    int i=1,sum=0;                  /* 定义变量及其数据类型 */
    while(i<=100)                   /* 循环控制结构 */
    {
        sum+=i;
        i=i+1;
    }                               /* 循环体结束 */
    printf("sum=%d\n",sum);         /* 输出累加结果 */
}
```

程序算法不是唯一的，这个问题还有其他算法，下面给出几个示例。

算法 1：

```
main()
{
    float sum=0;                    /* 定义浮点数据类型变量 */
    int i=1;                        /* 定义整型数据类型变量 */
    loop: if (i<=100)               /* 构建循环控制流程 */
    {
        sum=sum+i ;                 /* 循环体语句 */
        i=i+1;
        goto loop;                  /* 无条件转向 loop: 标号语句构成循环 */
    }
```

```
    printf("\n%f",sum);                    /* 输出求和结果 */
}
```

算法 2：

```
main()
{
    float sum=0;
    int i=1;
    while (i<=100)
    {
        sum=sum+i;
        i++;
    }
    printf("\n%f",sum);
}
```

算法 3：

```
main()
{
    int i=1,sum=0;
    do
    {
        sum=sum+i;
        i=i+1;
    }
    while(i<=100);
    printf("the sum is%d",sum);
}
```

依此类推，可以很容易表示出计算 $1+\frac{1}{2}+\frac{1}{3}+\cdots+\frac{1}{n}(n\leqslant 100)$ 之和的算法，即当分母大于 100 时程序结束，输出计算结果。程序算法如下。

算法 1：

```
main()
{
    float sum=0;
    int i=1;
    loop: if (i<=100)
    {
        sum=sum+1/i;
        i=i+1;
        goto loop;
    }
    printf("\n%f",sum);
```

```
}
```

算法 2：

```
main()
{
    float sum=0;
    int i=1;
    while (i<=100)
    {
        sum=sum+1/i;
        i++;
    }
    printf("\n%f",sum);
}
```

算法 3：

```
main()
{
    float sum=0;
    int i=1;
    do {
       sum=sum+1/i;
       i++;
    }while(i<=100)
}
```

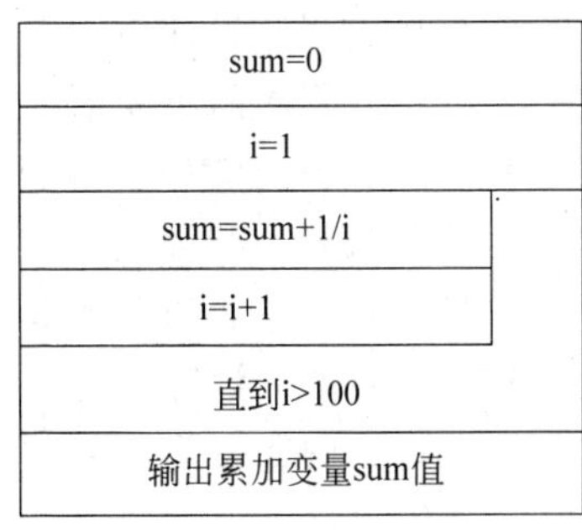

图 1-15　累加运算 N-S 图

算法 3 的 N-S 图如图 1-15 所示。

算法分析需要结合实际问题，利用自己的专业知识和经验进行分析和设计。熟练掌握了计算机语言后，可以有效地优化算法。

1.5　练　习　题

1. 简述计算机程序设计的实现步骤。
2. 试述程序设计算法与实现过程。
3. 简述计算机程序设计语言有哪些分类。
4. 简述有哪些计算机程序算法的表示方法。
5. 试述各类程序算法表示有什么特点。
6. 简述描述程序流程图使用哪些通用符号。
7. 简述使用 N-S 图表示程序算法有什么特点。
8. 试用 N-S 图表示从键盘输入数值数据，若是正数则累加求和，若是负数则重新输入，输入空格结束程序运行。

第2章 C语言程序的组成与编译运行

C语言是一种通用的程序设计语言，既有高级编程语言具备自然语言和数学语言表述简洁流畅的语法风格，又有低级编程语言访问硬件低层的能力，使其广为流行，经久不衰。目前，十分流行的C++、Visual C++以及用于网上编程的Java等语言均具有C语言的基本语法规范与编程风格，掌握这些现代编程技术和使用相应的软件工具进行开发，都需要具备一定的C语言程序设计基础。本章主要内容如下：

- C语言程序设计的发展；
- C语言程序设计的特点；
- C语言程序的组成结构；
- 编辑调试与编译运行步骤；
- 常用编译运行环境；
- C语言程序的基本规范；
- C语言的标识符；
- C语言的保留关键字。

2.1 C语言程序设计概述

C语言程序设计因其编译效率高、功能强大、编写风格优美流畅而广为流行。C程序设计集算法实现与软件系统开发于一体，广泛应用于软硬件系统开发的各种领域，并得到长久广泛地发展、应用与普及。学习和掌握C程序设计是学习和掌握计算机技术与软件系统开发的重要环节，熟练掌握算法设计和编程技能是学习的重点。

2.1.1 C语言程序设计的发展

C语言是20世纪70年代贝尔实验室(Bell Laboratories)为描述UNIX操作系统和C编译程序而开发的一种系统过程描述语言。C语言的出现源自编写计算机操作系统。

C语言的原型是ALGOL 60语言，也称A语言。1963年，剑桥大学将ALGOL 60语言发展成为CPL(Combined Programming Language)语言；1967年，剑桥大学的Matin Richards对CPL语言进行了简化，产生了BCPL语言；1969年，美国贝尔实验室的研究员Ken Thompson和Dennis M. Ritchie开始用汇编语言编写UNIX，1970年，Ken

Thompson 为了提高 UNIX 的可读性和可移植性，在 BCPL 语言的基础上修改提炼，开发了 B 语言；1972—1973 年，D. M. Ritchie 在 B 语言的基础上设计开发出了 C 语言；1973 年，K. Thompson 和 D. M. Ritchie 合作，把 UNIX 用 C 语言改写了一遍，为 UNIX 的移植和发展奠定了基础；1978 年，Brian W. Kernighan 和 D. M. Ritchie 合著了 *The C Programming Language* 一书，被人们誉为标准版本。从此，C 语言以其独特的优点受到了国内许多软件工程人员的青睐，在当时，对人们熟悉的 FORTRAN、Pascal 等语言产生了很大的冲击。1987 年，面对计算机的广泛普及与应用，各种 C 语言版本没有统一的标准，美国国家标准学会（ANSI）对 C 语言进行了规范，并提出了美国国家标准 C 方案，即经典 87 ANSI C。1990 年，国际标准化组织（International Standard Organization，ISO）接受了 87 ANSI C 为 ISO 的标准（ISO 9899—1990）。目前流行的 C 语言编译系统大都是以 ANSI C 为基础开发的，但使用不同版本的 C 语言编译系统所实现的 C 语言功能和语法规则略有区别，使用时需稍加注意。

C 语言是面向过程的结构化程序设计语言，在处理较小规模的软件程序时得心应手，所见即所得。当程序规模比较大且较复杂时，结构化程序设计方法本身会显示出其中的不足，尤其是面对程序运行过程中各种复杂的并发问题，C 程序设计必须要细致考虑设计程序运行过程中每个细节细微的变化和运行结果等，面向过程的解决方法往往难以解决软件设计中的复杂问题。于是 20 世纪 80 年代提出了面向对象的程序设计（object-oriented programming）的概念，在 C 语言面向过程基础上增加了面向对象的机制，C++ 应运而生，既可用于结构化程序设计，也可用于面向对象的程序设计，与 C 语言完全兼容。

随着网络技术的普及应用与发展，网络上不同类型的计算机硬件系统和软件系统例如数据库、Web 页面、应用程序（用 Java 编的 applet）通常保存在不同的 WWW 服务器上，而常见常用的 Web 浏览器界面则是统一定位和检索，需要使用共同的信息交换机制与交流语言，精简的 C 语言增加了跨平台网络程序相互协作完成信息处理与传递进程交换的功能，诞生了 Java 语言。Java 应用程序可以运行在各种异构系统的机器和异质操作系统环境，甚至用于物联网时代远程控制家用电器、温控大棚、防盗电子设施等。当传感网把各种电子设备接入 Internet，通过 TCP/IP 实现信息交流时，人们在浏览器里可以远程查看和控制家中暖气温度，可以向微波炉发一份菜单邮件等。Java 应用程序是一组属性和方法构成的对象，不仅有数据状态，还有定义在数据上的操作，在 Internet 上运行着许许多多 Java 小应用程序，完成不同程序的进程交换。Java 语言的诞生加速了应用软件小型化和网络化发展，Java 与 C 语言有着完全相同的编程语义和风格。

2.1.2 C 语言程序设计的特点

C 语言从算法描述的语义特征方面来看，可以视为高级语言，语言规范自然流畅，编写使用方便。从其功能方面来看，C 语言实际上是一种介于低级语言和高级语言之间的中级语言，它既有像汇编语言这样的低级语言能够面向系统和硬件的优点，又包含了高级语言面向用户可以方便使用、容易记忆、容易编写和阅读等优点。C 语言程序设计的优点主要有以下几个方面。

1. 语言简洁、紧凑，使用方便灵活

C语言一共只有32个关键字和9种控制语句，通常用小写字母表示命令关键字。C语言把高级语言的描述特点与低级语言的实用性相结合，既可以按自然语言和数学语言描述程序算法，又可以像汇编语言一样对位、字节和地址进行底层操作，程序表达流畅自由。

2. 运算符丰富，便于各种运算方法的实现

C语言共有34个运算符，灵活使用丰富的运算类型和表达式类型组合，可以使C程序设计算法表现更加多样化，实现在其他高级语言中不易实现的复杂运算。

3. 数据类型丰富，具有很强的数据处理能力

C语言数据类型丰富，有基本类型，如字符型(char)、整型(int)和实型(float和double)；还有各种构造类型，如数组类型([])、指针类型(*)、结构体类型(struct)和共用体类型(union)等，可以用来实现各种复杂的数据类型运算，实现复杂的数据结构，如堆栈、队列和链表等。

4. 结构化程序设计语言，便于模块化软件设计

结构化程序设计强调各功能组成部分彼此相对独立，仅有输入输出信息交流，程序代码与数据分离，即程序功能模块设计力求一个入口和一个出口。结构化程序设计使程序功能划分明确、层次清晰，便于维护调试与调用。C语言以函数形式构成，各种条件分支结构、循环结构语句能够很好地实现程序流程控制，有效实现程序设计结构化。

5. 语法上有较大的自由度

常见的计算机高级语言对语法检查约定比较严格，编写程序格式限制多；而C语言程序编写自由灵活，只需遵循基本规范，即可充分表达实现算法，不必拘泥于语法细节。例如每行命令空几格开始、各行只能写一条命令还是可写几条命令都不是问题，一个控制结构的开始和结束只需一对{}就可以约定等，形式不拘一格。但C语言对编程者的程序设计算法实现技能和熟练程度要求较高。

6. 能够直接访问物理地址，并能直接驱动汇编语言

C语言既有高级语言描述功能，又有低级语言底层访问功能，允许直接访问物理地址，也可以直接对硬件进行操作，编译效率仅次于汇编语言，可以对计算机的最基本工作单元——字位、字节和地址进行操作，因此常用于编写系统软件。

7. 目标代码的质量和程序执行的效率相对较高

C语言能实现汇编语言的大部分功能，其编译后的执行效率与汇编语言相比一般只

低约 10%～20%。

8. 程序的可移植性相对较好

C 语言较为突出的特点是适合在多种操作系统环境中运行，如常见的 Windows 操作系统系列以及 DOS、UNIX、Linux 等不同操作系统，或不同机型的操作系统环境下。

9. 具有现代编程风格，沿用发展性好

C 语言是结构化和模块化的程序设计语言，是面向过程的计算机编程语言。C 语言适合作为系统描述语言，既可用来编写系统软件，也可用来编写应用软件。在 C 语言面向过程的机制基础上，扩充增加了面向对象的机制，产生了与 C 语言完全兼容的面向对象的C++ 语言；扩展 C 语言机制，使其运行于分布异构的网络环境中，完成网络通信与协同工作，产生了全新的跨平台网络编程语言 Java，可见 C 语言是现代编程的基础。

2.1.3 C 语言程序的组成结构

C 语言程序设计有基本的语义和语法规范，能很好地实现结构化编程。一个完整的 C 语言程序由至少一个 C 源程序文件构成；每一个 C 源程序由函数组成，且至少一个函数为主调函数 main()，其他函数是用户自定义函数；每一个函数由函数首和函数体两部分组成，函数体由定义说明和命令执行两个部分构成。一个完整的 C 语言程序的基本结构如图 2-1 所示。

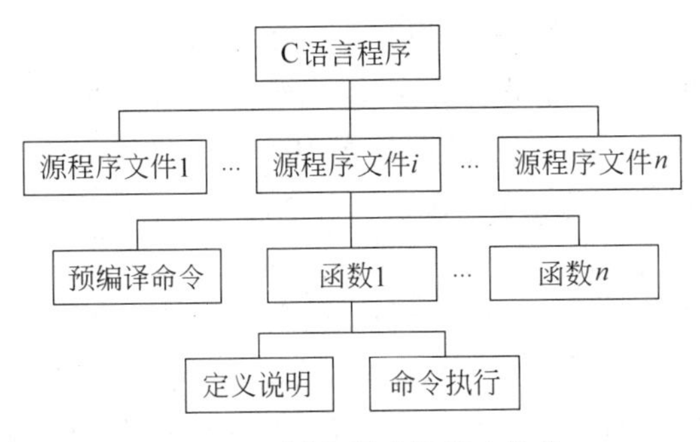

图 2-1 C 语言程序的基本结构

每个 C 语言源代码程序都是由一个或多个函数(function)构成的，每一个 C 程序必须存在一个 main()函数，是程序运行开始时首先调用的一个函数，也称作 C 语言程序的入口函数或主函数，需要时可以调用用户定义的其他函数，也可以调用系统函数库提供的标准库函数。一个完整的 C 源程序文件的组成结构如图 2-2 所示。

其中，方括号标出部分在计算机程序设计中属可有可无的选项，在语法上均不会有错误，只存在语义功能上的需要与差别。C 语言程序设计可以由若干 C 语言源程序构成软件功能上的整体，组成形式上每一个 C 语言源程序又是由函数构成的，而每一个函数均由函数首部和函数体两部分组成，函数体则由定义说明和命令执行两大部分组成。C 程

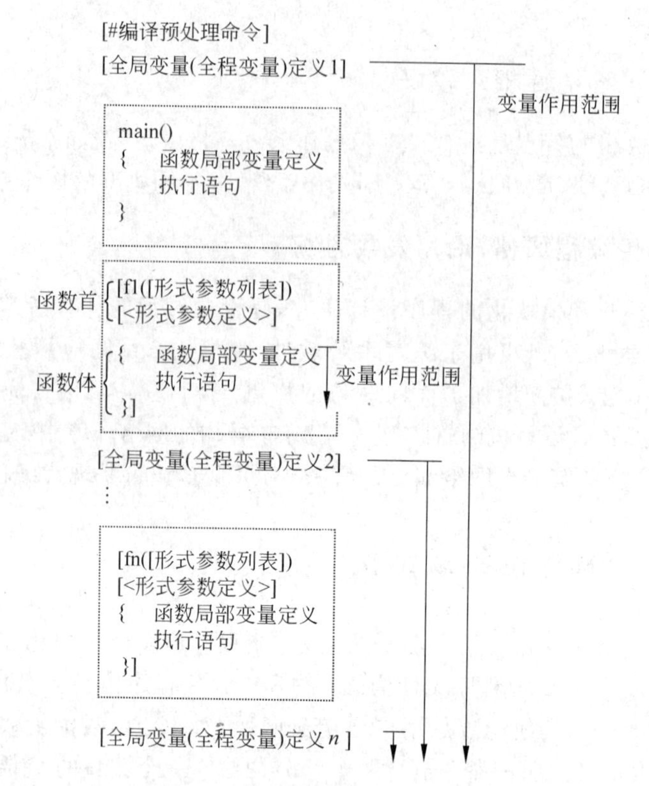

图 2-2　一个 C 源程序组成结构

序设计组成结构上的每一个 C 源程序至少有一个，且只能有一个 main()作为主调函数。main()的位置不论前后，是 C 语言程序执行开始的入口函数。main()可以调用其他函数，但不能为其他函数所调用。一个 C 源程序中可以创建其他自定义的函数 f1()～fn()，但不能使用 main()命名自定义函数，每一个用户自定义函数可以调用其他函数，也可以为其他函数所调用。

C 语言还有一类函数是系统提供的标准库函数，许多常用的数学算法、字符处理或输入输出算法等已编成现成的程序函数，称为标准函数，与 C 编译器一起提供给用户，使用时可以直接调用，通常需要编译预处理命令 # include 将对应的函数说明. h 头文件包含在 C 源程序中。例如，C 源程序中需要使用求平方根函数 sqrt(x)，则要在源程序开始位置加入语句 # include ＜math. h＞；若要使用标准输入输出库函数 getchar()、puts()、scanf()和 printf()等，则要在源程序开始位置加入语句 # include "stdio. h"。

例 2-1　编写一个程序，从键盘输入一些字母，通过调用一个用户自定义函数判定该字母是否为大写字母，如果是大写字母，则转换为小写字母；否则原样输出结果。

```
/* 12.1.c */
#include "stdio.h"              /* 编译预处理命令，申明需要使用标准输入输出库函数 */
main()                          /* 主调函数 */
{
    char uptolow();                         /* 说明 uptolow()已定义 */
```

```
        char ch;                                          /* 定义函数内局部变量 */
        printf("\n enter The letters:\n");                /* 提示输入大小写字母 */
        do{                                               /* 进入直到型循环 */
            scanf("%c",&ch);                              /* 从键盘输入一个字母,赋给变量 ch */
            printf("%c-%c \n",ch,uptolow(ch));            /* 调用函数,变量 ch 为实际参数变量 */
        }
        while(ch!='\n');                                  /* 遇回车键跳出循环 */
        printf("\n");                                     /* 输出回车换行操作 */
    }
    char uptolow(ch1)                                     /* 定义创建 uptolow(),ch1 为形式参数变量 */
    char ch1;                                             /* 定义形式参数变量 */
    {
        if(ch1>='A'&&ch1<='Z')                            /* 判定是否为大写字母 */
            ch1+='a'-'A';                                 /* 按 ASCII 编码规则进行大小写转换 */
        return(ch1);                                      /* 带出函数值,返回调用点 */
    }
```

程序编译链接成功后,运行时若输入字串“ABcDeF”,输出结果如图 2-3 所示。

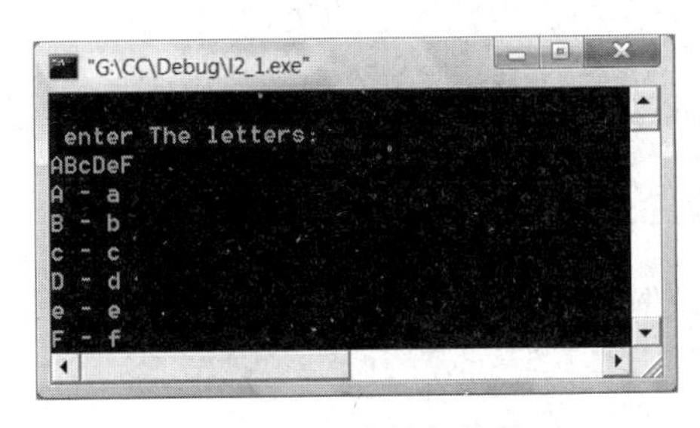

图 2-3　程序执行结果

此例中在 main()函数中调用了用户自定义的 uptolow()。整个程序中只有一个 main()函数,还有一个用户自定义函数 uptolow()。每个函数名后一对{}内所有语句构成函数体,各语句以“;”结束。所有变量使用一定要“先定义后使用”。

2.2　C 语言程序的编译与运行

计算机程序是由计算机语言命令组成的指令序列的集合。任何计算机程序设计语言源程序(source program)均需要使用计算机事先安装好的“翻译”软件,即编译程序或解释程序,翻译成系统可直接识别的机器指令才能实际运行。

2.2.1　编辑调试与编译运行步骤

为解决实际问题,实现程序算法所编写的 C 源程序,首先要上机录入和编辑,使其符合语义和语法规范,保证运行逻辑正确,通常保存为 C 源程序。常用的 C 语言编译集成环境集有数种，包括 Turbo C、Borland C、MSC、C++、Visual C++ 和 VC.NET 等，一般教学或等级考试等使用的 C 语言编译环境主要是 Visual C++ 或 Turbo C 等，前者需要安装到 Windows 操作系统环境下，而 Turbo C 集成开发环境一般为 1MB 左右，只需复制到硬盘上，执行其中的 TC.EXE 可执行程序，就可以进入录入编辑、编译调试、链接执行集成环境。选用哪一种集成环境作为 C 程序设计的实验平台没有差别，只需注意相同数据类型定义所占用内存空间的大小就可以，不同集成环境定义的变量的最大数值表达范围有所不同，不影响常规程序设计的运行与实现。C 程序设计的编辑调试与编译运行步骤及工作流程如图 2-4 所示。

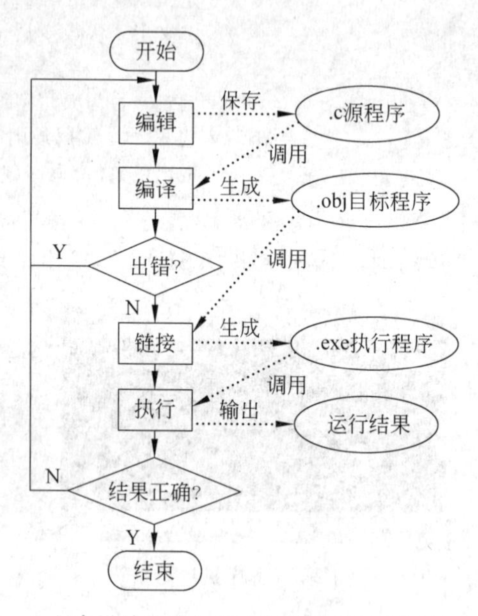

图 2-4　C 程序设计的编辑调试与编译运行步骤及工作流程

编写好的 C 语言源程序在保证语义正确、语法规范后，以.C 文件扩展名存盘；然后选择“编译”命令对该文件编译，若无出错信息提示，表示无语义和语法错误，编译成功后生成同名的.obj 目标程序文件；接着选择“链接”命令将已生成的.obj 文件自动与系统库函数链接，若无出错信息提示，表示系统路径正确，库链接成功，生成操作系统可直接调用执行的.exe 命令文件；最后使用“执行”命令调用执行.exe 文件，需要时可输入数据验证，最终输出结果，如果正确，表示程序设计逻辑正确，算法无误。上述“编译”、“链接”和“执行”三大步骤都可能出现相关错误信息提示，可对应提示信息的内容和位置等回到编辑状态，逐一编辑修改，重新编译链接，直到完全正确为止。

2.2.2　常用编译运行环境

常用的 C 语言编译系统都是集录入、编辑、编译、链接和运行于一体的集成系统环境，编辑调试功能完整，使用直观方便，常用的有 Turbo C 2.0、Turbo C++ 3.0、Turbo C++ 6.0 和 Visual C++ 6.0 等。Turbo C 2.0 短小精悍，但不能使用鼠标；C++ 是从 C 发展而来的，Turbo C++ 3.0、Turbo C++ 6.0 和 Visual C++ 6.0 等均向下兼容，目前 Visual C++ 6.0 使用较多，在 Windows 操作系统视窗编辑调试环境下，可以使用鼠标和剪贴板等诸多操作系统兼容的功能。

1. Visual C++ 6.0 集成环境应用

Visual C++ 6.0 需安装在 Windows 操作系统环境下，有中文版和英文版环境，程序设计使用上无区别，主要表现在菜单提示上。启动时可选择双击安装时设置的 Visual C++ 6.0 桌面图标，或在 Windows 操作系统中执行“开始”→“程序”→Microsoft Visual C++ 6.0 命令，即可启动进入 Visual C++ 6.0 主窗口界面。

(1) 创建新文件。

执行 Visual C++ 6.0 主窗口界面中的“文件”→“新建”命令，或单击工具栏中的“新建”按钮，均可创建一个 C 语言源程序或 C++ 源程序，如图 2-5 所示。

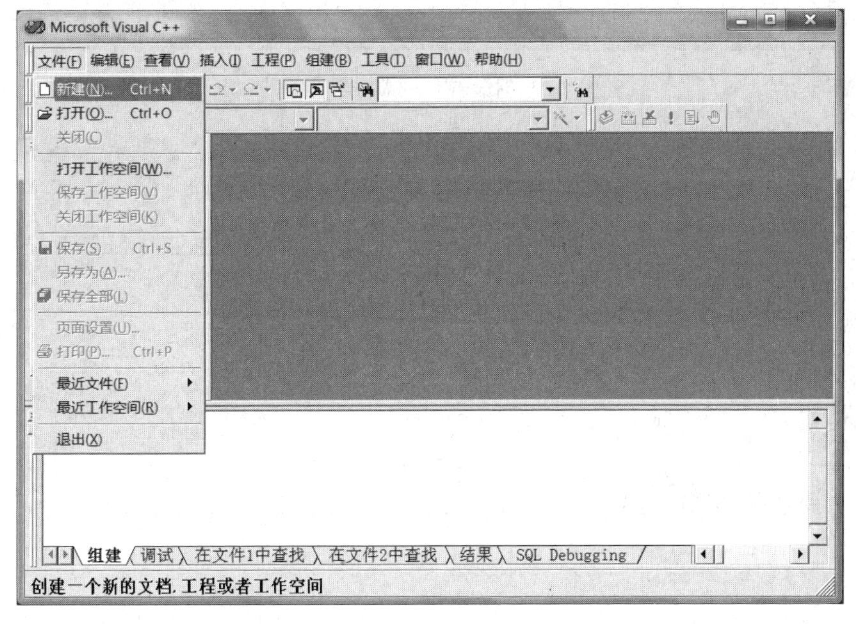

图 2-5 创建新文件

弹出“新建”对话框后，选择“文件”选项卡，在列表框中选择 C++ Source File 选项，建立新 C++ 源程序文件，在“文件名”文本框中输入 s2_1.c，在“位置”文本框中设置存放路径为 G:\CC，如图 2-6 所示。

单击“确定”按钮后，主窗口呈现全屏幕编辑环境，可输入编辑一个全新的 C 源程序，也可利用剪贴板功能复制并粘贴已有的 C 源程序，如图 2-7 所示。

编辑后选择“文件”→“保存”命令，则默认当前设置文件名为 s2_1.c，存放路径为 G:\CC，以后即使退出Visual C++ 6.0，也可以随时在 G:\CC 目录下双击 s2_1.c 文件图标进入 Visual C++ 6.0 并打开该文件。

C++ 源程序的文件扩展名可以是 c，也可以是 cpp。

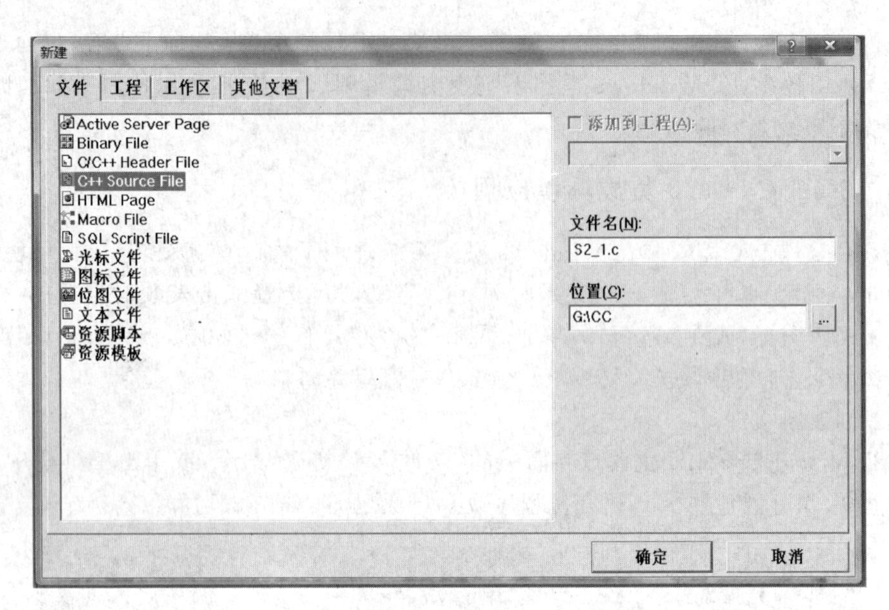

图 2-6　创建新 C++ 源程序文件

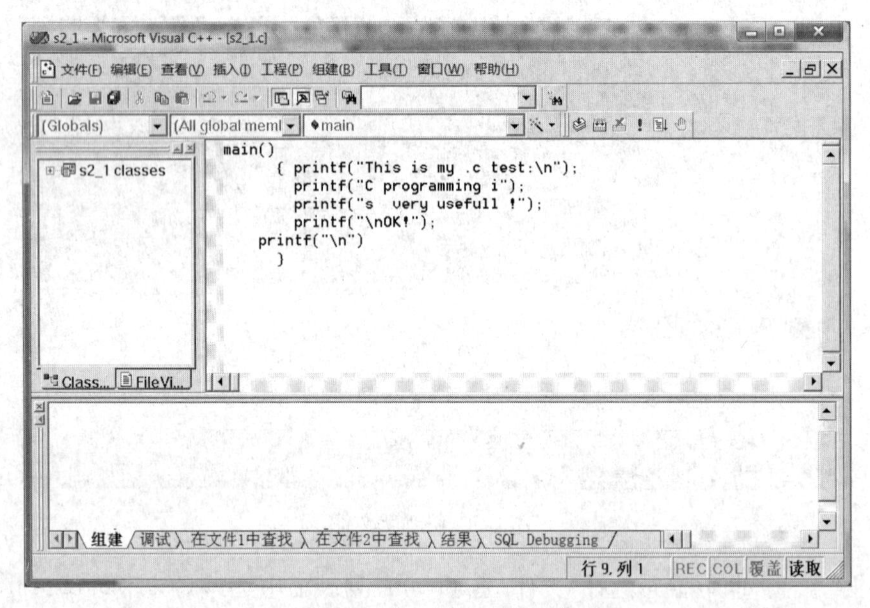

图 2-7　输入编辑 C 源程序

(2) 打开已有文件。

需要调用已有的源程序文件，可以选择“文件”→“打开”命令，或单击工具栏中的“打开”按钮，弹出 Open 对话框，如图 2-8 所示。

在 Open 对话框中选择指定的 C 源程序文件，双击后进入全屏幕编辑环境，编辑窗口调入指定的 C 源程序，如图 2-9 所示。

在编辑窗口中可以对打开的源程序进行修改编辑，完成后注意存盘，即保存为. c 源程序文件，或保存为. cpp 源程序文件。

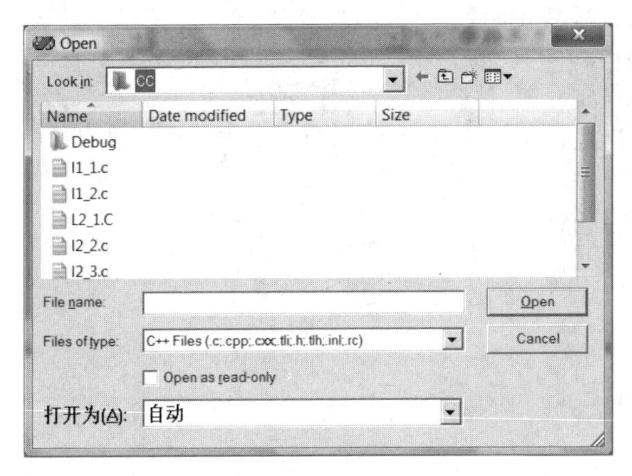

图 2-8　在 Open 对话框中选择已有源程序

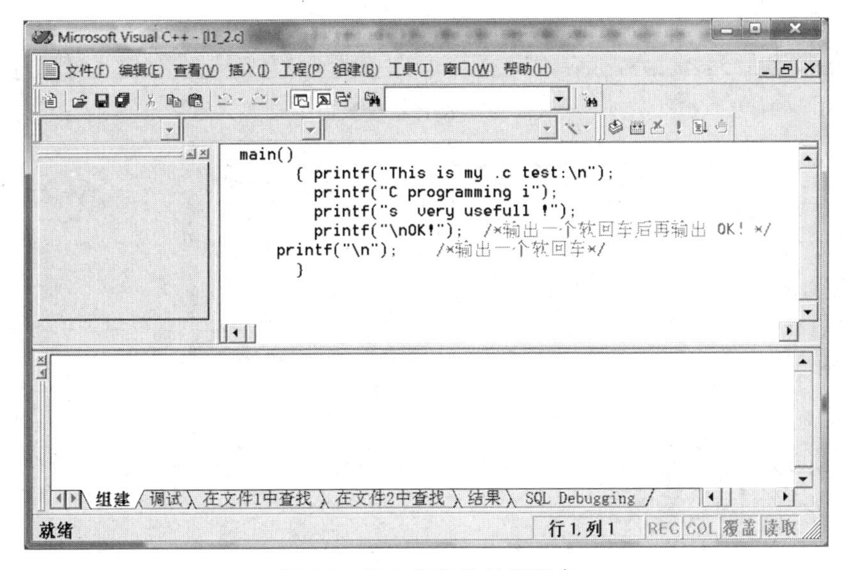

图 2-9　调入指定的 C 源程序

(3) 编译源程序文件。

编辑修改并保存了.c 源程序文件或.cpp 源程序文件后，执行“组建”→“编译”命令，对当前源程序文件进行编译，检验语义语法是否正确，如图 2-10 所示。

执行完“编译”命令后，系统会提示需要创建并激活一个默认的工作空间，Microsoft Visual C++ 提示信息如图 2-11 所示。

在此单击“是”按钮，系统会自动创建并激活默认工作空间，用于构建编译、链接和运行工作环境。

通常 C 语言集成编译环境都有方便适用、功能完善的程序编辑和调试功能。本案例为了说明编译检验如何显示出错提示，在源程序设置了两类简单错误，因此在执行完“编译”命令后，主窗口下方的信息提示窗内就显示出该源程序中有关这两个错误的信息提示，表示编译未通过，s2_1.obj 目标程序没有生成，如图 2-12 所示。

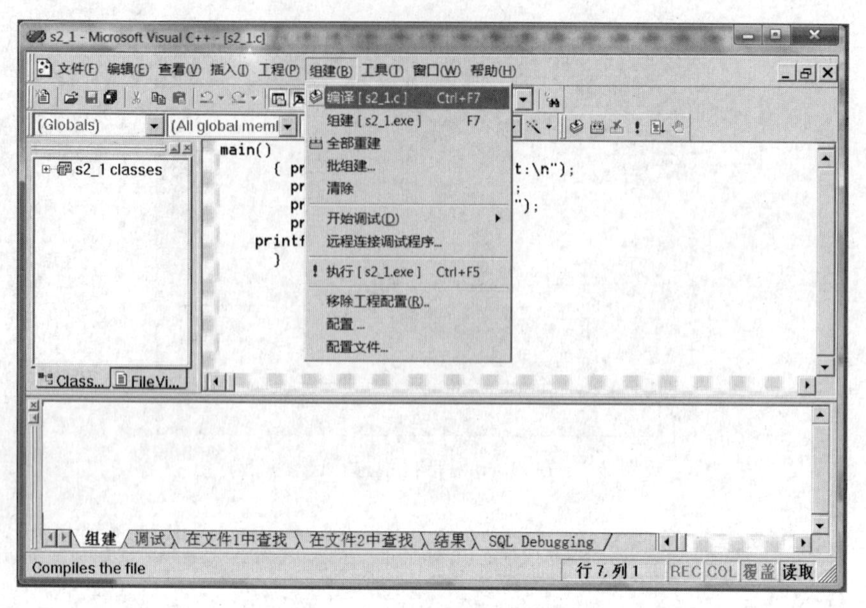

图 2-10　编译检验源程序

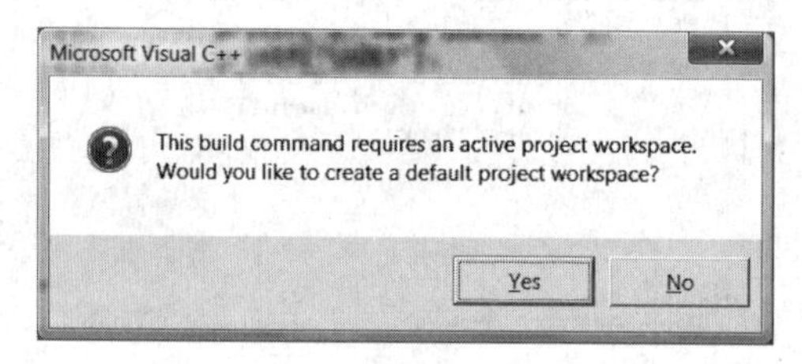

图 2-11　选择自动创建工作空间

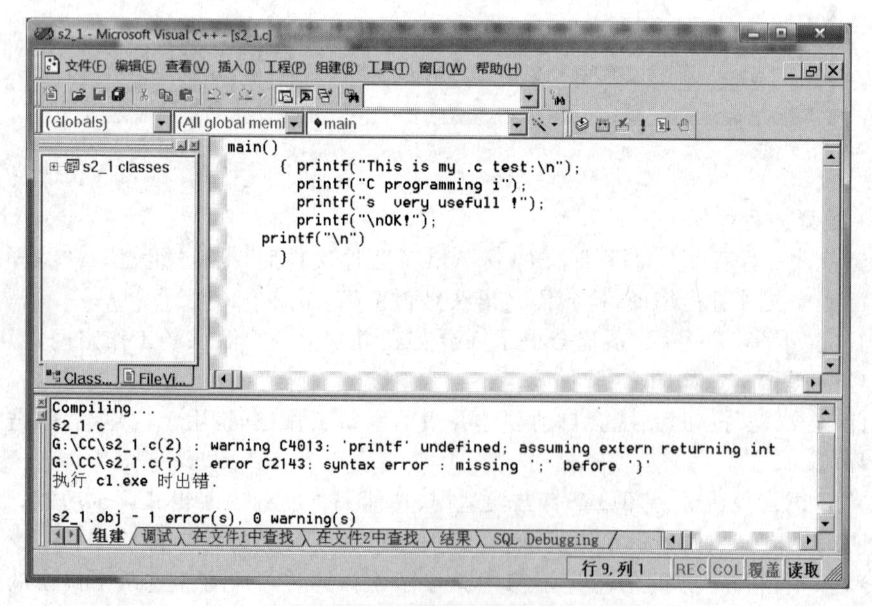

图 2-12　编译出错提示

本例第一条为警告型出错提示，指明出错位置在源程序第二行，提示本程序中使用了未经定义说明的 printf()输出函数命令；第二条为命令行错误，提示出错位置在源程序第7 行，缺少命令结束标示符“;”。根据出错提示，增加了一条编译预处理命令 #include "stdio. h"，修改补充了命令结束符“;”，重新编译，成功生成 s2_1. obj 目标程序，如图 2-13 所示。

图 2-13　成功生成. obj 目标程序

本例编译通过，并成功生成 s2_1. obj 目标程序，这时就可以执行“组建”→“组建”命令，链接相关库文件，生成可执行的 s2_1. exe 文件，如图 2-14 所示。

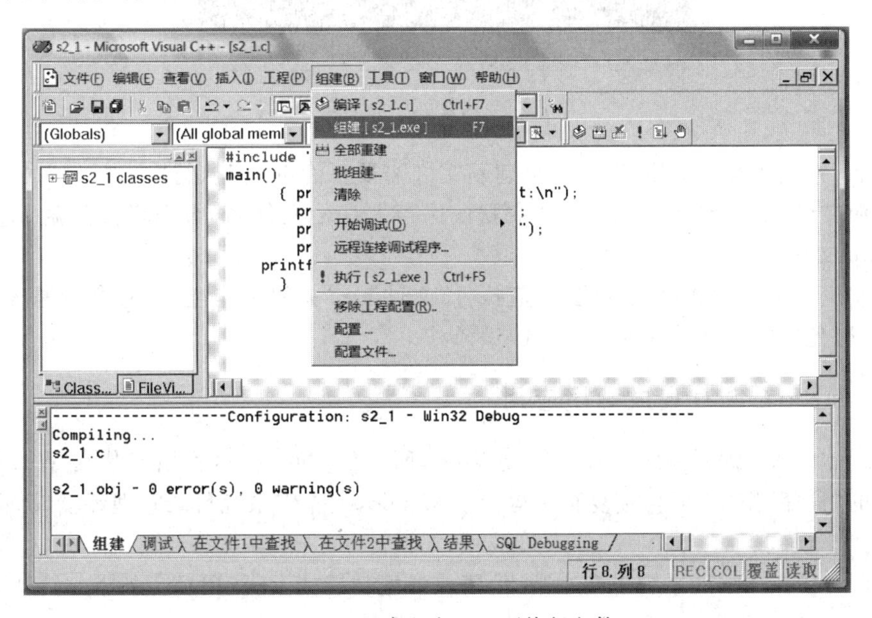

图 2-14　组建生成. exe 可执行文件

成功生成 s2_1. exe 可执行文件后，选择“组建”→“执行”命令，执行后弹出执行结果显示窗口，显示出程序执行结果，如图 2-15 所示。

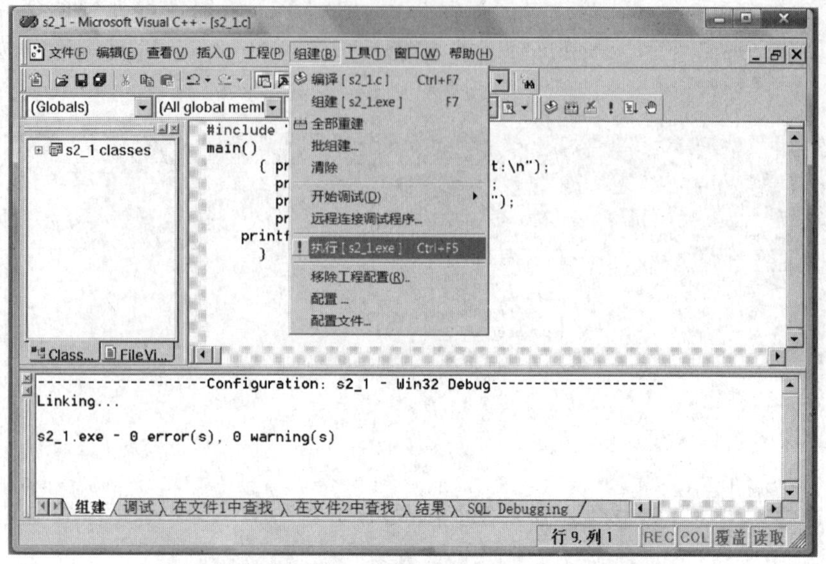

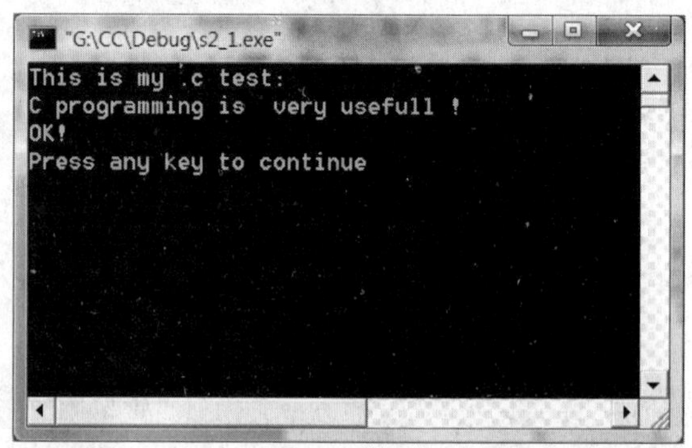

图 2-15　执行程序显示结果

注意，本例实验完成后，若再次创建新文件需要保存时，应执行“文件”→“另存为”命令保存源文件，而不要使用“保存”命令默认保存上一个文件名，否则将会覆盖 s2_1. c 或 s2_1. cpp 文件名。

每次编译新的源程序文件之前，应执行“文件”→“关闭工作空间”命令将原来的工作区关闭，避免新的源文件在原有工作区编译。

2. Turbo C 2.0 集成环境应用

Turbo C 2.0 编译系统集成环境通常占 1MB 左右的空间，不用安装在 Windows 操作系统的“程序”组中，可直接复制并运行于 Windows 操作系统目录管理环境或 MS-DOS 行命令操作模式。

Turbo C 2.0 编译系统虽然小巧，但集成环境功能完善，主要特点如下：

(1) 编辑、编译、调试和运行一体化。

(2) 综合调试程序具有单步执行、单步跟踪、断点设置、表达式监视和求值等功能。

(3) 支持独立调试程序。

(4) 具有更快的编译、链接程序和更快的内存分配函数与串函数。

(5) 扩展内存规范用作编辑缓冲区。

(6) 浮点运行速度快。

(7) 高级图形库中增加了许多新函数，包括可安装的驱动程序和字体。

(8) 支持命令行上的通配符 * 和?等。

(9) 能自动进行快速缩进和回退及优化填充。

(10) MAKE 实用程序可以自动进行依赖关系检查。

(11) 有一些实用工具，如 THELP. EXE、OBJXREF. EXE 等。

现在个人计算机通常足以满足 Turbo C 2.0 的配置要求，在 Windows 操作系统中均可以运行。

Turbo C 2.0 的版本有两种编译程序：综合开发环境编译程序 TC 和命令行编译程序 TCC。安装方法有两种：

(1) 使用复制命令。将必需的文件复制到硬盘指定子目录下。

(2) 利用安装程序。使用 INSTALL. EXE 文件，按照提示进行，直到安装完毕。

安装好 Turbo C 2.0 后，在 TC 目录下运行 TC 或 TCC 就可以分别启动集成开发环境或命令行编译程序。

在 Windows 等操作系统环境下进入 Turbo C 2.0 有两种模式。

(1) 行命令提示符下启动 Turbo C 2.0 系统集成环境。

执行“开始”→“程序”→“附件”命令，选择 MS-DOS 行命令模式，启动进入 Windows 操作系统 MS-DOS 行命令操作方式。

在此举例，假设 Turbo C 2.0 安装在 G:\TC2 目录文件夹下，在命令提示符下输入 g：再按 Enter 键，使当前盘成为 G：盘；然后输入命令 cd\tc2 并按 Enter 键后，进入 Turbo C 2.0 安装目录 TC2，即当前目录成为 G:\TC2，直接输入可执行文件 TC. EXE，按 Enter 键后即可进入 Turbo C 2.0 集成环境，操作步骤如下(注：下划线内容表示从键盘输入的内容)。

① 由当前操作系统默认工作盘 C:转入 G:盘。

```
C:\>g:↙
```

② 进入 TC2 子目录。

```
G:\>cd\tc2↙
```

③ 直接输入 tc 即可启动进入 Turbo C 2.0 集成环境。

```
G:\TC2>tc↙
```

上述 Windows 环境 MS-DOS 行命令操作过程如图 2-16 所示。

按 Enter 键后进入 Turbo C 2.0 集成环境，如图 2-17 所示。

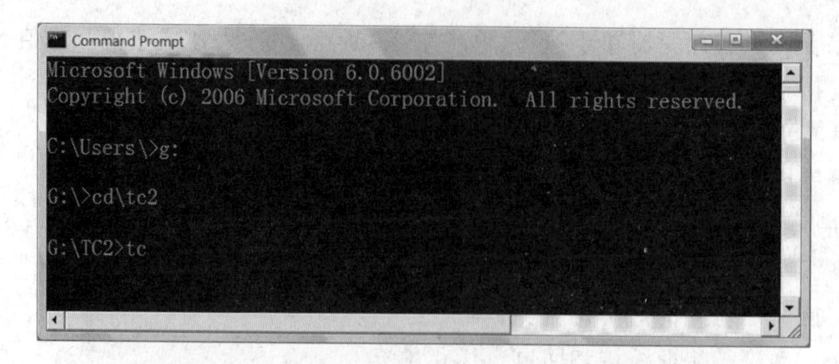

图 2-16 行命令操作过程

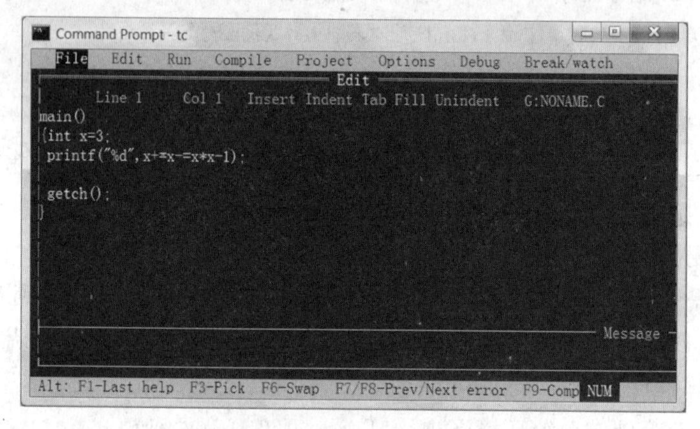

图 2-17 Turbo C 2.0 集成环境

从编辑窗口可见当前盘为 G:,当前文件名为 noname.c,在此全屏幕编辑环境下即可输入和编辑 C 源程序。

(2) 视窗环境下启动 Turbo C 2.0。

在 Windows 环境下双击 Turbo C 2.0 安装目录下的 TC.EXE 可执行文件或 TC.EXE 快捷方式图标均可进入 Turbo C 2.0 集成环境。

第一次进入 Turbo C 以后必须设置系统工作路径,才能保证以后正确编译和执行 C 程序文件。首先确认当前 Turbo C 2.0 的安装盘、安装目录和.obj 目标文件输出目录,然后再进行设置。设置 C 编译系统路径,按 Alt+O 键后,再逐层选择 Options→Directories 命令,如图 2-18 所示。

重新设置系统工作路径是通过键盘上的←、↑、→和↓键,结合 Enter 键选取设置并确认。此案例中当前 Turbo C 2.0 系统安装在 G 盘的 TC2 目录下,其中文件包含目录(Include directories)下的路径设置 G:\TC2\INCLUDE 表示 Include 子目录是 TC2 目录的下一级子目录;同样,LIB 库文件子目录也是 TC2 目录的下一级子目录,所有路径必须一致。

另外,输出目录(Output directories)需指定到可写磁盘上,用以存放编译和链接生成的.obj 文件和.exe 文件,完成设置后选择 Options→Save options 命令使当前配置状态保存到 TCCONFIG.TC 系统配置文件,如图 2-19 所示。

此时系统提示"Overwrite TCCONFIG.TC? (Y/N)",按 Y 键,系统将覆盖原来的配

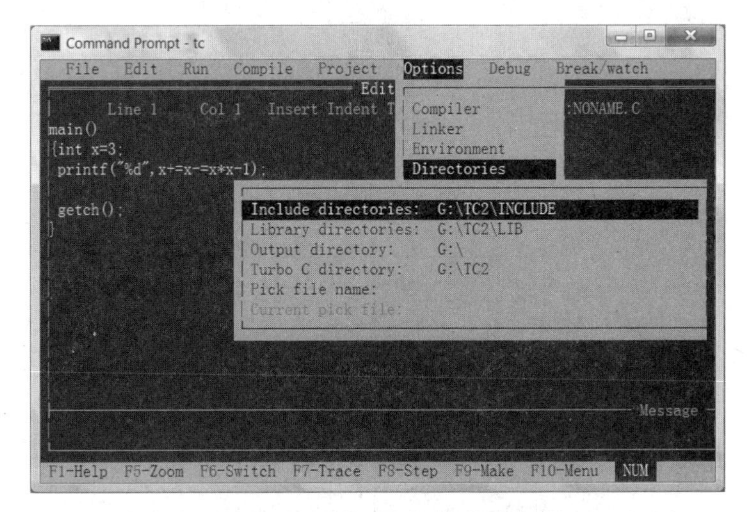

图 2-18　C 编译系统工作路径设置

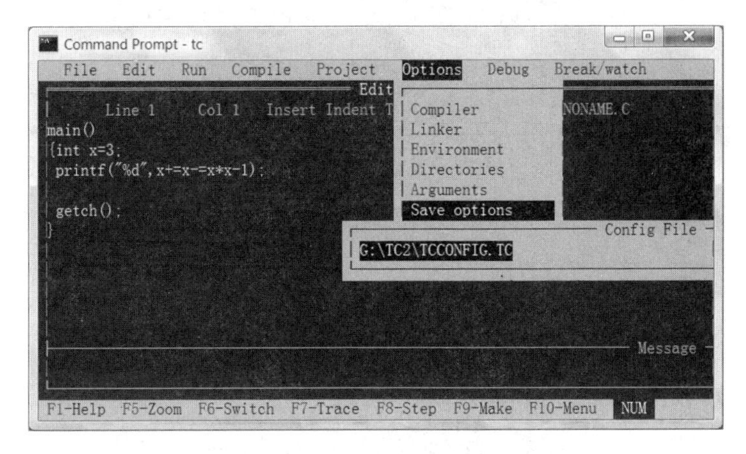

图 2-19　保存当前系统配置

置文件，默认新的系统配置文件，自此完成系统工作路径的设置。

结束编程工作时，按 Alt+X 键可直接退出 Turbo C 2.0 集成编译环境，回到操作系统环境下。

在上机调试运行自己所编写的程序时，应熟练掌握操作流程才能提高效率。上机编程调试的操作流程如图 2-20 所示。

现在可以使用 Turbo C 进行 C 语言程序设计编程的学习和演练，在掌握了一种方便和实用的 C 语言程序设计集成编译环境后，学习的重点就可以放在怎样用计算机语言表达和描述程序算法，如何利用计算机解决各种专业学习、工程设计和科学研究等各个领域的实际问题上来。

例 2-2　按 ASCII 码表值，把给定的大写字母转换成小写字母（注意 C 语言的数据类型、标识符及运算符）。

操作步骤如下：

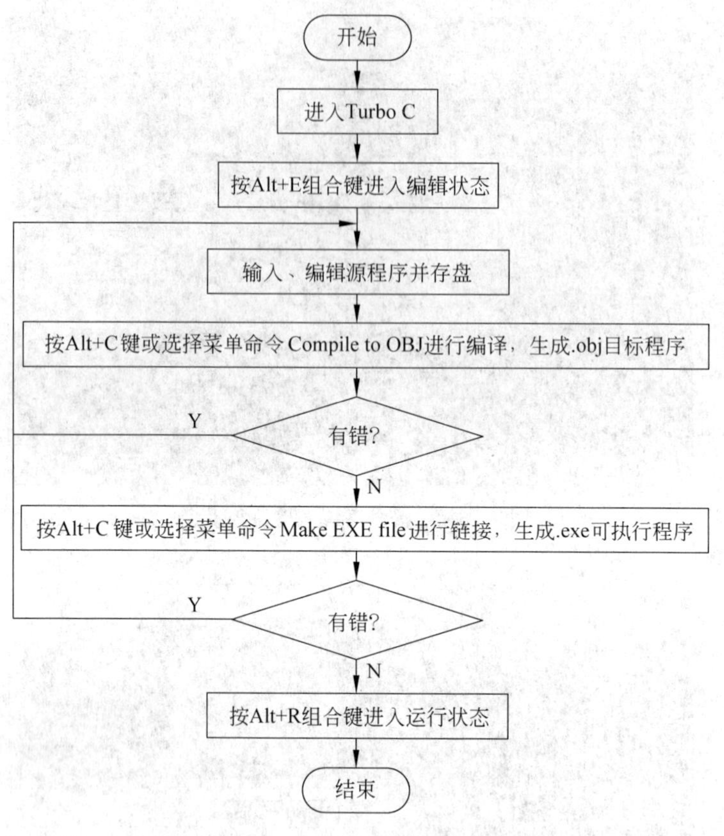

图 2-20　上机编程操作流程

(1) 编辑。

按 Alt+E 键进入编辑环境,输入以下程序:

```
/*l2_2.c*/
main()
{
    int c1, c2;                              /*定义变量类型*/
    c1=65; c2='A';                           /*变量赋值*/
    c1=c1+32; c2=c2+32;                      /*整型数值运算*/
    printf("c1=%d-c1=%c\n", c1,c1);         /*分别以整型数值和字符类型输出 c1 值*/
    printf("c2=%d-c2=%c\n", c2,c2);
}
```

(2) 存盘。

按 Alt+F 键,选择 write to 选项,为文件命名后存盘。如指定"D:F1.C",则取 F1.C 文件名,存入 D 盘。

(3) 编译。

按 Alt+C 键,选择 Compile to OBJ 选项生成.obj 文件。如检测出错误,可按提示分析调试,直到提示成功为止,进入下一步操作。

(4) 链接。

按 Alt+C 键,选择 Make EXE file 选项生成.exe 文件。

(5) 执行。

按 Alt+R 键,运行后无出错提示,再按 Alt+F5 键切换,即可显示程序运行结果,如图 2-21 所示。

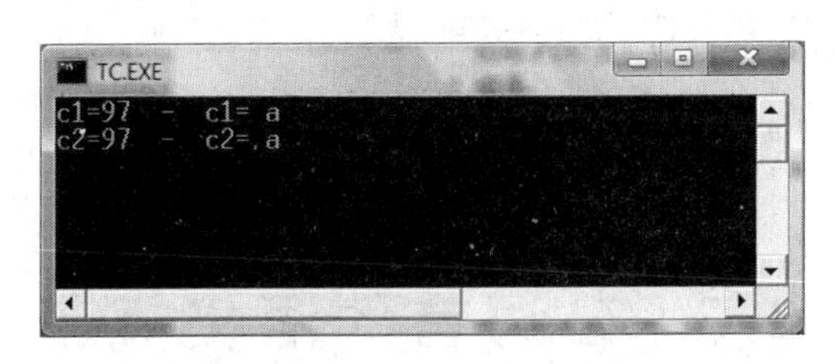

图 2-21 程序运行结果

本例程序运行后,大写字母 A 转换成小写字母 a 后,以整型数值(%d)显示 ASCII 值为 97,以字符型(%c)显示字符为字母 a。

Turbo C 2.0 集成环境启动后,虽然不能使用 Windows 下的鼠标和剪贴板等功能,但程序设计编辑调试过程可以结合快捷键操作以提高工作效率,特别是大型软件程序的编程调试工作,脱离鼠标,熟练使用键盘组合操作的工作效率更高,而这些组合键操作在大多数软件环境下是兼容的。

首先在 Turbo C 的主菜单中包含 File、Edit、Run、Compile、Project、Option、Debug 和 Break/Watch 共 8 个菜单选项,按 F10 键能够激活它们,同时按 Alt 键加上每一菜单选项的第一个字母,可快捷激活对应菜单。功能键和组合键的使用如表 2-1 所示。

表 2-1 Turbo C 的功能键和组合键表

功能键/组合键	功　能	功能键/组合键	功　能
F1	激活帮助窗口,提高有关当前位置的帮助信息	Ctrl+F4	计算表达式
F2	将正在编辑的文件存盘	Ctrl+F7	增加监视表达式
F3	加载文件	Ctrl+F8	开关断点
F4	程序运行到光标所在行	Ctrl+F9	运行程序
F5	放大/缩小活动窗口	Alt+F1	显示上次访问的帮助
F6	开/关活动窗口	Alt+F3	选择加载文件
F7	在调试模式下运行程序,跟踪到函数内部	Alt+F6	开关活动窗口中的内容
F8	在调试模式下运行程序,跳过函数调用	Alt+F7	定位上一个错误
F9	执行 Make 命令	Alt+F9	定位下一个错误
Ctrl+F1	调用有关函数的上下文帮助	Alt+B	激活 Break/Watch 菜单
Ctrl+F3	显示调用栈	Alt+C	激活 Compile 菜单

续表

功能键/组合键	功　能	功能键/组合键	功　能
Alt+D	激活 Debug 菜单	Alt+P	激活 Project 菜单
Alt+E	激活 Edit 菜单	Alt+R	激活 Run 菜单
Alt+F	激活 File 菜单	Alt+X	退出 Turbo C,返回
Alt+O	激活 Option 菜单		

2.3 C 语言的语义规范

C 语言是由函数组成的,一个 C 源程序中必须有 main()函数,称为主函数,需要时还有用户自定义的函数以及系统提供的标准库函数。

2.3.1 C 语言程序的基本规范

首先分析一个简单案例。

例 2-3 编程实现任意输入一个半径 r,求圆周长、圆球表面积和圆球体积。

```
/*12_3.c*/
#include "math.h"                                   /*数学库函数头文件*/
#include "stdio.h"
#define PI 3.1415926535                             /*定义 PI 为符号常量*/
void main()
{
    float p,s,v,r;
    printf("Input the spherical radius\n");         /*提示输入*/
    scanf("%f",&r);                                 /*输入半径值*/
    p=PI*r*r;                                       /*求圆周长*/
    s=s_area(r);                                    /*调用函数求圆球表面积*/
    v=s_volume(r);                                  /*调用函数求圆球体积*/
    printf("perimeter=%f\narea=%f\nvolume=%f\n",p,s,v);    /*输出结果*/
}
/*定义函数求圆球表面积*/
float s_area(x)
float x;
{
    float y;
    y=4*PI*x*x;
    return(y);
}
```

```
/*定义函数求圆球体积*/
float s_volume(x)
float x;
{
    float y;
    y=4.0/3.0*PI*pow(x,3);                    /*调用数学库函数 pow()求立方*/
    return(y);
}
```

编译运行后提示输入半径值 2.0,输出结果如图 2-22 所示。

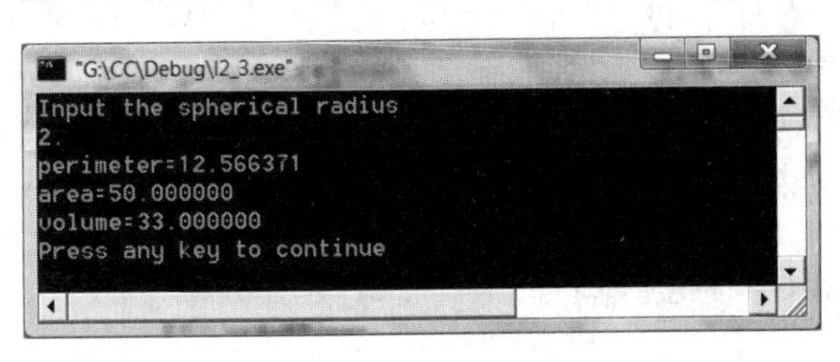

图 2-22　程序运行结果

通过这个简单的案例实验,可以了解一个 C 语言程序设计的基本结构组成及调用关系。该案例源程序分为三大部分,即

初始定义说明部分
主函数 main(){函数体}
用户自定义函数{函数体}定义序列

C 语言是由函数构成的,函数分为系统提供的标准库函数和用户自己创建的用户自定义函数。C 语言标准库函数十分丰富,ANSI C 标准超过 100 个库函数,不同的 C 编译系统提供的库函数都多于这个数量,如 Turbo C 提供 300 多个库函数。用户自定义函数通常是根据程序设计需要而创建的。

1. 初始定义说明部分

初始定义说明部分的位置规定在整个程序之前,这部分的取舍取决于实际程序设计的需要。初始定义说明部分一般包括如下两个内容。

1) 包含文件定义

包含文件定义又称头文件说明,其格式为:

```
#include<文件名>
```

或

```
#include "文件名"
```

C 语言或 C++ 程序设计系统为用户提供了很多的标准库函数,每一个库函数都有自己的头文件,扩展名为.h。如果在程序设计时使用了库函数,则必须在初始说明部分将该函数对应的头文件包含进去,否则程序会在编译时报错。

2）宏定义

宏定义的位置可以在程序初始说明部分，也可以在程序的其他位置，其命令格式为

```
#define 宏标识 常量字符串
```

使用宏定义替代一个字符串，可以减少程序中的重复书写过程。如本案例使用的宏定义：

```
#define PI 3.1415926535
```

表示使用宏标识名 PI 替代 3.1415926535，在程序中任何位置使用 PI 宏名均会以 3.1415926535 常量值代换，需要修改常量时只要改变宏定义行的常量字符串就可以了，这样可以实现常量代换的一致性，减小重复修改的工作量，而且不容易出错。

注意，包含文件或宏定义不是C语言命令语句，书写时后面不要加分号。

2. 主函数 main(){函数体}

任何一个C源程序至少有一个 main()主调函数，简称主函数，也称入口函数。main()是C源程序唯一的程序执行入口函数，相当于其他程序设计语言中的主调程序；main()在程序中的位置可以是任意的，不分前后，计算机总是从这个主函数开始执行程序；main()可以调用任何函数，但不能为其他函数所调用；main()后面的括号中可以为空，也可以根据需要包含适当的参数。

3. 用户自定义函数{函数体}定义序列

用户自定义函数定义序列是一系列用户自定义函数，各种用户自定义函数是为了使程序执行特定的功能，分模块按函数功能定义，由用户自己根据程序设计需要设定。用户自定义函数必须创建在所有函数体之外，可以调用其他函数，也可为其他函数所调用。用户自定义函数只能创建一次，可以任意多次调用。

用户自定义函数主要包括两部分的定义描述。

1）函数首部

函数首部即函数创建描述的第一行，包括函数值类型、函数标识符、形式参数标识符、形式参数数据类型。以创建一个求和函数 float sum(float x,float y)为例，函数首部说明如下：

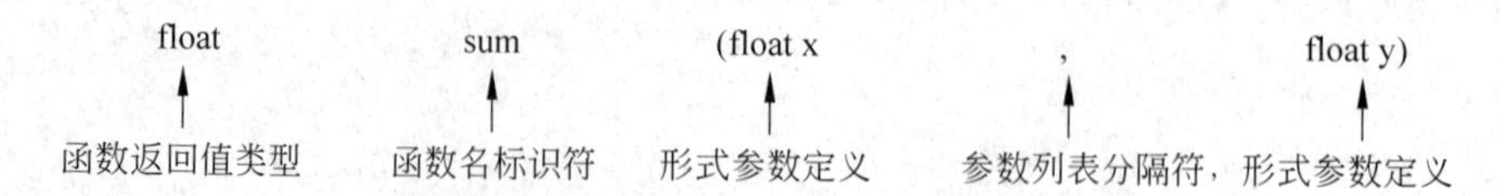

函数返回值类型定义可以省略，如果省略，则默认函数调用后返回值为 int 型（整型）。所有形式参数都要有类型定义说明，有两个以上参数时用逗号分隔。

函数也可以不需要传参，如创建一个输出函数：

```
void c2_print(void){printf("@@@@@@@\n");}
```

该函数既没有定义函数返回值，也没有定义函数传参的形式参数。void 说明无值类型，表示调用此函数仅需要输出字符串“@@@@@@@”和一个回车换行操作，不需要传参，也不需要传值。注意，整个函数定义时，表示函数体部分的{}不能省略。

2）函数体

自定义函数的函数名后最外层一对花括号中的部分称为函数体。自定义函数的函数体又分为函数体定义说明和执行两大部分，分别由 C 语言命令语句组成，每条命令语句后面都要有一个分号“;”，表示该命令语句的结束，若缺少分号则编译时提示出错。分号是命令语句可完整操作的标志，例如本例中的命令语句

```
printf("Input the spherical radius\n");
```

printf()本是 C 语言系统的一个标准库函数，通常作为命令语句使用，该函数的功能是将括号内一对引号之间的参数所指定的内容输出显示到屏幕上。其引号内的参数分为原样输出和转义输出两大部分，如本案例中的 Input the spherical radius 部分为原样输出，\n 则是转义控制字符，为转义输出。\n 的功能是在输出 Input the spherical radius 提示之后，紧接着输出一个回车换行，使后续输入或输出操作从换行后新起行的首列位置开始。

2.3.2 C 语言的标识符

C 语言的标识符是用户程序设计过程中需要使用的变量、函数等，由用户自己定义字符标识，以便调用。在定义函数或说明变量时，必须用到标识符命名。例如：

```
float p,s,v,r;                        /* 定义 4 个浮点类型变量 */
```

该命令语句定义了 4 个浮点类型变量，分别命名为 p,s,v,r，用来代表圆周长、圆球表面积、圆球体积和圆的半径，需要使用时分别通过变量名调用。又例如：

```
float s_volume(float x)               /* 定义求圆球体积函数 */
{ return (4.0/3.0 * PI * pow(x,3)); }
```

创建定义了一个求圆球体积的函数 s_volume()，需要使用时通过函数名 s_volume()调用，这里 p、s、v、r、s_volume 就是定义变量或函数类型的标识符。

标准 C 语言变量标识符和函数标识符的命名规则基本类似，要遵循一定的规则：

（1）标识符必须以字母或下划线开始。

（2）标识符有效长度为 255 个字符。

（3）能用作标识符的字符有 A～Z,a～z,0～9 或_(下划线)。

（4）不能使用关键字作标识符。

（5）标识符不能跨行书写。

注意：

（1）通常标识符的命名最好选择见名知意的单词，如用 volume 表示体积等。

（2）为了增强程序的可读性，应适当使用下划线，如用 load_num 表示取数据等。

（3）尽量使用约定俗成的标识符，如 temp 表示中间变量，x,y,z 表示未知数等。

(4) 标识符的长度不要太长，以减少不必要的工作量。

(5) 与变量名类似，标识符的大小写表示不同的含义，一般习惯上变量名小写，标识符大写，以示区别。

2.3.3 C语言的保留关键字

C语言的保留关键字是C语言系统提供的具有特定功能的命令标识符，包括命令关键字、定义说明关键字、标准库函数关键字等，在程序设计时经常用到。但是，这些关键字不可以作为用户定义标识符使用，属于系统保留的关键字，误用会引起混乱，编译时也不能通过。常见的C语言中的关键字列在表2-2中，仅供参考。

表2-2　C语言中的主要保留关键字

auto	break	case	char	const	continue
default	do	double	else	enum	extern
float	for	goto	if	int	long
register	return	short	signed	sizeof	static
struct	switch	typedef	union	unsigned	void
volatile	while				

2.4 练　习　题

1. 简述C语言程序设计的发展与应用。
2. 简述C语言程序设计有哪些特点。
3. 试分析案例，简述C语言程序设计的结构与组成。
4. 试编写简单源程序进行实验，编译和运行C语言程序。
5. 简述一个C语言程序一般是由哪几部分组成的。
6. 简述在C语言程序设计中命名标识符需要注意哪些基本规范。
7. 参考分析输出命令语句 printf("@\n@@\n@@@\n");，试编写一个C程序，输出以下结果：

```
******************************
I'll try my C programming
******************************
```

8. 编写一个程序，把小写字母q转换为大写字母Q。
9. 试编写一个简单的求和运算程序，要求程序运行时，用户从键盘任意输入两个数值，程序运行后显示输出求和结果。

第3章 数据存储类型与相关运算

程序运算的对象是数据，程序运行时数据需要存储、调用和运算。数据是描述和表达客观事物的符号形式，是信息的载体，计算机在识别和处理信息数据时，按数据类型占用系统资源。数据类型定义说明了数据运算性质、占据存储空间多少及内部存储模式等。C语言可以使用多种数据类型，每个数据都属于某一种数据类型，每种数据类型又有常量和变量两种，不同类型的数据取值范围、表达形式及其在计算机存储器中的存放格式是不相同的，对于程序中用到的所有数据都必须通过定义指定其数据类型。本章主要内容如下：

- 数据存储方式与数据类型；
- 存储地址与占用空间；
- 数据常量与变量定义；
- 数据存储的正负数问题；
- 数据变量取值范围；
- 各种存储类型的混合运算；
- 运算符优先级与数据类型转换；
- 各类运算符与运算表达式。

3.1 数据存储方式

计算机中所有信息数据和指令都是以二进制形式存放与运行的，应用C语言编程必须要了解数据在计算机中的存储与定义。

3.1.1 数据存储与数制转换

计算机应用信息的数据表示是多样而复杂的，不仅有能够进行数学运算的数值型数据，还有表达自然语言的字符数据，以及图形图像数据、音频视频数据等，最终都要转换成计算机可以识别和运行的二进制形式。由于具备二态稳定的物理状态在自然界比较容易实现，如电路电压的高与低、电容的充电与放电、磁场磁畴的变换、开关接通与断开、晶体管导通和截止等，使用二进制数编码，技术上容易实现，通常用0和1这两个数字表示。因此，计算机中的数据最终以二进制数码表示与存储。

机器语言中的二进制数只有 0 和 1 两个数码，分别代表逻辑代数中的“假”和“真”两种状态。现实生活中人们习惯使用十进制，这样就存在着机器与人之间数据交流与转换问题，因此，一般有二进制、十进制、八进制、十六进制几种进位记数制之间的转换与应用，通常由计算机自动实现数制之间的转换。常用的几种进位记数制之间的转换关系如表 3-1 所示。

表 3-1　常用进位记数制间的转换关系

十进制	二进制	八进制	十六进制	十进制	二进制	八进制	十六进制
0	000	0	0	9	1001	11	9
1	001	1	1	10	1010	12	A
2	010	2	2	11	1011	13	B
3	011	3	3	12	1100	14	C
4	100	4	4	13	1101	15	D
5	101	5	5	14	1110	16	E
6	110	6	6	15	1111	17	F
7	111	7	7	16	10000	20	10
8	1000	10	8				

学习 C 语言程序设计需要熟悉并掌握各种数据类型的存储性质与使用。十进制整数转换成二进制数，整数部分用除 2 取余方法，小数部分用乘 2 取整方法。

例如，求$(13.825)_{10}$的二进制形式：

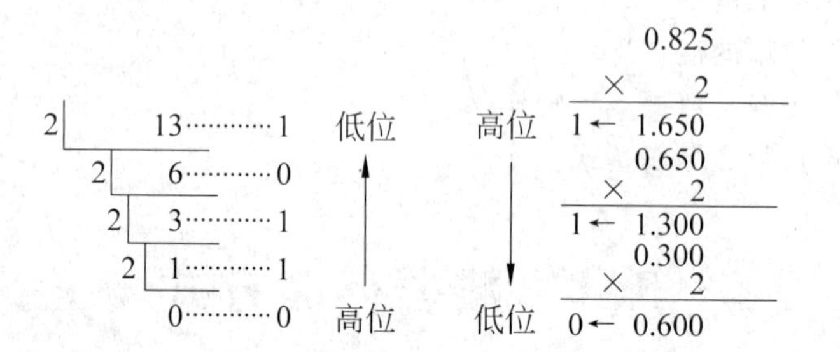

求得：$(13.825)_{10}=(1101.11)_2$。

其中精度问题由计算机根据数据类型定义自动取舍。

任何进位记数制的数值都可以展开成为一个多项式，其中每个数据项是所在位权与位系数的乘积，这个多项式求和结果是该数所对应的十进制数。

例如，求$(1101.11)_2$ 的十进制形式：

$$(1101.01)_2 = 1\times 2^3 + 1\times 2^2 + 0\times 2^1 + 1\times 2^0 + 1\times 2^{-1} + 1\times 2^{-2}$$
$$= 8+4+1+0.5+0.25 = (13.75)_{10}$$

求得：$(1101.01)_2=(13.75)_{10}$。

二进制转换为八进制时，整数部分从低位到高位，小数部分则从小数点开始往右划分，每 3 位为一组，不够补 0，每组 3 位二进制数对应 1 位八进制数。

例如，求$(100111101.11011)_2$ 的八进制形式：

将$(100111101.11011)_2$分组为100 111 101 . 110 110

对应八进制数 4 7 5 . 6 6

求得：$(100111101.11011)_2=(475.66)_8$。

二进制转换为十六进制数时，每4位为一组，不足4位用0补齐。

例如，求$(1010110.11101)_2$的十六进制形式：

二进制数分组 101 0110 . 1110 1000

对应十六进制数 5 6 . E 8

求得：$(1010110.11101)_2=(56.E8)_{16}$。

3.1.2 数据存储类型与定义

程序设计一般包括数据描述和流程控制描述。数据描述主要指数据结构，在C语言中，数据结构以数据类型的存储形式体现，通过定义内存变量，确定其存储空间的大小及数值存取运算范围。

标准C语言并没有规定各种数据类型占有多少字节，只要求int类型(普通整型)长度应大于或等于short类型(短整型)，并且小于或等于long类型(长整型)。不同的编译系统中各种存储类型各有差异，因此数据存储类型的最大值和最小值限制就会有所不同，应用时可以使用字节长度测试函数sizeof(类型名)，在实际使用的编译系统环境中测试数据存储类型的实际字节长度，了解在定义的数据存储类型正常使用的最大数据值范围。

C语言提供了丰富的数据类型，这些数据类型及定义关键字如图3-1所示。

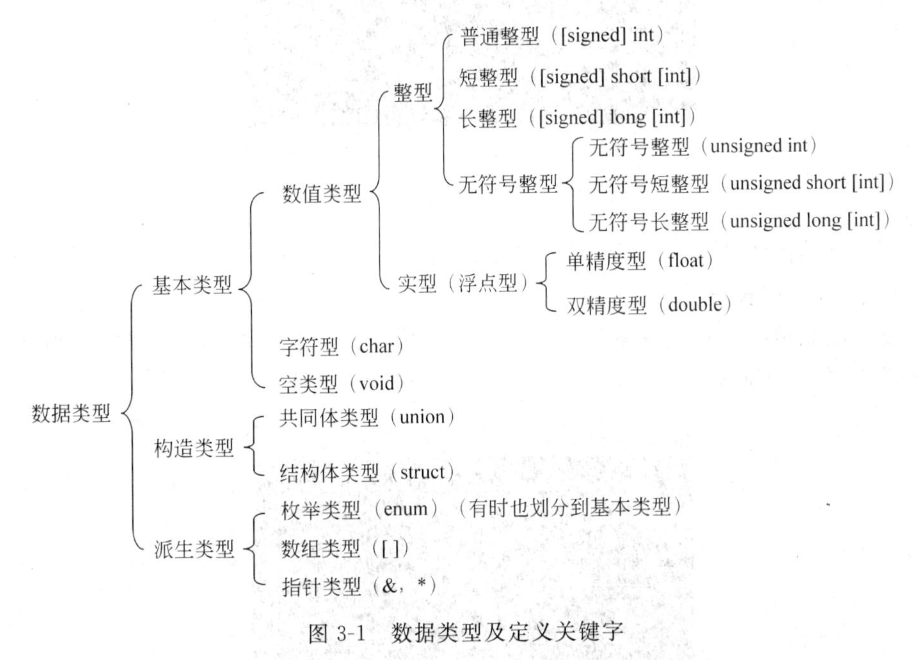

图3-1 数据类型及定义关键字

由于ANSI C并没有规定每一种数据类型的长度、精度和数值取值范围，不同的C语言编译系统对于数据类型存储长度有较大的差别，应用时注意测定确认，以免影响正常使用。

例 3-1 编程在 Microsoft Visual C++ 6.0 和 Turbo C 2.0 集成环境，分别测试常用数据存储类型的实际字节长度。

程序源代码：

```
/*L3_1.C*/
#include "stdio.h"
main()
{
    printf("the char is%d\n", sizeof(char));
    printf("the int is%d\n", sizeof(int));
    printf("the short int is%d\n", sizeof(short));
    printf("the long int is%d\n", sizeof(long));
    printf("the float is%d\n", sizeof(float));
    printf("the double is%d\n", sizeof(double));
    printf("the long double is%d\n", sizeof(long double));
    printf("the void is%d\n", sizeof(void));
}
```

该程序在 Microsoft Visual C++ 6.0 集成环境下运行后，显示各种常用数据存储类型的实际字节长度，结果如图 3-2 所示。

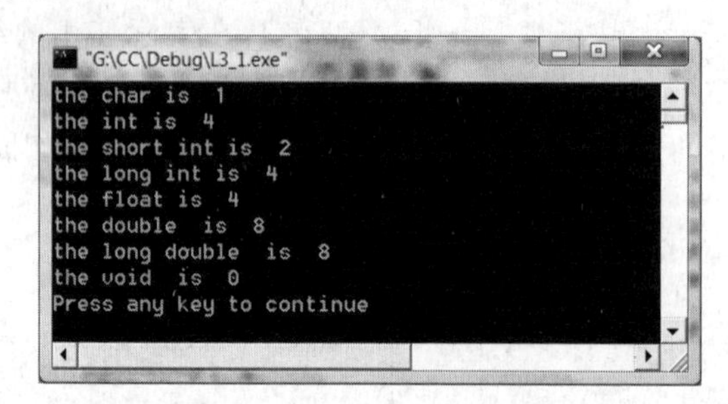

图 3-2 Visual C++ 6.0 数据存储类型字节长度

由这个案例程序的运行结果可见，Microsoft Visual C++ 6.0 集成环境下，字符型长度为 1B；普通整型长度为 4B；短整型长度为 2B；长整型长度为 4B；实数浮点型长度为 4B；实数浮点双精度型长度为 8B；长实数浮点双精度型长度也为 8B；空类型输出 0B。

该程序在 Turbo C 2.0 集成环境下运行后，显示结果如图 3-3 所示。

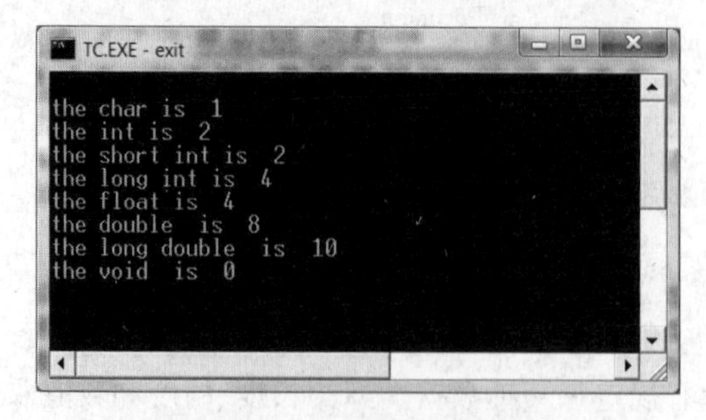

图 3-3 Turbo C 2.0 数据存储类型字节长度

由这个案例程序的运行结果可见，Turbo C 2.0 集成环境下，字符型长度为 1B；普通整型长度为 2B；短整型长度为 2B；长整型长度为 4B；实数浮点型长度为 4B；实数浮点双精度型长度为 8B；长实数浮点双精度型长度为 10B；空类型无输出。

常用的 C 语言编译系统，整型数据在内存中占 2B 或 4B，即 16b 或 32b。

通常占 4B(32b)的单精度型的数值范围为 $10^{-38}\sim10^{38}$，有效位数为7 位；占 8B(32b)的双精度型的数值范围为 $10^{-38}\sim10^{38}$，有效位数为 15～16 位，使用时需要注意。

基本数据类型为常用类型，表 3-2 列出 C 语言在 Microsoft Visual C++ 6.0 和 Turbo C 2.0 集成环境下对各种基本数据类型分配的字节位数和有效取值范围。

表 3-2　数据类型及取值范围

类型定义标识符	Microsoft Visual C++ 6.0		Turbo C 2.0	
	长度/位	数值表达范围	长度/位	数值表达范围
[signed] int	32	−2 147 483 648～2 147 483 647	16	−32 768～32 767
[signed] short [int]	16	−32 768～32 767	16	−32 768～32 767
[signed] long [int]	32	−2 147 483 648～2 147 483 647	32	−2 147 483 648～2 147 483 647
unsigned [int]	32	0～4 294 967 295(即 $2^{32}-1$)	16	0～65 535
unsigned short [int]	16	0～65 535	16	0～65 535
unsigned long [int]	32	0～4 294 967 295(即 $2^{32}-1$)	32	0～4 294 967 295
float	32	3.4E−38～3.4E+38	32	3.4E−38～3.4E+38
double	64	1.7E−308～1.7E+308	64	1.7E−308～1.7E+308
[signed] char	8	−127～127	8	−127～127
unsigned char	8	0～255	8	0～255
void	0	无值	0	无值

C 语言中的数据有常量与变量之分，分别属于以上数据类型，这些数据类型还可以构成更为复杂的数据结构，例如利用指针和结构体类型可以构成链表结构、结构树和栈等复杂而实用的数据结构。

在程序运行过程中其值保持不变的量称为常量；而存放数据常量的是数据变量，简称变量，变量是在程序运行过程中其值能够被改变的量。常量和变量都表现为或属于某一数据类型。C 语言中，常量不需要类型说明，变量则需要类型定义与说明，需要“先定义再使用”。

3.1.3　存储地址与占用空间

计算机程序在运行时需要调入内存工作区，程序中定义的数据在编译后也占有各自的内存区域，数据所占有的存储单元个数是由其类型决定的。内存空间通常划分为一个个存储单元，每个实际存储单元最小为一个字节(B)，即 8 个二进制位(b)；每个存储单元均有一个唯一的编号，就是内存地址，计算机系统访问内存时是按地址操作的，而每一种数据类型所占用的内存地址空间也是不一样的，如图 3-4 所示。

内存单元的地址与存储在单元里的数据是有区别的，单元地址如同房间号码，单元数

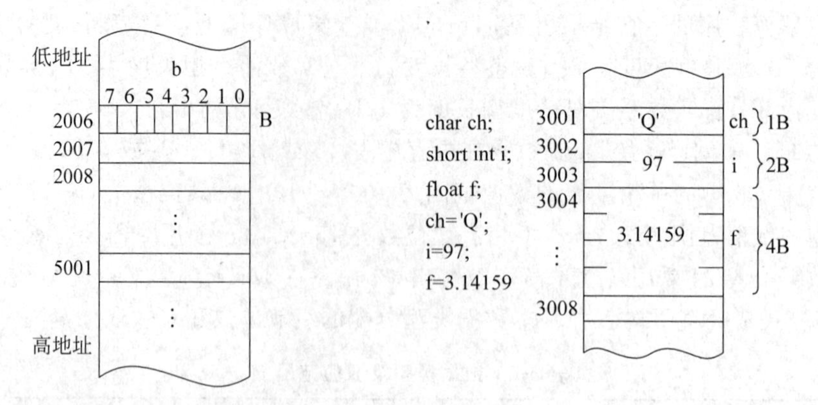

图 3-4　内存单元与地址

据则是存放的内容，不同类型数据占有的内存长度不同，字符类型占一个存储单元，整形占两个存储单元，浮点类型则占用 4 个连续存储单元。各种数据类型的第一个存储单元地址称为首地址，是计算机系统寻找数据存储单元的起始地址。

例 3-2　编写一个程序，定义不同数据类型的变量并赋值，分别输出各种数据类型的变量值和所占内存空间大小，即输出各数据类型存放内容及占有的字节长度。

程序源代码：

```
/*L3_2.C*/
#include "stdio.h"
main()
{
    char c;                          /*创建字符型变量 c*/
    int i;                           /*创建整型变量 i*/
    short int s_i;
    long int l_i;
    float f;                         /*创建浮点型变量 f*/
    double d;
    long double l_d;
    /*分别对变量赋值*/
    c='B';s_i=123;i=456;l_i=789;f=123.5;d=678.9;l_d=1.7e302;
    /*按类型分别输出各变量值,并输出各类型所占用存储字节*/
    printf("the variable c is %c, save long as%d\n", c,sizeof(c));
    printf("the variable s_i is %d, save long as%d\n",s_i, sizeof(i));
    printf("the variable i is %d, save long as%d\n",i, sizeof(s_i));
    printf("the variable l_i is %ld, save long as%d\n",l_i, sizeof(l_i));
    printf("the variable f is %f, save long as%d\n",f, sizeof(f));
    printf("the variable d is %lf, save long as%d\n", d,sizeof(d));
    printf("the variable l_d is %e, save long as%d\n",l_d, sizeof(l_d));
}
```

编译运行后，显示输出各变量的值和变量所占内存空间的字节数，如图 3-5 所示。

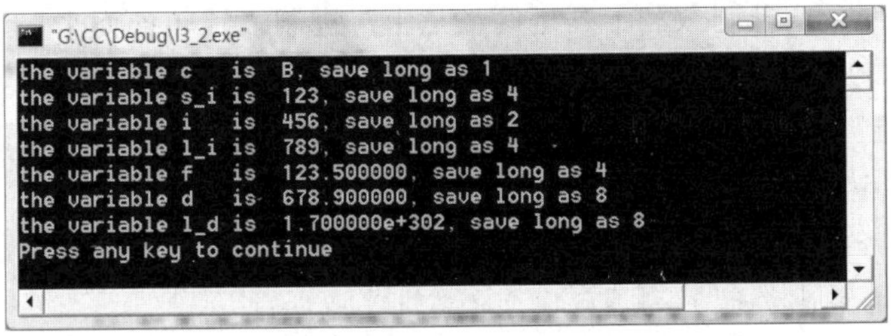

```
"G:\CC\Debug\l3_2.exe"
the variable c   is  B, save long as 1
the variable s_i is  123, save long as 4
the variable i   is  456, save long as 2
the variable l_i is  789, save long as 4
the variable f   is  123.500000, save long as 4
the variable d   is  678.900000, save long as 8
the variable l_d is  1.700000e+302, save long as 8
Press any key to continue
```

图 3-5　各种数据类型变量值及所占字节

计算机操作的最小存储单位是一个二进制位，简称位；计算机数据操作的最小存储单位是字节，8 个二进制位为一个字节，字节是能表示信息操作的最小存储单位；存储单元则是存放指令和数据的基本单位，每一类数据的存储空间可以由一个或若干个存储单元组成。

存储容量通常以字节为单位来表示，如 1KB 表示 1×2^{10}B，即 1×1024B；1MB 是 1×2^{20}B，即 1×1024KB；1GB 是 1×2^{30}B；1TB 是 1×2^{40}B；1PB 则是 1×2^{50}B，约为千万亿个字节。

3.1.4　数据常量分类

C 语言的常量按数据类型分类，其实就是各种数据类型的常量数据，分为数值型常量、字符型常量和字符串常量，数值常量又分为整型常量和实型常量。这些常量无须说明就可以使用，一般从字面形式就可以判别它们的类型，以下分别举例说明。

1. 整型常量

整型常量可以用十进制、八进制和十六进制 3 种形式表示。

- 十进制整数：由数字 0～9 和正负号表示，如 0、−123、456 等。
- 八进制整数：由数字 0 开头，后随数字 0～7 表示，如 0123、075 等。八进制转换为十进制数符合进位记数制运算规则。例如，将 0123 转换为十进制数，即

$$1\times8^2+2\times8^1+3\times8^0=(83)_{10}$$

- 十六进制整数：由 0x 开头，后随 0～9，a～f（或 A～F）表示，如 0x1B3、0Xdf 等。

例如 −7、45、6789u、05706、0x67f9 和 6789L 等，其中 −7、45、6789u 为整型十进制数，05706 为整型八进制数，0x67f9 为十六进制整型数，6789L 则为长整型十进制数。

长整型常量后面加上小写字母 l 或大写字母 L，数据占用存储单元为长整型。

一个长整型常量后面加上小写字母 u 或大写字母 U，则表示为无符号整型常量（unsigned int），数据占用存储单元的最高位不作为符号位，而用来表示数据。

八进制或十六进制转换为十进制数，运算方法符合进位记数制运算规则。例如，将十六进制常数 0x123 转换为十进制数，即

$$1\times16^2+2\times16^1+3\times16^0=(291)_{10}$$

注意，在实际应用中，八进制和十六进制的表示没有负数，这是因为所有数据均以二

进制数码物理存放，八进制数和十六进制数是由二进制表示转换而来，十进制负数转换成二进制数码存放在计算机系统中是以补码的形式表示和体现的。例如，八进制数 07602 表示正确，八进制数－0357 则是错误的。另外，八进制数－0687 也是错误的，因为八进制数不可能出现 8 这个数码。

程序设计中各种类型的数据在使用过程中一定要匹配，比如变量的赋值操作、函数的参数传递、输入与输出类型控制等。

2. 实型常量

实型常量也称为浮点型常量、实数或浮点数。计算机程序设计中除了涉及整数运算外还有小数运算，如 1234.567。小数是不能用整型数据方式存储的，只能用实数方法表示和使用，实数只采用十进制数表示。

实型常量有十进制小数形式和十进制指数形式两种表示方法。

- 十进制小数形式：十进制小数表示法由数码 0～9 和小数点组成，实数必须有小数点，例如 0.16、.5、2.6、9.、2.34、－678.921 等均为十进制实数表示。
- 十进制指数形式：也称科学计数法，以指数形式表示浮点类型数据，如 2.3E－5、6.542e6 等。在计算机系统中，指数形式用来表示很大的数值或非常小的数值，如 2.34E－12，实际表示数值 2.34×10^{-12}。

指数形式表示由 3 部分组成，中间字母 e 或 E 代表数字 10，e 或 E 之前必须有数字，字母之后的指数部分必须为整数。例如，7.1E5、－2.8E－2 为合法实型常量，而 2.7E、59、e7、－257、46.－E4 均为非法实型常量。

一个实数可以有多种指数表示形式，通常用标准指数形式表示，即在字母 e 或 E 之前的小数部分中，小数点左边保留一位非零数字，例如 1.3562e6、3.0254E5 都属于标准的指数形式。实数在以科学计数法输出时是按标准的指数形式输出的。

3. 字符常量

字符常量包括键盘上使用的大小写字母(A～Z、a～z)、数字字符(0～9)和专用字符(!、@、#、$、&、*、|)等，每一个字符均按国际通用标准代码 ASCII(American Standard Code for Information Interchange)编码规则转换后存储，例如根据附录 A 查得大写字母 Q 的 ASCII 码值为十进制 81，转换成二进制表示为 1010001；小写字母 q 的 ASCII 码值为十进制 113，转换成二进制表示为 1110001。小写字母 q 的存储方式为

0	1	1	1	0	0	0	1

即使用一个字节存储，不足高位补 0。实际上，ASCII 码表只用低 7 位就可以表示各种常用字符及控制字符，最多可以表示 $2^7-1=127$ 个不同的 ASCII 码值。

字符常量在使用时还要注意一些细节问题，分别说明如下。

1) 单个字符常量

单个字符常量是用一对单引号引起来的单个字符，如'a'、'$'、'3'、'9'等，每一个字符均

对应一个 ASCII 码,或是 ASCII 码转移控制符,如'\n'表示回车换行。注意键盘上的数字字符均有自己的 ASCII 码,而非其字符本身,例如数字字符 8 的字符常量表示为'8',其二进制 ASCII 码为 00001000,字符常量必须用单引号引起来。

ASCII 字符的码值可以用十进制表示,例如,字符'A' 的十进制 ASCII 码值为 65,字符'a'的十进制 ASCII 码值为 97,字符'0'的十进制 ASCII 码值为 48,字符'\n'的十进制 ASCII 码值为 10 等。

2) 字符串常量

字符串常量是用一对双引号引起来的单个字符或字符串,如"a"、"123"、"test"等。字符串常量中的每一个字符均有自己的 ASCII 码值。双引号是字符串常量的标识,如常量"9"是字符串,而不是字符常量'9',两者占用的存储空间不同。

字符串常量"9"占 2 个存储单元:

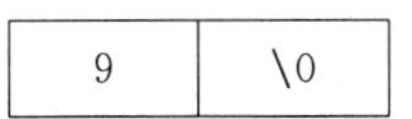

字符常量'9' 占 1 个存储单元:

9

可见,字符串常量和字符常量是不同的量。字符串常量"abc"在存储器内部存储的字符序列为

a	b	c	\0

其中 ASCII 字符'\0'(NULL)为字符串结束标志,是字符串操作的结束符。

3) 控制字符常量

在 ASCII 字符集中,码值为十进制 0～255(十六进制 0x00～0xFF)的 ASCII 字符,其 ASCII 码值不能用字符符号表示,也不能通过键盘操作输入,这些字符代表着特定的意义,需用反斜杠'\'和特定字符组合表示,使用这类表示方法的字符叫做转义字符,C 语言中的转义字符如表 3-3 所示。

表 3-3　转义字符

字符形式	ASCII 码值	功　能
\0	0x00	NULL
\a	0x07	响铃
\b	0x08	退格
\t	0x09	水平制表(tab)
\f	0x0c	走纸换页
\n	0x0n	回车换行
\v	0x0b	垂直制表
\r	0x0d	回车(不换行)
\\	0x5c	反斜杠
\'	0x27	单引号

续表

字符形式	ASCII码值	功　能
\"	0x22	双引号
\?	0x3f	问号
\nnn	0nnn	用1～3位八进制数表示ASCII字符
\xhh	0xmm	用1～2位十六进制数表示ASCII字符

实际上,C语言ASCII字符集中的任何一个字符均可用转义字符来表示。表中\nnn是用八进制数表示ASCII字符,\xmm是用十六进制数表示ASCII字符。nnn是八进制数代表的具体ASCII码值,mm是十六进制数代表的具体ASCII码值。例如,'\102'表示字母B,'\134'表示反斜线等。以字符常量A为例,可以有以下几种表示形式:

- 'A'为字符A的字符常量;
- '\101'为字符A的八进制数常量;
- 65为字符A的十进制数常量;
- '\x41'为字符A的十六进制数常量。

上述4种方式均可以表示字母A的常量值。

4) 符号常量

为了增加C程序设计实现过程的可维护性,可以使用一个标识符来代表一个常量,称为符号常量。符号常量是在一个程序中指定一个标识符来代表一个常量。符号常量的定义格式为

```
#define 符号常量标识符 常量字串
```

其中#define是一条预处理命令,预处理命令均以#开头,也称为宏定义命令,该命令的功能是把标识符定义为随后的常量字串,程序编译时,在程序中所有出现符号常量的位置均代换为其后的常量字串。C语言程序设计习惯上将符号常量名用大写标识,普通变量名用小写标识。符号常量一经定义,程序编译执行时,在程序中所有出现该标识符的地方均代之以已经定义的字串常量值。

例3-3 输入半径(radius),计算圆的周长(perimeter)、面积(area)和球体体积(volume),数值输出格式要求预留宽度为10个字符,小数点后保留4位,四舍五入。

程序源代码:

```
/*L3_3.C*/
#define PI 3.1415926                                    /*定义代换符号常量*/
main ()
{
    float perimeter, area, radius, volume;
    printf("input radius=:");                           /*显示提示字符串*/
    scanf ("%f", & radius);                             /*输入圆的半径*/
    perimeter=2.0*PI*radius;
    area=PI*radius*radius;
    volume=4/3.0*PI*radius*radius*radius;
```

```
    printf("perimeter=%10.4f\n area=%10.4f\n volume=%10.4f\n",perimeter,
    area,volume);
}
```

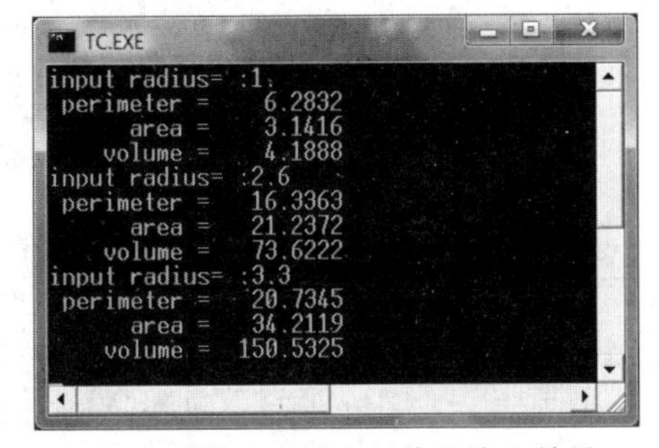

图 3-6 输入不同半径值的输出结果

程序编译、链接后运行 3 次，输入 3 个不同的半径值，即输入“1.”、“2.6”和“3.3”，得到 3 组不同的结果，如图 3-6 所示。

程序中定义的 PI 代表常量 3.1415926，在编译源程序时，遇到 PI 就用常量 3.1415926 代替，PI 可以和常量一样进行运算。程序中注意控制符%10.4f 表示以浮点类型输出浮点类型变量值，预留输出宽度为 10 个字符，小数点后保留 4 位，四舍五入。

C 语言规定，每个符号常量的定义式占据一个书写行，而且符号常量不能被再次赋值。

使用符号常量的好处主要有以下两点：

(1) 提高了程序的可读性。本例程序中，凡出现符号常量 PI，就可知 PI 代表圆周率。因此，定义符号常量标识符时，应该尽量使用见名知意的常量名。

(2) 提高了程序的易修改、易维护性。本例程序中，圆周率用宏定义符号常量表示，则程序需要改变运算精度时，不需要逐一查找和修改程序中用到圆周率 3.1415926 的语句，只需修改符号常量 PI 标识符进行字串宏代换，程序中的所有 PI 都会自动代换，实现“一处定义和修改，处处使用”的宏代换效果。

3.1.5 程序变量定义

程序变量是在程序运行过程中可以被重新赋值，改变其存储内容的量。C 程序设计中，任何变量使用前必须首先定义变量标识符和数据类型，一般定义格式为

数据类型　变量标识符表列

变量定义说明有两部分：第一部分是数据类型，规定了所定义使用的变量赋值运算类型和存储空间大小；第二部分是变量标识符，也称变量名，是程序运行时数据存储及操作运算的对象。每个变量都必须有一个合法的变量名，变量命名需遵循 C 语言标识符的命名规则。变量正确定义后必须赋值才能调用，即使用变量运算之前变量必须有值，在程序运行过程中，变量值存储在内存中，程序通过变量名来引用变量值。

数据类型定义格式中的“变量标识符表列”可以是一个变量，也可以是多个变量，若定义两个以上的变量，各变量名之间用逗号“，”作为变量表列分隔符。在类型说明符与变量名之间至少要有一个空格作为命令关键字分隔符。变量定义语句最后必须以“;”号结束。所有变量定义必须放在执行语句之前，函数变量放在函数体的开始部分。

已经定义的变量，赋值后才能使用。例如，首先定义一个整型变量 a，对变量赋值，如 a=256，然后引用变量 a 与常量 10 求和后，再赋值给变量 a。这 3 条命令执行完成后，变量 a 的值为 266，如图 3-7 所示。

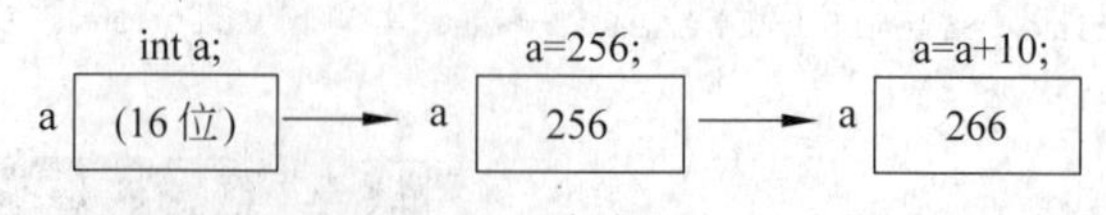

图 3-7　整型变量 a 的定义与引用

变量名标识符实际上是一个符号地址，在编译时可获得系统分配的一个内存地址，作为存放变量值的存储单元。从变量 a 中取值时，程序通过变量名 a 找到相应的内存地址，并从该内存地址对应的存储单元中读取数据 256，与整型常数 10 相加后重新赋给变量 a。

由于大写字母和小写字母按 ASCII 编码规则被认为是两个不同的字符，因此 C 语言设计中，像标识符 PRICE 和 price 代表的是两个不同的变量名，习惯上程序变量名用小写字母表示，符号常量用大写字母表示。

变量定义后必须赋值才能使用，C 语言允许定义变量的同时对变量赋初值，称为变量初始化。变量初始化一般形式为

```
数据类型　变量 1=赋值 1, 变量 2=赋值 2, …;
```

变量标识符命名时一般应注意以下几点：

(1) 标准 C 语言变量通常以小写字母或下划线开始。

(2) 变量标识符中的字符可以是字母 a～z，数字 0～9，字符@或下划线_等。

(3) 变量标识符的有效长度通常为 32 个字符。

(4) C 语言约定的保留关键字不能用作变量标识符。

例如，以下是正确的变量初始化定义：

```
int a,_sum=123,b=0x123;
float f_x=9.85,f_y=.9,f_z=190;
char ch1='R',ch2=97;
```

而以下是错误的变量标识符定义：

```
int Dr.liu;
char 3x;
float $f;
```

以上语句中的变量标识符不正确。

另外，变量不允许连续赋值初始化，如 int a＝b＝c＝5；是不正确的用法。有些语法规则因系统而异，但考虑到程序设计的兼容性，应尽量使用标准规范用法。

3.2　数据存储方式与应用

不同数据类型的存储定义一经指定，程序运行时系统就会根据定义自动分配内存空间，数据存储方式及最大数值的表示范围也就限定了。数据存储方式定义的是有符号数

据类型还是无符号数据类型，是整数还是浮点数据类型。C 语言的数据存储方式与实际应用关系紧密。

3.2.1 数据存储的正负数问题

计算机系统中的正负数问题主要是机器系统中数值型数据的负数符号如何表达，负数如何运算等，最终归结到数据存储方式上解决，就是无论正数还是负数，都以二进制补码方式存储和调用。

补码是由机器系统自动转换生成的二进制的数据存储形式。正负数的转换方式不同，正数的补码就是原码，而负数的补码是该负数去掉负号以后的二进制原码取反后加 1。

以短整型数据为例，有如下定义：

```
short int valu1=13;
```

或

```
signed short int valu1=13;
```

转换为二进制：$(13)_{10}=(1101)_2$，则有符号整型数据 13 在内存的存储方式为

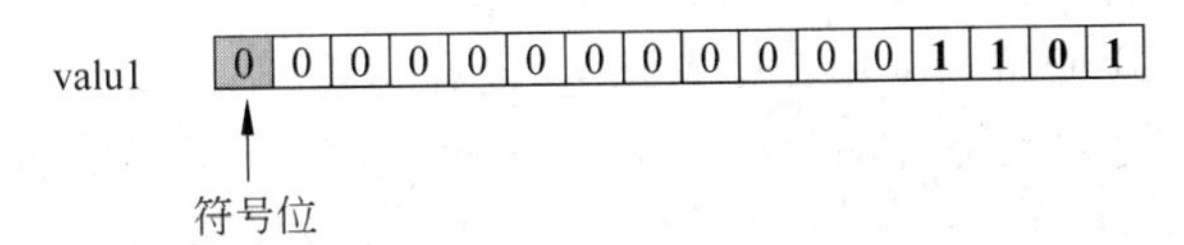

正数 13 的补码就是原码。

C 语言中有符号整型数据存储的最高一位用作符号位，用来表示数据的正负号，符号位置 0 值时表示该数为正数，置 1 值时则表示该数为负数，符号位不用于表示数据值。有符号数据类型的数据存取是以符号位值来确定访问数据的正负。

若执行定义语句

```
short int valu2=-13;
```

或

```
signed short int valu2=-13;
```

系统会自动将－13 转换为该负数的补码方式存储。负数转换过程如下：

－13 去掉负号后，取 13 的二进制码为

0	0	0	0	0	0	0	0	0	0	0	0	1	1	0	1

取反后的二进制反码为

1	1	1	1	1	1	1	1	1	1	1	1	0	0	1	0

加 1 后即转换成－13 的二进制补码，存储方式为

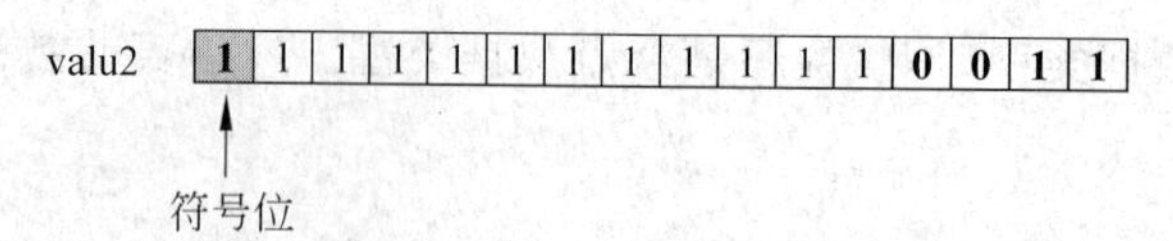

该值即为－13的补码形式，最高位为1，而低15位则表示该负数的补码值，本例$(111\ 111\ 111\ 110\ 011)_2$就是－13的二进制补码值，即

$$(-13)_{10}=(1111\ 111\ 111\ 110\ 011)_2=(\text{fff3})_{16}$$

3.2.2 数据变量取值范围

整型变量的存储与字符型和浮点型不同，有符号还是无符号定义也不同，C语言数据类型一经定义，其存储方式就随之确定。不同编译系统时整型变量规定的数值长度虽有不同，但基本原理是一样的。

1. 符号位问题

C语言程序设计中，整型变量的基本类型为int，加上不同的关键字修饰符，其存储方式和取值范围就会发生变化。

- 基本型：类型说明符为int，内存中占2B或4B。
- 短整型：类型说明符为short int或short，内存中占2B。
- 长整型：类型说明符为long int或long，内存中占4B。

以上数据类型定义若不加unsigned关键字，则数据在内存中存储整数时以其最高位标识数的正负号，以0表示正数，1表示负数，该二进制位不作为数据值的表示位。

通常使用关键字short、long和int等定义整型数据，均默认为带符号存储方式。

C语言还允许使用无符号整数，最高位不作为符号位，而用来表示数据值。无符号整型的说明符为unsigned，与上述3种类型关键字配合构成以下类型：

- 无符号基本型：类型说明符为unsigned int或unsigned。
- 无符号短整型：类型说明符为unsigned short。
- 无符号长整型：类型说明符为unsigned long。

无符号类型整数所占的内存空间与对应的有符号类型整数物理空间位数相同，但由于最高位用来表示数据值，因此只能表示正数，不能表示负数，其正数数值表示范围扩大一倍。

例如，执行以下命令语句：

```
unsigned short int u_int;
u_int=65535;
```

由于$(65535)_{10}=(1111111111111111)_2$，在内存中存储方式为

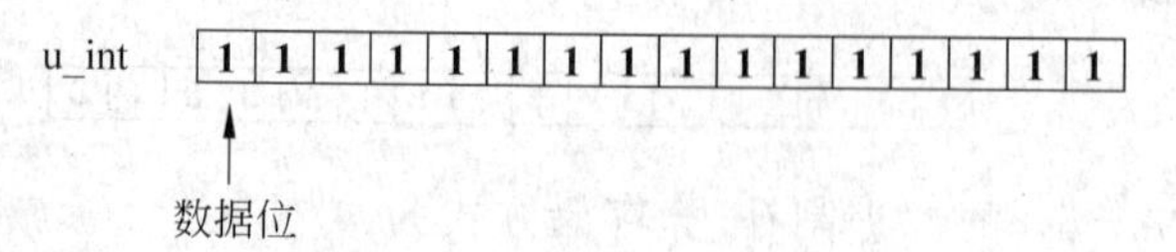

用 unsigned 定义的短整型变量，其数据存储的最高位不再用作符号位，而是用来表示数据值的数据位，这样正数取值范围最大可表示 $2^{16}-1=65\ 535$，比带符号位的取值范围 $2^{15}-1=32\ 767$ 大一倍。

2. 数据溢出问题

计算机程序设计中，当数据值很大或很小时就可能会遇到数据溢出问题。定义变量时首先要注意带符号位的数据存储类型的取值范围。

例如，执行变量定义命令语句

```
short int v_max=32767;
```

或

```
signed short int v_max=32767;
```

转换为二进制：$(32767)_{10}=(111111111111111)_2$，则有符号整型类型数据 32 767 在内存的物理存储方式为

v_max	0	1	1	1	1	1	1	1	1	1	1	1	1	1	1	1

符号位

即以二进制补码值表示有符号短整型类型的数据存储方式下，能够表示和存放的最大正整数为 $2^{15}-1=32767$，即

$$(32767)_{10}=(0111111111111111)_2=(7fff)_{16}$$

此时若执行命令

```
v_max=32767+1;
```

则计算后实际存储方式为

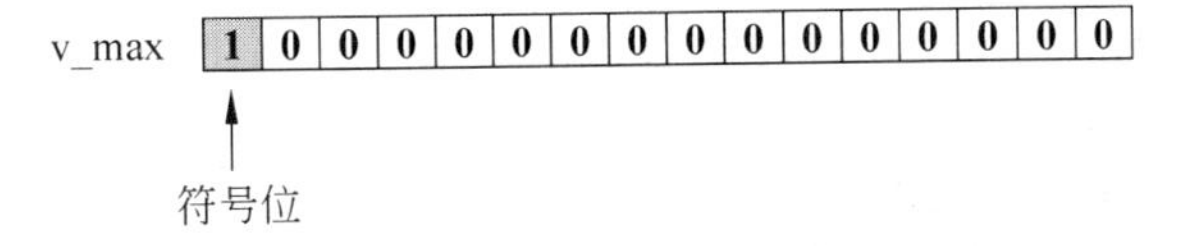

此时变量存储最高位置 1，即符号位置 1，表示该数是一个负数，这样数据就出现了最大值溢出错误。通常此类问题系统不会提示出错，需要用户自己甄别。

下面再来看最小值数据溢出问题。

例如，执行变量定义命令语句

```
short int v_min=-32768;
```

或

```
signed short int v_min=-32768;
```

系统自动将 $-32\ 768$ 转换为该负数的补码方式存储。转换过程如下：

－32 768 去掉负号后为 32 768，其二进制存储方式为

1	0	0	0	0	0	0	0	0	0	0	0	0	0	0	0

取反后的二进制反码为

0	1	1	1	1	1	1	1	1	1	1	1	1	1	1	1

反码加 1 后即转换成－32 768 的二进制补码，存储方式为

v_min	1	0	0	0	0	0	0	0	0	0	0	0	0	0	0	0
	符号位															

符号位置 1 表示这是一个负数，数据位均为 0。显然，这个负数补码值是有符号短整型数据类型的存储方式下所能够表示和存放的最小负整数。即

$$(-32768)_{10} = (1000000000000000)_2 = (8000)_{16}$$

此时若执行命令

```
v_mix=-32767-1;
```

则实际存储方式为

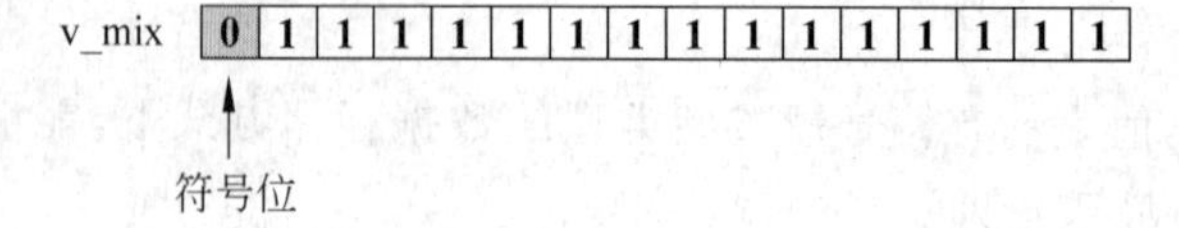

发生数据溢出，使符号位置 0，而符号位置 0 又表示这是一个正数，数据位均为 1 显然是短整型正数所能表示的最大值。

例 3-4 编写一个应用程序，验证常用的各种数据类型的存储方式，以十进制输出各变量值，并以十六进制输出各变量的二进制存储方式。

```
/*L3_4.C*/
#include "stdio"
#include "math.h"
main()
{
    signed short int valu2=-13;                          /*有符号变量初始化*/
    signed short int v_max=32767;
    signed short int v_min=-32768;
    unsigned short int u_int=65535;                      /*无符号变量初始化*/
    printf("valu2=%d, hexadecimal is%x\n",valu2,valu2); /*输出变量值,检验存储方式*/
    printf("v_max=%d, hexadecimal is%x\n",u_int,u_int);
    printf("v_min=%d, hexadecimal is%x\n", v_min, v_min);
    printf("u_int=%u, hexadecimal is%x\n",u_int,u_int);
    printf("v_min-1=%d, hexadecimal is%x\n",v_min-1,v_min-1);
    printf("v_max+1=%d, hexadecimal is%x\n",v_max+1,v_max+1);
    printf("unsigned short is%u,hexadecimal is%x\n",(int)pow(2.,16.)-1,(int)
```

```
    pow(2.,16.)-1);
}
```

注意,求指数幂函数 pow()要求参数为浮点类型,输出结果需为整数以作比较,因此使用了整型强制类型转换运算(int),以符合%u 无符号整数类型输出的要求。程序在 Turbo C 2.0 集成环境下编译运行后,输出结果如图 3-8 所示。

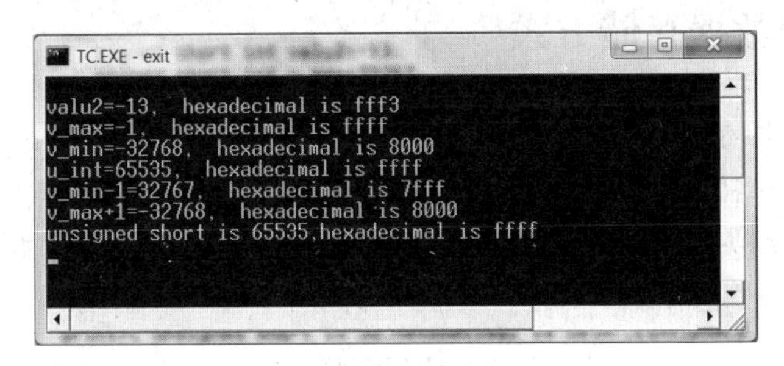

图 3-8　Turbo C 2.0 环境下的运行结果

在 Microsoft Visual C++ 6.0 集成环境下编译运行,输出结果如图 3-9 所示。

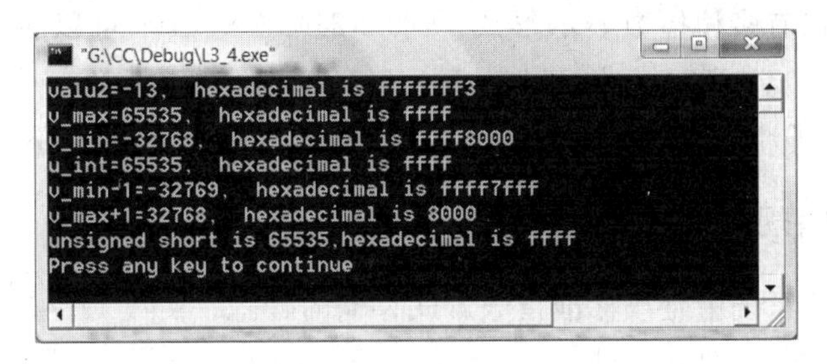

图 3-9　Microsoft Visual C++ 6.0 环境下的运行结果

注意,负数十六进制存储方式输出显示为 4B 是因为 Visual C++ 6.0 集成环境中普通整型为 4B。短整型虽然是 2B 长度,程序运行取 4B。正数的符号位为 0,则 4 字节工作时高位补 0,输出时省略;而负数的符号位置 1,则 4 字节工作时高位补 1,运行后则原样输出。如:

$$(-32768)_{10} = (1000000000000000)_2 = (8000)_{16}$$

因为$-$32 768 的二进制补码存储方式为

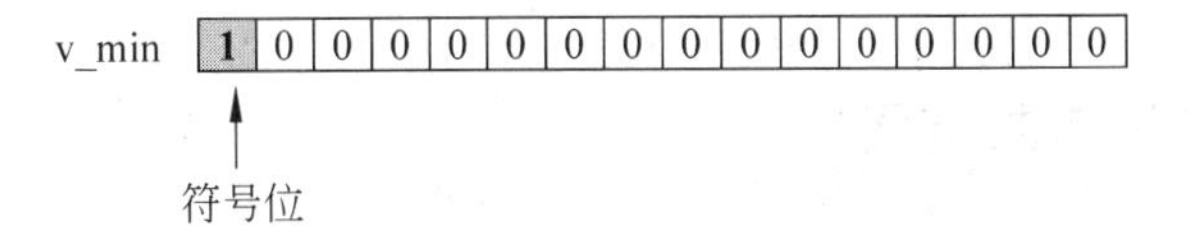

在 Visual C++ 6.0 集成环境中为其分配 4B 存储空间,实际存储方式为

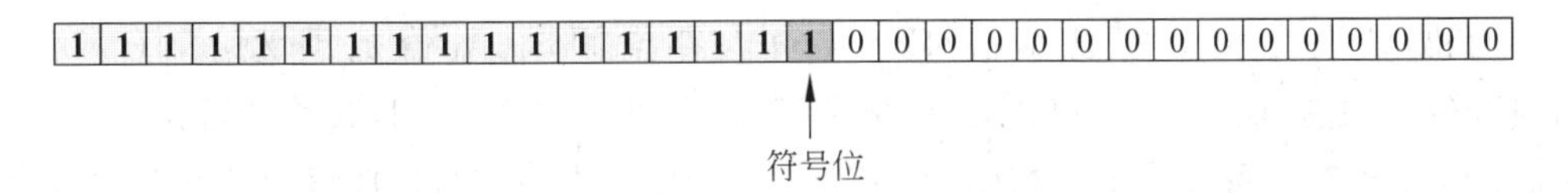

$-$32 768 的符号位置 1,程序运行 4B 扩展后高位均为 1,所以 Visual C++ 6.0 集成环

境中－32 768 显示为十六进制 ffff8000。

综上所述，在设计程序过程中应注意定义变量的存储类型和存储方式，以便合理使用各种数据类型变量的取值范围。当赋值超过取值范围时就会出现数据溢出错误，这种溢出错误在运行时并不报错，需要加以注意。

3.2.3 实型数据存储方式

计算机系统中，实型数据均以指数形式存储，一般占 4B(32b)内存空间，分两大部分，其中用 3B 存放数据值部分，1B 存放指数值部分。例如，输入一个数 12345.678，由于计算机系统会自动转换成指数形式存储，这个数可以化成标准化指数形式 0.12345678×10^5，包括数值和指数两部分：

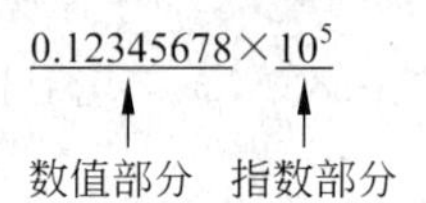

一个实数可以有多种指数表示形式，如 0.12345678×10^5 可以表示成 1.2345678×10^4、1234567.8×10^{-2}、1234.5678×10^1、12345.678×10^0 等，但只有 0.12345678×10^5 符合标准指数形式，即小数点前第一位数字为 0，小数点后第一位数字不为 0。

1. 实数存储规范

实数在计算机系统中是按标准指数形式存储的，例如，实数 12345.678 在内存中的存放形式为

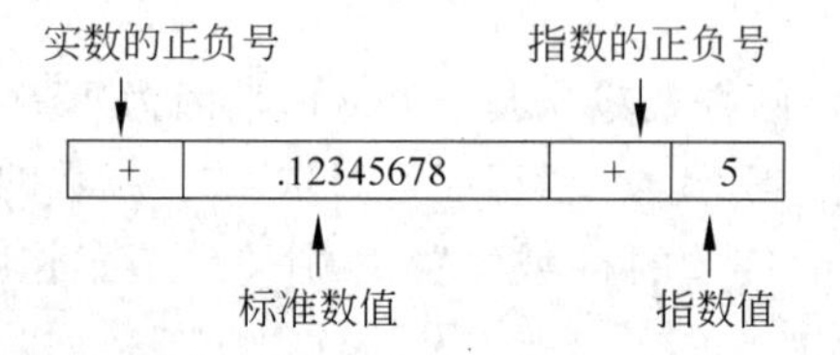

实数在计算机系统内最终以二进制形式存放，以字节表示。标准数值的小数部分占的位数越多，所表示数据的有效位数越多，精度越高；指数部分占的位数越多，则所能表示的数值范围越大。

2. 实数分类及有效范围

实型变量分为单精度(float 型)、双精度(double 型)和长双精度(long double 型)3 种类型，如表 3-4 所示。

标准 C 语言中单精度型占 4B(32b)内存空间，其数值范围为 3.4E－38～3.4E＋38，只能提供 7 位有效数字。双精度型占 8B(64b)内存空间，其数值范围为 1.7E－308～1.7E＋308，可提供 16 位有效数字。长双精度型占 10B(80b)内存空间，有效数字大约为 19 位，实际应用中根据计算机系统而定。

表 3-4　实数的类型及有效范围

类型说明符	字 节 数	有效数字	数的范围
float	4	6～7	$10^{-38}\sim10^{38}$
double	8	15～16	$10^{-308}\sim10^{308}$
long double	10	18～19	$10^{-4931}\sim10^{4932}$

3. 实型数据的舍入误差

由于实型变量存储方式所限，程序运行时所能提供的有效数也是有限的，程序运算中有效数被舍去就会产生舍入误差。

例 3-5　编写程序检验实型变量运算的数值有效位误差。

程序源代码：

```
/*L3_5.c*/
main()
{
    float a,b;
    a=12345.6789e6;                    /*赋值为较大的实数*/
    b=a+50;
    printf("a=%f\n",a);
    printf("b%lf\n",b);
}
```

程序编译运行后的输出结果如图 3-10 所示。

数学表达式 a+50 的理论值应是 12345678950，但由程序运行结果可以看出，变量 a 的值与整数 50 相加再赋给变量 b 后，b 的输出值与 a 输出值是相同的。这是因为普通实型变量只能保证 7 位有效数字，后面的数字无实际操作意义，不能准确地表示和运算。所以运行程序得到的变量 b 值未变。一般应注意避免将一个很大的数和一个很小的数直接相加或相减，否则就会“丢失”较小的数。

若将变量定义 float a,b;改为 double a,b;，则输出结果发生变化，变量 b 输出有效值，如图 3-11 所示。这是因为双精度实型变量能保证 11 位有效数字，所以输出结果是准确的。

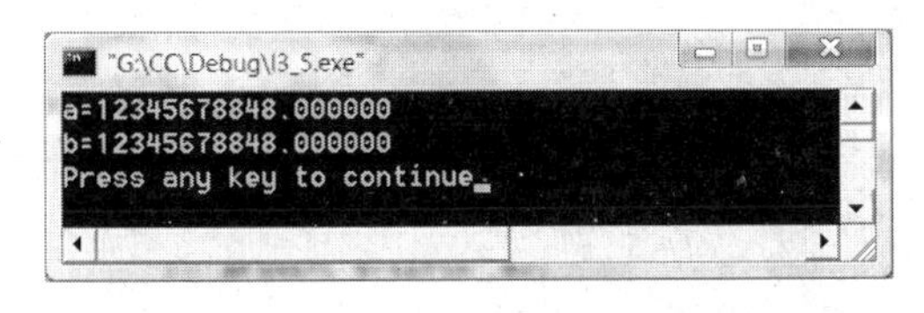

图 3-10　普通实型变量运算误差

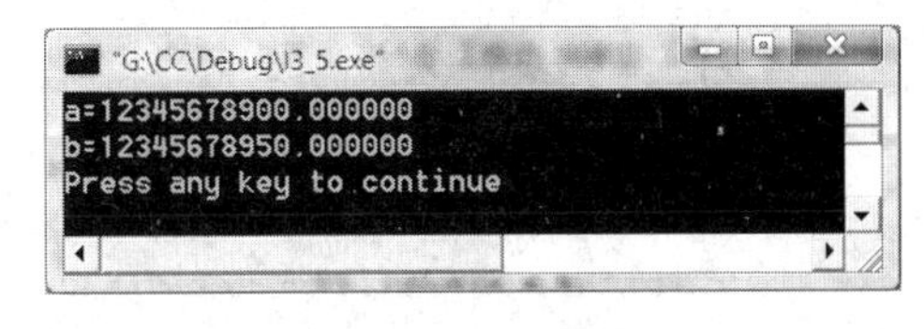

图 3-11　双精度实型变量减少运算误差

例 3-6　编写程序检验单精度和双精度实型变量舍入误差。

程序源代码：

```
/*L3_6.c*/
```

```
#include "stdio.h"
main()
{
    float a;
    double b;
    a=666666.666666;
    b=555555.55555555555555;
    printf("a=%f\n",a);
    printf("b=%lf\n",b);
    printf("b=%e\n",b);
}
```

该程序分别在 Microsoft Visual C++ 6.0 和 Turbo C 2.0 系统环境下编译运行，输出结果如图 3-12 所示。

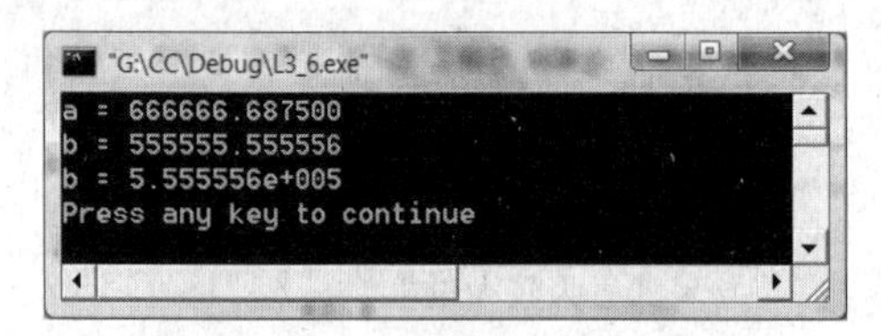

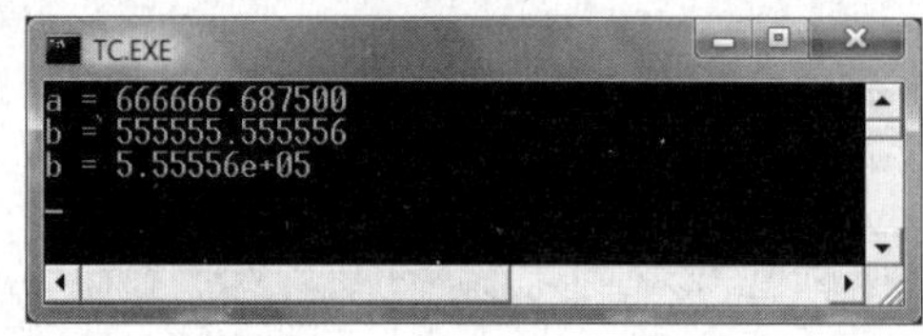

图 3-12　变量舍入误差比较

从本例运行结果可以看出，由于变量 a 是单精度浮点类型，有效位数只有 7 位，而 a 变量值整数已占 6 位，因此小数点保留一位之后的数应为无效数字；变量 b 是双精度类型，有效位为 16 位。C 语言在 Microsoft Visual C++ 6.0 和 Turbo C 2.0 系统环境下对实型数据类型分配的字节位数和有效取值范围相同，规定小数点后最多保留 6 位数，其余部分自动四舍五入。

例 3-7　编写程序，定义各种数据类型变量，使各种类型数据混合运算，输出结果。

程序源代码：

```
/*L3_7.C*/
main()
{
    char c='s';                                   /*定义字符型变量并初始化*/
    int a=3,b=5;                                  /*定义整型变量*/
    float x=2.3,y=4.5,z;
    z=c+a+x+b*(x+y)/3;                            /*各种类型变量和数据混合运算*/
    printf("c_Character=%c c_ASCII=%d\n",c,c);    /*字符变量值输出*/
    printf("a+b=%d a+b=%o a+b=%x a+b=%u\n",a+b,a+b,a+b,a+b);
                                                  /*以各种进制输出*/
    printf("x=%f y=%f\n",x,y);
    printf("z=%f\n",z);                           /*输出混合运算结果*/
}
```

程序编译运行后，输出结果如图 3-13 所示。

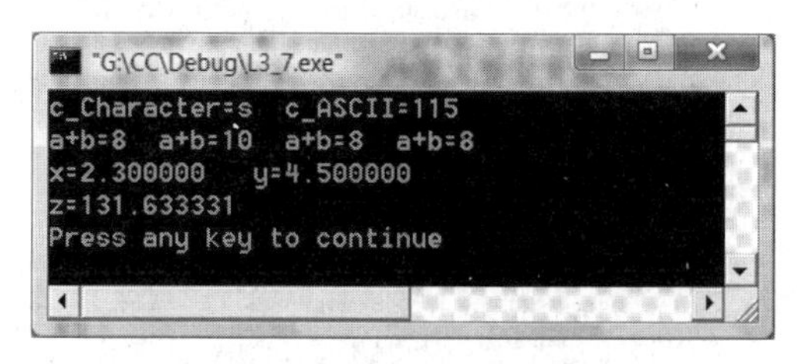

图 3-13　各种数据类型混合运算

其中字符型变量 c 以字符和 ASCII 码值两种方式输出；整型算术运算表达式 a+b 分别以十进制、八进制、十六进制和无符号类型输出；实型变量 x，y 值以浮点类型输出，低位补 0；混合运算结果以浮点类型输出，有效位数为 7 位。

3.2.4　字符型数据存储方式

字符常量是用单引号引起来的一个 ASCII 字符。例如，字符'a'、'b'、'='、'+'、'? '等都是合法字符常量。字符型数据与数值型数据不同，例如字符'5'与数字 5 是两个不同的常量，'5'是字符常量，本身不能作为实际数值参与数学运算。

字符变量的类型定义说明符是 char，用来存储字符常量，存放单个 ASCII 字符或转义字符。字符变量在内存中占一个字节，每个字符变量被分配一个字节的内存空间，字符值是以 ASCII 码的形式存放在变量的内存单元之中的。

例如，小写字母 w 的十进制 ASCII 码值为 119，x 的十进制 ASCII 码值为 120，若执行命令语句

```
char c1='w',c2='x';
```

则内存变量 c1 和 c2 在内存中的存储方式分别为

c1	0	1	1	1	0	1	1	1

c2	0	1	1	1	1	0	0	0

字符变量 c1 和 c2 的存储单元中分别存放的是十进制数 119 和 120 的二进制值。

由于字符型和整型数据类型在内存中的存储形式是类似的，因此应用中可以把字符型看作整型数据类型，进行简单数学运算，如在 ASCII 码表范围内作大小写字母转换等。实际应用时，C 语言允许对整型变量赋以字符值，也允许对字符型变量赋以整型值，而在输出时，允许把字符型变量按整型量输出，也允许把整型量按字符量输出。

C 语言字符型数据和整型数据可以相互赋值，字符型变量可以参与数值运算，即用字符的 ASCII 码参与运算。由于整型量为 2B 或 4B，字符量为单个字节，因此当整型量按字符量处理时，只有低 8 位参与运算。

例 3-8　编写程序，检验字符型变量赋予字符型或整型数据后，混合数据类型的运算。

程序源代码：

```
/*L3_8.c*/
main()
```

```
{
    char c1='w',c2=120;                          /* c1 赋字符常量,c2 赋数值常量 */
    int i=119;
    c1=c1-32;
    c2=c2-32;                                    /* 数学运算 */
    printf("The number %d is Character '%c' save as %x \n",i,i,i);
                                                                  /* 以字符类型输出 */
    printf("The lowercase %c' ASCII is %d \n",i,i);
    printf("The capital %c' ASCII is %d\n",c1,c1);
    printf("The capital %c' ASCII is %d\n",c2,c2);
}
```

程序编译运行后,输出结果如图 3-14 所示。

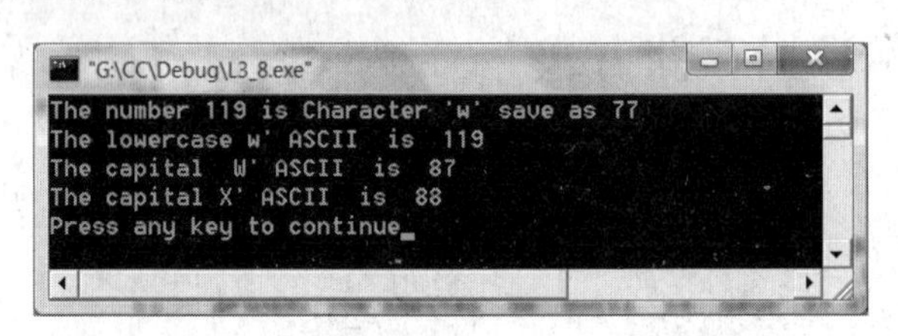

图 3-14　数值型与字符型数据混合输入输出

本例程序中定义 c2 为字符型,赋值语句中赋以整型值 120,并进行数学表达式 c2－32 的运算;定义 i 为数值型,赋值语句中赋以整型值 119,以十进制数值型数据 119、字符型字母 w 和十六进制值 77 输出,其中 0x77 即二进制 01110111。

由于大小写字母的 ASCII 码相差 32,因此将变量值减去 32 把小写字母换成大写字母,然后分别以字符型和整型数值输出。

字符变量和整型变量在 C 语言中可以通用,各种类型输出取决于 printf()中双引号格式串中的格式控制符%d、%c 和%x 等,当格式符为 c 时,对应输出的变量值显示结果为字符;当格式符为 d 时,对应输出的变量值显示结果为十进制整数。应该注意的是,由于字符数据只占一个字节,它只能存放 0～255 范围内的整数,因此实际应用中应在 ASCII 码表范围内。

字符串常量是由一对双引号引起的字符序列,例如"China"、"NBA"、"12345"等都是合法的字符串常量。

在 C 语言中没有相应的字符串变量,但是可以用一组变量分别存放单个字符,通常这一组变量可定义为字符数组,即用一组连续的存储单元存放一个字符串常量。

例如,执行命令语句

```
char array[6]= {'C','h','i','n','a','\0'};
```

则系统为所定义的数组 array[6]分配一个连续的字符型存储空间,用以存放字符串"China",在内存中所占存储空间为 6B。

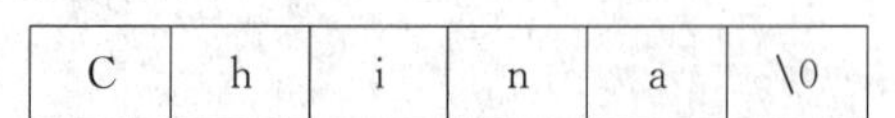

C	h	i	n	a	\0

字符串常量和字符常量形式上的不同在于：字符常量由单引号引起来，字符串常量由双引号引起来；字符常量只能是单个字符，字符串常量则可以包含多个字符；可以把一个字符常量赋予一个字符变量，但不能把一个字符串常量赋予一个字符变量；字符常量占一个字节的内存空间，而字符串常量占的内存字节数等于字符串长度加 1，增加的这个字节中存放字符\0，即 ASCII 码 0，是该字符串结束的标志。

例 3-9 编写一个程序，比较字符与字符串的不同处理方式。

程序源代码：

```
/*L3_9.c*/
#include "stdio.h"
main()
{
    char c1='I',c2=' ',c3='L', c4='o', c5='v', c6='e';   /*字符变量赋值*/
    char ch[]={'C', 'h', 'i', 'n', 'a', '\0'};          /*定义数组赋值*/
    putchar('\n');
    putchar(c1); putchar(c2); putchar(c3);              /*输出字符*/
    putchar(c4); putchar(c5); putchar(c6);
    printf("My %s!",ch);                              /*输出数组字符串,遇\0结束*/
    putchar('\n');
}
```

程序编译运行后，字符变量和字符数组处理字符及字符串的输出结果如图 3-15 所示。

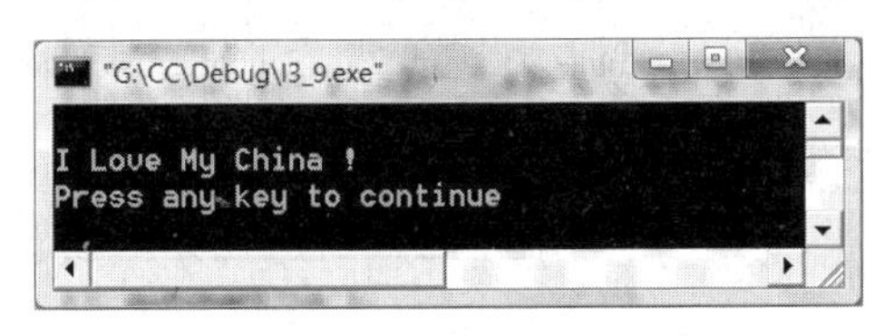

图 3-15 字符及字符串处理

3.2.5 各种存储类型混合运算

C 语言程序中，各种存储类型的数据可以混合运算，字符型数据和整型数据可以通用，整型和实型数据也可以混合运算，但是不同类型的数据混合运算时需要首先转换成相同数据类型，通常数据间不同类型的转换由系统自动完成，如图 3-16 所示。

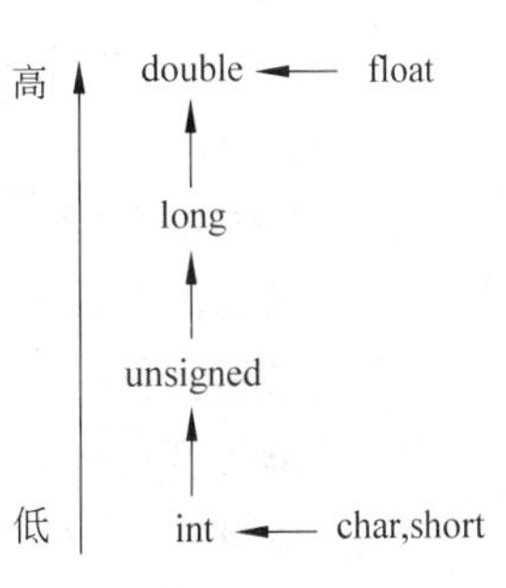

图 3-16 数据类型自动转换

其中，水平方向为系统运行时必定的自动转换，垂直方向为运算对象类型不同时而产生的自动转换。转换遵循的原则如下：

(1) 当运算数据类型相近时，字节短的数据类型自动转换成字节长的数据类型。如 char 型数据转换成 int 型，short int 型数据转换成 long int 型，float 型数据转换成 double 型。

(2) 当运算对象为不同类型时，例如，int 型与 double 型数据进行运算，先将 int 型的数据转换成 double 型，然后在两个 double 型数据间进行运算，结果为 double 型。

注意，箭头方向只表示数据类型级别的高低，由低向高转换，不要理解为 int 型先转换成 unsigned int 型，再转换成 long 型，再转换成 double 型。如果一个 int 型数据与一个 double 型数据运算，是直接将 int 型转换成 double 型。同理，一个 int 型与一个 long 型数据运算，先将 int 型转换成 long 型，运算结果是 long 型。上述各种类型转换都是由系统自动完成的。例如，执行以下命令语句：

```
char ch;
int i;
long l;
float f;
double d;
```

分别赋值以后，进行混合运算表达式'a'－69＋f＊d＋(ch/i－(f＋i))＋f/l 的计算。该数学表达式进行运算时，不同数据类型之间会自动转换，各种类型间的转换过程如图 3-17 所示。可见，如果上述表达式需要定义一个变量存储，则数据类型定义为 double 类型变量。

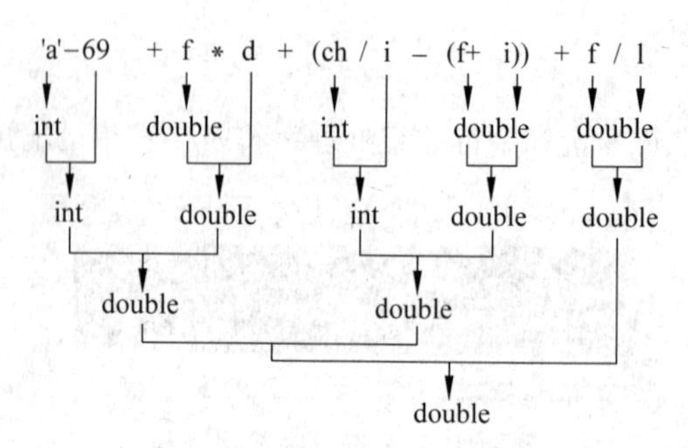

图 3-17　混合数据类型转换

3.3　运算符与运算表达式

C 语言提供了丰富的运算符，可以连接不同类型的操作对象，组成表示丰富算法的各种运算表达式。C 程序设计除了控制命令语句和输入输出控制操作以外，几乎所有的基本操作运算对象都可作为运算符连接处理的对象。常用运算符可分为以下几类：

- 算术运算符(＋ 、－ 、＊、/、％、＋＋、－－)；
- 关系运算符(＞、＜、＝＝、＞＝ 、＜＝ 、!＝)；
- 逻辑运算符(!、&&、||)；
- 位运算符(＜＜、＞＞、～、|、∧、&)；
- 赋值运算符及复合赋值运算符(＝、＋＝、/＝、＊＝、％＝、＜＜＝、|＝、∧＝、

&=等);

- 条件运算符(? :);
- 逗号运算符(,);
- 指针运算符(* 、&);
- 求字节数运算符(sizeof());
- 强制类型转换运算符((类型名));
- 分量运算符(. 、->);
- 下标运算符([]);
- 其他运算符(()、(type)及函数调用运算符等)。

C 语言中的各种运算符可以组成多种类型的表达式,实现各种复杂的程序算法。熟练使用,熟中生巧,才能体会 C 语言所具有的表现力灵活、适用性好等特点。

3.3.1 运算符优先级与强制类型转换

计算机操作的运算对象也称操作数。由运算符或括号运算符等连接运算对象即组成运算表达式,如算术运算表达式(简称算术表达式)。运算对象包括常量、变量和函数等。

1. 运算符的优先级

C 语言规定了所有运算符的优先级和结合性。表达式求值时按运算符的优先级从高到低依次执行。各类运算符的优先级顺序如下:

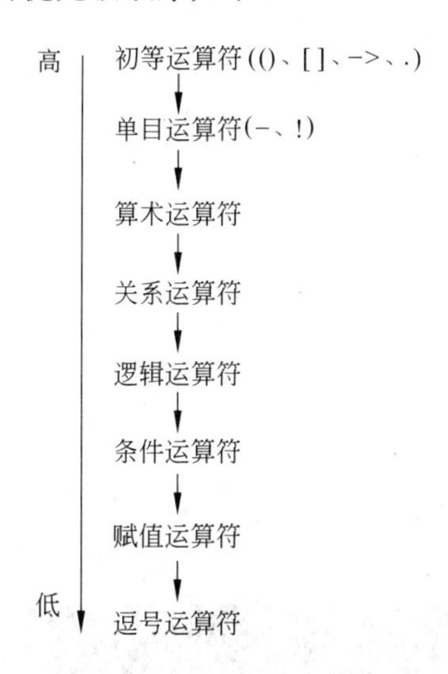

在不同数据类型混合运算表达式中,C 语言还规定了各种运算符的结合方向,也称结合性。按通常习惯结合方向为自左至右,称左结合性,即运算符先与左面的运算对象结合,再参与运算。双目运算符多为自左向右的结合方向,如算术运算符、关系运算符和逻辑运算符等;而单目运算符、条件运算符、赋值运算符通常为自右向左结合,称右结合性。

如果一个运算符两侧的数据类型不同,则自动进行类型转换,使运算对象具有同一种数据类型，然后进行运算。

2. 强制类型转换

程序设计中，当运算对象需要按运算要求临时改变其数据类型属性时，则使用强制类型转换运算。强制类型转换运算可以将已定义的变量、常量或表达式等运算对象转换成指定的数据类型。通过强制类型转换将运算表达式的值转换为指定类型的值，但不会改变运算对象原来的存储方式或数据类型。其一般运算形式为：

(数据类型关键字)<运算对象>

例如，执行命令语句 int i;float x,y;之后，可以执行以下强制类型转换：

(double) i，其结果将整型变量 i 的值转换成 double 型。

(int)(x+y)，其结果将表达式 x+y 的值转换成整型。

(float)(9%7)，其结果将整型常量表达式 9%7 运算结果值转换成 float 型。

注意，强制类型转换的运算对象如果是一个表达式，应该用括号将表达式括起来。例如(int)x+y 与(int)(x+y)是两个不同的表达式，前者只将 x 转换成整型数据，然后与 y 相加；后者则是对整个(x+y)表达式进行转换。

对运算表达式的运算结果的数据类型进行强制类型转换，不会改变原来变量的数据类型。例如，强制类型转换运算表达式(int)x 的运算结果，表达式的值等于运算对象 x 的整数部分，而 x 本身的存储类型不变，仍为 float 型。

例 3-10　编写程序，检验强制类型转换运算的特点与性质。

程序源代码：

```
/*L3_10.c*/
main()
{
    int i=2; float x,y;
    x=3.9; y=4.6;
    i=(int)x;
    printf("x=%f, i=%d\n",x,i);
    printf("(int)(x+y)%%i=%d, (x+y)=%f\n", (int)(x+y)%i,x+y);
}
```

程序运行结果如图 3-18 所示。

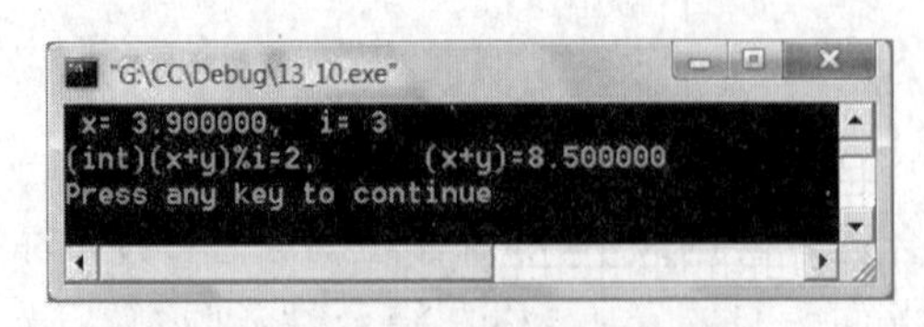

图 3-18　强制类型转换运算

可见，x 的数据类型仍为 float 型，值仍为 3.9，表达式(int)x 赋给整型变量 i 的值为 3。求余运算符%要求两边均为整型数据，因此需要对表达式(x+y)进行强制类型转换：

(int)(x+y),与整形变量 i 值求余后值为 2。

综上所述,混合数据类型运算有两种数据类型转换模式:一种是运算时系统自动进行类型转换,不需用户指定,如常量表达式 6+8.0 会自动按浮点型运算;另一种是强制类型转换模式,即当自动类型转换不能实现运算时,应使用强制类型转换,如本例求余运算符%要求其两侧均为整型量,此处 x 为 float 型。如果有表达式 x%7 则不合法,必须使用表达式(int)x%7 才能正确地编译。

3.3.2 算术运算符与算术运算表达式

算术运算符用以连接数值型运算对象,实现各种不同的数学运算。算术运算表达式是算术运算符连接算术运算对象而形成的数学算法描述形式,算术表达式是有值的。

1. 基本算术运算

C 语言的基本算术运算主要完成常规的算术运算,算术运算符连接的表达式即算术运算表达式。算术运算符主要有以下几个:

- +:加法运算符,或称正值运算符,如 3.+6、+3 等。
- -:减法运算符,或称负值运算符,如 7-9、-6 等。
- *:乘法运算符,如 5*7、8*.6 等。
- /:除法运算符,如 5/3、1/.3 等。
- %:求余运算符,或称求模运算符,运算符%两侧均为整型数据,如 8%3 值为 2。

基本算术运算符+、-、*、/连接两个运算对象,称作二元运算。这两个运算对象中有一个为实数,则结果就是 double 型,因为所有实数都按 double 型进行运算。

2. 自加与自减运算

自加与自减运算是 C 程序设计的重要特色之一,属单目运算,其运算对象必须是变量,运算时首先使变量值加 1 或减 1,然后将结果值再赋给该变量。自加与自减运算各有两种运算方式:

(1) 运算符在前,如++i 或--i,运算规则是:先使 i 值自加或自减 1,再使用 i 值参与运算。

(2) 运算符在后,如 i++或 i--,运算规则是:先使用 i 值参与运算,再使 i 的值加或减 1。

以上两种模式的共同点是自加或自减运算完成后,变量值自加 1 或自减 1。

以自加为例,++i 和 i++的作用均相当于 i=i+1。但++i 和 i++的不同之处是:++i 先执行 i=i+1,再使用 i 的值;而 i++是先使用 i 的值,再执行 i=i+1。

例如,已知 a=3,若执行命令语句 x=y++;,执行后 x 值为 3,y 值为 4;若执行命令语句 x=++y;,执行后 x 值为 4,y 值也为 4。

又如,已知 a=3,若执行命令语句 printf("%d",i++);,则输出值为 3;若执行命令语句 printf("%d",++i);,输出值则为 4。

自加与自减运算只能用于变量，不能用于常量或表达式，如++5 或(x+y)++都是不合法的。常量 5 不能被赋值，表达式(x+y)++运算也不能实现，因为表达式(x+y)不是变量。

自加与自减运算符的结合方向是自右至左。例如，有−i++，由于负号运算符−和自加运算符++均为单目运算符，优先级相同，右结合性的结合方向是自右至左，相当于−(i++)，如果用 printf("%d",−i++)；命令语句输出表达式−i++的值，则先运算 i++，即取出 i 的值 3，输出−i 的值−3，然后变量 i 值加 1 为 4。−(i++)是先使用 i 的原值运算，加上负号输出−3，再对 i 加 1，而非以−4 值输出。

例 3-11 编写程序实现自加运算。

程序源代码：

```
/*L3_11*/
main()
{
    int i=3;
    printf("i=%d\n",i);
    printf("(i++)+(i++)+(i++)=%d\n",(i++)+(i++)+(i++));
    printf("three i++=%d\n",i);
    printf("i=%d\n",i=3);
    printf("(++i)+(++i)+(++i)=%d\n",(++i)+(++i)+(++i));
    printf("three ++i=%d\n",i);
}
```

在 Microsoft Visual C++ 环境下编译执行，运行结果如图 3-19 所示。

从运行结果中可以看出，表达式(i++)+(i++)+(i++)运算时，因括号运算符运算级别优先，先计算表达式(i)+(i)+(i)的值，为 9，再运行 3 个 i 自加运算，值为 6。同理，表达式(++i)+(++i)+(++i)运算为各表达式(++i)值之和。

在 Turbo C 2.0 环境下编译执行后，结果如图 3-20 所示。

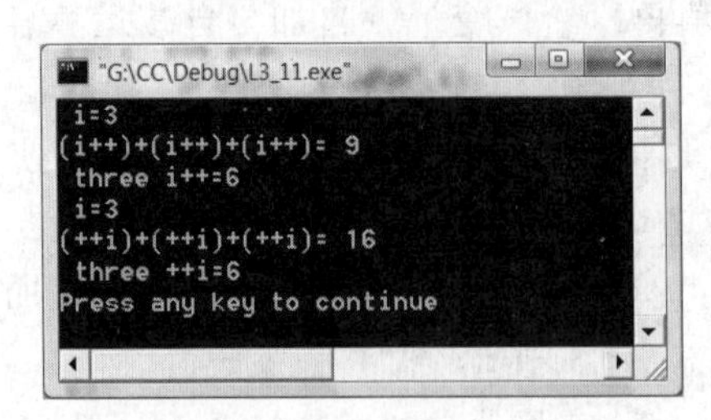

图 3-19　Visual C++ 环境下的运行结果

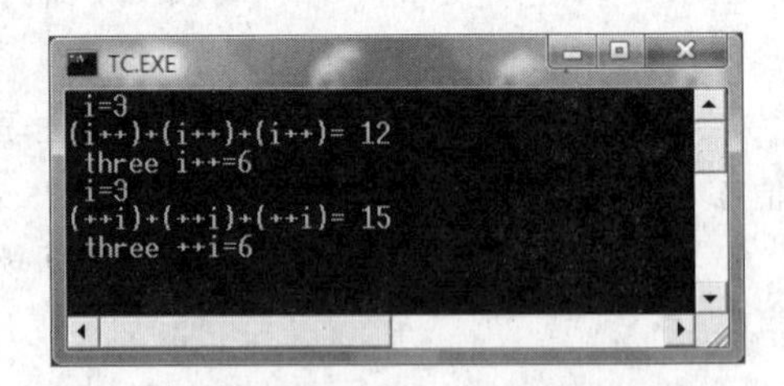

图 3-20　Turbo C 2.0 环境下的运行结果

从运行结果中可以看出，表达式(i++)+(i++)+(i++)运算时，括号运算符运算级别优先，系统顺序扫描运算 3 个(i++)表达式，第一个(i++)值为 3，i 值为 4；第二个(i++)值为 4，i 值为 5；第三个(i++)值为 5，i 值为 6。3 个(i++)表达式值分别为 3、4、5，因此 3+4+5 求和结果为 12，i 值最后为 6。同理，表达式(++i)+(++i)+(++i)运算，3 个(++i)表达式值分别为 4、5、6，求和结果为 15，i 值最后也为 6。

可见，不同的系统表达式求解运算顺序有一些差异，为了避免系统不同而出现的程序设计歧义性，在实际应用中应在算法实现过程中适当增加过程步骤，避免出现混淆。如果上例希望(i++)+(i++)+(i++)的结果为12，则可以写成下列语句：

```
i=3;
a=i++;
b=i++;
c=i++;
n=a+b+c;
```

执行完上述语句后，i的值为6，n的值永远为12，与编译系统无关，这样增加了几条语句而避免了歧义，无论程序移植到哪一种C编译系统下运行，结果都一样。

由于ANSI C并没有具体规定表达式中子表达式的求值顺序，允许各编译系统自成风格，对函数调用时的参数求值顺序也无统一规定，有的系统中参数求值顺序是从左至右求值，而在多数系统中对函数参数的求值顺序是自右至左。

例 3-12 编写程序检验函数参数表列的求值顺序。

程序源代码：

```
/*L3_12.C*/
main()
{
    int i=3,j;
          printf("i=%d, i++%d\n",i,i++);
          printf("i=%d \n", i=3);
    j=i++;
          printf("j=%d, j=%d\n",j,j);
}
```

在Microsoft Visual C++环境下编译执行，运行结果如图3-21所示。

Visual C++环境下函数调用时的参数求值顺序是从左至右求值，即输出“3,3”。而在多数系统中对函数参数的求值顺序是自右至左。

在Turbo C 2.0环境下编译执行后，结果如图3-22所示。

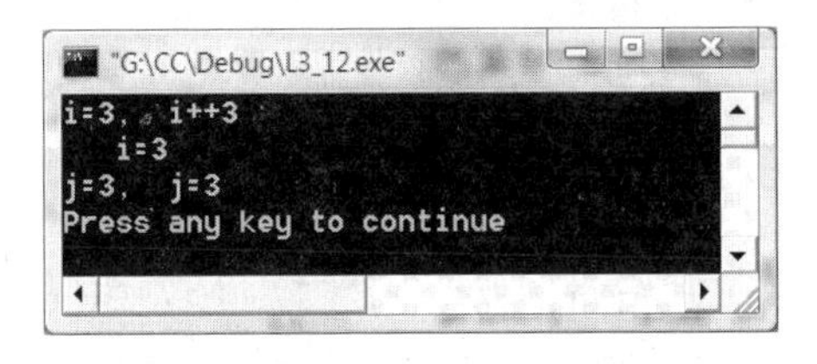

图3-21 Visual C++环境下的求值顺序

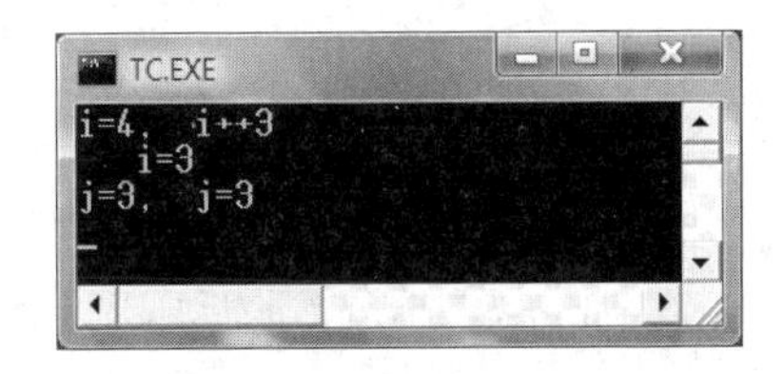

图3-22 Turbo C 2.0环境下的求值顺序

Turbo C 2.0环境下的printf()中要输出i和i++两个参数表达式的值，先求出i++的值3，执行i++输出运算后使i加1变为4，然后向左求表达式的值，因此printf()中参数i的值为4，输出结果是“4,3”。

增加变量 j,执行以下命令语句:

```
j=i++;
printf("%d,%d",j,i);
```

输出结果则是“3,3”。

另外,C 语言中有的运算符是单目运算符,只有一个运算对象;有的运算符是双目运算符,有两个运算对象,C 编译系统在处理表达式时尽可能多地自左至右,将多个字符组成一个运算符,在处理标识符、关键字时也按同一原则处理。例如表达式 i+++j,系统会解释为(i++)+j,而不是 i+(++j)。

在实际应用中,通常采取易于理解运算的表示方法,不要写成 i+++j 形式,而应写成(i++)+j 的形式。C 语言的运算符和表达式使用灵活,利用这一点可以巧妙地处理许多在其他语言中难以处理的问题。

3.3.3 赋值运算符与赋值运算表达式

赋值运算是以赋值运算符=连接变量和运算表达式完成对指定变量进行赋值的运算,赋值运算符连接运算对象组成赋值运算表达式。

1. 赋值运算符

赋值运算符就是赋值操作运算符号=,其作用是将一个值赋给一个变量,该值可以来自一个常量、一个变量、一个运算表达式或一个函数。如 y=sin(x)的作用是执行一次赋值操作运算,把 sin(x)函数的值赋给变量 y。同样,赋值运算也可以将一个表达式的值赋给一个变量,如 y=2 * x+5 等。

2. 不同数据类型的赋值操作

赋值操作运算过程中,如果赋值运算符两侧的数据类型不一致,在执行赋值运算时系统会自动进行类型转换,如 i 为整型变量,执行 i=6.87 的结果是使 i 的值为 6,在内存中以整数形式存储。常用的赋值类型转换如表 3-5 所示。

表 3-5 不同数据类型间的赋值转换

变量类型	赋值数据的类型	赋值处理
int	float	舍去小数部分
实型	整型	小数位补足够的 0
int	unsigned char	高 8 位补 0,低 8 位为 ASCII 码
int	signed char	若低 8 位最高位是 0,高 8 位补 0;若低 8 位最高位是 1,高 8 位补 1
int	long	舍去高 16 位
long	unsigned	高位补 0
unsigned	同长度 signed	赋值不变(含符号位),输出补码

例如,将整型数值 29 赋给 float 变量 f,执行 f=29,先将 29 转换成浮点型数值

29.00000，再存储在浮点型变量 f 中；如将 29 赋给 double 型变量 f_d，执行 d=29，则将 29 补足有效位数字为 29.00000000000000，然后以双精度浮点数形式存储到双精度变量 f_d 中。

赋值运算规则由系统自行完成，不同类型的整型数据间的赋值是按存储单元中的存储方式传送，以补码知识概念容易理解上述规则。

3. 复合赋值运算

复合赋值运算以赋值运算为基础，在 C 语言程序设计中，所有二元运算（也称二目运算）都可以组成复合赋值运算。复合赋值运算符是在赋值运算符=之前加上其他二元运算符构成复合运算符。例如，在=前加一个+运算符就成了复合加运算符+=。例如：

```
x+=12               等价于执行        x=x+12
y*=2*x*x+x+3        等价于执行        y=y*(2*x*x+x+3)
k%=7                等价于执行        k=k%7
```

以复合赋值运算 x+=12 操作为例，相当于使 x 进行一次自加 12 的操作，即先使 x 加 12，再赋给 x；同样，复合赋值运算表达式 y*=2*x*x+x+3 的作用是使 y 乘以(2*x*x+x+3)后再赋值给 y。

注意，赋值运算符=右侧如果是包含若干项的表达式，则相当于将若干项的表达式置于括号内。例如，赋值运算表达式 y%= y+3 的运算，其转换运算过程为：x%= y+3→x%=(y+3)→x=x%(y+3)，而不是表达式 x = x%y+3。

所有二元运算符都可以与赋值运算符组合成复合赋值运算符，C 语言常规下可以使用 10 种复合赋值运算符，即：+=、-=、*=、/=、%= 和位运算符<<=、>>=、&=、^=、|=。

4. 赋值表达式

赋值表达式是由赋值运算符将一个变量和一个表达式连接起来的式子，例如 a=3、a=b=c=6 等都是赋值表达式。赋值表达式的一般形式为

<变量><赋值运算符><表达式>

赋值表达式的求解顺序是自左至右，操作运算过程是将赋值运算符右侧表达式的值赋给左侧的变量，如赋值表达式 a=b=c=6 相当于赋值表达式 a=(b=c=6)。

赋值表达式的值就是被赋值的变量值。例如，赋值表达式 a=3，赋值操作后，变量 a 的值是 3，此值就是这个赋值表达式的值。

赋值表达式一般形式中的表达式可以是另一个赋值表达式。例如，赋值表达式 a=b=c=6 的求解运算顺序为：

a=b=c=6 → a=b=(c=6) → a=(b=(c=6))

最先运算的 c=6 也是一个赋值表达式，值等于 6；b=(c=6)相当于 c=6 和 b=c 两个赋值表达式的组合，因此 b 的值等于 6；同理，赋值表达式 b=(c=6)的值等于 6，整个赋值

表达式的值也等于 6。

赋值运算符按照自右向左的顺序运算，因此，表达式 b=6 等外括弧可以省略，即 a=(b=(c=6))与 a=b=c=6 等价，都是先求 c=6 的值，然后顺序向左赋值。

下面给出一些赋值表达式的例子：

w=x=y=z=20	赋值表达式的值为 20，变量 w、x、y、z 的值均为 20。
y=6+(x=7)	表达式的值为 13，变量 x 的值为 7，变量 y 的值为 13。
m=(n=5)+(k=6)	表达式的值为 11，变量 k 的值为 6，变量 n 的值为 5，变量 m 的值为 11。
y=(x=15)/(z=2.)	表达式的值为 7.5，变量 z 的值为 2.0，变量 x 的值为 15，变量 y 的值为 7.5。
a=6+(b=7)/(c=3)	表达式的值为 8，变量 c 的值为 3，变量 b 的值为 7，变量 a 的值为 8。

赋值表达式还可以包含复合赋值运算，形成复合赋值运算表达式。例如：

```
a+=a-=a*a
```

是一个经典的赋值表达式，设 a 的初值为 6，赋值表达式的求解步骤如下：

```
a+=a-=a*a→a+=(a-=a*a)→a+=(a=(a-a*a))→a=(a+(a=(a-a*a)))→
    a=(a+(a=(-30)))→a=(-30+((-30)))→a=(-30+((-30)))→a=-60
```

赋值表达式作为表达式的一种，不仅可以用在赋值语句中，也可以用在其他语句中，如输出语句、循环控制语句等。例如 printf("%d",a=b);语句，如果 b 的值为 6，则输出表达式 a=b 的值为 6，a 的值也为 6。这样，在一个输出语句中便完成了赋值和输出两个功能，体现出 C 语言程序设计的灵活性。

例 3-13 编写一个程序，求解赋值运算表达式。

程序源代码：

```
/*L3_13.C*/
main()
{
    int a,b,c,m,n,k;
    float w=0,x=0,y=0,z=0;
    printf("'y=(x=15)/(z=2.)'=%f\n",y=(x=15)/(z=2.));
    printf("'m=(n=5)+(k=6)'=%d\n",m=(n=5)+(k=6));
    printf("'a=6+(b=7)/(c=3)'=%d\n",a=6+(b=7)/(c=3));
    printf("'y=6+(x=7)'=%f\n",y=6+(x=7));
    printf("'a=6'=%d\n",a=6);
    printf("'a+=a-=a*a'=%d\n",a+=a- =a*a);
}
```

在 Microsoft Visual C++ 环境下编译执行后，结果如图 3-23 所示。

可见，赋值运算表达式作为一种运算表达式，可以同时完成赋值和运算两个功能。

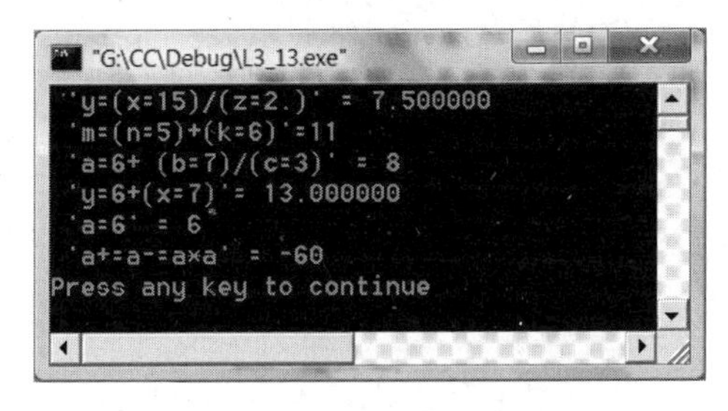

图 3-23 赋值运算运行结果

3.3.4 逗号运算符与逗号运算表达式

逗号运算是以逗号运算符“,”(也称顺序求值运算符)将两个运算表达式连接起来形成的表达式运算。关系运算表达式简称关系表达式,其求解顺序为自左向右,整个逗号表达式的值取最后一个表达式的值,逗号运算符优先级别低于赋值运算符。逗号表达式的一般形式为

```
表达式 1,表达式 2,…,表达式 n
```

逗号表达式的求解顺序是:先求解表达式 1,再求解表达式 2,依次求解到表达式 n,整个逗号表达式的值是表达式 n 的值。例如,逗号表达式 a=5,b=1,a+b 的值为 6。又如:

```
a=8-3,a*=2,a=9,++a
```

整个逗号表达式的值为 10,应先求解表达式 a=8-3,值为 3,变量 a 值为 3;表达式 a*=2 值为 6,变量 a 值为 6;表达式 a=9 值为 9,此时变量 a 值为 9;表达式++a 值为 10,变量 a 值为 10,计算和赋值后整个逗号表达式的值为 10。

一个逗号表达式又可以与另一个表达式组成一个新的逗号表达式,如:

```
(a=5,a*=2),a++
```

先计算出 a 的值等于 5,然后进行表达式 a*=2 运算,值等于 10,a 值也为 10,再进行 a++ 运算得 10,整个表达式的值为 10,而 a 值为 11。

逗号运算符是所有运算符中级别最低的,因此,表达式 a=(b=2,a=5,a*4)和 a=b=2, a=5,a*4 的作用是不同的,表达式 a=(b=2,a=5,a*4)是一个赋值表达式,其作用是将一个逗号表达式 b=2,a=5,a*4 的值赋给 a,a 的值为 20。a=b=2, a=5,a*4 是逗号表达式,它包括两个赋值表达式和一个算术表达式,a 的值为 5。

例 3-14 编写程序计算逗号表达式的结果。

程序源代码:

```
/*L3_14.c*/
main()
{
```

```
    int a,b;
    printf("'a=(b=2,a * 4,a=1)'=%d\n",(a=(b=2,a * 4,a=1)));
    printf("'a=b=2,a * 4,a=1'=%d\n",(a=b=2,a * 4,a=1));
    printf("'a * 3,a * =3,++a,a+4,++a'=%d\n",(a * 3,a * =3,++a,a+4,++a));
    printf("'a=8-3,a * =2,a=9,++a'=%d\n",(a=8-3,a * =2,a=9,++a));
    printf("'a=8-3,a * =2,a=9,a++'=%d\n",(a=8-3,a * =2,a=9,a++));
}
```

在 Microsoft Visual C++ 环境下编译执行后,输出结果如图 3-24 所示。

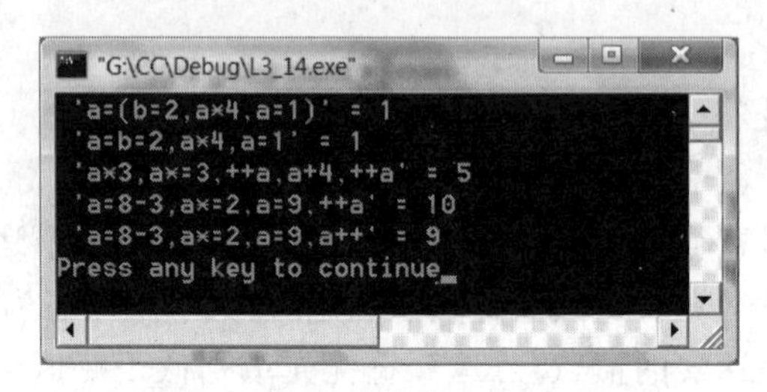

图 3-24　逗号表达式的运算结果

逗号运算的结合性为自左向右,逗号表达式的值等于最后一个逗号表达式的值,常用于循环 for 语句中。

3.3.5　关系运算符与关系运算表达式

关系运算是对两个运算对象进行大小关系比较的运算,以关系运算符将两个运算对象连接起来形成的运算表达式称为关系运算表达式,简称关系表达式,关系表达式的值为逻辑真或逻辑假两种值。

1. 关系运算符

关系运算符的作用是比较两个运算对象值的大小。C 语言中的关系运算符共有 6 种,其运算符及优先级如表 3-6 所示。

表 3-6　C 语言的关系运算符

关系运算符	名　称	例　如	值	优　先　级
>	大于	'2'>3	0	较高(4个运算符同优先级)
>=	大于或等于	3>=3	1	
<	小于	2<3	1	
<=	小于或等于	6<=3	0	
==	等于	3==3	1	较低(两个运算符同优先级)
!=	不等于	2!=3	1	

关系运算符属二元运算符，运算对象为两个，关系运算符的优先级低于算术运算符，高于赋值运算符。

2. 关系运算表达式

以关系运算符连接两个运算对象即构成关系运算表达式，简称关系表达式。关系表达式的一般形式如下：

<运算对象><关系运算符><运算对象>

其中的<运算对象>可以是算术运算表达式、逻辑表达式、赋值表达式或字符表达式，也可以是关系表达式，还可以是常量或变量。

关系表达式的值只有两种，非真即假。当关系表达式成立时，运算结果是1，表示为“真”；否则是0，表示为“假”。由于C语言中没有定义布尔量，规定整型常数1代表逻辑真，0代表逻辑假，故此处的1或0并非布尔量。

例如，执行命令语句 int a=3,b=2,c=1;后：

a>b　　　　　　关系表达式值为1。
c==(a>b)　　　　关系表达式值为1。
b+c<a　　　　　关系表达式值为0。
n=a>b　　　　　赋值表达式值为1。
n=a>b>c　　　　赋值表达式值为0。
a*b==(a>5)　　　关系表达式值为0。
(a>b)<(a<'z')　　关系表达式值为0。

表达式运算过程中，当比较运算关系成立时，关系表达式的值为1；当比较运算关系不成立时，关系表达式的值则为0。例如，表达式 c==(b>=3)在运算时，关系运算符==的优先级低于>=，根据优先级首先做关系运算(b>=3)，由于 b=2，则 b>=3 的结果为0；然后再处理==运算，得到结果值为0，表达式不成立。

例 3-15　编写程序计算关系表达式的运算结果。

程序源代码：

```
/* L3_15.C */
main()
{
    int a=2,b=3,c=4,d=2;
    printf("\n");
    printf("'b'<b is %d\n a==b is %d\n a!=b is %d \n", 'b'<b, a==b, a!=b);
    printf("a*b<c*d is %d\n b-d!=a>c is %d\n ", a*b<c*d, b-d!=a>c);
}
```

程序编译运行，输出结果如图3-25所示。

注意区分表达式中赋值运算符=与关系运算符==的书写，表达式 a=b 是赋值表达式，而 a==b 是关系表达式。

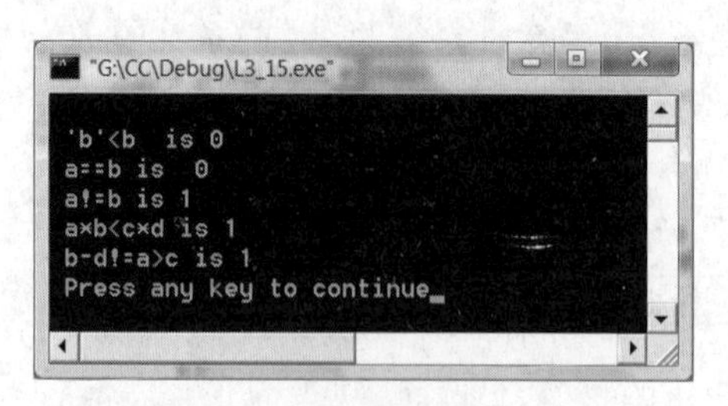

图 3-25　关系表达式的运算结果

另外，在实际应用中，由于不同编译系统会有不同的数据处理差异，一般较少对实数作相等或不等的关系比较运算。如判断两个实数变量运算是否接近，例如实型变量 y 值是否逼近实型变量 x 值，使用表达式 y－x＝＝1 或 y＝＝x 有时可获得结果，有时则得不到期望结果，所以常见的用法是把实数 1e－6 看做实数 0，调用求绝对值函数 fabs()，把关系运算表达式改写为数学表达式 fabs(1.0/3.0＊3.0－1.0)＜1e－6，更容易获得结果。

3.3.6　逻辑运算符与逻辑运算表达式

程序设计中，当使用多个表达式组合表示一个较为复杂的关系时，需要运用逻辑运算符将其连接起来，构成逻辑运算表达式。

1. 逻辑运算符

C 语言中基本的逻辑运算符主要有逻辑与(&&)、逻辑或(||)和逻辑非(!)，基本逻辑运算符及运算优先级如表 3-7 所示。

表 3-7　逻辑运算符及运算优先级

逻辑运算符	名　称	示　例	取　值	优 先 级
!	逻辑非(NOT)	!('9'＞9)	1	高
&&	逻辑与(AND)	(9＞2)&&(9＜6)	0	低
||	逻辑或(OR)	(6＞2)||(6＜9)	1	

需要注意的是，逻辑非运算符！是单目运算符，优先级高于数学运算符，低于括号等运算符；逻辑与运算符 && 和逻辑或运算符 || 是双目运算符，优先级高于赋值运算符和逗号运算符，低于关系运算符。表 3-8 中各类运算符的优先级为自左至右变低。

表 3-8　各运算符的优先级比较

括号	逻辑非	算术运算符	关系运算符	逻辑与	逻辑或	赋值运算符和复合赋值运算符
()	!	＋	＞	&&	||	＝
		－	＞＝			
		*	＜			*＝
		/	＜＝			＋＝

续表

括号	逻辑非	算术运算符	关系运算符	逻辑与	逻辑或	赋值运算符和复合赋值运算符
		% ++ --	== !=			%= /= …

2. 逻辑运算表达式

用逻辑运算符将操作数连接起来就构成了逻辑运算表达式(简称逻辑表达式)。当然,并不是每个逻辑表达式中都必须只包含逻辑运算符,也可以包含其他运算符,由于在表达式中包含逻辑运算符,又低于其他运算符的优先级,故这样的表达式也称为逻辑表达式。关系表达式和逻辑表达式主要用于选择结构判断指定条件是否满足。与关系表达式相同,逻辑表达式的值只有"真"和"假"两种结果,当逻辑关系成立时,逻辑表达式的值为1;当逻辑关系不成立时,逻辑表达式的值为0。设变量a和b的取值不同,各种逻辑运算!a、!b、a&&b和a||b表达式的真值如表3-9所示。

表3-9 逻辑运算真值表

a	b	!a	!b	a&&b	a‖b
真	真	0	0	1	1
真	假	0	1	0	1
假	真	1	0	0	1
假	假	1	1	0	0

从表3-9中可以看出,对于逻辑与运算来说,只有当a和b的值全为真时,a&&b的值才是真。而对于逻辑或运算来说,a和b中只要有一个为真,a‖b的值就为真。

C语言规定,当运算对象值为0时,即判定为假;而当运算对象为非0的任何取值时,皆判定为真。例如,a=256,b=0,则进行逻辑运算的结果为:!a值为0,!b值为1,a&&b值为0,a‖b值为1。

另外,C语言在逻辑表达式求解时,在特定情况下,并非执行逻辑表达式中的所有逻辑运算,只要获得整个表达式的值,其他表达式就不再执行。

例如,执行表达式a&&b&&c运算,当运算对象a为假时,取值为0,这时可得出整个表达式a&&b&&c的值必为0,该表达式就不再往下执行,运算对象b和c就不会被执行。因此,只有当a为真时才会判断b,也只有a和b都为真时才会判断c。

同样,执行表达式a||b||c运算时,当运算对象a为真时,取值为1,这时可得出整个表达式a||b||c的值必为1,该表达式也不再往下执行,运算对象b和c同样不会被执行。只有当a为假时,才会判断b;只有a和b都为假时,才会判断和运行运算对象c。

例3-16 编写程序实现逻辑表达式计算,输出结果。

程序源代码:

```
/*L3_16.C*/
main()
```

```
{
    int a=2,b=3,c=4,d=2,n=0;
    printf("\n");
    printf("a>b&&n=c>d is %d\n n=%d\n",a>b&&(n=c>d),n);
    printf("a<b||d=b==c is %d\n d=%d\n",a<b||(d=b==c),d);
}
```

程序编译运行,输出结果如图 3-26 所示。

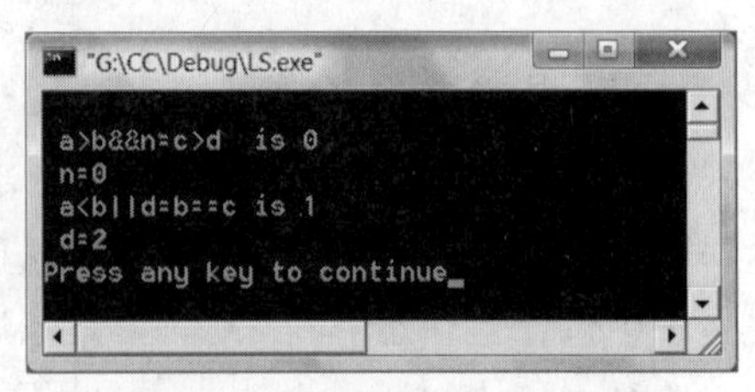

图 3-26　逻辑表达式混合运算

从程序运行输出结果可见,逻辑与运算表达式 a＞b&&(n=c＞d)运算时,由于关系表达式 a＞b 值为 0,因此赋值运算表达式 n＝c＞d 没有被执行,变量 n 为原来的值 0。同理,逻辑或运算表达式 a＜b||d＝b＝＝c 运算时,由于关系表达式 a＜b 值为 1,因此赋值运算表达式 d＝b＝＝c 也没有被执行,变量 d 为原来的值 2。这在 C 语言程序设计中称为短路原则。

3.3.7　条件运算符与条件运算表达式

条件运算符由问号？和冒号：组合而成,单独使用无效。条件运算符是 C 语言中唯一的三元运算符,要求 3 个运算对象同时参加运算。条件运算符构成的条件运算表达式的一般形式为

```
<表达式 1>?<表达式 2>:<表达式 3>
```

条件运算表达式的值取决于＜表达式 1＞的值,当＜表达式 1＞为"真",求解＜表达式 2＞的值,并将其作为整个条件运算表达式的值;当＜表达式 1＞为"假",就求解＜表达式 3＞的值作为整个条件运算表达式的值。例如表达式

```
(x>=0)?x:-x
```

当变量 x 值大于 0 时,整个条件运算表达式的值为 x 值;而当变量 x 值小于 0 时,整个条件运算表达式的值为负的 x 值。

又例如表达式

```
(c>='a'&&c<='z')?c-('a'-'A'):c
```

当变量 c 的值落在 ASCII 码值小写字母范围时,求解逻辑运算表达式 c＞＝'a'&&c＜＝'z'的值为逻辑真,这时求解数学表达式 c－('a'－'A')的值,即完成小写字母转换为大写字母运算,整个条件运算表达式的值即该小写字母对应的大写字母的 ASCII 码值;反之,求解逻辑运算表达式 c＞＝'a'&&c＜＝'z'的值为逻辑假,则整个条件运算表达式的值为原 c 值。

在使用条件运算表达式时,需要注意以下几个方面:

(1) 条件运算符的优先级高于赋值运算符,低于关系运算符和算术运算符。例如,混

合运算表达式

```
x=a/b!=0?a+1:b/2;
```

相当于

```
x=(a/b!=0)?(a+1):(b/2)
```

首先计算逻辑表达式(a/b!＝0)中的数学表达式 a/b,并与 0 比较,如果表达式 a/b!＝0 值为真,则执行数学表达式 a＋1,结果赋给变量 x;否则计算 b/2,结果也赋给 x。

(2) 条件运算符的结合方向为自右至左运算,为右结合性。例如,混合运算表达式

```
x=a/b!=0?a+b:b>a?a-b: 2*a;
```

相当于

```
x=(a/b!=0)?(a+b):((b>a)?a-b:(2*a))
```

运算时按自右向左的顺序组合条件表达式,最右的条件运算表达式的运算结果向左代入下一个条件运算表达式,依次求解表达式的值,最后求解左边的条件表达式。

(3) C 语言将条件运算表达式值的数据类型取＜表达式 2＞和＜表达式 3＞两者较长的存储类型。例如:

```
k=(m>n)?'Q': 6.9;
```

如果表达式 m＞n 为真,则整个条件运算表达式值取字符'Q'的 ASCII 码值,即 81 赋给变量 k;如果表达式 m＞n 的值为假,即 m＜＝n,则整个条件运算表达式值取 6.9 赋给变量 k。由于 6.9 是实型,因此结果 81 将被转换为实型 81.0 后再赋给变量 k,因此变量应定义为实数类型。

例 3-17 编写程序,应用条件运算表达式实现计算数学表达式 a＋|b|的算法,输出结果。

程序源代码:

```
/*L3_17.C*/
main()
{
    int a,b;
    printf("Input a=");
    scanf("%d",&a);
    printf("Input b=");
    scanf("%d",&b);
    printf("a+|b|=%d\n",b>0?a+b:a-b);
}
```

程序编译后运行两次,分别对变量 a 和变量 b 赋不同的值,输出结果如图 3-27 所示。可见,当变量 b 赋正值时,表达式 b＞0 值为真,求解表达式 a＋b 的值;当变量 b 赋负

值时，表达式 b>0 值为假，求解表达式 a-b 的值。当然算法不是唯一的，还可以用其他算法解决该问题。

图 3-27　两次赋值的运行结果

3.4　练　习　题

1. 8 个二进制位能表示几种不同的信息与状态？
2. 一个字节所能表示的最大数值是什么数码状态？其十进制数为多少？
3. 一位八进制码所能表示的最大十进制数为多少？二进制码值是什么？
4. 一位十六进制所能表示的最大十进制数为多少？二进制码值是什么？
5. char 型和 int 型的长度分别为几个字节？
6. unsigned short int 型所能表示的最大十进制数为多少？
7. 计算机存放实际有效信息的存储单元最小为几个字节？
8. 1TB 是多大字节存储容量，和二进制基数 2 是什么关系？
9. 十六进制整型数 0xfff6 在内存中以二进制数码存放的状态如何？
10. signed short int 型常数 0xff02 实际代表的是正数还是负数？
11. 大写字母 N 在内存中是如何存放的？
12. 简述符号常量的定义与使用。
13. 计算机中整型数据存储的负数问题是如何解决的？
14. 整型数据的取值范围主要和哪两种因素有关？
15. 以 signed short int 型数据为例，简述为什么正数最大值加 1 会变成负数最小值。
16. 实数类型在计算机系统中是如何按标准指数形式存储的？
17. 简述运算符的优先级和结合性的基本特点。
18. 强制类型转换运算是否会改变原来变量定义的数据类型？
19. 二元求余运算符%要求数据类型是什么？
20. 简述自加运算表达式++i 和 i++的共同点与不同点。
21. 不同数据类型的赋值操作应注意什么？
22. 简述逗号表达式的求解顺序和结合性。
23. 关系运算符的优先级如何划分？
24. 如何归类分析逻辑非运算符!的优先级会高于数学运算符？
25. 简述逻辑与运算及逻辑或运算的短路原则特点。

26. 编写程序，编译运行后，结合各表达式的运算结果，试分析各类运算表达式的运算关系及相关变量的变化值。程序源代码如下：

```
main()
{
    int a,b=3,c=4;
              printf("a=%d, b=%d, c=%d\n",a,b,c);
              printf("b=%d for b*=b=%d\n",b,b*=b);
    b=3;      printf("b=%d for b/=b+b=%d\n",b,b/=b+b);
    b=3;      printf("b=%d for b+=b-=b=%d\n",b, b+=b-=b);
    b=3;      printf("b=%d for b--||0=%d\n",b,b||0);
    b=3;      printf("b=%d for b*=a+6+c=%d\n",b,b*=a+6+c);
    b=3;      printf("b=%d for b%%=(b%%=9)=%d\n",b,b%=(b%=9));
    b=3;      printf("b=%d for b&&16=%d\n",b,b&&16);
    a=2;      printf("a=%d for a+=a-=a-a*a=%d\n",a,a+=a-=a-a*a);
    a=2;      printf("a=%d,b=%d for --a-2&&b+=c =%d\n",a,b,--a-2&&(b+=c));
    a=2;b=3; printf("a=%d,b=%d for a---2&&b+=c =%d\n",a,b,a---2&&(b+=c));
}
```

注意输出函数语句 printf("…",…,x,y,z)；中的输出对象表列“,…,x,y,z”，其运算顺序为自右向左运算，即先计算 z，再计算 y，依此类推。

第4章 顺序结构程序设计

程序设计需要根据程序算法控制程序指令的执行顺序，顺序结构是计算机程序设计的基本结构。C语言程序设计具有结构化程序设计的特点，其基本思想是：任何程序算法实现都可以用程序控制流程的3种基本结构表示，即顺序结构、条件分支选择结构和循环控制结构。顺序结构是程序流程控制的基本结构，可以由基本语句命令组成，也可以是复合语句或函数调用语句等。本章主要学习C语言程序设计顺序结构的基本命令。主要内容如下：

- 程序基本流程控制；
- 顺序结构程序流程控制；
- 基本顺序命令语句；
- 表达式命令语句；
- 字符与字符串输入函数；
- 字符与字符串输出函数；
- 格式化输入与输出函数应用。

4.1 C程序设计流程控制

C语言程序设计通过命令语句组合实现各种复杂的程序算法，向计算机系统发出操作指令，每一条C语言命令语句经系统编译链接可以产生若干条机器指令。计算机程序设计就是利用程序设计语言提供的各种程序流程控制命令完成解决实际问题的算法实现。

4.1.1 基本流程控制

C语言程序设计与其他所有计算机语言程序设计一样，基本流程控制可分为顺序结构、条件分支选择结构和循环控制结构，结构化程序设计就是由这3种基本结构单层或多层相互嵌套构成的整体程序的控制流程。

顺序结构命令语句构成了C语言程序设计中各种控制结构的基本执行主体，在顺序结构程序中，各命令语句是按照位置的先后次序顺序执行的，每条语句都会被执行。顺序控制结构命令包括以#开头的编译预处理命令语句、各种执行命令语句、运算符表达式命令语句、程序运算数据的输入与输出命令语句、字符类输入输出函数命令语句等。常用的基本顺序命令语句主要有以下几种：

- 赋值语句：变量赋值表达式语句，例如 c=getchar()；、a=13；等。
- 空语句：单个命令结束符“；”构成无功能的有效语句，一般用于程序结构调试等。
- 复合语句：用一对花括号“{}”括起来的一组语句命令，作为一条控制语句。
- 无条件转向语句：命令“goto 标号；”构成转向控制，转入程序中“标号：”处执行。
- 函数调用语句：将函数调用作为一条语句执行，例如 getchar()；语句调用库函数。

C 语言程序设计除了顺序流程控制命令控制程序执行外，还可以根据控制条件选择或改变程序的执行流程，就是条件分支选择结构和循环控制结构，这两种程序控制结构中流程走向是由条件表达式的值是否为真决定的，而控制表达式总是有值的，且必须有值。

顺序流程控制、条件分支选择和循环控制 3 种基本流程控制结构，其相关命令语句相互结合，可以很好地实现结构化程序设计，即利用这 3 种基本结构编写程序，其结构化特点易于体现，可自然有效地完成结构化程序设计过程。例如，结合基本顺序命令语句，利用条件判断命令语句 if()，可以实现条件分支选择结构程序设计；利用循环控制结构命令 for()和 while()，可以实现程序流程循环控制结构的程序设计，而各种结构之间还可以层层嵌套构成更大的结构化程序结构，这类按条件控制程序走向的命令关键字共有 9 种，如图 4-1 所示。

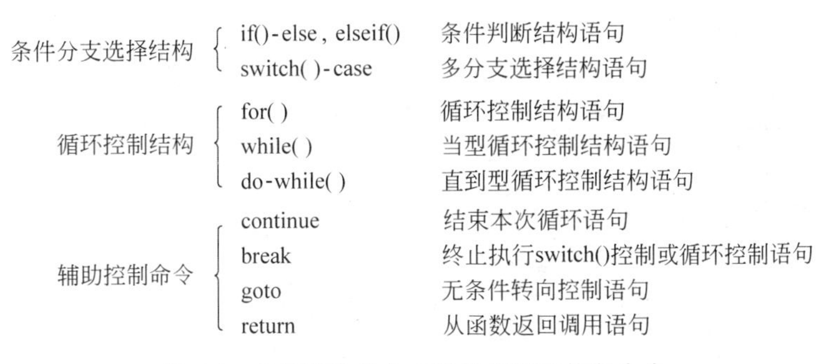

图 4-1 C 语言条件分支选择与循环控制命令

无论程序多么复杂，都可以用顺序结构、条件分支选择结构和循环控制结构 3 种基本结构实现算法和编写结构化程序，能充分体现 C 语言程序设计模块化编程结构清晰、易用易写、设计质量高、编写流畅和编译效率高等特点。

4.1.2 顺序结构流程控制

C 语言程序设计的结构化程度很高，顺序结构是其中最基本、最简单的结构，可以是命令或程序模块。顺序结构命令语句一般有定义数据类型语句、表达式语句和函数调用语句等，顺序结构是按顺序执行各个命令或程序模块的操作，即 A 命令的操作与 B 命令的操作是顺序执行的关系，顺序结构程序的流程图和 N-S 图表示如图 4-2 所示。

顺序结构算法实现步骤对应的可以是 C 语言命令执行语句，也可以是完成特定操作任务的结构化程序模块，都可以顺序调用执行以组成基本的顺序控制结构。

再复杂的程序设计算法，归结到计算机指令都是顺序执行的。顺序结构要求按顺序执行每一条命令或程序模块。

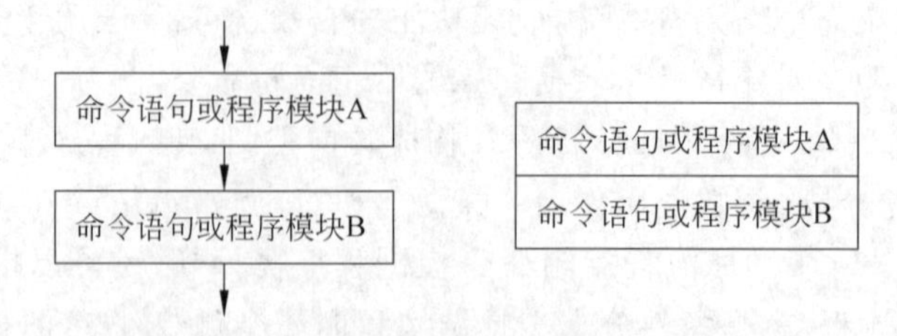

图 4-2　顺序结构程序的流程图与 N-S 图

例 4-1　编写一个程序，利用标准库函数输出 3 个字符串“OK!”。

程序源代码：

```
/*L4_1.C*/
#include "stdio.h"                               /*输入输出标准库函数的头文
件*/
main()
{
    char a,b,c;
    int i=3;                                     /*定义字符型变量*/
    a='O';b='K';c='!';                           /*对变量进行赋值*/
    tree:if(i-->0)                               /*goto 入口,判断循环条件*/
    {
        putchar(a); putchar(b); putchar(c);      /*调用函数输出变量值*/
        putchar('\n');                           /*调用函数输出回车换行*/
        goto tree;                               /*转向执行语句标号 tree:*/
    }
}
```

执行结果如图 4-3 所示。

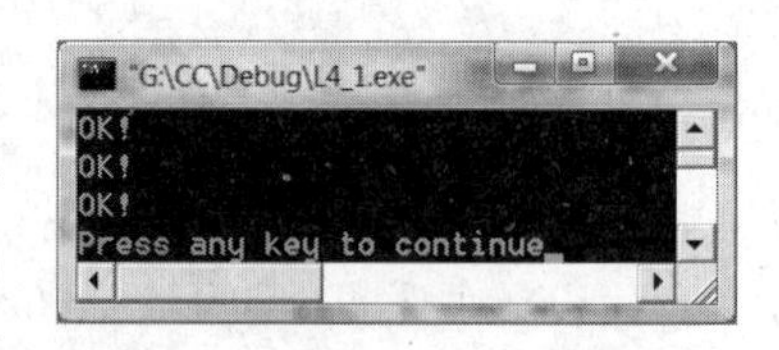

图 4-3　基本顺序结构的程序执行结果

本例程序中使用了编译预处理库函数说明命令语句、变量数据类型定义命令语句、赋值操作命令语句、函数调用命令语句、无条件转移控制命令语句等，按先后顺序组合形成顺序结构。整个程序虽然不是一条命令占一行，但执行时严格按照前后顺序执行，这就是顺序结构的特点。而顺序命令语句 goto 与条件判断语句 if()又构成了循环控制结构，程序结构清楚、易读易懂。

例 4-2　编写一个程序，计算三角形的面积。

程序源代码：

```
/*L4_2.C*/
#include "math.h"                        /*包含说明数学标准库函数的头文件*/
```

```
main()
{
    float a,b,c,s,area;                          /* 定义浮点数据类型变量 */
    scanf("%f,%f,%f",&a,&b,&c);                  /* 用逗号分隔,通过键盘对变量赋值 */
    s=1.0/2*(a+b+c);                             /* 计算数学表达式,结果赋给变量 s */
    area=sqrt(s*(s-a)*(s-b)*(s-c));             /* 计算三角形面积,结果赋给变量 area */
    printf("a=%7.2f, b=%7.2f, c=%7.2f\n",a,b,c);
                                                 /* 打印输出三角形的三条边 */
    printf("area=%7.2f\n",area);                 /* 打印输出三角形的面积 */
}
```

这个程序里使用了数学库函数中的求平方根函数 sqrt(),格式输出函数 printf()作为输出语句命令,每条命令顺序执行实现顺序结构流程控制。

4.2 基本顺序结构命令语句

C 语言程序设计中的基本顺序结构语句是指能够完成一项指定操作的基本命令语句,这种基本顺序结构命令语句主要有赋值语句、空语句、复合语句、无条件转向语句、函数调用语句和表达式语句。

4.2.1 赋值语句

赋值语句是赋值运算符构成的语句形式。例如:

```
a=13;
b=a+b+c;
n=func(n,m);
c=getchar();
d=a>=b;
x=x*x;
```

赋值语句的左边一定是一个已经定义的变量,用以存放赋值运算符右边的常数值、表达式值或函数值等。

4.2.2 空语句

空语句也是一条有效的命令操作语句。空语句只有一个分号,即:

虽然空语句本身没有实际功能,但是可用来设计空函数或转向一个空操作。虽然它什么也不做,但用于调试任务较多的大程序十分有用。例如设计一个空函数:

```
void fun(){;}
```

这是一个用户自定义函数，调用时只执行了一个空操作，但可正常回到调用点。

4.2.3 复合语句

复合语句是用一对花括号括起来的一组命令语句，整体上作为一条语句控制。复合语句可用于条件分支选择结构和循环结构中，把一组语句作为一条语句进行控制。

例 4-3 编写程序求 5 的阶乘。

程序源代码：

```
/*L4_3*/
main()
{
    int n=1,p=1;
    while (n<=5)
    {
        p*=n; n++;}                         /*复合语句作为循环控制体语句*/
    printf("5!=%d",p);
}
```

运行结果为

```
5!=120
```

此例中的两条语句用一对花括号括起来构成一个复合语句，作为循环控制的一条循环体语句。

4.2.4 无条件转向语句

无条件转向语句可以用来控制程序的流程转向。C 语言中提供的无条件转向语句是 goto 语句，程序设计中可以根据需要，在程序中指定标号，作为 goto 语句的转向入口，可以改变程序的操作顺序。

语句标号起标识语句的作用，按标识符规定命名，标号后面需要加冒号“:”，放在 goto 语句转向的入口语句命令行的前面位置，与 goto 语句配合使用。执行 goto 语句后，程序将无条件转向标号语句处并执行其后的语句。

例 4-4 从键盘输入许多数值，分别统计正数和负数的个数，输入 0 则结束程序，输出正负数个数统计结果。

程序源代码：

```
/*L4_4*/
main()
{
```

```
    int a,i=0,j=0;
    loop: scanf("%d",&a);
        if(a!=0)
        {
            if(a>0)
                i=i+1;
            else
                j=j+1;
            goto loop;
        }
    printf("\ni=%d j=%d \n",i,j);
}
```

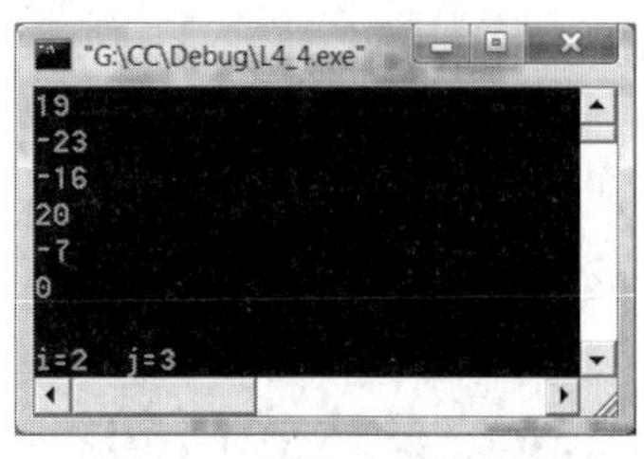

图 4-4 统计正负数个数

程序编译运行后，输入一些正数和负数分别进行统计，输出结果如图 4-4 所示。

注意：语句标号必须与 goto 语句在程序中的同一个函数中，goto 语句一般不宜多用，因为 goto 语句使用不当，将破坏程序的结构化程度。goto 语句往往与 if 条件语句连用，控制程序走向，一般用于从多层嵌套中直接跳出。程序设计中，goto 语句应根据需要合理使用。

4.2.5 函数调用语句

函数调用语句是直接在调用函数后加上分号形成的命令语句。例如，获取键盘字符函数 getchar()、输出函数 printf()等均为标准库函数调用命令，加上分号后就成为函数调用命令语句。函数调用命令也可以是用户自定义函数。

例 4-5 编写程序，使用标准库函数调用命令和用户自定义函数调用命令。

程序源代码：

```
/*L4_5.C*/
int sum(int x,int y)                    /*用户自定义求和函数*/
{return(x+y);}
void my_print(void)                     /*用户自定义字符输出函数*/
{printf("^^^^^^^^^\n");}
main()
{
    int a,b,c;
    scanf("%d,%d",&a,&b);
    printf("a=%d,b=%d \n",a,b);
    c=sum(a,b);                         /*函数调用赋值语句*/
    printf("a+b=%d \n",c);
    my_print();                         /*函数调用语句*/
}
```

程序编译运行后，程序自动调用 sum(a,b)函数进行求和运算，调用 my_print()输出字符串"^^^^^^^^^"，输出结果如图 4-5 所示。

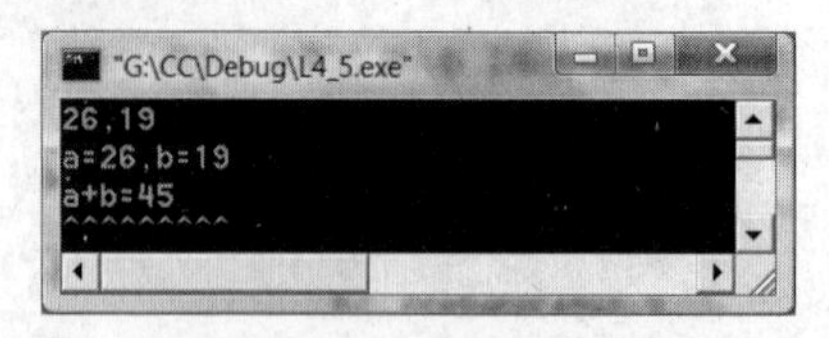

图 4-5　函数调用赋值与函数调用语句

程序中 sum(a,b)和 my_print()是用户自定义函数，相应的调用语句分别调用这两个函数并输出结果。

4.2.6　表达式语句

表达式是由运算符连接操作对象的式子，操作对象可以是数值、字符、函数，也可以是另一个表达式，但所有表达式必须有值，能够参加运算。表达式有很多种，有数学运算表达式、关系运算表达式、逻辑运算表达式和条件运算表达式等。

表达式可以构成命令语句是 C 语言程序设计的一个特色，一个表达式加一个分号就构成了表达式语句。例如：

```
a=5
```

是一个赋值表达式，可以完成赋值操作，操作结果是变量 a 等于 5，整个表达式的值是变量 a 的值。再如：

```
a=b=c=6
```

也是一个表达式，整个表达式的运算顺序自右向左，相当于

```
a=(b=(c=6))
```

表达式 c=6 的值赋给变量 b，表达式 b=(c=6)的值赋给变量 a，整个表达式的值是变量 a 的值。表达式后加一个分号就构成了表达式语句。一条 C 语言命令语句必须以分号结束作为标志。例如：

```
a=(b=(c=6));
```

是一条命令语句。

又如表达式

```
a+b*c-16+sum(a+b)
```

后面加上分号：

```
a+b*c-16+sum(a+b);
```

则是一条命令语句，可以执行完成表达式 a+b−c−15 的数学运算操作，但该表达式运算命令不取操作结果，所以单独作为命令执行没有实际意义。

4.3　常用基本输入输出函数

C 语言命令中并不含有输入输出语句，所有输入和输出操作都是通过函数调用来完成的。C 语言提供的所有函数在系统中以库的形式存放，而不同系统中函数的功能和函数名有可能不同。C 语言函数库中有各种输入输出函数，称为标准输入输出函数，以包含命令＃include<stdio. h>为使用说明，其中有 putchar(输出字符)、getchar(输入字符)、printf(格式输出)、scanf(格式输入)、puts(输出字符串)和 gets(输入字符串)。

在 C 语言中，字符、字符串和数值三者均被认为是不同的量，有些情况下需采用不同的函数实现输入和输出操作，如 getchar()、getche()等是单个字符处理函数。C 语言常用标准输入输出函数，如 printf()、scanf()等，各编译系统均有提供，通常称为标准库函数中的格式输出函数或格式输入函数。

4.3.1　字符类型输入函数

C 语言中字符和字符串输入与输出是通过字符处理函数和字符串处理函数完成的，使用时程序中需有包含命令＃include<stdio. h>或其他相关编译预处理命令＃include <conio. h>、＃include <string. h>等，以下介绍常用字符输入和字符串输入函数。

＃include 命令可以用尖括号形式引用头文件，如<stdio. h>，也可以用双引号引用头文件，如"stdio. h"。若用尖括号形式，编译系统在程序编译时从存放 C 库函数头文件的子目录中寻找所要包含的文件，这称为标准方式；用双引号形式，在编译时，系统先在用户当前目录中寻找要包含的文件，若找不到，再按标准方式查找。

使用标准系统库函数必须使用＃include 命令，用标准方式可提高寻找效率。如果包含的头文件是用户自己编写的，一般都存放在用户当前目录中，这时用双引号才会找到所需文件。假使包含的头文件不在当前目录中，可以在双引号中写出文件路径，如＃include "D:\my_Cdir\myfile. h"，使系统能够快速找到这个头文件。

1. getchar()

getchar()的功能是获取一个键盘的输入字符并返回 ASCII 码值。调用函数 getchar()可以从标准输入设备(如键盘)读入一个字符，无回显地存放在缓冲区，然后再输出。

例 4-6　编写程序，从键盘输入字符串，按 Enter 键后显示在屏幕上。

程序源代码：

```
/*L4_6.C*/
#include<stdio.h>
void main(void)
{
    int c;
```

```
    while((c=getchar())!='\n')              /*按 Enter 键后跳出循环*/
    printf("%c",c);
}
```

程序运行后，输入字符串 C programming，按 Enter 键后输出缓冲区结果，如图 4-6 所示。

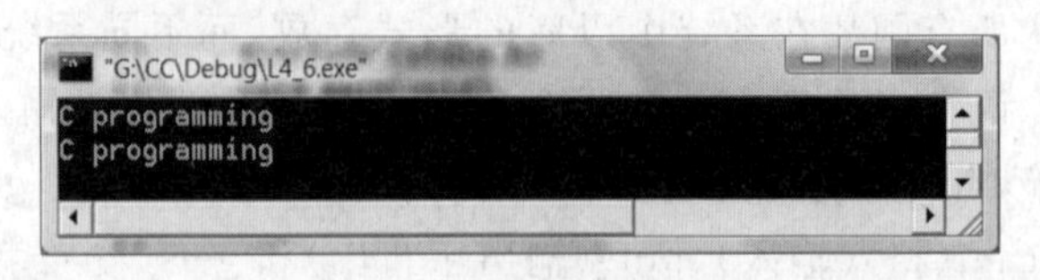

图 4-6　输出缓冲区结果

这里的 getchar()调用将显示键盘获取的单个字符，此时字符被转换为无符号扩展的整型值存入内存缓冲区。程序运行后，输入任意字符后，按 Enter 键一次性显示所有输入的字符。

注意这个标准函数的使用，本例程序执行时并不是输入一个字符，然后输出一个字符，而是先将输入字符全部读入缓冲区，直到按 Enter 键才一次性输出所有输入的字符。

getchar()只能接收一个字符，函数得到的字符可赋给字符变量或整型变量，也可不赋给任何变量，作为表达式的一部分。例如，putchar(getchar());或 printf("%c",getchar());都是有效调用。

2. getche()

getche()的功能是从键盘有回显地取一个字符。getche()从键盘读取一个字符，不以回车为结束，立即回显在屏幕上。

例 4-7　编写程序，输入一个键盘字符，获取这个字符值后，以字符形式输出到屏幕上。

程序源代码：

```
/*L4_7.C*/
#include<stdio.h>
#include<conio.h>
main(void)
{
    char chr;
    printf("Please input a character: ");
    chr=getche();
    printf("\n OK! You input a'%c'\n",chr);
}
```

程序运行后，输入字符 R，不按 Enter 键即输出结果，如图 4-7 所示。

图 4-7　不按 Enter 键即可显示输入字符

getch()和 getche()都是从键盘上读入一个字

符，其调用格式命令分别为 getch()；及 getche()；，两者的区别是：getch()不将读入的字符回显到屏幕上，而 getche()将读入的字符回显到屏幕上。

getchar()也是从键盘上读入一个字符，与 getch()和 getche()这两个函数的区别在于：getchar()等待输入直到按 Enter 键才结束，然后所有的输入字符才会逐个显示在屏幕上，但只有第一个字符作为 getchar()的调用返回值。

3. gets()

gets()是字符串处理函数，其功能是从键盘读入一个以换行符结束的字符串，并用空字符(\0)代替换行符。gets()允许输入串中包含某种空白字符，如空格、制表符等。如果调用成功，则返回字符串参数；如果遇到文件结束或出错，将返回 null。

例 4-8 编写程序，从键盘输入一个字符串，然后原样显示出来。

程序源代码：

```
/*L4_8.C*/
#include<stdio.h>
main(void)
{
    char str[80];                              /*定义一个数组*/
    printf("Please input a string: ");
    gets(str);
    printf("The string input is:%s\n",str);    /*输出一个字符串*/
}
```

程序运行后，输入字符串 This is my test，按 Enter 键后输出结果，如图 4-8 所示。

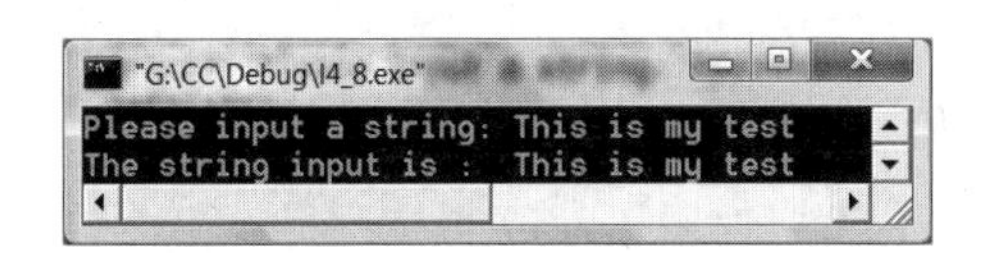

图 4-8 输入字符串处理

4.3.2 字符类型输出函数

字符类型输出函数与字符类型输入函数是相对应的，有相应的函数与使用规则，下面列举常用的字符和字符串输出函数。

1. putchar()

putchar()函数的格式是 putchar(c)，函数功能是将字符变量 c 的值以字符类型显示在屏幕上。如果 putchar()调用成功，则返回参数字符。

例 4-9 编写程序，使用 putchar()输出字符。

```
/*L4_9.C*/
```

```
#include "stdio.h"                    /*包含标准输入输出头文件*/
main()
{
    char a='C';
    putchar(a);putchar('h');putchar('i'); putchar('n'); putchar(97); putchar
    ('\n');          /*函数调用*/
}
```

图 4-9　字符输出函数应用

程序运行后的输出结果如图 4-9 所示。

2. puts()

puts()用来向标准输出设备(屏幕)写字符串并执行换行操作,其调用格式为

```
puts(字符串输出对象);
```

其中,字符串输出对象为字符串数组名或字符串指针,也可将字符串对象以字符串常量形式直接写入 puts()的字符串输出对象参量中,例如 puts("Ok!");命令语句。puts()的作用与 printf("%s\n", s)类似。puts()只能输出字符串,不能输出数值型数据,也不能进行格式变换输出。例如程序:

```
#include "stdio.h"
main()
{
    char string[]= "China";
    puts(string);
}
```

运行后的输出结果为

```
China
```

4.3.3 格式化输入输出函数

C 语言中没有输入输出语句命令,格式化输出或输入数据的操作使用格式输出函数 printf()和格式输入函数 scanf()。

1. 格式输出函数

C 语言的格式输出使用 printf(),其功能是用参数设置格式化输出,显示到标准输出设备上。printf()的一般格式为

```
printf(格式控制字符串,输出对象表列)
```

其中"格式控制字符串"用双引号括起来,也称控制字符串。控制字符串包含两类操作对象:一类是普通的字符,它只是简单地被原样输出到屏幕上;另一类则是格式转换控制

符，也称“格式说明”或“转意控制符”，由%命令标识和格式控制字符组成。printf()从参数表中取出参数进行格式化输出，每一个格式说明由%开始和一个转换字符结束，在控制符%和转换字符之间可以包含以下参数：

(1) 负号。表示被转换后的参数左对齐。

(2) 数字串。用于指定输出数据最小域宽，必要时可以加宽。如果转换后的数宽度小于该数，则在其左侧添加适当的字符；如果数字串前面有左对齐的负号，一般在其右侧填以空白。

(3) 圆点。用于把域宽数字串和它后面的数字串分开。圆点后的数字串表示精度，用于指定从一个字符串中输出字符的最大个数，如果输出的是 float 或 double 类型的数，则指定小数点后的数字位数。

(4) 长度修饰符 l。表示对应的数据项是 long 型而不是普通 int 型。

不同的转换字符对应不同的数据类型，控制符%和转换字符之间包含的参数规定了数据输出的格式。常用的格式控制字符串及其含义如表 4-1 所示。

表 4-1　printf()常用格式控制字符串

格式控制字符串	含　义
%d	十进制表示，按整型数据的实际长度输出
%*m*d	*m* 为指定输出字段的宽度。若数据位数小于 *m*，则左端补以空格；若数据位数大于 *m*，则按实际位数输出
%ld	输出长整型数据
%o	将参数转换为无符号八进制输出(无前导 0)
%x	以十六进制形式输出无符号整数(无前导 0x)
%u	用于输出 unsigned 型数据，以十进制形式输出
%c	将参数转换为单个字符输出
%s	参数是字符串，输出字符串中的字符直到遇到'\0'或达到精度指定的个数为止
%*m*s	*m* 指定输出字符串宽度占 *m* 列。若字符串长小于 *m*，则左端补空格；若字符串长大于 *m*，则按实际长度输出
%-*m*s	若字符串长小于 *m*，则字符串右端补以空格
%*m*.*n*s	输出占 *m* 列。但只取字符串左端的 *n* 个字符，这 *n* 个字符输出在 *m* 列的右侧，左边填充空格，若 *m*<*n*，则将 *n* 个字符全部输出
%-*m*.*n*s	输出占 *m* 列。但只取字符串左端的 *n* 个字符，这 *n* 个字符输出在 *m* 列的左侧，右边填充空格，若 *m*<*n*，则将 *n* 个字符全部输出
%f	用小数输出单、双精度实数
%e	以指数形式输出实数
%*m*.*n*e	指定输出数据占 *m* 列，*n* 位小数。如数值长度小于 *m*，则左端补空格
%-*m*.*n*f	指定输出数据占 *m* 列，*n* 位小数。如数值长度小于 *m*，则右端补空格
%g	输出由给定值和精度确定的%e 或%f 格式的带符号值

printf()的输出参数列表中可以是变量、表达式或函数等，一定要与格式控制字符串的个数和类型一一对应，两者不匹配则无法输出正确结果。如果后面提供的输出对象参数个数不够，输出的结果就会出错。另外，数据类型与数据大小也应在格式控制字符串规定的范围内，否则输出的结果会不正确。

例 4-10 编写程序，用 printf()格式输出不同的数据类型与格式。

程序源代码：

```
/*L4_10.C*/
#include "stdio.h"
main()
{
    signed short int a=5,b=200,d=-3,c=104;
    unsigned short int u=65535;
    float f=158.8363;
    char ch='A';
    signed short int s=32767,t=s+1;
    printf("a=%d, a=%3d,\n",a,a);
    printf("b=%-3d,b=%ld, b=%10ld\n",b,b,b);
    printf("d=%d, d=%o, d=%x, d=%u\n",d,d,d,d);
    printf("u=%d, u=%o, u=%x, u=%u\n",u,u,u,u);
    printf("s=%d, s=%o, s=%x, s=%u\n",s,s,s,s);
    printf("t=%d, t=%o, t=%x, t=%u\n",t,t,t,t);
    printf("f=%f, f=%6.2f, f=%6lf, f=%d\n",f,f,f,f);
    printf("ch=%c, ch=%d\n",ch,ch);
    printf("'9'=%c, '9'=%d\n",'9','9');
    printf("c=%d, c=%c\n",c,c);
    printf("%s,%3s,%-10.2s,%8.4s\n","welcome","welcome","welcome","welcome");
    printf("----^----^----^----^----^----^----^----^\n");
    getch();
}
```

程序的运行结果如图 4-10 所示。

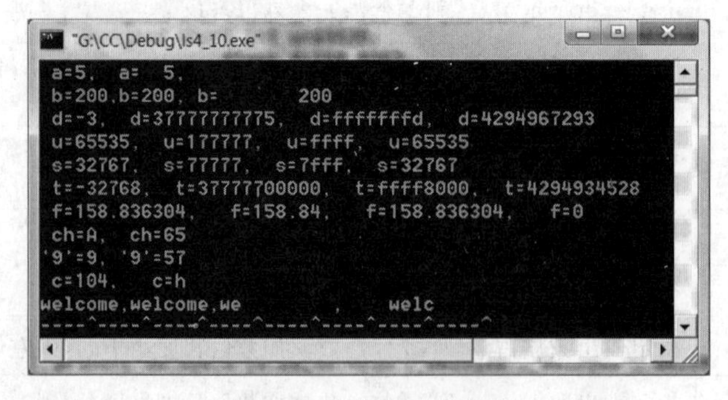

图 4-10 数据格式化输出

另外，如果给定的数超出格式符控制规定范围，例如短整型数超出－32 768～32 767，无符号短整型数超出 0～65 535 等，输出的数将用补码表示。例如，本例中的短整型数据变量 t 赋值为 s＋1 后得 32 768，输出时为－32 768。

格式控制中可以包含转义字符。常用的转义字符如表 4-2 所示。

表 4-2　常用的转义字符

转义字符	作　　用
\n	回车换行
\f	清屏并换页
\r	回车
\t	制表符
\xhh	ASCII 码用十六进制表示，其中 hh 是一位或两位十六进制数

转义字符可以编程输出相应的控制命令，如字符\n 输出的是一个回车动作，也称软回车。

2. 格式输入函数

格式输入函数 scanf()与格式输出函数 printf()的使用方法类似，只是 scanf()是对已经定义的变量赋值输入，而 printf()为显示输出。scanf()的一般格式为

```
scanf(转换控制字符串,变量地址表列);
```

scanf()从键盘一次读取一个字符，按规定格式转换后，将格式化数据输入值依次存储在变量地址表列中给出的地址变量中。转换控制字符串以％为标识加格式字符 d、o、x、c、s、f，变量地址表列为已定义变量的地址，常规变量使用按地址操作的取地址运算符 &，数组则为数组名，代表数组的首地址。

转换控制中的转换控制字符串个数必须与变量地址表列的个数相同，转换控制中的普通字符为数据输入时的分隔符，而非 printf()中显示的字符。不同的转换控制字符串对应不同的输入，其含义如表 4-3 所示。

表 4-3　scanf()的转换控制字符串

转换控制字符串	含　　义
％d	等待输入十进制整数，对应参数必须是指向整数的指针
％o	等待输入八进制整数(有或无前导 0)，对应参数为整数指针
％x	等待输入十六进制整数(有或无前导 0x)，对应参数为整数指针
％c	等待输入单个字符，对应参数为字符指针，此时仍然接收空白字符。如果要接收非空白字符，可用％ls
％s	等待输入字符串，对应参数为字符串指针。指向足够大的字符数组以存放输入的字符串，并在最后自动加上'\0'，不要忘记考虑'\0'占用的空间
％f	等待输入浮点数，对应参数为浮点数指针。转换字符 e 和 f 同义。输入的数字串可以含有正负号、小数点和包含 e 或 E 的指数部分

在转换控制字符 d、o 和 x 的前面可以添加字母 l 表示为 long 型，同样，在转换控制字符 e 或 f 前面加 l 表示 double 型。在%和转换控制字符之间可以插入附加控制字符，如表 4-4 所示。

表 4-4　scanf()的转换控制字符串中常用的附加控制字符

附加控制字符	含　义
l	用于输入长整型数据(如%ld、%lo)或双精度浮点数据(如%lf 或%le)
h	用于输入短整型数据(如%hd、%ho 或%hx)
m	用于指定输入数据所占列数，系统会自动截取所需数据。*m* 必须为一个正整数
*	用于说明本输入项在读入后不赋给相应的变量，即跳过该输入值

使用 scanf()时，有如下几点规则需要注意：

(1) 空格、制表符和回车换行符被作为空字符略去。

(2) 转换格式说明由%组成，它可以有一个禁止赋值符 *，可选数字用于指定最大域宽以及一个转换符。

(3) 转换格式说明直接对输入进行转换，一般将其结果存放在后面地址指向的变量内。如果存在禁止赋值符 *，则此输入数据被跳过。

在输入数据时，如果控制字符之间没有任何字符，在输入常量时可以使用空格隔开；如果有其他字符分隔，必须使用对应的字符将常量分开。另外，空格在字符类型输入时是作为有效字符输入的。下面进行案例说明。

1) 多数据输入时分隔符的使用

scanf()中变量地址表列允许对多个变量按地址赋值，两个以上变量赋值输入数据间一般以空格、制表符或回车作为数据输入分隔符。

scanf("%d,%d",&a,&b);语句，转换控制字符串以逗号分隔，则输入

```
5,6↙
```

其中下划线表示程序运行时用户输入部分。符号↙表示回车操作。这时数值 5 赋给变量 a，数值 6 赋给变量 b。

scanf("%d%d",&a,&b);语句，没有逗号分隔符，输入为

```
5↙
6↙
```

其中的回车操作还可以是空格或制表符，数值 5 赋给变量 a，数值 6 赋给变量 b。

scanf("%d:%d:%d",&h,&m,&s);语句，有冒号分隔符，输入为

```
12:30:15↙
```

冒号也要原样输入，数值 12 赋给变量 h，数值 30 赋给变量 m，数值 15 赋给变量 s。

scanf("a=%d,b=%d,c=%d",&a,&b,&c);语句，有逗号分隔符，输入为

```
a=12,b=34,c=56↙
```

其中 scanf()中的 a=、b=、c=也要原样输入，数值 12 赋给变量 a，数值 34 赋给变量 b，数

值 56 赋给变量 c。

该程序命令语句的本意是提高程序运行时的人机交互性，即在程序运行过程中为改善人机交互性，系统提示用户输入信息。为此可以做一些改进，一般先用 printf()语句输出相关提示信息，再用 scanf()语句执行数据输入。

例如，可以将 scanf("a=%d,b=%d,c=%d",&a,&b,&c);语句改为

```
printf("a="); scanf("%d",&a);
printf("b="); scanf("%d",&b);
printf("c="); scanf("%d",&c);
```

程序运行时人机交互提示数据输入使用更方便。

一般情况下输入数据时，遇回车、达到数据定义宽度或非法输入等情况，系统认为该数据输入结束，在实际应用中可灵活使用这一特点。

例 4-11 编写一个程序，要求输入实际时间，包括小时、分钟和秒，然后计算合计多少秒。

这个程序的算法实现按常规习惯可以用变量 h 代表小时，m 代表分钟，s 代表秒，s_sum 代表总计秒数，则总计秒数计算表达式为 s_sum=h*3600+m*60+s。

程序源代码：

```
/*L4_11.C*/
void main(void)
{
    int h, m, s, s_sum;
    printf("Enter the hour:minute:second=");      /*提示用户输入时间数据*/
    scanf("%d:%d:%d",&h,&m,&s);                   /*数据之间输入冒号分隔符*/
    s_sum=h*3600+m*60 +s;
    printf("The Total seconds is=%ld\n", s_sum);
}
```

程序运行时，在系统提示下输入时间值：

```
Enter the hour:minute: second=8:29:26↙
```

计算总计秒数 s_sum 值的输出结果如图 4-11 所示。

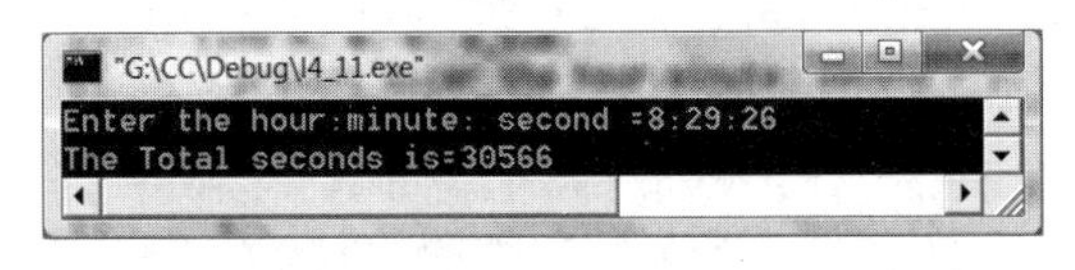

图 4-11　格式输入应用

2）多数据输入时的数据滤除应用

scanf()中的格式控制符中，通过使用禁止赋值符 * 可以对指定变量赋值，而滤掉不需要录入的数据。

例如 scanf("%2d%*3d%2d",&a,&b);语句，无逗号分隔符，输入为

```
12↙
345↙
67↙
```

其中 scanf()中的%2d 表示读取两位数,% * 3d 有禁止赋值符 *,表示有 3 位数滤掉,因此数值 12 赋给变量 a,数值 346 被滤掉,数值 67 赋给变量 b。

又如 scanf("%3d% * 4d%f",&a,&f);语句,无逗号分隔符,输入为

```
123 4567 8765.43↙
```

其中 scanf()中的%3d 表示读取 3 位数,% * 4d 表示有 4 位数滤掉,因此数值 123 赋给变量 a,数值 8765.43 赋给实型变量 f,数值 4567 被滤掉。

scanf()不允许在对浮点数输入时控制数据读取精度,也不允许在对字符输入时选择子串,例如 scanf("%5.5f",&f);、scanf("%5.5s",p); 和 scanf("%d, %3d\n",&a,&b); 命令语句均是非法的。

3) 字符数据的有效输入

scanf()中使用%c 格式符时,空格和转义字符会作为有效字符输入。

例如 scanf("%c%c%c",&c1,&c2,&c3);语句,无逗号分隔符,输入为

```
a  b  c↙
```

其中空格为有效 ASCII 码字符,因此字符 a 赋给变量 c1,空格字符赋给变量 c2,字符 b 赋给变量 c3,字符 c 则被漏掉。

为了解决由于空格字符而漏读其他字符的情况,可用 getchar()或 gets()等处理字符或字符串输入问题。比如 getchar()可以将键盘获取的字符赋给一个字符变量或整型变量,gets()则是将获取的字符串存放在定义的数组中,就可以包括空格字符等。

例 4-12 编写程序,用字符输入和输出函数格式化输出不同的数据类型的数据。

程序源代码:

```
/* L4_12.C */
#include "stdio.h"                                  /* 文件包含 */
main()
{
    char ch1,ch2,ch3,ch4,ch5,ch6,ch7,ch8,ch9;
    printf("Please input your words:\n");
    ch1=getchar();                                  /* 获取一个字符并赋给 ch1 */
    ch2=getchar();ch3=getchar();ch4=getchar();ch5=getchar();
    ch6=getchar();ch7=getchar();ch8=getchar();ch9=getchar();
    putchar(ch1);                                   /* 输出变量字符 */
    putchar(ch2); putchar(ch3); putchar(ch4); putchar(ch5);
    putchar(ch6); putchar(ch7); putchar(ch8); putchar(ch9);
    putchar(getchar());                             /* 获取一个字符再输出 */
    putchar(getchar());
    putchar('\n');
```

```
}
```

程序运行后，输入一些字符“It is OK！～＃”后按 Enter 键，输出结果如图 4-12 所示。

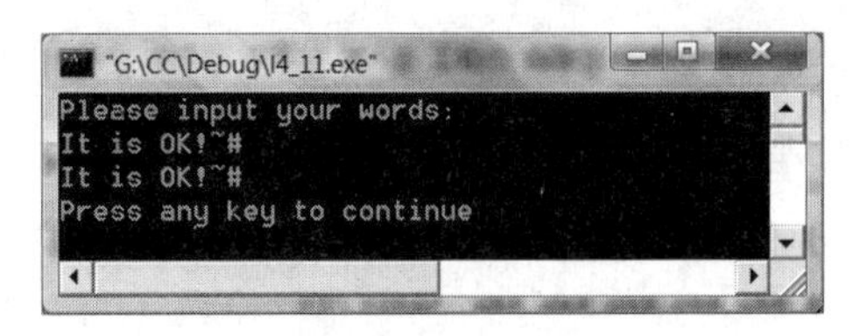

图 4-12　字符输入与输出

4.4　练　习　题

1. 简述 C 语言中结构化程序设计是由哪几种程序流程控制结构所构建或嵌套组成的。

2. 简述程序流程的 3 种基本控制结构实现结构化程序设计的特点。

3. 顺序控制结构命令包括哪些？

4. 常用的基本顺序命令语句主要有哪几种？

5. 根据条件控制程序流程的命令关键字有哪些？

6. 简单列举赋值语句的表达与执行效果。

7. 简述空语句命令操作的用途。

8. 简述复合语句整体上作为一条语句控制的特点。

9. 如何使用顺序无条件转向命令语句 goto 与标号语句结合构成循环控制结构？

10. 函数调用语句可以调用哪些类型的函数？

11. C 语言中字符、字符串和数值运算对象哪些能采用相同函数输入和输出？

12. 使用 C 语言函数库中的标准输入输出函数，以何种形式包含命令作为函数使用说明。

13. getchar()、getch()和 getche()在使用上有何相同与不同？

14. puts()调用时的字符串输出对象大致有哪些具体参量形式？

15. printf()控制符％和转换字符之间可以包含哪些参数？

16. printf()调用中如果实际数超出格式符控制规定范围，将如何输出？

17. 简述 scanf()调用多数据输入分隔符的使用。

18. scanf()调用多数据输入如何滤除不需要的数据？

19. 如何避免字符类型数据的无效输入？

20. 分析下列程序的结构与作用。

```
#include "stdio.h"
main()
{
```

```
    char c;
    putchar(getchar()+32);
    putchar('\n');
}
```

21. 运行并分析以下程序的输出结果。

```
main()
{
    int a=3,b=5;
    float c=6.5,d=123.785967,e=198.34567;
    printf("a=%5d,b=%-9d,c=%6.2f,d=%-8.2f,e=%8.2f\n",a,b,c,d,e);
    printf("----^----^----^----^----^----^----^----^----^----^\n");
}
```

22. 试编写程序,计算空心球体积,要求运行时输入内半径和外半径,然后计算空心球的体积。提示:计算空心球体积可用大球体积减小球体积得到,即

$$V = \frac{4}{3.0} \times \pi \times (r_2^3 - r_1^3)$$

要求四舍五入,小数点后保留 4 位小数。

第5章 条件分支选择结构程序设计

生活中常常会根据不同情况采取对应的不同处理措施解决实际问题，反映在程序设计中，这类问题的求解算法体现为根据不同的判定条件控制程序流程执行不同的程序段，其中判断条件即求解表达式。本章主要内容如下：

- 简单 if 分支选择结构；
- if-else 分支选择结构；
- 嵌套的 if-else 分支选择结构；
- else if 多路分支选择结构；
- switch-case 条件选择结构；
- switch-case 条件选择语句；
- 条件选择综合案例分析。

5.1 条件分支选择结构

条件分支选择结构又称条件判断选择结构或分支选择结构，是结构化程序设计流程控制的基本结构之一。当程序设计算法实现需要选择判断处理时，就要使用条件分支选择结构控制程序流程走向。C 程序设计条件分支选择结构的语句包括 if 语句的 3 种形式，即简单 if 语句、if-else 语句和 else-if 语句，以及多分支选择 switch-case 开关语句等，在使用时可根据具体问题的复杂程度做适当的选择。下面分别加以介绍。

5.1.1 简单 if 分支选择结构

C 语言中 if 条件分支选择结构命令是最基本的条件判断语句，用来判定是否满足指定的条件，并根据求解条件表达式的值判断执行给定的操作。

简单 if 语句的一般形式如下：

```
if (<表达式>)
    [控制语句];
```

其中 if()表达式后面的尖括号表示其中的内容为必选项；方括号表示其中的内容为可选项，控制语句也可以是用花括号括起来的一组命令语句构成的一条复合语句。

简单 if 语句的执行流程如图 5-1 所示。

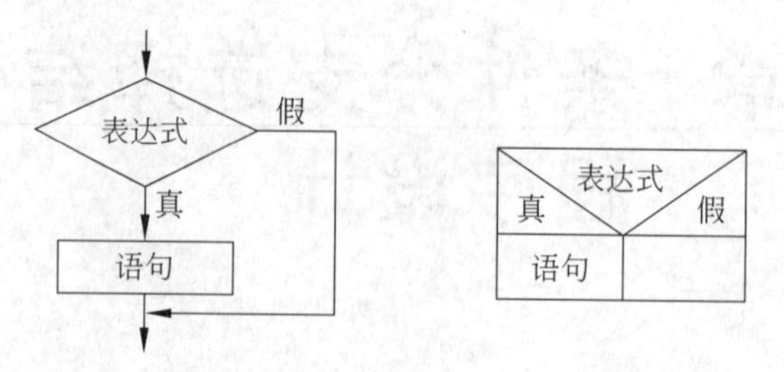

图 5-1 简单 if 语句的执行流程

系统首先对表达式求解，当表达式值为真时，则执行指定的语句；否则跳过指定语句，接着执行指定语句下面的语句。

例 5-1 编写程序，比较两个数的大小，按不同数据输入情况输出不同结果。

程序源代码：

```
/* L5_1.C */
#include<stdio.h>
main()
{
    int m,n;
    printf("Please input two numbers m,n=");
    scanf("%d,%d",&m,&n);
    if(m>n)
        printf("The first number is bigger\n");
                                        /* 条件表达式 m>n 值为 1 时执行 */
    if(n>m)
        printf("The second number is bigger\n");
    if(n==m)
    printf("The two numbers are equal\n");
    getch();
}
```

分别运行 3 次程序，各次运行输出结果如图 5-2 所示。

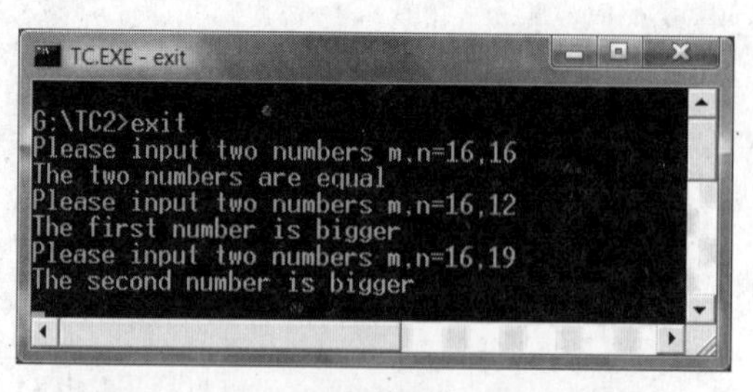

图 5-2 输入不同数据的条件输出结果

该程序用简单的 if 结构对两个变量 m 和 n 的值进行比较，完成 3 种情况的选择处理。从程序中可以看出，if 结构只在条件表达式为真时才执行指定的操作。如果程序应用只需实现单向分支选择结构，使用简单 if 语句完成算法较为清晰方便。

多个简单的 if 结构配合，也可以处理稍微复杂一点的问题，如实现简单的排序算法。以 3 个变量排序为例，随机输入 3 个数，分别赋予变量 a、b、c，利用顺序执行的简单 if 结构语句实现排序算法，要求按变量 a、b、c 值由小到大输出结果。

程序源代码：

```
#include "stdio.h"
main()
{
    float a,b,c,t;
    scanf("%f,%f,%f",&a,&b,&c);
    if(a>b)
    {t=a; a=b; b=t;}                    /*借助临时变量 t,交换 a、b 两个变量的值*/
    if (a>c)                            /*值较小的 a 变量再与第三个变量 c 的值比较*/
    {t=a; a=c; c=t;}                    /*至此 a 变量的值最小*/
    if (b>c)                            /*剩余 b 变量的值再与 c 的值比较*/
    {t=b; b=c; c=t;}                    /*至此 b 变量的值次小*/
    printf("%5.2f,%5.2f,%5.2f",a,b,c);  /*排序结果*/
}
```

程序中使用 3 个简单 if 语句进行变量值的两两比较，用 if 语句判别变量值的大小，根据条件进行变量值的交换，每个 if 结构执行后较小的变量再与其余的变量作比较，最后输出排序结果。

5.1.2 if-else 分支选择结构

if-else 分支选择结构可实现同一表达式判断下的两路程序流程的选择。if-else 命令语句的一般形式如下：

```
if(<表达式>)
        [控制语句 1];
else
        [控制语句 2];
```

同样，if-else 中的控制语句也可以是用花括号括起来的一组语句构成的一条复合语句。if-else 语句的执行流程如图 5-3 所示。

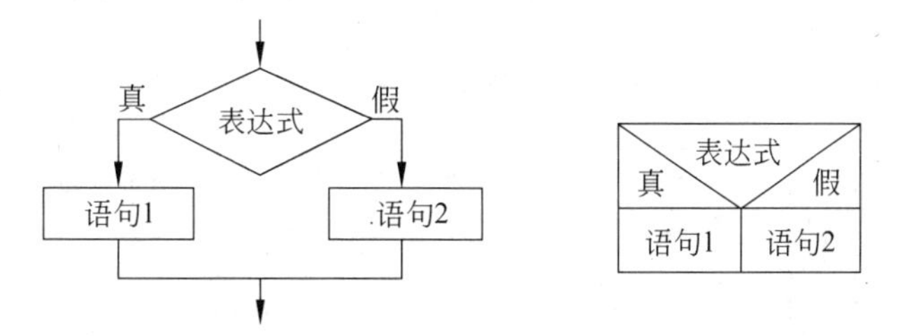

图 5-3　if-else 语句的执行流程

系统先对表达式求解，当表达式值为真时，执行控制语句1；当表达式值为假时，执行控制语句2。整个结构只有一个入口和一个出口，符合结构化程序设计规范。利用if-else分支选择形式的if语句可以实现两路程序流程的分支选择。

例5-2 编写程序，输入一个年份值，检查该年是否为闰年，输出结果。检查某一年为闰年的自然语言描述是：年份值能被4整除，但不能被100整除；或者年份只能被400整除。表达式为x%4==0&&x%100!=0||x%400==0。

程序源代码如下：

```
/*L5_2.C*/
#include<stdio.h>
main()
{
    int x;
    printf("Please input the year to determined=");
    scanf("%d",&x);
    if(x%4==0&&x%100!=0||x%400==0)                  /*满足闰年条件*/
        printf("%d is a leap year\n",x);
    else                                             /*不满足闰年条件*/
        printf("%d is not a leap year\n",x);
}
```

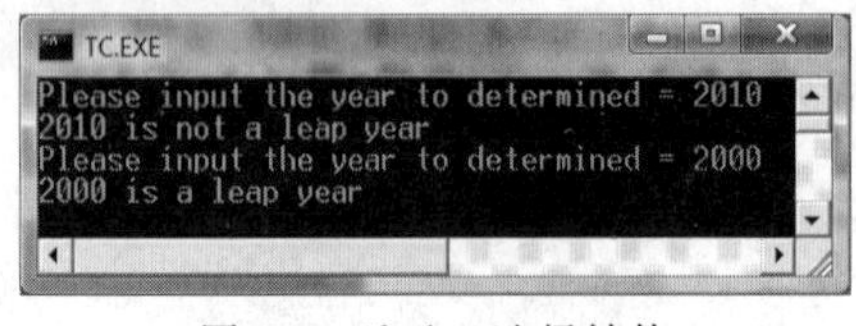

图5-4 if-else选择结构

执行上述程序时，根据输入的x值进行判断，如果满足闰年表达式，表达式值为1，则执行选择语句中if命令后面的语句；表达式值为0，执行else命令后面的语句。编译后运行两次程序，运行结果如图5-4所示。

如果if-else条件分支的if和else后的命令语句执行的是给同一个变量赋值操作，则该算法也可以用条件运算符"?:"取代if-else语句，实现相同的功能。

例5-3 编写程序，从键盘输入一个字符，如果是小写字母，则将其转换为大写字母，否则原样输出该字符。

程序源代码：

```
/*L5_3.C*/
main( )
{
    char ch;
    printf("please input a character:\n");
    scanf ("%c",&ch);
    ch=(ch>='a' && ch<='z')?(ch-32):ch;          /*用条件运算符实现判断赋值*/
    printf("ch=%c\n",ch);
}
```

编译后分别运行两次程序，如果输入小写字母r，判断条件运算表达式为真，执行运算符“?”后的赋值表达式，将 ch－32 的值赋给变量 ch，得到 ch 值为大写字母 R 的 ASCII 码值。如果输入字符 9，则由于不满足条件运算表达式中的条件，执行运算符“:”后的赋值表达式，因此直接输出该字符。两次运行程序后输入和对应输出结果如图 5-5 所示。

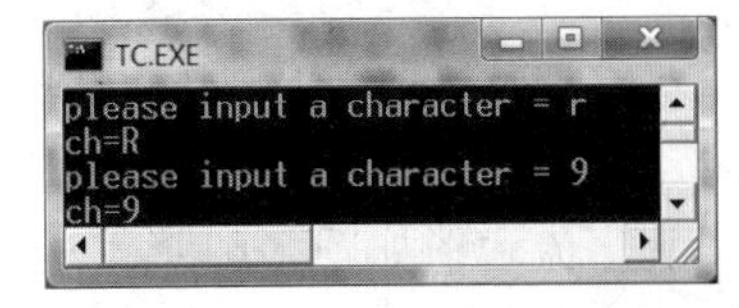

图 5-5　条件运算表达式实现选择运算

与本例相似，选择运算结果赋给同一个变量，如求最大值运算，源程序代码如下：

```
/*L5_3_1.C*/
#include<stdio.h>
main()
{
    int a,b,c;
    scanf("%d,%d",&a,&b);
    c=(a>b)?a:b;                    /*取 a 和 b 中大者赋给 c */
    printf("The max number is %d",c);
}
```

程序运行后，输入两个数值，分别赋给两个变量 a 和 b，条件运算表达式运算取变量 a 或变量 b 中值较大者赋给变量 c，输出变量 c 值。

5.1.3　嵌套的 if-else 选择结构

if-else 结构解决了程序流程按条件两路分支的问题，当按不同条件选择两个以上分支流程，就需要使用 if 语句的嵌套结构，即 if 语句结构中还可包含 if 语句结构，形成层层嵌套的 if 语句结构。嵌套在 if-else 结构 if 命令语句之后的内嵌 if-else 结构形式为

```
if(<表达式 1>)
        [控制语句 1];
    if(<表达式 2>)
        [控制语句 2];
    else
        [控制语句 3];
else
    [控制语句 4];
```

嵌套的 if 语句结构逻辑关系是：当选择条件＜表达式 1＞的值为真，才会判断“＜表达式 2＞”的值，也只有当＜表达式 2＞为真时，才会执行控制语句 2，此时＜表达式 1＞和＜表达式 2＞条件同时满足，是逻辑与的关系。这就是条件选择语句嵌套结构的特点。

同样，嵌套在 if-else 结构 else 命令语句之后的内嵌 if-else 结构的一般形式为

```
if(<表达式 1>)
        [控制语句 1];
else if(<表达式 2>)
            [控制语句 2];
```

```
else if(<表达式 3>)
    [控制语句 3];
      else if(<表达式 4>)
        [控制语句 4];
          else[控制语句 5];
```

程序流程图如图 5-6 所示。

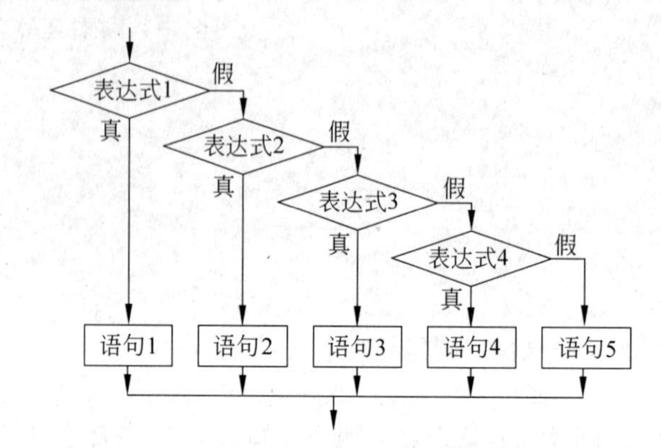

图 5-6　嵌套在 else 命令语句之后的内嵌结构

例 5-4　编写程序，实现符号函数的算法，即从键盘输入一个数值赋给变量 x，如果 x 值小于 0，符号函数值为−1；如果 x 值等于 0，符号函数值为 0；如果 x 值大于 0，符号函数值为 1，检验输出结果。

数学表达式：

$$\operatorname{sign}(x)=\begin{cases}-1, & x<0\\ 0, & x=0\\ 1, & x>0\end{cases}$$

程序源代码：

```
/*L5_4.C*/
#include<stdio.h>
main()
{
    int number,sign;
    printf("Please type in a number x=");
    scanf("%d",&number);
    if(number<0)
        sign=-1;
    else if(number==0)                  /*else 包含条件(number>0)和(number=0)*/
            sign=0;
        else                            /*else 只包括(number>0)*/
            sign=1;
    printf("sign(x)=%d\n",sign);
}
```

运行 3 次，输入 3 个不同的数，输入和对应的输出结果如图 5-7 所示。

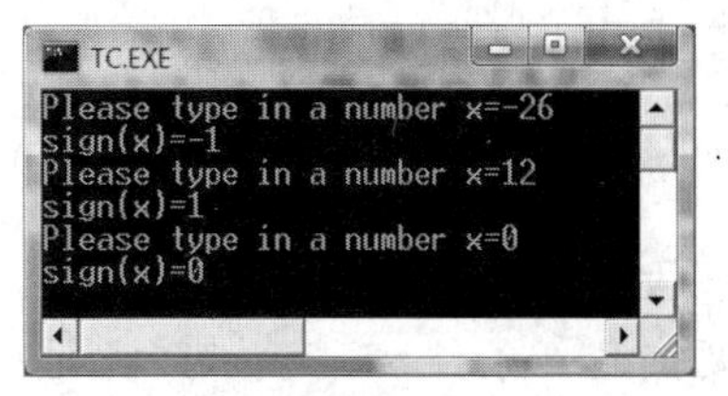

图 5-7　符号函数的运行结果

案例中 if 与 else 成对匹配，书写成锯齿形式易读、易理解。习惯上嵌套的 if 语句尽可能在 else 之后，如果嵌套中只有 if 而没有 else，容易造成错误，这是因为 else 总是与前面最相近的不包含 else 的 if 语句对应匹配。为避免发生这种错误，习惯上应将嵌套中的 if 语句用花括号{ }括起来，例如：

```
if(表达式 1){
    if(表达式 2)
        语句块 1
            }
else
    语句块 2
```

该案例中的 else 与最外层的 if 匹配，逻辑上不易出错。

实际上程序算法并不是唯一的，可以有不同的逻辑表达方式，只要最终目的和结果正确即可。当然，大型软件开发还有程序优化等问题，只是不在本书范围内。现以符号函数为例再作一些案例分析，以进一步理解 if 嵌套的逻辑关系。为便于案例分析，首先给出正确的程序源代码：

```
main()
{
    int x,y;
    scanf("%d",&x);
    if(x<0)y=-1;
        else if(x==0) y=0;
            else y=1;
    printf("x=%d, y=%d\n", x, y);
}
```

该程序算法已通过运行验证，算法逻辑正确。

将程序的 if 语句嵌套关系改为以下程序段：

```
if(x>=0)
    if(x>0)y=1;
    else y=0;
else y=-1;
```

该段程序的第一个 if 条件 x>=0 包含着两种情况，需要嵌套 if 条件 x>0 语句，内嵌 if 语句的 else 命令意味着条件 x==0，此处 y 等于 0，算法正确。

若将程序的 if 语句嵌套关系改为以下程序段：

```
y=-1;
```

```
if(x!=0)
    if(x>0)  y=1;
else y=0;
```

该段程序在 if-else 之外先赋值 y=－1。第一个 if 条件 x!=0 也包含着两种情况，需要嵌套 if 条件 x>0 语句，满足该条件则 y=1。内嵌 if 语句受外层 if 条件 x!=0 约束，else 意味着条件 x<0，而 y 等于 0，算法出现逻辑错误，可将该程序的嵌套关系作以下修改：

```
y=-1;
if(x!=0)
    {if(x>0) y=1;}
else y=0;
```

增加了一对花括号，使 else 与外层 if 匹配，else 隐含条件为 x==0，执行 y=0，整个程序段算法正确。

再看如下算法程序段：

```
y=0;
if(x>=0)
    if(x>0)  y=1;
else y=-1;
```

该段程序在 if-else 之外先赋值 y=－1。第一个 if 条件 x>=0 同样包含着两种情况，需要嵌套 if 条件 x>0 语句，满足该条件则 y=1。内嵌 if 语句受外层 if 条件 x>=0 约束，else 意味着条件 x=0，而 y 等于－1，算法也出现逻辑错误，可将该程序的嵌套关系作以下修改：

```
y=0;
if(x>=0)
    {if(x>0) y=1;}
else y=-1;
```

增加了一对花括号，使 else 与外层 if 匹配，else 隐含条件为 x<0，执行 y=－1，整个程序段算法正确。

当需要处理的分支选择头绪多且问题更加复杂时，可以在各种结构形式的 if 语句中再嵌套一个或多个 if 语句，形成更加复杂的嵌套。使用嵌套选择结构，可以在 if-else 结构中 if 命令后面嵌套，也可以在 else 命令后面嵌套。其组合形式可以表示为

```
if (表达式 1)
    if (表达式 2)
        语句 2;
    else
        语句 3;
else
    if (表达式 3)
```

```
        语句 4;
    else if (表达式 4)
        语句 5;
    else
        语句 6;
```

其中的各 if 和 else 语句中又可以嵌套另外的 if-else 语句。使用时注意 if 及 else if 与 else 的配对关系，系统总是将 else 与其向上最接近的未配对的 if 匹配组合。使用内嵌简单 if 语句时还应注意，简单形式的 if 语句中不包含 else 语句，嵌套逻辑上避免混乱。

5.1.4 else if 多路分支选择结构

嵌套的 if 结构丰富了程序流程按条件多路分支流程控制问题，当按不同条件选择更多分支流程，可以使用 if 嵌套结构，也可以使用 else if 多路分支选择结构。else if 多路分支选择结构的一般形式为

```
if(<表达式 1>)
    语句 1;
else if(<表达式 2>)
        语句 2;
    else if (<表达式 3>)
            语句 3;
            …
          else if(<表达式 n>)
              语句 n;
            else
                语句 n+1;
```

else if 多路分支选择结构逻辑关系上是由多个 if-else 层层嵌套的 if-else 语句组成的 if-else-if-else 逻辑结构，其选择分支执行流程如图 5-8 所示。

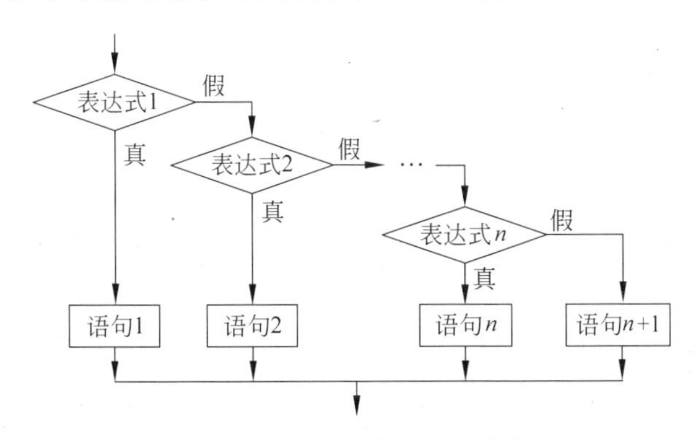

图 5-8 if-else-if-else 多路选择结构流程

if-else-if-else 分支结构中的每个 else if 表达式控制着一个分支流程，程序执行时首

先求解＜表达式 1＞的值，当＜表达式 1＞值为真时，执行语句 1，执行后跳出并结束该选择结构；当＜表达式 1＞值为假时，则求解＜表达式 2＞的值，当＜表达式 2＞值为真时，执行语句 2，执行结束也跳出并结束所在选择结构；同样，再继续求解＜表达式 3＞的值，当＜表达式 3＞值为真时，执行语句后跳出选择结构，否则继续向下进行判断，依此类推，直到＜表达式 n＞的值为真，执行相关语句。如果所有的表达式值都为假，那么就执行最后一个 else 后面的语句。

实际上，if-else if-else 形式的 if 语句是 if-else 形式的 if 语句的嵌套使用，利用它能够实现多分支选择，应用时应该注意每个 else 实际上是和其前面最接近的 if 配对使用的，通常中间各个 else 不能省略，但最后一个 else 可以省略，这时表示当所有的表达式值都为假时不作任何处理，接着执行选择结构之外的命令语句。

else if 结构执行是从上到下对所有条件表达式逐一进行扫描判断求解，只有遇到某个条件表达式值为真，才会选择执行与之对应的语句，执行后即跳出整个选择判断结构。如果没有任何一个条件满足，即所有表达式值均为假，则执行最后一个 else 命令后的语句，这个 else 通常作为默认条件使用。

例 5-5 编写程序，判断从键盘输入字符的类属范围，输出对应的分类属性提示。例如，输入字符 6，输出提示属于数字。

算法分析：字符类别是根据键盘输入字符的 ASCII 码值来区分的。在 ASCII 码表中，若输入的字符 ASCII 码值小于 32，通常为控制字符；若在字符 0～9 之间，则为数字；若在字符 A～Z 之间，则为大写字母；而在字符 a～z 之间，为小写字母；其余则列为其他字符。该程序算法属于多条件选择分类处理问题，适于 else if 多条件判断分支选择结构实现，程序流程图如图 5-9 所示。

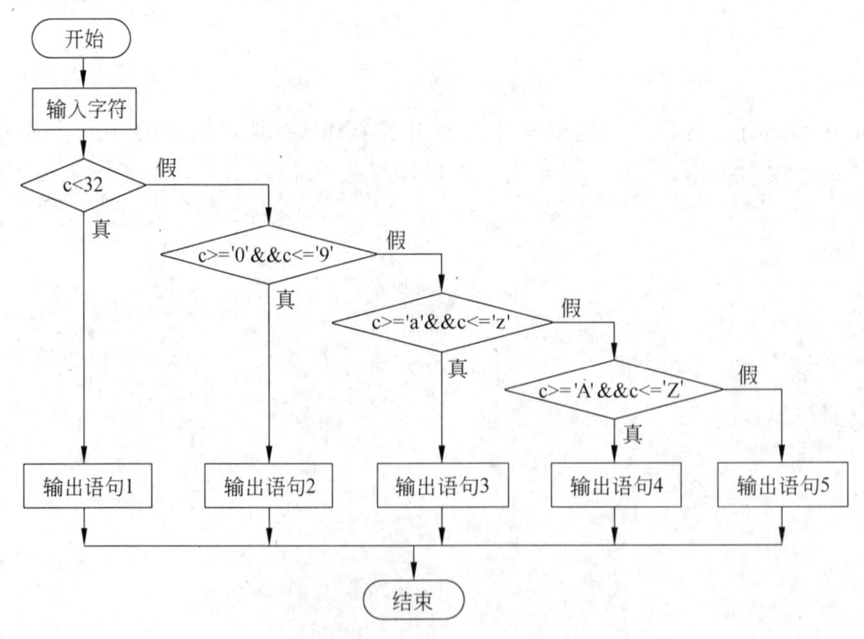

图 5-9 判断输入字符的 ASCII 码值，选择输出语句

程序源代码：

```
/*L5_5.C*/
#include "stdio.h"
main()
{
    char c;
    printf("input a character:=");
    c=getchar();
    if(c<32)
        printf("This is a control character\n");            /*输出语句 1*/
    else if(c>='0'&&c<='9')
        printf("This is a digit\n");                         /*输出语句 2*/
    else if(c>='a'&&c<='z')
        printf("This is a small letter\n");                  /*输出语句 3*/
    else if(c>='A'&&c<='Z')
        printf("This is a capital small letter\n");          /*输出语句 4*/
    else
        printf("This is for another character\n");           /*输出语句 5*/
}
```

多次运行该程序，输入不同字符，对应的输出结果如图 5-10 所示。

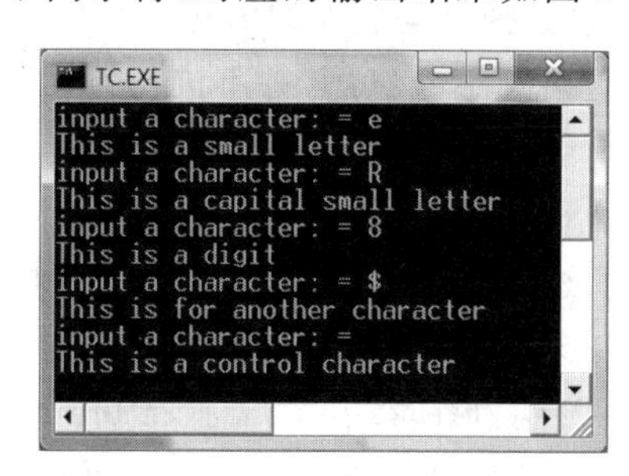

图 5-10 根据输入字符来判断选择输出的多次运行结果

从多次运行的输入输出程序结果可以看出，只有符合输入条件的 case 语句才会被执行输出，而不论其书写顺序的前后。

5.2 switch-case 条件选择语句

switch-case 命令语句属于多分支选择判断结构，可实现多路分支选择控制程序流程。if-else 语句只有两个分支可供选择，else if 语句需要严格理清逻辑嵌套匹配关系，实际问题中，多分支的选择结构处理的各种情况常常是相对独立的。例如，把学生成绩分类入档，90 分以上为优秀，80～89 分为良好，70～79 分为中等，60～69 分为合格，60 分以下为不达标。这类问题各种情况相对独立，选择分类清晰。

5.2.1 switch-case 条件选择结构

使用 C 语言提供的 switch-case 语句直接处理多分支选择，结构清晰，易写易读，一般形式如下：

```
switch(<表达式>)
{
    case<常量表达式 1:>语句 1      [break;]
    case<常量表达式 2:>语句 2      [break;]
    ⋮
    case<常量表达式 n:>语句 n      [break;]
    default:           语句 n+1
}
```

ANSI C 标准允许 switch-case 结构中的表达式的值为任何类型，在执行 switch 语句时，switch＜表达式＞顺序与各个不同的 case＜常量表达式＞取值作比较。当 switch 后的表达式的值与某一个 case 后面的常量表达式的值相等，就执行此 case 后面的语句；如果 switch 后的表达式的值和任何一个 case 后面的常量表达式的值均不匹配，就执行 default 后面的语句。各个 case 和 default 的出现次序不影响执行结果，如果程序省略了 default 语句，则不作任何处理，接着执行 switch-case 选择结构后面的语句。

case＜常量表达式：＞只起语句标号作用，并不进行条件判断，每执行完一个 case 后面的语句后，流程控制会转移到下一个 case 继续执行。在执行 switch 语句时，根据 switch 后的表达式的值找到符合条件的 case＜常量表达式：＞标号作为入口，不再进行判断执行命令语句。每一个 case 后的常量表达式值必须是互不相同的，不能有同样的值，且必须是常量表达式，不能包含变量。

如果执行 case 语句后有可选项 break;语句，则执行 break 命令后，程序就会跳出 switch-case 结构；如果没有 break;语句，就顺序执行下一个 case 语句，直到遇到下一个 break;语句；如果所有 case 语句都没有 break;语句，就会顺序向下执行 switch-case 结构的每一条 case 语句。

一般在 case 以及 default 后面的语句中包含 break 子句，这样程序就会从与表达式相匹配的 case 开始，执行到 break;语句，然后跳出 switch-case 结构，接着执行多分支选择结构之后的语句，如图 5-11 所示。

由于 switch-case 语句与 if-else-if-else 多路选择分支结构类似，利用 switch-case 语句也可以实现多分支选择程序设计。

下面举一个简单的例子进行分析，使用 switch-case 语句编写一个程序，输入一个数字，选择输出与数字对应的英文单词星期几，如输入 3，输出 Wednesday。这是一个多分支选择程序结构，程序流程如图 5-12 所示。

程序源代码：

```
main()
```

```
{
    int c;
    printf("input integer number=");
    scanf("%d",&c);
    switch (c)
    {
        case 1:   printf("Monday\n");
        case 2:   printf("Tuesday\n");
        case 3:   printf("Wednesday\n");
        case 4:   printf("Thursday\n");
        case 5:   printf("Friday\n");
        case 6:   printf("Saturday\n");
        case 7:   printf("Sunday\n");
        default:  printf("error\n");
    }
}
```

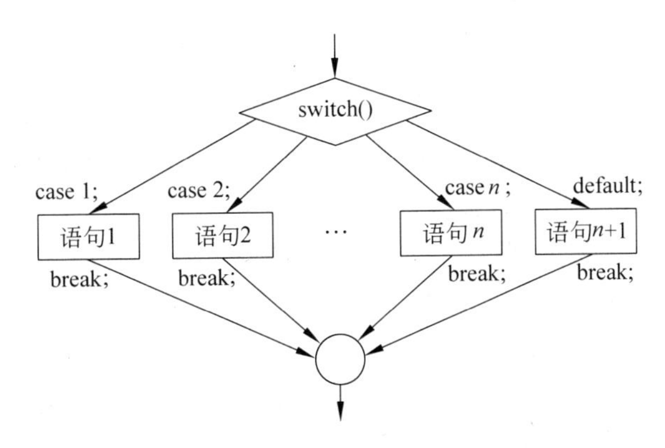

图 5-11　switch-case 多路开关选择流程

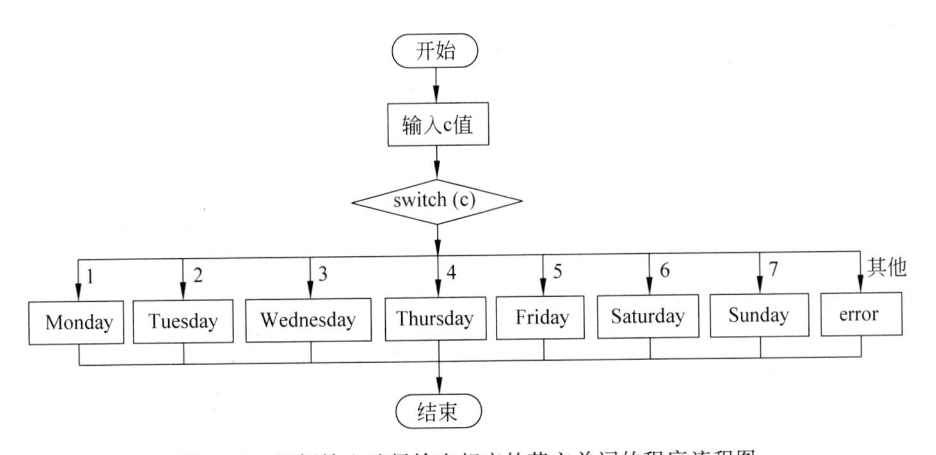

图 5-12　根据输入选择输出相应的英文单词的程序流程图

该程序没有 break;语句，根据算法分析，程序运行后输入一个数字，即可输出相应的英文单词。例如当输入数值3之后，switch(c)中表达式c值为3，与case常量表达式值3匹配，执行入口为case 3的语句printf("Wednesday\n");。由于没有break;语句，将继续执行后续的所有case语句，即输出了Wednesday及后续所有单词。

出现这种情况是因为在switch-case语句结构中，case<常量表达式>只相当于一个语句标号，当switch<表达式>的值和某case标号值相等，则入口为该标号语句，但执行完该标号语句后不能自动跳出整个switch-case结构，而是继续执行所有后面的case语句。这是switch-case语句与if语句的不同，使用时应特别注意这个特点。

C语言提供的break;语句可用于跳出switch-case结构，修改本例程序，在每个case语句之后增加break;语句，可使每个入口case语句执行后，均可跳出switch-case结构。为符合本例程序的算法需求，修改后的程序源代码如下：

```
main()
{
    int c;
    printf("input integer number=");
    scanf("%d",&c);
    switch (c)
    {
        case 1:   printf("Monday\n"); break;
        case 2:   printf("Tuesday\n"); break;
        case 3:   printf("Wednesday\n"); break;
        case 4:   printf("Thursday\n"); break;
        case 5:   printf("Friday\n"); break;
        case 6:   printf("Saturday\n"); break;
        case 7:   printf("Sunday\n"); break;
        default: printf("error\n");
    }
}
```

5.2.2 switch-case条件选择语句的应用

switch-case条件选择结构语句是switch表达式与case常量表达式条件匹配的执行语句结构，结合break命令的灵活使用，可完成所需要的程序算法。

例5-6 编写程序，实现某一物流系统批发市场的货物结算打折算法。某种货物出货时，500kg以上优惠2%，以后每增加250kg再优惠1%，1500kg以上优惠5%，2000kg以上优惠8%。设货物重量为w公斤，货物价格为p元/kg，优惠率为d，则实际价格为$pw(1-d)$。列表如下：

实际价格/元	货物重量/kg	优惠率
实价	$w<500$	$d=0\%$
$pw(1-d)$	$500\leqslant w<750$	$d=2\%$

$pw(1-d)$	$750 \leqslant w < 1000$	$d=3\%$
$pw(1-d)$	$1000 \leqslant w < 1250$	$d=4\%$
$pw(1-d)$	$1250 \leqslant w < 1500$	$d=5\%$
$pw(1-d)$	$w \geqslant 2000$	$d=8\%$

程序算法分析：从上面的数据可以看到，优惠率随着货物量增大而增加，其变化有一定规律，即货物每增加 250kg，其优惠率会提高 1%。可以用多分支选择结构处理这种多种选择的情况。

程序源代码：

```
/*L5_6.C*/
main()
{
    int c;
    float p,w,d;
    printf("input the current price,weight p,w=");
    scanf("%f,%f,",&p,&w);
    if(w>=2000)
        c=8;                                /*货物大于 2000kg*/
    else
        c=w/250;
        switch(c)                           /*判断开关条件*/
        {
            case 0:
            case 1: d=0/100; break;         /*条件表达式值为 0*/
            case 2: d=2/100; break;
            case 3: d=3/100; break;
            case 4: d=4/100; break;
            case 5:
            case 6:
            case 7: d=5/100; break;
            case 8: d=8/100;                /*(w>=2000)为真时*/
        }
    p=p*w*(1-d);
    printf(" The real price is %-16.2f\n",p);
}
```

多次运行程序，输入时价为每公斤 1 元，不同重量的货物实际总价计算结果如图 5-13 所示。

这里定义 c 为整型变量的目的是使得 c=s/250 的值也为整数。程序又通过一个 if-else 结构的 if 语句对 c 值分别作了赋值处理，使 c 的所有值都落在 switch 语句中 case 标号范围内，这样可以使所有的输入值都能得到相应的处理。

当然，上述算法也可以用嵌套的 if 语句来处理，但分支较烦琐，嵌套的层数也多，程序冗

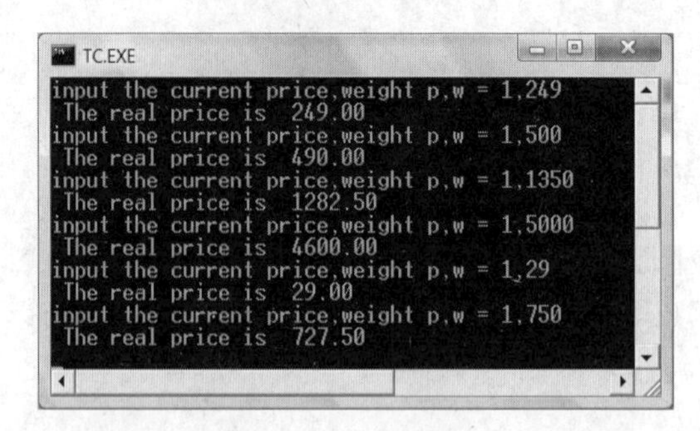

图 5-13　switch-case 语句实现多分支选择结构

长,可读性较差。

结合本例,对 switch-case 结构的使用再作几点说明：

(1) case 后面必须是常量表达式,表达式中不能包含变量。

(2) 如果 case 入口或 default 入口语句执行后有 break 语句,则程序会从本 case 语句开始,继续执行后续 case 语句,一直执行到下一个 case-break 语句或整个 switch-case 语句结束为止,跳出 switch 结构。

(3) 多个 case 入口可以执行同一组语句,此时前面各 case 中不包含 break 语句,只有最后符合相同条件的 case 中有 break 语句。如本案例程序中,当 c=5、c=6 和 c=7 时有相同的优惠率,因此语句写为：

```
case 5:
case 6:
case 7: d=5; break;
```

这样,如果货物重量为 1698kg,计算后 c=1698/250=6,程序则从 case 6:入口执行,直到遇到 case 7:中的 break 命令语句,跳出并结束 switch-case 结构语句。

(4) 各 case 常量表达式的值不能相同,否则即出现逻辑冲突。case 后面的常量表达式实际上起语句标号的作用,而程序中不应出现相同标号的不同语句。

例 5-7　编写程序,实现计算器操作,要求当用户输入运算对象和四则运算符后,计算并输出运算结果。

程序源代码：

```
/*L5_7.C*/
void main()
{
    float a,b,s;
    char c;
    printf("input expression: a+(-,*,/)b=");
    scanf("%f%c%f",&a,&c,&b);
    switch(c)
    {
        case '+': printf("%f%c%f=%f\n",a,c,b,a+b);break;
```

```
        case '-': printf("%f%c%f=%f\n",a,c,b,a-b);break;
        case '*': printf("%f%c%f=%f\n",a,c,b,a*b);break;
        case '/':
          if (b==0)
            printf("Data error:data divided by zero \n");
          else
            printf("%f%c%f=%f\n",a,c,b,a/b);break;
        default: printf("input error\n");
    }
}
```

计算机除法运算的除数不能为 0,否则会出现系统运算溢出。因此,在程序中"case '/':"嵌套 if-else 结构作容错处理,当遇到除法运算被 0 除的情况时,程序作出提示,跳出 switch-case 结构,不再计算该除法运算。

程序编译后多次运行,输入数学运算表达式,不同数学运算符得到不同的计算结果,如图 5-14 所示。

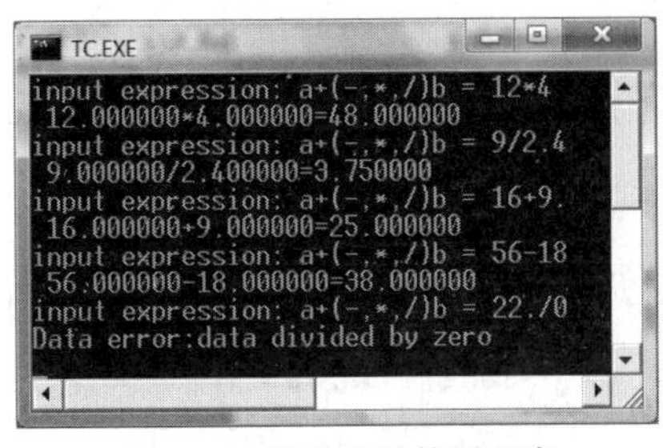

图 5-14　简单的计算器程序

例 5-8　编写程序,实现英寸(in)与厘米(cm)之间的相互转换,已知英寸与厘米的换算公式为 1in=2.54cm。

算法分析:由于程序需要英寸与厘米两种单位的互相换算,首先应该根据输入数据来判断是从英寸转换为厘米还是从厘米转换为英寸,因此设置一个 flag 标识变量,用于选择换算方式。

程序源代码:

```
/*L5_8.C*/
main()
{
    int flag;
    float x,r=2.54;
    printf("1:inch to cm\n2:cm to inch\nplease input 1 or 2:=");
    scanf("%d",&flag);
    if(flag==1||flag==2)
    {
        printf("enter the length:");
        scanf("%f",&x);
        switch(flag)
        {
            case 1: printf("%8.3f inch=%-8.3f cm\n",x,x*r);break;
            case 2: printf("%8.3f cm=%-8.3f inch\n",x,x/r);break;
        }
    }
```

```
    else printf("error!\n");
}
```

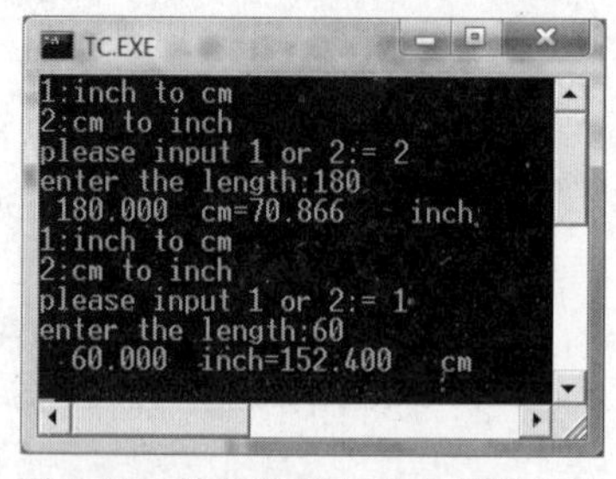

图 5-15 输入选择与输出转换结果

程序编译后运行两次，第一次输入 180cm，输出转换结果值为 70.866in，小数点后保留 3 位；第二次输入 60in，输出转换结果值为 152.4cm。输入选择与输出转换结果如图 5-15 所示。

本例的算法不是唯一的，还可以用 if-else 条件分支选择的嵌套结构来实现。

程序源代码：

```
/*L5_8_1.C*/
main()
{
    int flag;
    float l,r=2.54;
    printf("1:inch to cm\n2:cm to inch\nplease input 1 or 2:");
    scanf("%d",&flag);
    if(flag==1||flag==2)
    {
        printf("enter the length:");
        scanf("%f",&l);
        if (flag==1) printf("%7.2finch=%7.2fcm\n",l,l*r);
        else printf("%7.2fcm=%7.2finch\n",l,l/r);
    }
    else printf("error!\n");
}
```

5.3 综合案例分析

例 5-9 编写程序，实现求解一元二次方程 $ax^2+bx+c=0$ 的程序算法，方程中的系数 a、b、c 由键盘输入。

算法分析：求解一元二次方程的解，需要考虑如下几种情况。

(1) 若 $a=0$，$b=0$，则不是方程。

(2) 若 $a=0$，$b\neq0$，则方程变成一次方程，只需求此一次方程的解即可。

(3) 若 $a\neq0$，$b^2-4ac=0$，则此方程有两个相等的实根。

(4) 若 $a\neq0$，$b^2-4ac>0$，则此方程有两个不等的实根。

(5) 若 $a\neq0$，$b^2-4ac>0$，则此方程有两个共轭复根。

用 N-S 图表示如图 5-16 所示。

程序源代码：

```
/*L5_9.C*/
```

```
#include "math.h"
#include "stdio.h"
main()
{
    float a,b,c,disc,x1,x2,realpart,imagpart;
    printf("Input a,b,c=:\n");
    scanf("%f,%f,%f",&a,&b,&c);                          /*输入方程系数*/
    printf("The equation :\n");
    if(fabs(a)<=1E-6)                                    /*判断系数 a 是否为 0*/
        {printf("is not quadratic\n"); exit(0);}
    else                                                 /*隐含 a>0 或 a<0*/
        disc=b*b-4*a*c;
    if(fabs(disc)<=1E-6)                                 /*判断 b²-4ac 是否等于 0*/
        printf("has two equal root\n:%8.4f",-b/(2*a));
    else if (disc >1E-6)
        {
            x1=(-b +sqrt(disc))/(2*a);
            x2=(-b-sqrt(disc))/(2*a);
            printf("has distinct real roots\n:%8.4f and %8.4f\n",x1,x2);
        }
        else
        {
            realpart=-b/(2*a);
            imagpart=sqrt(-disc)/(2*a);
            printf("has complex roots:\n");
            printf("%8.4f+%8.4fi\n",realpart,imagpart);
            printf("%8.4f-%8.4fi\n",realpart,imagpart);
        }
}
```

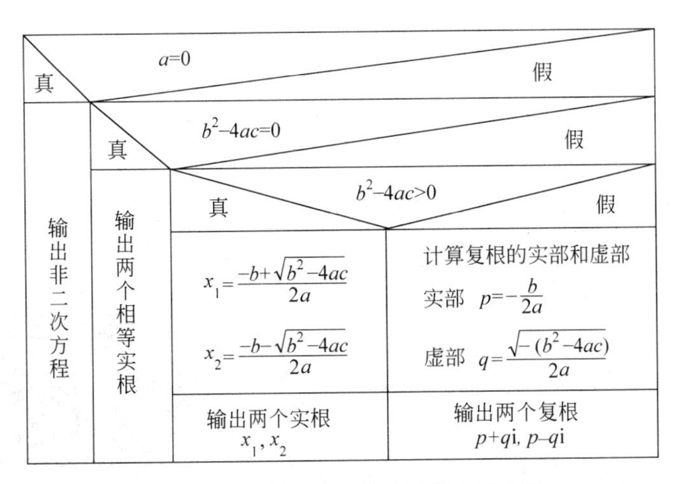

图 5-16　一元二次方程求解算法 N-S 图

分别运行 3 次程序，输入 3 组不同数据，对应的输出结果如图 5-17 所示。

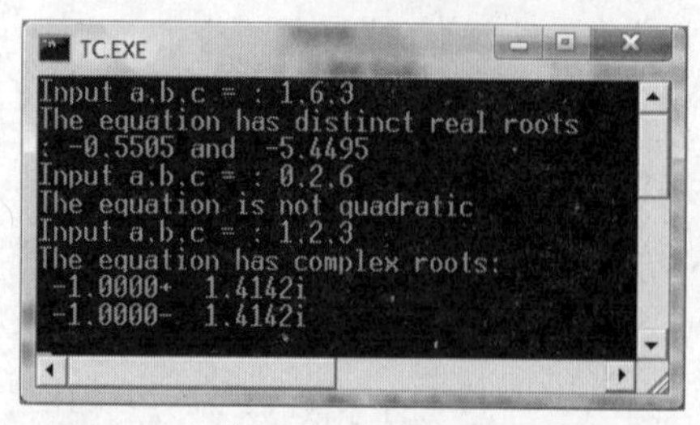

图 5-17　求解一元二次方程运行结果

程序中先计算 b^2-4ac 的值，以减少以后的重复计算。判断 b^2-4ac 是否等于 0 时，由于是实数，而实数在计算和存储时会有一些微小的误差，因此一般不直接判断，如 if(disc==0)，而采取判别实数的绝对值(fabs(实数))是否小于一个很小的常数，如程序中 if(fabs(disc)<=1E-6)，如果表达式成立，就认为接近 0。程序的输出以 realpart 代表实部 p，以 imagpart 代表虚部 q，以增加程序的可读性。

在本例的嵌套语句结构中，一定要注意 if 与 else 的匹配关系，即从最内层开始，else 总是与它上面最近的 if 匹配。如果 if 与 else 的数目不一样，为了使程序完成的功能逻辑清晰，可使用花括号{ }建立逻辑对应的匹配关系。通常为了使嵌套的层次清晰，程序书写格式写成层次格式，使逻辑结构更加直观易读。

例 5-10　编写程序，实现输入任意一个整数，判断该数的正负性和奇偶性。

程序源代码：

```
/*L5_10.C*/
main()
{
    int num;
    printf("Please input a int number:");
    scanf("%d",&num);
    if(num>0)
    {
        if(num%2==0)                              /*表示(num>0)&&(num%2==1)*/
            printf("%d is a positive odd.\n",num);  /*不能被 2 整除,为奇数*/
        else                                      /*表示(num>0)&&(num%2!=0)*/
            printf("%d is a positive even.\n",num); /*能被 2 整除,为偶数*/
    }
    else                                          /*表示 num<0*/
    {
        if(num%2==0)                              /*能被 2 整除,为偶数*/
            printf("%d is a negative even.\n",num);
        else                    /*表示 num%2!=0*/
            printf("%d is negative odd.\n",num);
    }
}
```

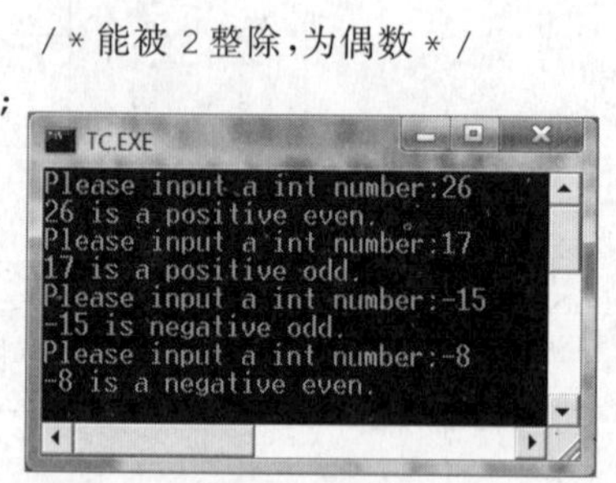

图 5-18　鉴别数值正负奇偶

程序分别运行 4 次，各次输入不同数据，对应的输出结果如图 5-18 所示。

例 5-11 编写程序,用嵌套的 if-else 结构判断某一年是否为闰年。为了编程方便,设一个变量 leap 代表判断结果,若某年是闰年,令 leap=1;若不是闰年,则 leap=0。最后判断 leap 值是否为 1,确定是否为闰年。

程序源代码:

```
/*L5_11.C*/
main()
{
    int year,leap;
    scanf("%d",&year);
    if(year%4==0)
    {
        if(year%100==0)
        {
            if(year%400==0)
                leap=1;                 /*(%4==0)&&(%100==0)&&(400==0)*/
            else
                leap=0;                 /*(%4==0)&&(%100==0)&&(400!=0)*/
        }
        else
            leap=1;                     /*(%4==0) &&(year%100!=0)*/
    }
    else                                /*year%4!=0*/
        leap=0;
    if(leap)
        printf("%d is ",year);          /*leap=1*/
    else                                /*leap=0*/
        printf("%d is not ",year);
        printf("a leap year.\n");
}
```

程序分别运行 3 次,分别输入不同年份数据 2010、2012 和 2011,对应的输出结果如图 5-19 所示。

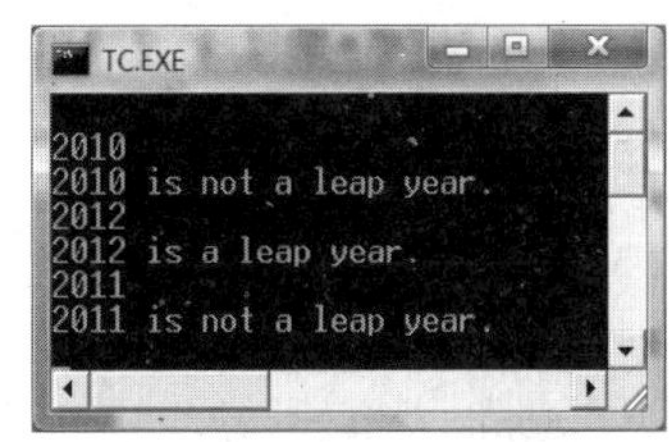

图 5-19 嵌套的 if-else 结构判断闰年

也可以将程序算法改写成以下的 if 语句:

```
if(year%4!=0)
    leap=0;
else if(year%100!=0)                /*表示(%4==0)&&(%100!=0)*/
        leap=1;
    else if(year%400!=0)            /*表示(%4==0)&&(%100==0)&&(400!=0)*/
            leap=0;
        else                        /*表示(%4==0)&&(%100==0)&&(400==0)*/
            leap=1;
```

再进一步优化,还可以用一个逻辑表达式包含所有的闰年条件,使用一个 if-else 语句结构和一个逻辑表达式即可实现判断是否闰年的算法。

```
if((year%4==0 && year%100!=0)||(year%400==0))
    leap=1;
else leap=0;
```

例 5-12 编写程序,处理学生成绩,按分数归类学习评价等级。分数评定归类要求是:90～100 分为 A,80～89 分为 B,70～79 分为 C,60～69 分为 D,60 分以下为 E。使用 else if 结构语句实现的程序源代码如下:

```
/*L5_12.C*/
void main()
{
    float x;
    scanf("%f",&x);
    if (x>=90)
        printf("A");
    else if (x>=80)
        printf("B");
    else if (x>=70)
        printf("C");
    else if (x>=60)
        printf("D");
      else
        printf("E");
}
```

也可以使用 switch-case 结构语句实现,程序源代码如下:

```
/*L5_12_1.C*/
void main()
{
    float x;
    printf("Enter the score x=");
    scanf("%f",&x);
    switch((int)(x/10))                                     /*整除运算*/
    {
        case 10:
        case 9:  printf("A"); break;
        case 8:  printf("B"); break;
        case 7:  printf("C"); break;
        case 6:  printf("D"); break;
        default: printf("E");
    }
}
```

程序中 switch 表达式(int)(x/10)可自动取整。例如,当 x=89.9 时,表达式(x/10)的值为 8.99,强制类型转换运算(int)取整后值为 8,符合 case 8 的入口条件,执行 printf("B");和 break;两条语句后,跳出并结束 switch-case 结构。

5.4 练 习 题

1. if 选择控制结构中的执行语句若超过两条以上,如何限定控制范围?
2. 利用 if-else 分支结构如何实现程序流程分支选择?
3. 如果 if-else 结构的 if 或 else 语句执行的是同一变量赋值,还可用哪种运算实现?
4. 使用嵌套在 if-else 结构中 if 命令语句中的 if-else 结构形式应注意什么?
5. 简述 if-else 嵌套各层表达式之间的逻辑关系。
6. 简述 else if 多路分支选择结构在逻辑关系上的层层嵌套关系。
7. 简述 switch-case 语句中执行和不执行 break 命令,程序如何跳出和结束该结构。
8. 多个 case 命令共同执行同一组语句如何表示?
9. 如何判断实数表达式是否接近等于 0 这类条件?
10. 以下程序给出百分制成绩分级算法。试分析程序中两个 if-else 结构的作用,并分析程序中的 switch-case 结构算法在本程序中的实际意义。

程序源代码:

```
#include<stdio.h>
main()
{
    int score,temp,log;
    char grade;
    log=1;
    while(log)
    {
        printf(" please enter score:");
        scanf("%d",& score);
        if((score>100)||(score<0))
            printf("\n error,try again!\n");
        else log=0;
    }
    if(score==100)temp=9;
    else temp=(score-score%10)/10;
    switch(temp)
    {
    case 1:
    case 2:
    case 3:
```

```
    case 4:
    case 5:
    case 0: grade='E'; break;
    case 6: grade='D'; break;
    case 7: grade='C'; break;
    case 8: grade='B'; break;
    case 9: grade='A'
    }
    printf( "score=%d,grade=%c\n",score,grade);
}
```

11. 以下程序用以判断输入的正整数是否同时是 5 和 7 的整数倍。若是，则输出 yes 提示，否则输出 No 提示。试分析 if 表达式分支选择两路流程的作用。

```
main()
{
    int x;
    printf("\nplease input a data:");
    scanf("%d",&x);
    if(x%5==0&&x%7==0)
        printf("yes");
    else
        printf("No");
}
```

12. 以下程序在变量 a 和 b 输入整数后，若表达式 a^2+b^2 的值大于 100，则输出表达式 a^2+b^2 百位以上数值，否则输出变量值之和。试分析 if 表达式 $x>100$ 为真时执行命令语句的组成与作用。

```
main()
{
    int a,b,x,y;
    scanf("%d%d",&a,&b);
    x=a*a+b * b;
    if(x>100)
        {y=x/100; printf("\n a2+b2 >100,%d",y);}
    else
        printf("\n a2+b2<=100 %d",a+b);
}
```

13. 试编写一个程序，运行时随意输入 3 个字符，然后按 ASCII 码值大小排序，输出结果。

第6章 循环控制结构程序设计

循环控制结构是C语言结构化程序设计的3种控制结构之一，是程序设计中使用得非常广泛的流程控制结构基本构造单元，可以与顺序结构、条件分支选择结构相互配合组成各种更为复杂的程序流程控制模块。C语言提供的各种循环控制语句可以相互嵌套形成各种不同形式的循环控制结构，同样也可以与顺序结构或条件分支选择结构相互嵌套，组成复杂的逻辑分层嵌套控制结构，进而扩展为更大、更复杂的结构化程序流程控制模块。本章主要内如下：

- 循环控制结构组成要素；
- while循环控制结构；
- do-while循环控制结构；
- for循环控制结构；
- 循环控制结构的嵌套；
- 循环控制结构的辅助控制命令；
- 几种循环控制结构的比较；
- 循环控制结构综合案例分析。

6.1 循环控制结构

循环控制结构是C语言结构化程序设计的3种基本结构中使用极为丰富灵活的程序流程控制结构。当程序设计过程中遇到某段程序需要按条件反复执行的情况时，就要使用循环控制结构。

6.1.1 循环控制结构组成要素

实际生活应用中会遇到许多既烦琐又复杂的问题，比如大量数据录入工作，对不同类型的数据需要作不同的处理，而对相同类型的数据可能会使用相同的处理方法，比如对符合相同条件的同一类数据进行统计、求和、求平均等，往往会反复使用同样的算法多次甚至成千上万次，例如统计就业人群分布情况，对于满足年龄在21～30岁的所有人进行就业、在学或未就业情况的统计，输入每个人的实际年龄后都要作同样的分类和处理。这种用于解决重复执行相同算法问题的程序流程控制就是循环控制结构。

C 程序设计的循环控制结构与所有计算机语言的循环控制结构的工作原理相同，程序能构成循环控制结构，必须有如下 3 个基本要素：

(1) 循环控制表达式。

循环控制表达式是进入循环控制操作的必要条件，只有当循环控制表达式的值为真时，程序流程控制才会进入循环，执行循环体语句。循环控制表达式中一般存在一个随循环控制次数产生变化的变量，通常称作循环控制变量，该变量值在循环过程中变化，直至变量值使得循环控制表达式为假，即跳出并结束循环控制结构。

(2) 循环体语句。

循环体是循环控制结构执行的主体，即需要按循环条件重复执行的命令操作部分。循环体可以是一条语句，也可以是一组语句，或者是其他控制结构的组合。若多于一条命令语句，则使用花括号括起来，形成一条复合语句，作为循环体。

(3) 循环条件与循环变量。

要使循环体在循环控制结构中执行有限的循环次数，必须有控制循环结束的终止条件，使循环控制表达式的值为假，才能终止并跳出循环控制结构。如果循环控制表达式中有循环控制变量，则在循环控制过程中，必须有修改循环控制变量的表达式或表达式语句，对变量值进行增量运算，如表达式 i++、s＝s－2 等，其中 1 或 －2 为增量，也称步长值；否则循环将无限进行下去，称作无限循环，也叫死循环。程序设计死循环与常说的计算机系统死机性质不同，前者属于逻辑控制问题，致使循环控制表达式的值永远为真，使程序流程不能自行跳出并结束循环控制结构，这时只能用键盘操作中断程序的执行，如按 Ctrl＋Break 组合键中断执行中的程序。

C 程序设计实现循环控制结构的命令语句主要有 while()、do-while()和 for()。

6.1.2 while()循环控制结构

while()循环控制结构是循环的基本控制结构，也称当型循环，形式上非常符合循环控制的基本要素。使用 while()循环结构时，首先判断循环条件，只有循环控制表达式成立，值为真时，程序流程才会进入循环体反复执行循环体语句，直到循环条件不成立为止。

while()语句的一般形式为

```
while(<表达式>)[循环体];
```

其中＜表达式＞是循环控制条件。当＜表达式＞值为真，即非 0 值时，执行 while 循环体语句。while()执行过程的程序流程图与 N-S 图如图 6-1 所示。

当型循环控制结构的特点是“先判断再执行”，即先判断循环表达式的值是否为真，然后再决定是否执行循环体语句。

例 6-1 编写程序显示自然数 1～100，每行显示 5 个数。

算法分析：该程序可以通过显示不断变化的循环控制变量来实现程序算法，N-S 图如图 6-2 所示。

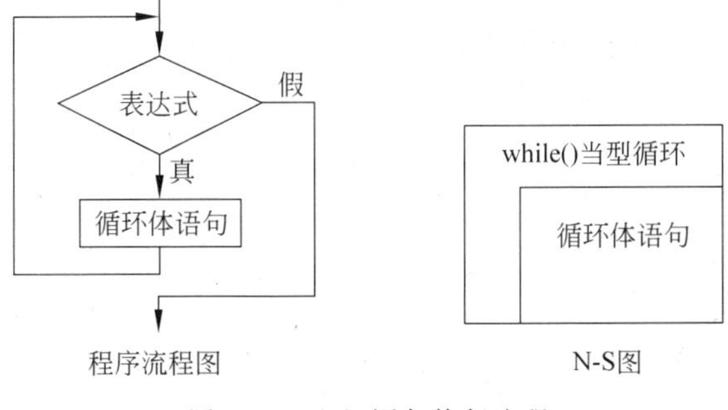

图 6-1 while 语句执行流程

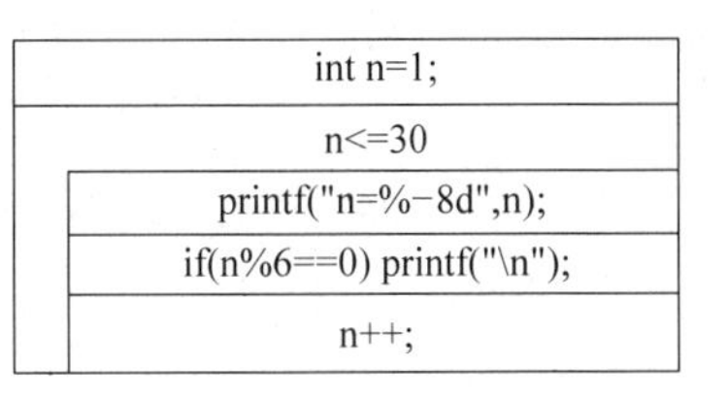

图 6-2 程序实现流程

程序源代码：

```
/*L6_1.C*/
#include<stdio.h>
main()
{
    int n;
    n=1;                        /*循环控制变量赋初值*/
    while(n<=30)                /*循环控制表达式 n<=30*/
    {
        printf("n=%-8d",n);     /*输出循环控制变量的值*/
        if(n%6==0) printf("\n");  /*每行显示 6 个数*/
        n++;                    /*循环控制变量自加*/
    }
}
```

运行后的输出结果如图 6-3 所示。

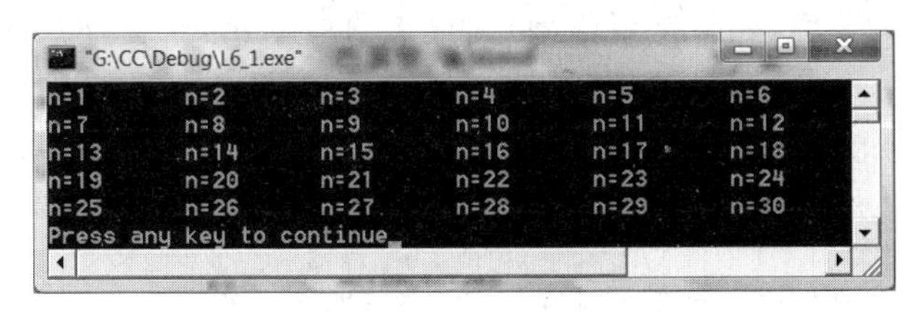

图 6-3 显示循环控制变量变化的过程

该案例程序中，表达式 n<=30 为循环控制表达式，n 为循环控制变量，n++在循环过程中修改变量值，直到 n 值为 31 时，表达式 n<=30 值为假，自此跳出并终止 while()循环。

可见，while()表达式既可以是关系表达式，也可以是逻辑表达式，循环过程中只要表达式的值为真就可以继续循环。

在循环体中必须有使循环趋向结束的语句。例如，本例中循环结束的条件是 n>30，因此在循环体中应该有使 n 值递增且最终使 n>30 的语句，即 n++；语句实现最终使表达式 n<=30 值为假。如果没有该表达式语句，n 的值始终不改变，则程序循环将

永远继续，无法结束，陷入无限循环或死循环。

例 6-2　编写程序，将键盘输入的数字各位倒序输出，例如输入数字 12345，输出则为数字 54321。

程序源代码：

```
/*L6_2.C*/
 #include<stdio.h>
 main()
 {
     int number,renumber;
     printf("enter the number=");
     scanf("%d",&number);
     while(number!=0)
     {
         renumber=number%10;                  /*取出低位数*/
         printf("%d",renumber);
         number/=10;                          /*每次循环 number 缩小为 1/10*/
     }
    printf("\n");                             /*循环跳出后换行*/
 }
```

程序运行时输入 12345，则输出 54321，如图 6-4 所示。

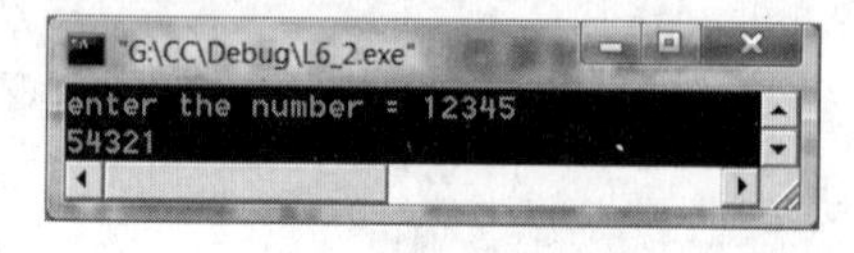

图 6-4　倒排数字输出

这里 number 为整型，如果是短整型，其最大值应不超过 32 767，否则也会出现不正确的结果。

利用 getchar()暂存缓冲区和 while()循环控制结构的特点，可以统计从键盘输入多少个字符等。通常 while()循环控制结构使用的表达式形式可以表示为：

```
while((c=getchar())!='\n') {…;}
```

即从键盘输入字符串后直到按 Enter 键，才跳出并结束所在 while()循环控制结构。

例 6-3　编写程序，使用 while()循环控制结构语句统计从键盘输入的一串字符数据中数字、字母和其他字符个数。

程序源代码：

```
/*L6_3.C*/
#include "stdio.h"
main()
{
    int n=0,ch=0,o=0;
```

```
    char c;
    c=getchar();
    while(c!='\n')
    {
        if(c>='0'&&c<='9') n++;
        else if(c>='a'&&c<='z'||c>='A'&&c<='Z') ch++;
            else 0++;
        c=getchar();
    }
    printf("number=%d,character=%d,other=%d",n,ch,o);
    printf("n=%d",n);
}
```

程序运行后，随意混合输入一些键盘字符，输出分类统计结果，如图 6-5 所示。

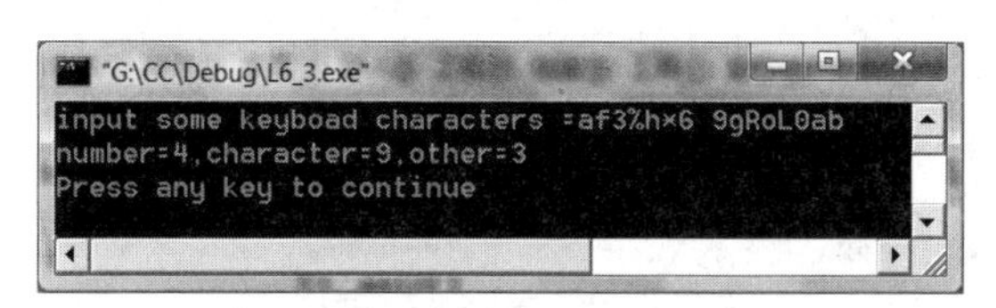

图 6-5　分类统计键盘输入的字符个数

该程序如果只是统计从键盘输入的所有字符的个数，可以简化为如下程序。

程序源代码：

```
/*L6_3_1.C*/
#include "stdio.h"
main()
{
    int n=0;
    printf("input a string\n");
    while(getchar()!='\n') n++;
    printf("%d",n);
}
```

本案例程序中的循环控制条件表达式为 getchar()!='\n'，当从键盘输入的字符不是回车就继续循环。循环体中的表达式语句 n++完成对输入字符个数计数，使程序实现了对输入字符个数的计数。如果第一个输入的字符就是回车，那么循环就不会执行，n 值为 0 表示输出的字符个数就是 0。

循环控制结构 while((c=getchar())!='\n');是一个完整的结构，其中 getchar()为字符输入标准库函数，构成表达式，而循环体语句是空语句，当遇到'\n'(回车)时，结束输入操作，跳出并结束循环。

另外，利用 getchar()、while()语句和空语句，可以实现从输入数据中滤除所有指定字符，如跳过所有的空白字符可表示为

```
while((c=getchar())=='');
```

若希望使 while()无限循环，可表示为

```
while(1){…;}
```

例 6-4　编写程序，对某社区居住的 289 人进行统计，对于满足年龄在 21～30 岁的人员进行就业、就学或未就业情况的统计，编程实现算法。

程序源代码：

```
/*L6_4.C*/
#include<stdio.h>
main()
{
    int e=0,s=0,u=0,o=0,n,a,b;
    printf("1-employed, 2-studying, 3-unemployed, '#'-end:\n");
    n=1;
    while(n<=289)
    {
        printf("Input The age and status or end'#'=");
        scanf("%d,%d",&a,&b);
        if(getchar()=='#')goto end;
        else if(a>=21&&a<=30)
            {if(b==1)e++; if(b==2)s++; if(b==3)u++; }          /*分类统计*/
            else
            {o++; printf("Be out of Age for this statistics.\n");}
        n++;
    }
    end:
    printf("The employed is %d\nThe studying is %d\nThe unemployed is %d\nThe
            other is %d\n",e,s,u,o);
    printf(" You input person's %d\n",n-1);
}
```

程序运行后的输入数据和输出结果如图 6-6 所示。

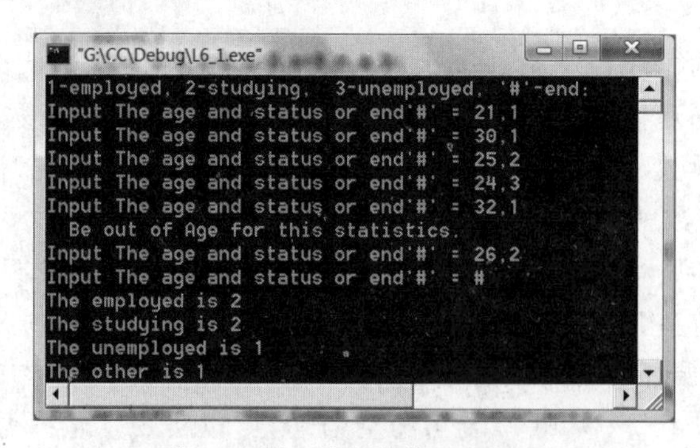

图 6-6　循环控制结构运行结果

例 6-5 编写程序，按某种加密规则对正常文字进行加密，如正常文字为“Study!”，进行加密转换后为“Wxyhc!”字符串(相反的操作则称为解密)。

程序源代码：

```
/*L6_5.C*/
#include<stdio.h>
main()
{
    char c;
    while((c=getchar())! ='\n')
    {
        if((c>='a' && c<='z')||(c>='A' && c<='Z'))
        {
            c=c+4;
            if(c>'Z' && c<='Z'+4||c>'z') c=c-26;
                                        /*加 4 后若超出字母范围就减 26*/
        }
        printf("%c",c);
    }
}
```

运行程序，输入“Work in Beijing!”后的输出结果如图 6-7 所示。

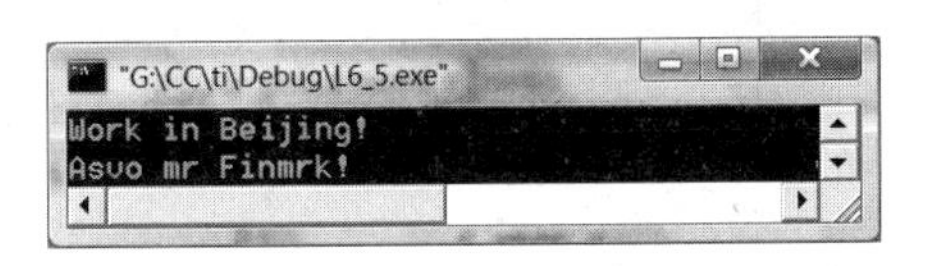

图 6-7　文字加密转换

程序中对输入的字符处理方式为：首先判断变量 c 的字符值是否属于字母，如果是则运行 c=c+4;表达式语句，将 c 变量值加 4，c 值即为其后第 4 个字母的 ASCII 码值，如字母 A 变为字母 E。但是，如果 c 加 4 后的字符值大于小写字母 z 或大写字母 Z 的 ASCII 码值，则在 ASCII 码表中将不符合这个规律，例如大写字母 W 值加4 后，并非是大写字母 A。W 转换后要想得到 A 的 ASCII 码值，应在输入字符值加 4 的基础上执行 c=c+4;后再减 26，即相当于 c=(c=c+4)-26，这个过程的转换运算示意如图 6-8 所示。

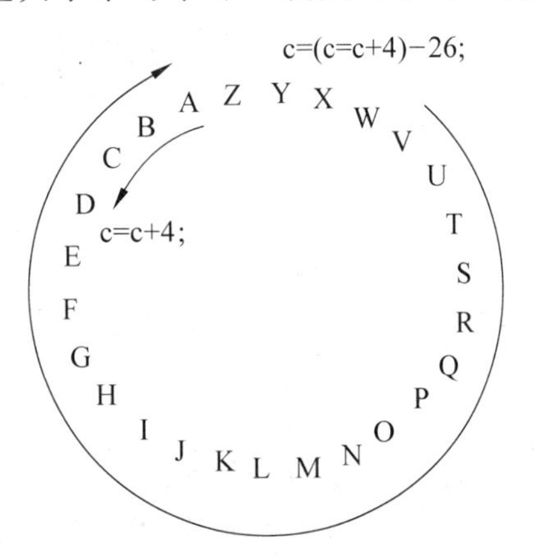

图 6-8　字符转换运算示意

注意，不能将 if 结构写成 if(c>'Z'|| c>'Z') c=c-26;表达形式，因为当字母为小写时都满足表达式 c>'Z'条件，从而也会执行 c=c-26;语句，显然不符合题意。因此，必须限制其范围为 c>'Z'&&c<='Z'+4，即对应于转换前字母为 W～Z，一旦

ASCII码值超出此范围就不是大写字母 W～Z,将不会按实际应用逻辑规则转换。小写字母的类似情况则不需按 c>'z' && c<='z'+4 表达式运算处理,只需写成 c>'z'即可。

例 6-6 编写程序,用辗转相除法求两个数的最大公约数和最小公倍数。

算法分析:任意两个数分别赋给变量 m 和 n,将较大数 m 作为被除数,较小数 n 作为除数,相除后余数为 r,如果 r 值不为 0,表示不能整除;再将 n 值赋给 m,将 r 值赋给 n,以新的 m 值作为被除数,新的 n 值作为除数进行除法运算,得到新的 r 值。如果 r 值仍不等于 0,再重复上述过程,直到 r=0 为止,此时 n 值为最大公约数,变量 n 值作除数,与输入的两个数的乘积相除即为最小公倍数。

程序源代码:

```
/*L6_6.C*/
#include<stdio.h>
main()
{
    int r,m,n,p;
    printf("Input two numbers m,n=");
    scanf("%d,%d",&m,&n);
    p=m*n;
    if(m<n)
      {r=m;m=n;n=r;}                      /*交换变量值*/
    r=m%n;
    while(r)
      {m=n;n=r;r=m%n;}
    printf("The highest common divisor is %d\n The least common multiple is %d\n",n,
p/n);
}
```

程序运行时,输入两个数 8 和 12,输出结果如图 6-9 所示。

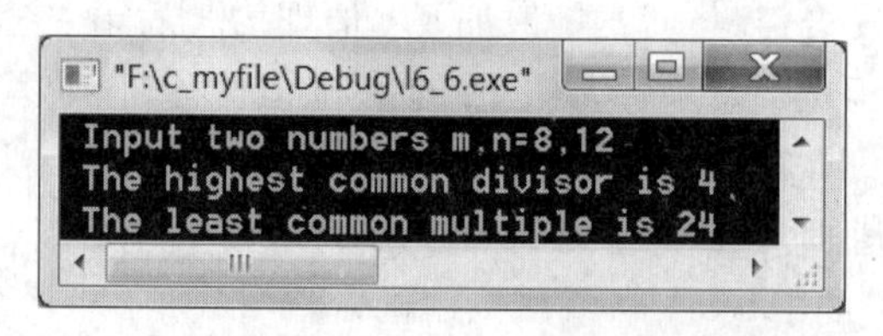

图 6-9 最大公约数和最小公倍数

例 6-7 编写程序,利用格里高利公式求 π 的近似值,精度要求是最后一项的绝对值小于等于 10^{-6}。格里高利公式为:

$$\frac{\pi}{4}=1-\frac{1}{3}+\frac{1}{5}-\frac{1}{7}+\frac{1}{9}-\cdots$$

算法分析:本例在循环时需要保存一个累计结果的变量,每次计算当前项时,需要正负号转换,结束控制使用 while()循环控制结构比较合适。需注意当前项的计算值和循环控制变量的关系。

程序源代码：

```
/*L6_7.C*/
#include<math.h>
void main()
{
    float pi,t,n;
    int sign=1;
    pi=0.0; n=1.0; t=1.0;
    while (fabs(t)>=1e-6)
    {
        t=sign/n;
        pi+=t;
        n+=2;
        sign=-sign;                    /*正负号取反*/
    }
    pi=pi*4;
    printf("pi=%f\n",pi);
}
```

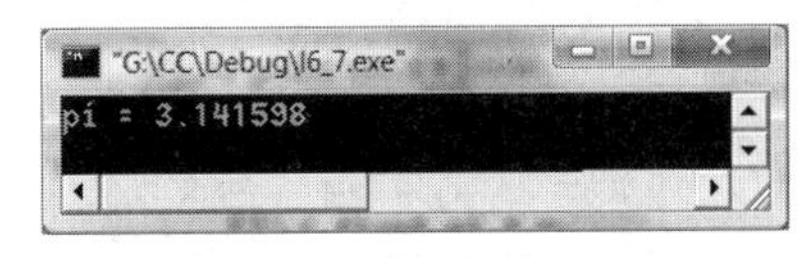

图 6-10　求 π 的近似值

程序运行后，输出结果如图 6-10 所示。

6.1.3　do-while()循环控制结构

do-while()循环控制结构也称“直到型”循环控制结构，其执行顺序是：先执行循环体，再判断循环控制表达式，循环控制表达式为真时继续循环，即“先执行，后判断”。其一般形式为

```
do{循环体};
    while(<表达式>);
```

do-while()循环控制结构的执行过程是：先执行一次循环体语句，然后判断循环控制条件表达式，当表达式的值为真时，返回再执行该循环体语句，如此反复，直到表达式的值为假时为止，此时循环结束。do-while()执行过程的程序流程图与 N-S 图如图 6-11 所示。

do-while()与 while()相比，是将循环控制条件从循环体前移到循环体结束的位置。do-while()先执行循环体中的语句，然后再判断条件是否为真，如果为真，则继续循环；如果为假，则终止循环。因此，do-while()循环至少要执行一次循环体语句。循环体有多条语句时，要用一对花括号把循环体语句括起来。

例 6-8　编写程序，用 do-while()循环控制结构计算 1～100 的累加和。

程序源代码：

```
/*L6_8.C*/
main()
```

```
{
    int i,sum=0;
    i=1;
    do
    {
        sum=sum+i;
        i++;
    }
    while(i<=100);
    printf("%d\n",sum);
}
```

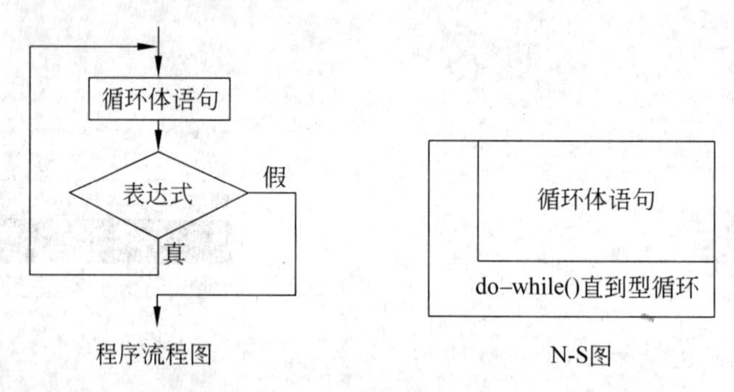

图 6-11 do-while()语句的执行过程

使用 do-while()循环控制结构时应注意以下几点：

(1) if()和 while()控制结构的最后都不能有分号，而在 do-while()循环控制结构后面则必须加分号。

(2) do-while()和 while()语句相互替换时，同样的算法也需要修改循环控制条件。do-while()循环是先执行循环体，然后再判断条件是否为真，如果为真则继续循环，如果为假则终止循环。因此，do-while()循环至少要执行一次循环体。

例 6-9 编写程序，比较 do-while()与 while()循环控制结构的区别。do-while()源代码如下：

```
/*L6_9.C*/
main()
{
    int sum=0,i;
    printf("Input i=");
    scanf("%d",&i);
    do
    {
        sum=sum+i;
        i++;
    }
    while(i<=20);
```

```
    printf("sum=%d",sum);
}
```

程序运行时，输入不满足循环控制条件 i<=20 的数 26，程序运行结果如图 6-12 所示。

从案例程序的运行结果看，尽管输入的数 26 不满足循环控制条件 i<=20，但还是执行了一次循环体，使得 sum=26。

再看相同算法的 while()循环控制结构，while()程序源代码如下：

```
/*L6_9_1.C*/
main()
{
    int sum=0,i;
    printf ("Input i=");
    scanf("%d",&i);
    while(i<=20)
    {
        sum=sum+i;
        i++;
    }
    printf("sum=%d",sum);
}
```

程序运行时，输入不满足循环控制条件 i<=20 的数 26，程序运行结果如图 6-13 所示。

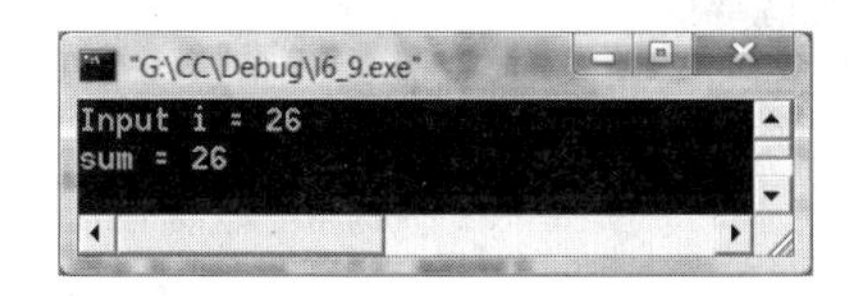

图 6-12　至少执行一次循环体

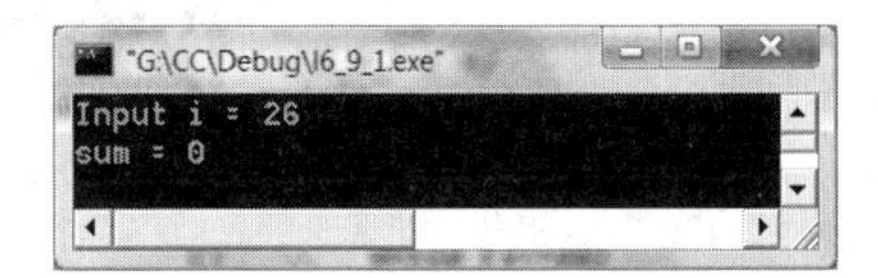

图 6-13　没有执行循环体

从程序的运行结果看，输入的数 26 不满足循环控制条件 i<=20，就不可能进入循环体执行语句，因此 sum=0。

同样的算法，同样是不满足循环条件，while()循环控制结构没有执行循环体，而 do-while()循环控制结构则执行了一次循环体。

例 6-10　编写程序计算三角函数 $\sin x$ 值。正弦函数可以使用递推方法来近似计算。其数学表达式为

$$\sin x = 1 - \frac{x^3}{3!} + \frac{x^5}{5!} - \frac{x^7}{7!} + \cdots$$

精度要求是最后一个数据项的绝对值小于 10^{-7}。

算法分析：使用递推方法实现正弦函数求解，与求解自然数累加类似，设一个变量 n 对应多项式的每一项数据项基本数，变量 n 的值以 2 递增，依次为 1,3,5,7,…,n，而多项式数据项表达式在循环体中，正好是前一项再乘以因子$(-x^2)/((n-1)*n)$即可实

现。因此设变量 s 表示多项式变量,变量 t 表示多项式中各数据项。

程序源代码:

```
/*L6_10.C*/
#include<math.h>
void main()
{
    double s,t,x; int n;
    printf("Please input x=");
    scanf("%lf",&x);
    t=x; n=1; s=x;
    do
    {
        n=n+2;
        t=-t*x*x/(n-1)/n;                    /*通项计算*/
        s=s+t;                               /*累加器求和*/
    }
    while(fabs(t)>=1e-7);                    /*累加项值大于 1e-7 则继续循环*/
    printf("My sin(%f)=%lf\n",x,s);
    printf("Lib sin(%f)=%lf\n",x,sin(x)); /*调用标准库函数,与上面作比较*/
}
```

程序运行结果如图 6-14 所示。

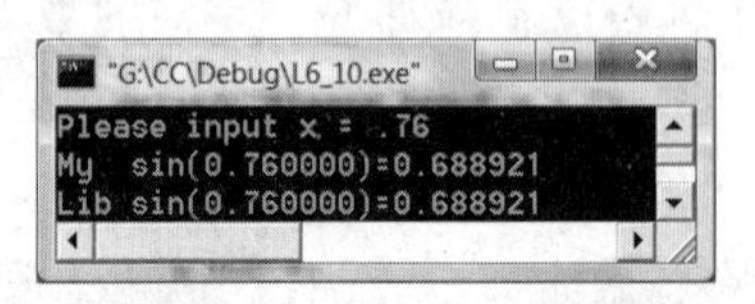

图 6-14 do-while()多项式求解

可见,使用 do-while()循环控制结构展开多项式求解 sin(x)值与标准库函数调用求解 sin(x)值相同。

6.1.4 for()循环控制结构

在 C 语言的循环控制结构语句中,for()语句的使用最为灵活,它常用于循环次数已知的循环控制,也可以灵活用于循环次数不确定而只给出循环结束条件的情况。

for()语句的一般格式为

```
for(初始化表达式;循环控制表达式;循环变量更新表达式)
    {[循环体]};
```

在 for()循环控制结构中,以两个分号";"为分隔符的 3 个表达式构成 for()循环控制结构的基本要素,分号不能省略。

for()循环控制结构执行流程为:首先执行且执行一次初始化表达式,为循环控制变量赋初值;然后求解循环控制表达式值,若表达式值为真,则执行循环体,完成后仍在 for()循环结构控制下,需执行循环变量更新表达式,修改循环变量的值,然后再重新求解循环控制表达式值,循环往复,直至循环控制表达式值为假,跳出并结束 for()循环结构。for()循环控制结构的执行流程图与 N-S 图如图 6-15 所示。

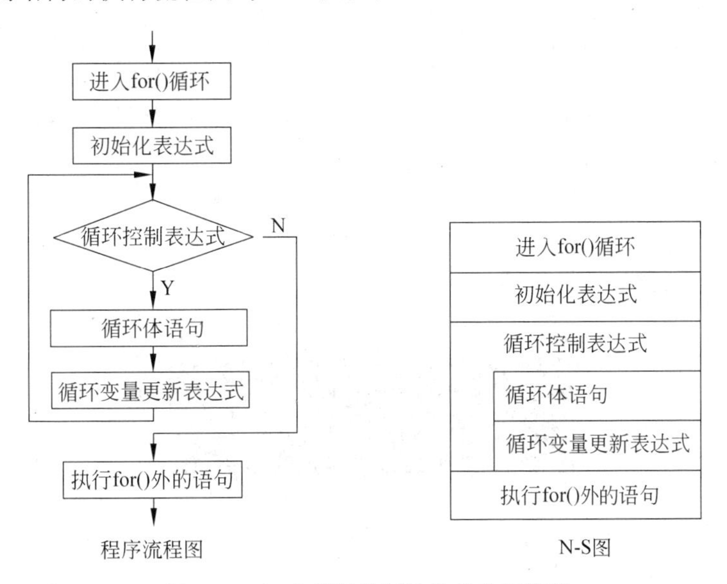

图 6-15 for()循环控制结构的执行流程

下面对 for()循环控制结构中的 3 个基本要素作简要说明。

(1) 初始化表达式。

该表达式通常在循环开始时用来给循环控制变量赋初值,一般为赋值表达式,只在进入 for()循环时运算一次。如果省略该表达式,则必须在 for()循环控制结构语句之前给循环控制变量赋初值。

(2) 循环控制表达式。

该表达式通常是循环条件,一般为关系表达式或逻辑表达式。如果这个条件表达式值为真,则循环继续,否则自此跳出并终止循环。

(3) 循环变量更新表达式。

该表达式通常是循环变量的增量表达式,用来修改循环变量的值,通常为自加或赋值运算,每次循环体执行完,回到循环头求解循环控制表达式之前,都要求解循环变量更新表达式,对循环控制变量做增量运算,直到某次求解循环控制表达式值为假,自此跳出并终止循环。

在整个 for()循环控制过程中,初始化表达式只计算一次,循环控制表达式和循环变量更新表达式则随着循环体反复执行计算多次。3 个表达式均可以省略,但省略的意义各有不同,需要合理匹配。

例 6-11 编写程序,使用 for()循环控制结构循环 30 次,显示输出循环控制变量在循环执行过程中的变化情况,每行显示 5 个循环变量值。

程序源代码:

```
/*L6_11.C*/
#include<stdio.h>
main()
{
    int n;
    for(n=1;n<=30;n++)
    {
        printf("n=%-5d",n);                          /*循环体语句*/
        if(n%6==0) printf("\n");
    }
}
```

程序运行后的显示结果如图 6-16 所示。

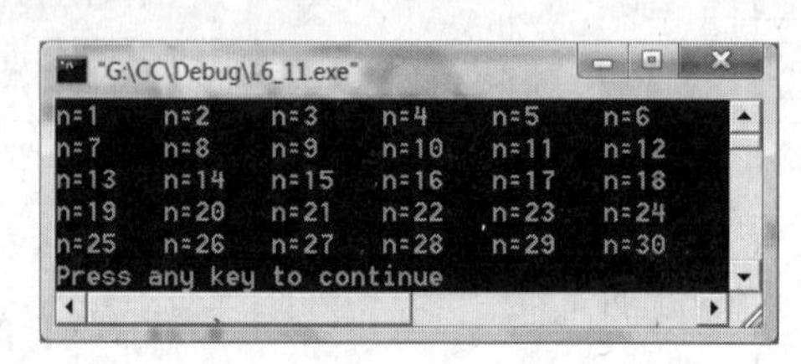

图 6-16　循环控制变量的变化结果

for()语句中循环控制变量更新表达式为 n++，自加运算是赋值语句，相当于 n＝n＋1，可以改变循环变量的值。

使用 for()循环控制结构需要注意以下几点：

(1) for()循环控制结构的 3 个表达式可以省略，但是表达式的分隔符“;”不能省略。例如：

```
for(;;);
```

是合法的 for()循环控制结构。

(2) for()循环结构中的循环体如果包含一条以上命令语句，应使用花括号括起来，以复合语句形式作为循环体；如果不加花括号，则 for()语句控制范围只到 for 后面第一个分号处结束。例如：

```
for(n=1;n<=100;n++);
printf("%d",n);
```

由于 for()表达式之后有一个分号，因此命令语句 printf("％d",n); 就变成属于 for()循环控制结构之外的语句。

(3) 如果省略 for()循环结构中的初始化表达式，使用时必须在 for()循环控制执行之前对循环控制变量赋初值。例如：

```
n=1;
for(;n<=100;n++)
sum=sum+n;
```

执行进入循环控制时，跳过求解初始化表达式，其他执行操作不变。

初始化表达式除了可以是对循环变量赋初值的赋值表达式外，也可以是与循环控制变量初始化无关的其他表达式，如逗号表达式等。例如求和运算初始化：

```
for(sum=0,n=1;n<=100;n++)
sum=sum+n;
```

(4) 若省略循环控制表达式，则循环时不判断循环条件，默认循环控制表达式值始终为真，循环将无终止地继续下去。例如：

```
for(sum=0; ;n++)
sum=sum+n;
```

(5) 若省略循环变量更新表达式，由于循环变量无法更新，将造成无限循环。为避免这一问题，需在循环体内增加修改循环变量的语句才能保证循环条件不满足时结束循环。例如：

```
for(n=1;n<=100;)
{
    sum=sum+n;
    n++;
}
```

(6) 初始化表达式和循环变量更新表达式可以是逗号表达式，即每个表达式均可由多个表达式组成。例如：

```
for(sum=0,n=1;n<=100;n++,m--)
sum=sum+n;
```

(7) 循环控制表达式一般是关系表达式或逻辑表达式，但也可以是数值表达式或字符表达式，只要表达式值为真，就执行循环体。例如：

```
for(i=0;(c=getchar())!="\n";i+=c){}
```

此循环在执行时，循环控制表达式先从键盘获得一个字符赋给 c，然后判断 c＝getchar()赋值表达式值是否不等于回车换行符\n。如果没有回车换行操作，循环控制表达式为真，则反复执行循环体语句，直到输入 Enter 键时才跳出并结束 for()循环。例如：

```
for(;( c=getchar())!='\n';)
printf("%c",c);
```

此例 for()循环控制结构无初始化表达式和循环变量更新表达式，循环作用是将获取的每一个键盘字符输出显示出来，直到输入 Enter 键为止。

(8) 用计数法设置循环条件时，要特别留心边界值。例如，循环控制结构 for(n＝1;n＜＝100;){}要比 for(n＝1;n＜100;){}多执行一次循环。

for()循环控制结构与 while()循环控制结构可等效使用，但各有特点。实际上可以把 while()循环结构看作 for()循环结构的一种简化形式，即 for()循环控制结构中省略了初始化表达式和循环控制表达式。例如，for(;i<=100;){}和 while (i<=100){}是等价的。又如循环控制结构

```
for(n=1;n<=100;n++)
sum=sum+n;
```

等价于

```
n=1;
while(n<=100)
{
    sum=sum+n;
    n++;
}
```

如果初始化表达式、循环控制表达式和循环变量更新表达式都包含相同的变量，使用for()循环控制结构更为合适。要执行一个已知循环次数的循环，使用 for()循环控制结构也更为适用。

for()循环控制结构与 while()循环控制结构都是循环之前检验条件，这也意味着循环控制结构不做任何操作。

例 6-12 编写程序求 10 的阶乘。

程序源代码：

```
/*L6.12.C*/
#include<stdio.h>
main()
{
    int n;
    long result=1;
    for(n=1;n<=10;n++)
        result*=n;                          /*循环累积求阶乘*/
    printf("%d!=%ld\n",n-1,result);
}
```

程序运行结果如图 6-17 所示。

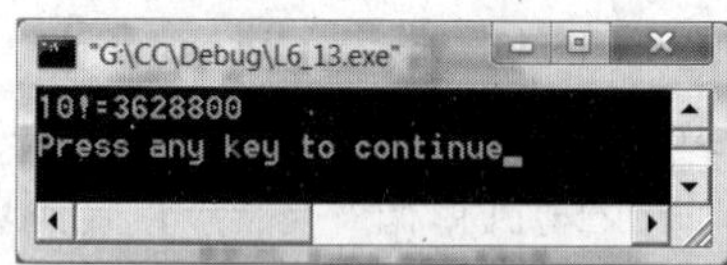

图 6-17 求阶乘运算

例 6-13 编写程序，打印输出 ASCII 码值范围为 32～126 的常用字符的 ASCII 码表。

```
/*L6.13.C*/
#include<stdio.h>
main()
{
    int i;
    printf(" ASCII Code and character\n",i,i);
    for(i=32;i<127;i++)                     /*从 ASCII 码值为 32 开始*/
```

```
    {
        printf("|%-4d%c ",i,i);                /* 打印 ASCII 码及其对应的字符 */
        if((i+4)%5==0)printf("\n");           /* 每行打印 5 个字符后换行 */
    }
}
```

程序运行结果如图 6-18 所示。

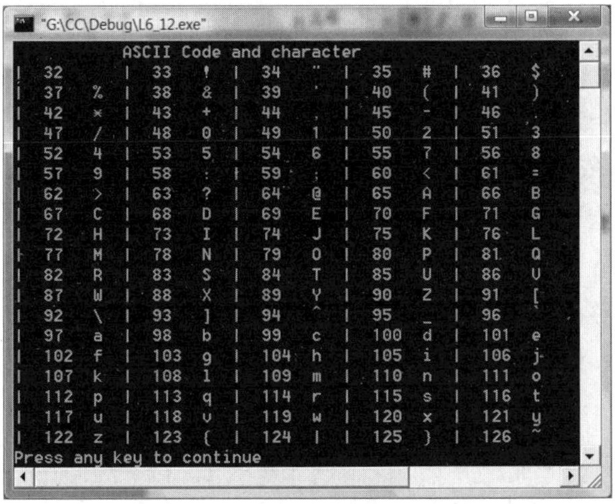

```
"G:\CC\Debug\L6_12.exe"
            ASCII Code and character
| 32      | 33  !  | 34  "  | 35  #  | 36  $
| 37  %   | 38  &  | 39  '  | 40  (  | 41  )
| 42  *   | 43  +  | 44  ,  | 45  -  | 46  .
| 47  /   | 48  0  | 49  1  | 50  2  | 51  3
| 52  4   | 53  5  | 54  6  | 55  7  | 56  8
| 57  9   | 58  :  | 59  ;  | 60  <  | 61  =
| 62  >   | 63  ?  | 64  @  | 65  A  | 66  B
| 67  C   | 68  D  | 69  E  | 70  F  | 71  G
| 72  H   | 73  I  | 74  J  | 75  K  | 76  L
| 77  M   | 78  N  | 79  O  | 80  P  | 81  Q
| 82  R   | 83  S  | 84  T  | 85  U  | 86  V
| 87  W   | 88  X  | 89  Y  | 90  Z  | 91  [
| 92  \   | 93  ]  | 94  ^  | 95  _  | 96  `
| 97  a   | 98  b  | 99  c  | 100 d  | 101 e
| 102 f   | 103 g  | 104 h  | 105 i  | 106 j
| 107 k   | 108 l  | 109 m  | 110 n  | 111 o
| 112 p   | 113 q  | 114 r  | 115 s  | 116 t
| 117 u   | 118 v  | 119 w  | 120 x  | 121 y
| 122 z   | 123 {  | 124 |  | 125 }  | 126 ~
Press any key to continue
```

图 6-18　ASCII 码与对应的字符

6.2　循环控制结构的嵌套

循环控制结构的循环体内包含另一个完整的循环控制结构称为循环的嵌套,在内嵌的循环控制结构中还可以再嵌套循环控制结构,形成多层循环。C 语言中的 while()、do-while()和 for() 3 种循环控制结构均可以相互嵌套,形成层层嵌套的结构。

例 6-14　编写程序,计算 5 个给定数的阶乘。

算法分析:可以用两层循环控制嵌套结构,外层循环控制输入 5 个数,内层循环控制求阶乘运算。

程序源代码:

```
/*L6_14.C*/
#include<stdio.h>
main()
{
    int i,j,number,result;
    for(i=1;i<=5;i++)
    {
        printf("Input the number=");
```

```
        scanf("%d",&number);
        result=1;
        for(j=1;j<+number;j++)
            result*=j;                      /*内循环体求阶乘*/
        printf("%d!=%d\n",number,result);
    }                                       /*外循环体控制输入5个数*/
}
```

程序运行后，每输入一个数，计算输出一个数的阶乘值，直至5个数计算完毕才跳出外层循环控制。程序运行结果如图6-19所示。

例6-15 编写程序，用字符组成三角形，即逐行打印字符，第一行打印一个字符，第二行打印两个字符，依此类推，输出10行为止。

算法分析：用两层循环控制嵌套结构，外层循环控制输入几行，内层循环控制每行输出几个字符。

程序源代码：

```
/*L6_15.C*/
#include<stdio.h>
#define N 5
main()
{
    int i,j;
    for(i=1; i<=N; i++)
    {
        for(j=1;j<=i;j++)
            printf("*");          /*内层循环控制字符数*/
        printf("\n");
    }                             /*外层循环控制行数*/
}
```

程序运行结果如图6-20所示。

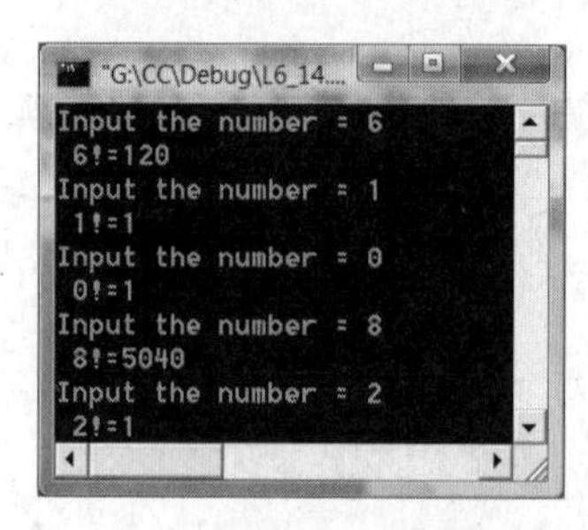

图6-19 求5个数的阶乘运算

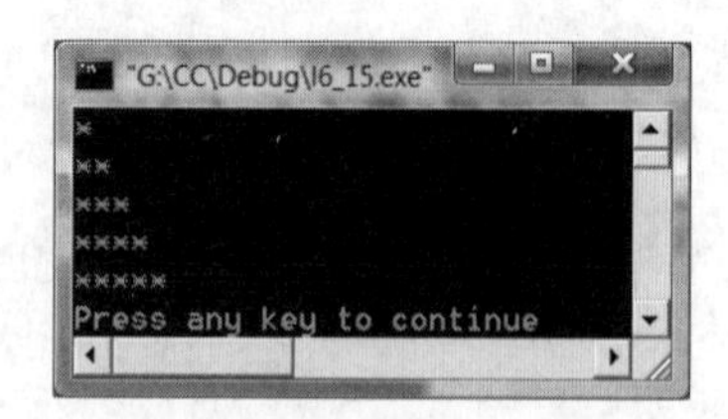

图6-20 循环嵌套打印图形

3种循环控制结构可相互组成多重循环的循环控制结构，循环控制结构可以层层嵌套，但不能有任何交叉，如有需要可以使用转移语句将流程转出循环体外，但所有控制不能从外层循环转向内层循环。例如，以下均为合法形式：

(1)
```
for(; ;)
{   …
    while()
        {…}
    …
}
```

(2)
```
while()
{   …
    for(; ;)
        {…}
    …
}
```

(3)
```
do
{
    …
    for(; ;)
        {…}
    …
}
while();
```

(4)
```
for(; ;)
{
    …
    for(; ;)
    {…}
}
```

例 6-16 编写程序，利用循环控制结构嵌套所形成的各循环控制变量的关系，打印由数字字符构成的等腰三角形金字塔图形。

算法分析：打印图形通常均使用循环嵌套结构实现，外层循环用来控制字符图形打印行数，内层循环控制每行字符个数，再加一层中间循环控制每一行字符的输出位置，即多重循环控制实现该算法。

程序源代码：

```
/*L6_16.C*/
void main()
{
    int i,k,j;
    for(i=1;i<=6;i++)                /*外层循环控制行数*/
    {
        for (k=1;k<=10-i;k++)        /*中层循环控制每行起始位置*/
        printf(" ");
```

```
        for (j=1;j<=2*i-1;j++)      /* 内层循环控制字符个数 */
            printf("%c",48+i);      /* 打印数字参照数字
                "1"的 ASCII 码值为 49 计算 */
        printf("\n");
    }
}
```

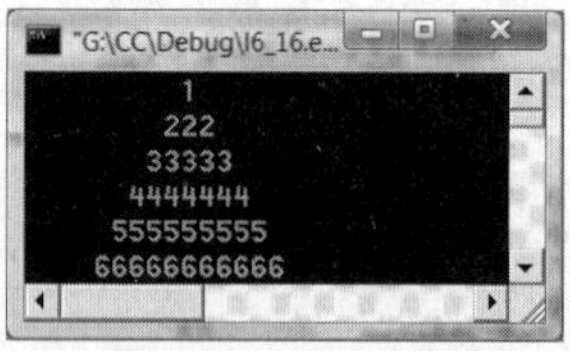

图 6-21　数字金字塔图形

程序运行结果如图 6-21 所示。

6.3　循环控制结构的辅助控制命令

利用循环控制结构进行程序设计，主要以循环控制表达式及循环控制变量更新赋值来控制循环体循环执行的次数，实际应用中有时需要按条件跳出循环，或结束本次循环，提前进入下一次循环等，这时就需要使用循环控制结构的辅助控制命令。

常用的辅助控制命令有无条件转移命令 goto、终止循环操作的命令 break 和提前进入下一次循环的命令 continue。

6.3.1　无条件转移命令 goto 语句

无条件转移命令语句 goto 属于顺序结构控制语句，可用来实现条件转移、构成循环、跳出循环体等功能。其一般格式为

```
goto<语句标号>;
```

goto 语句的语义是改变程序流向，功能是转去执行语句标号所标识的语句。其中＜语句标号＞用标识符表示，命名规则符合 C 语言规定，与变量名相同，即由字母、数字和下划线组成，第一个字符需为字母或下划线，一般不用整数作语句标号。C 语言不限制程序中使用标号的次数，但一个程序中不允许有相同的语句标号。

语句标号放在某一语句行的前面，标号后加冒号“:”一起出现在源程序代码内某个位置，执行 goto 语句后，程序将跳转到该标号处并执行其后的语句。

语句标号必须与 goto 语句处于同一个函数中，但可以不在一个循环层中。语句标号起标识语句的作用，与 goto 语句配合使用。

实际应用中，goto 语句通常与 if()条件命令连用，当条件表达式为真时，程序跳到标号标识位置处运行。例如，使用 if()-goto 命令构成循环控制结构，计算 1～100 的自然数累加和，程序如下：

```
main()
{
    int n,sum=0;n=1;
    loop: if (n<=100)
    {
```

```
        sum=sum+n;
        n++;
        goto loop;
    }
    printf("%d",sum);
}
```

使用 goto 语句通常会破坏程序设计的结构化规范，一般应慎用 goto 语句。goto 语句在某些情况下能提高程序执行效率，比如一次性退出多层控制结构嵌套时可以使用 goto 语句。

6.3.2 终止循环执行命令 break 语句

通常 break 语句既可用于条件分支选择结构的开关语句，也可以用于循环控制结构循环体语句。在循环控制程序设计中，如果需要提前终止并跳出所在循环控制结构，应使用 break 命令语句。当 break 命令语句用于 do-while()、for() 和 while() 循环控制结构时，可使循环控制结构程序流程提前终止，即结束循环转而执行循环语句后面的语句。

break 语句通常与 if() 语句配合使用，表示满足给定条件时便跳出循环控制结构，转移方向明确，因此不需要与语句标号配合使用。break 语句的一般形式为

```
break;
```

使用 break 语句可以使循环语句形成一个以上的出口，增加编程的灵活性和方便性。例如，增加了 if(sum>900)break;语句的计算累加和运算源代码程序段：

```
n=1;
while(n++<=100)
{
    sum=sum+n;
    if(sum>900)break;
    printf("%d",n);
}
```

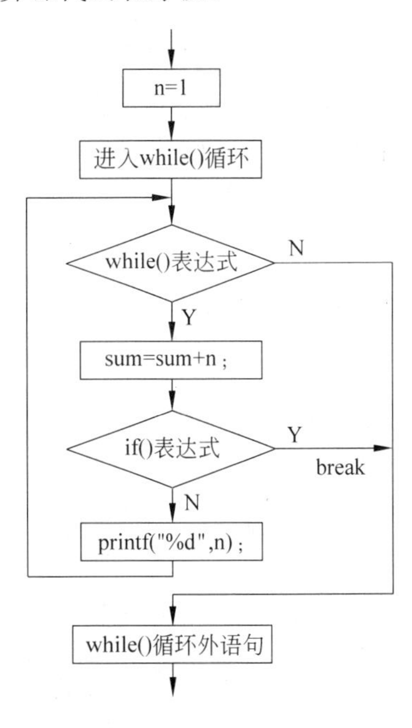

图 6-22 break 控制流程

该程序原是计算自然数 1～100 之和，按常规是 for() 循环控制条件表达式 n<=100 为真执行循环体语句，计算累加和，直到表达式 n<=100 值为假时结束循环。现在循环体语句中加了 if(sum>900) break;，要求累加和大于 900 就终止循环。即当表达式 sum>900 为真时执行 break 语句，提前跳出并终止循环，不再继续执行循环控制表达式控制的循环次数。break 程序控制流程如图 6-22 所示。

使用 break 语句时需要注意，在多层循环中，每个 break 语句只能跳出自己所在的循环控制结构，向外跳

一层。另外，break 语句只能用于循环控制结构语句和 switch()-case 条件分支选择开关语句，而在 if-else()条件分支选择结构中就不起作用。

例 6-17 编写程序，打印输出自然数 1～1000 中能同时被 3 和 5 整除的前 10 个数。

程序源代码：

```
/*L6.17c*/
#include<stdio.h>
void main()
{
    int k,n=0;
    for(k=1;k<=1000;k++)
    if(k%3==0&&k%5==0)
    {
        printf("%d ",k);
        n++;
        if(n==10) break;                    /*输出前 10 个数就跳出循环*/
    }
}
```

程序运行结果如图 6-23 所示。

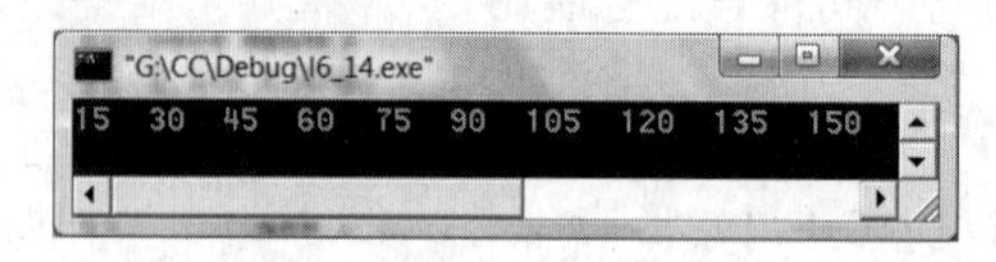

图 6-23 输出符合条件的前 10 个数

例 6-18 编写程序，打印输出九九乘法运算表。

算法分析：使用两层循环嵌套结构，外层循环控制变量作为被乘数，内层循环控制变量作为乘数，当内层循环控制变量值大于外层循环控制变量值时，跳出内层循环。

程序源代码：

```
/*L6_18.C*/
#include<stdio.h>
main()
{
    int i,j;
    for(i=1;i<=9;i++)
    {
        for(j=1;j<=9;j++)
        {
            if(j>i) break;                  /*乘数大于被乘数时跳出内层循环 */
            printf("%4d",i*j);
        }
        printf("\n");
    }
```

```
}
```

程序运行结果如图 6-24 所示。

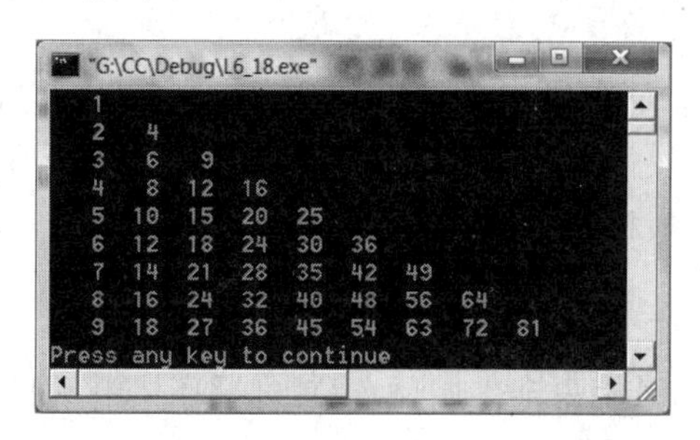

图 6-24 九九乘法运算表

例 6-19 编写程序,用穷举法判断一个数是否是素数,输出 100 以内的所有素数。

算法分析:素数就是只能被 1 和自身整除的数,而检验某数是否为素数,可用该数 n 除字 2 到该数范围内除自己外所有数 m,若均不能整除即为素数。

```
/*L6_19.C*/
main()
{
    int n,m;
    for(n=2;n<=100;n++)                    /*判断 100 个数*/
    {
        for(m=2;m<n;m++)
            if(n%m==0)break;               /*表示该数能被某个数整除*/
        if(m>=n)                           /*m 个数均不能整除*/
            printf("%4d",n);               /*n 是素数*/
    }
}
```

程序运行结果如图 6-25 所示。

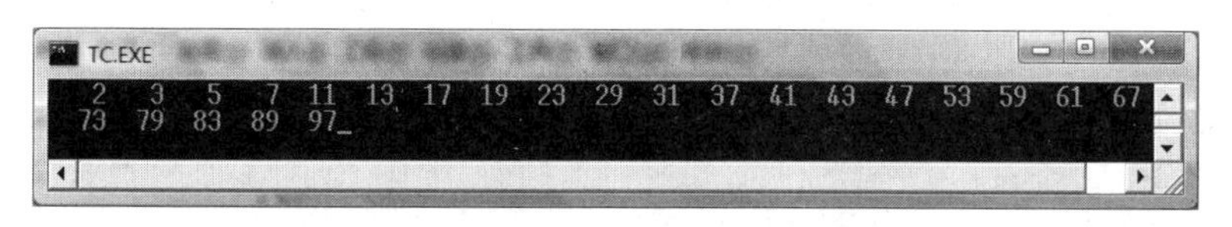

图 6-25 输出 100 以内的所有素数

本例程序外层循环表示对 n=2～100 个数逐个检验判断是否是素数,循环 99 次,内层循环中则用数 m=2～n－1 作除数逐个去除 n,若某数除尽表明 n 不是素数,后续数 m 无须再除,即刻跳出该层循环。如果所有的数 m 都不能整除 n,正常结束内层循环,则 n 为素数,此时 n＞＝m 表达式值为真,输出素数,然后回到外层循环检验下一个数 n。

由于 2 以上的所有偶数均不是素数,因此可以使循环变量的增量(也称步长值)为 2,这样可以去掉对偶数的检验,减少循环次数,提高程序运行效率。

6.3.3 返回循环条件命令 continue

中止本次循环控制命令语句 continue 也称短路语句,其作用不是跳出或结束整个循环控制结构,而是中止本次循环体语句执行,提前进入下一次循环操作。continue 语句只能在循环体中使用,其一般格式为

```
continue;
```

continue 语句的作用是结束本次循环,即跳过循环体中下面还未执行的语句,回到循环头,转入下一次循环条件的判断与执行。continue 语句只结束本层本次的循环,并不跳出任何循环,而 break 语句是跳出并结束整个循环控制结构。

在实际编程中,continue 语句的使用形式与 break 语句的使用形式类似,常与 if()条件控制命令结合使用。

例 6-20 编写程序,对键盘输入的所有数值数据只做正数累加而跳过负数处理。

算法分析:先输入数的个数,再输入具体数值,利用循环控制结构与 if()条件和 continue 语句结合,判断决定正数累加,对负数则不作任何处理。程序算法流程图如图 6-26 所示。

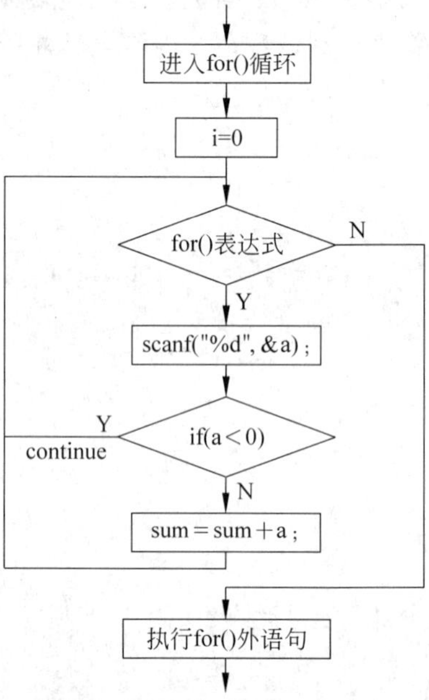

图 6-26 continue 命令流程控制

程序源代码:

```
/*L6_20.C*/
#include<stdio.h>
main()
{
    int a,i,n,sum;
    printf("How many=");
    scanf("%d",&n);      /*待录入数据有 n 个*/
    sum=0;
    for(i=0;i<n;i++)
    {
        printf("The number=");
        scanf("%d",&a);      /*录入具体数据值*/
        if(a<0)              /*如果是负数*/
            continue;        /*直接回到循环开始处*/
        sum+=a;              /*正数累加*/
    }
    printf("The sum=%d\n",sum);
}
```

程序运行结果如图 6-27 所示。

```
How many = 5
  The number = -20
  The number = 16
  The number = -89
  The number = 12
  The number = 0
The sum = 28
Press any key to continue
```

图 6-27　continue 命令控制结果

例 6-21　编写程序,找出并输出 1～100 内能同时被 3 和 7 整除的数,求其和。

程序源代码:

```
/*L6_21.C*/
main()
{
    int n,sum=0;
    for(n=1;n<=100;n++)
    {
        if(n%3==0&&n%7==0)
        {printf("%d,",n); sum+=n; }
        continue;                              /*不能同时被 3 和 7 整除*/
    }
    printf("\n sum=%d", sum);
}
```

程序运行结果如图 6-28 所示。

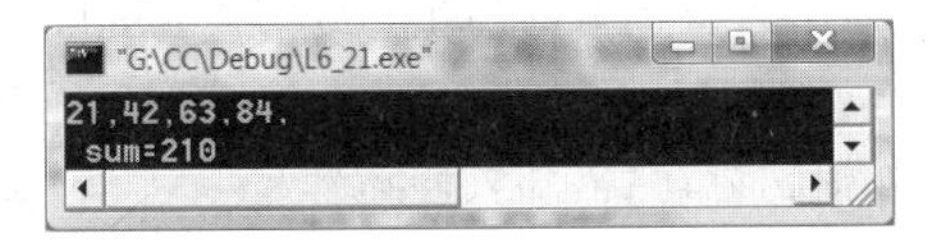

图 6-28　continue 命令实现数据选择

本例中,对 1～100 内的每个数进行检验,如该数能同时被 3 和 7 整除,即输出并求和,否则由 continue 语句转移到下一次循环,对下一个数进行检测。

由于程序算法不是唯一的,本例也可以写成如下源程序代码:

```
/*L6_21_1.C*/
main()
{
    int n,sum=0;
    for(n=1;n<=100;n++)
    {
        if(n%3!=0||n%7!=0)
        continue;                              /*不能同时被 3 和 7 整除*/
        else {printf("%d, ",n); sum+=n; }
    }
    printf("\n sum=%d", sum);
}
```

同样,循环体也可以改用其他循环结构语句处理,本例使用 continue 语句是为了说明它的作用。

6.4 几种循环控制结构的比较

C 语言程序设计中的循环控制结构主要为 while()、for()、do-while()以及 goto 语句建构几种方式,这 4 种循环都可以用来处理相同的问题,根据实际需要选择使用。一般情况下,由于无条件转移命令语句 goto 构成的循环结构容易破坏程序的结构化特性,在复杂程序中不易调试维护及扩充程序功能,因此其他几种循环控制结构更为常用。

while()、do-while()和 for()均可以用 break 语句跳出循环控制,也都可以用 continue 语句结束本次循环;而对于使用无条件转移命令语句 goto 和条件判断分支选择语句 if()构成的循环控制,是不能使用 break 语句和 continue 语句进行控制的。

while()和 for()是先判断表达式条件,然后执行循环体语句;而 do-while()是先执行循环体语句,然后判断循环控制结构表达式。

使用 while()和 do-while()时,循环变量初始化的操作应在 while()和 do-while()循环结构之前完成;而 for 语句可以在初始化表达式中实现循环控制变量的初始化操作。

for()可以在循环控制变量更新表达式中修改变量值,最终使循环趋于结束,甚至还可以将循环体语句全部放到这个表达式中;而 while()和 do-while()必须要在 while()循环控制表达式中指定循环条件,在循环体中也必须包含能使循环趋于结束的循环变量更新表达式语句,如循环控制变量为 i,则必须有 i=i+2、i++、i--或 i-=2 等表达式。与 while()相比,for()表达功能更强,凡使用 while()循环能完成的运算操作,用 for()也都能实现。

6.5 循环控制结构综合案例分析

例 6-22 编写程序,用迭代法求解给定实数的平方根。

算法分析:设输入数变量为 x,当迭代变量 x_0-x_1 的差值小于等于 10^{-6},将 x_1 的值赋给变量 y,求得平方根结果。迭代算法求解过程如下:

$$x_0=\frac{1}{2}x \quad\rightarrow\quad x_1=\frac{1}{2}\left(x_0+\frac{x}{x_0}\right) \quad\rightarrow\quad x_0=x_1 \quad\rightarrow$$

$$x_1=\frac{1}{2}\left(x_0+\frac{x}{x_0}\right) \quad\rightarrow\quad \cdots \quad\rightarrow\quad y=x_1$$

源程序代码:

```
/* L6_22.C */
#include<math.h>
void main()
{
    float x, x0, x1, y;
    printf("Enter a number=");
    scanf("%f",&x);
```

```
    if(fabs(x)<=1e-6)
        y=0;
    else if(x<0)
        printf("Data Error\n");
    else
    {
        x0=0.5*x;                                   /*迭代初始化*/
        x1=0.5*(x0+x/x0);
        while(fabs(x1-x0)>1e-6)
        {
            x0=x1;                                  /*反复迭代运算*/
            x1=0.5*(x0 +x/x0);
        }
        y=x1;
    }
    printf("%f\'s square-root is %f\n", x,y);
}
```

程序运行结果如图 6-29 所示。

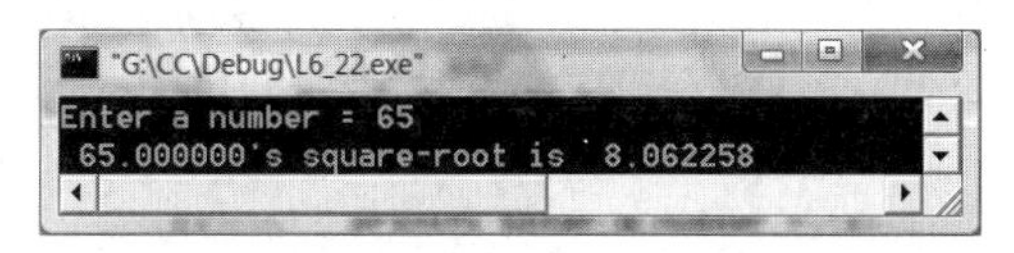

图 6-29　求实数的平方根

例 6-23　编写程序，打印输出 100～200 内的全部素数。

算法分析：所谓素数就是只能被 1 或自己整除的数，用两层循环控制嵌套结构，外层循环控制数值查找区间，内层循环控制每个数的素数检验算法。其中素数检验算法原则上是看这个数是否能被所有小于它的整数整除，即余数为 0，实际应用中计算到不能被该数的平方根除尽即认定为素数。

程序源代码：

```
/*L6_23.C*/
#include<math.h>
main()
{
    int m,k,i,n=0;
    for(m=101; m<=200;m=m+2)
    {
        k=sqrt(m);
        for (i=2;i<=k;i++)
            if(m%i==0) break;
        if(i>=k+1)
    {
```

```
        printf("%d",m);
        n=n+1;                              /* 累计输出素数的个数 */
    }
        if(n%10==0) printf("\n");
    }
    printf("\n");
}
```

程序运行结果如图 6-30 所示。

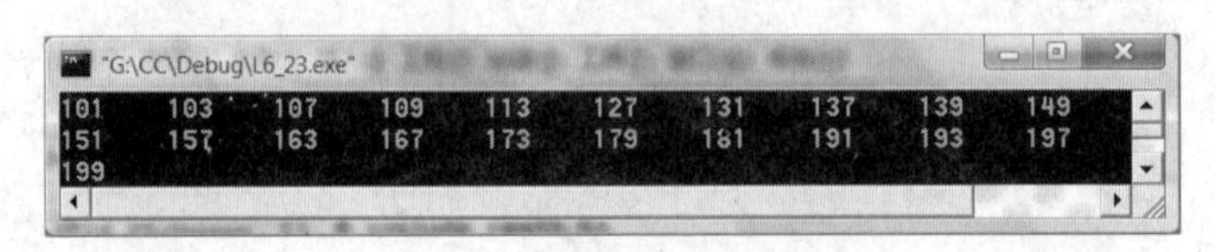

图 6-30 查找指定范围的素数

本例中变量 n 的作用是累计输出素数的个数,用以控制每行输出数字的个数。

例 6-24 编写程序,查找并输出 1000 以内的所有水仙花数。水仙花数是指一个三位数,其各位数字的立方和等于该数。例如 153 就是一个水仙花数。

算法分析:检验某一个数是否为水仙花数,首先应把每一位数字取出来,再计算各位数字的立方和来验证。

程序源代码:

```
/*L6_24.C*/
main()
{
    int i,j,k,n;
    printf("\n");
    for(n=0;n<1000;n++)
    {
        i=n/100;
        j=n/10-i*10;
        k=n%10;
        if(i*100+j*10+k==i*i*i+j*j*j+k*k*k)
            printf("%d\t",n);
    }
}
```

程序运行结果如图 6-31 所示。

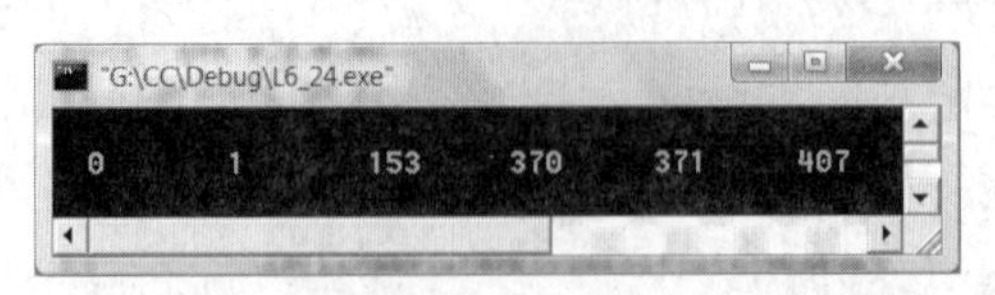

图 6-31 输出 1000 以内的所有水仙花数

例 6-25　编写程序，兑换人民币零钞，要求将一张面值为 100 元的人民币兑换成 5 元、1 元和 5 角的零钞组合，加起来是 100 张，其中每种面值的零钞不少于一张。

算法分析：设变量 x、y、z 分别代表面值 5 元、1 元和 5 角的零钞张数，根据要求可列出如下两个方程：

$$x + y + z = 100$$

$$5x + y + 0.5z = 100$$

可见，按常规数学解析方法显然难以求解。这类问题可采用枚举法(也称穷举法)求解，利用计算机程序设计的循环嵌套控制结构，很容易得到符合要求的各种面值兑零组合。

程序源代码：

```
/*L6_25.C*/
void main()
{
    int x,y,z,n; printf(" 5 yuan   1 yuan   0.5 yuan\n");
    n=0;
    for(x=1; x<=100;x++)
        for(y=1;y<=100;y++)
            for(z=1;z<=100;z++)
                if(x+y+z==100 && 5*x+y+0.5*z==100)
                    {printf("%-10d%-10d%-10d\n",x,y,z); n++; }
    printf(" The combined changes %d kinds\n",n);
}
```

程序运行结果如图 6-32 所示。

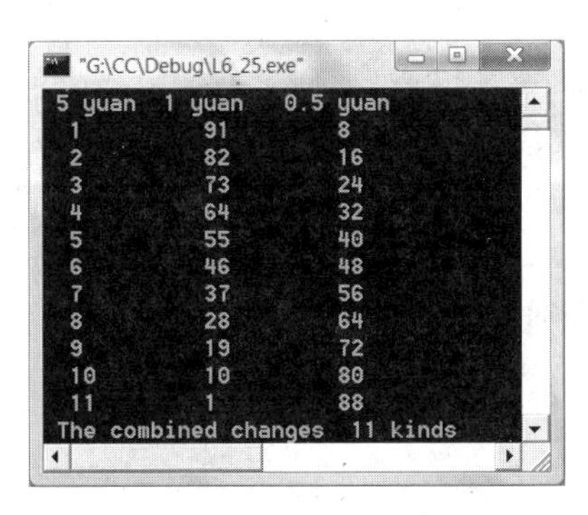

图 6-32　循环嵌套实现枚举算法

例 6-26　编写程序，求 Fibonacci 数列的前 40 项数。Fibonacci 数列即第 1 个和第 2 个数各为 1，从第 3 个数开始，各数都是其前两个数之和。算法表达式可表示为：

$$f_1 = 1 \qquad (n = 1)$$

$$f_2 = 1 \qquad (n = 2)$$

$$f_n = f_{n-1} + f_{n-2} \qquad (n \geqslant 3)$$

程序源代码：

```
/*L6.26.C*/
main()
{
    long int f1,f2;
    int i;
    f1=1;f2=1;
    for(i=1;i<=20;i++)
    {
        printf("%-12Ld%-12Ld ",f1,f2);
        if(i%2==0) printf("\n");
        f1=f1+f2; f2=f2+f1;
    }
}
```

程序运行结果如图 6-33 所示。

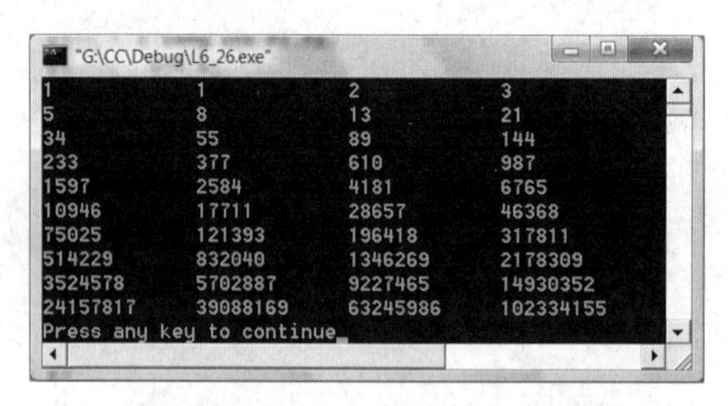

图 6-33　前 40 项 Fibonacci 数列

本例程序中的 printf()命令输出格式符用%12Ld，而不是用%12d，是由于在第 23 个数之后，整数值已超过整数最大值 32 767，因此用%Ld 格式，无论哪种编译系统都可完整输出，负号表示每列数据向左靠齐。if()语句的作用是输出 4 个数据项后控制换行。

例 6-27　编写程序，验证哥德巴赫猜想数学问题：大于等于 6 的偶数可表示为两个素数之和。例如偶数 6＝3＋3、8＝3＋5、16＝3＋13 或 16＝5＋11 等。

程序源代码：

```
/*L6.27.C*/
#include "math.h"
void main(void)
{
    int n,n1,n2,j,k;
    printf("Input an even number=");
    scanf("%d",&n);
    for(n1=3;n1<=n/2;n1++)
    {
```

```
        k=sqrt(n1);                              /* 素数检验终止条件值 */
        for (j=2;j<=k;j++)
            if(n1%j==0) break;                   /* 不是素数则跳出内层循环 */
        if(j<k) continue;                        /* 继续验证 */
        n2=n-n1;                                 /* 一个素数确定,再验证另一个 */
        k=sqrt(n2);
        for (j=2;j<=k;j++)
            if(n2%j==0) break;
            if(j>k) printf("%d=%d+%d\n",n,n1,n2);  /* 另一个也为素数,输出结果 */
    }
}
```

程序运行结果如图 6-34 所示。

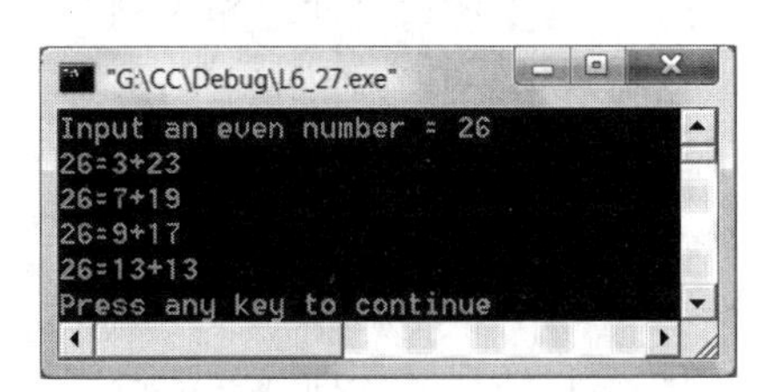

图 6-34　验证哥德巴赫猜想数学问题

例 6-28　编写程序实现算法,找出并输出 10 000 以内的所有完全数。

算法分析:一个正整数,若小于该数的因子之和等于该数本身,则该数为完全数。例如,正整数 6=1+2+3,28=1+2+4+7+14 等。

程序源代码:

```
/*L6.28.C*/
#include<stdio.h>
main()
{
    int i,j,n;
    for(i=2;i<=10000;i++)
    {
        n=0;
        for(j=1;j<i;j++)
            if(i%j==0)n+=j;              /* 判断 j 是否为 i 的因子,若是,则因子求和 */
        if(i==n) printf("%6d\n",i);      /* 因子之和若等于该数本身,输出该数 */
    }
}
```

程序运行结果如图 6-35 所示。

内层循环中的 if()条件表达式 i%j==0 判断 j 是否为 i 的因子,内层循环中的 if()条件表达式 i==n 判断因子之和是否等于该数本身。

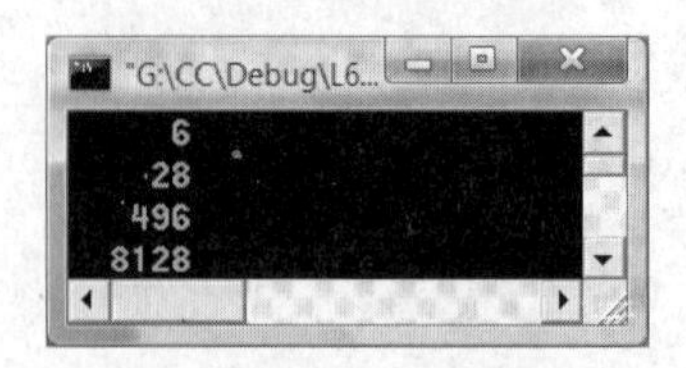

图 6-35　验证并输出完全数

6.6　练　习　题

1. 简述构成循环控制结构3个基本要素之间的相互制约关系。

2. 简述当型循环 while()控制结构的基本控制流程。

3. 简单列举 while()循环控制结构无限循环或死循环的构成情况。

4. 简述 while()循环控制结构使用 while((c=getchar())!='\n'){…;}执行的特点。

5. 当 c='x'时，表达式 c=(c=c+4)的值对应 ASCII 码表的什么字符？

6. 如何使用循环控制结构和变量值交换等简单算法实现几个变量值排序？

7. 简述直到型循环 do-while()控制结构的基本控制流程。

8. 简述 do-while()与 while()循环控制结构在循环控制表达式均为假时执行的差别。

9. 简述 for()循环控制结构中3个表达式的执行关系与顺序。

10. C语言循环控制结构的辅助控制命令各有哪些执行特点？

11. 简述 goto 命令语句与 if()条件命令连用的基本作用。

12. break 命令语句能用于哪些控制结构？其作用是什么？

13. 使用穷举法求解问题必须使用循环控制结构的哪种形式实现？

14. 使用迭代法求解问题有哪些要素或使用哪种结构实现？

15. 简述利用循环控制结构检验素数算法的执行过程。

16. 如何利用循环对一组数据进行选择或滤除？

17. 用穷举法求解3个变量构成的组合运算至少需要几层循环嵌套控制结构实现？

18. 简述打印各种字符图形使用循环嵌套结构实现时内外层循环控制的关系。

19. 简述循环控制结构 for(;;);流程执行的实际运算意义。

20. 分析以下程序的输出结果为什么是 x=8。

```
/*t6_20.C*/
main()
{
    int i,j,x=0;
    for(i=0;i<2;i++)
    {
        x++;
```

```
        for(j=0;j<=3;j++)
        {
            if(j%2)continue;
            x++;
        }
        x++;
    }
    printf("x=%d\n",x);
}
```

提示：分析变量 x 在内外层循环各自加几次，最终使结果为 x=8。

21. 试编写程序，选择下列图形之一，实现图形输出程序算法，并分析各种图形循环嵌套控制结构的分层关系。

第7章 数组的定义及应用

现代信息化社会中信息量迅猛增长，计算机数据处理量加大。程序设计中数据的传递和存储需要借助于变量的定义、输入和输出，用几个彼此独立的变量往往无法处理大量数据存储的问题，而需要一组数据类型相同、彼此关联而有序的变量，这就是数组。C语言的数组中的元素具有自己的数据类型，而数组整体上则属于构造类型中的一种。数组的本质就是由相同类型的数据按顺序组成的变量的集合，同样也需要先定义再使用。本章主要内容如下：

- 数组的性质；
- 数组的定义与引用；
- 数组的初始化；
- 数组应用程序算法案例；
- 字符数组与字符串操作；
- 常用的字符串处理函数；
- 字符数组应用案例。

7.1 数组的性质

在程序设计中，当数据处理量非常大，相同数据类型需要建立某种逻辑关联，进行运算时，如果分别定义大量彼此独立的变量，显然不能满足实际需要。例如，要对某地区或某单位的人员分布进行年龄、收入、籍贯等分类统计时，年龄、收入属数值类型数据，可为数据项“年龄”定义一组整型变量，为数据项“收入”定义一组实型变量；而籍贯属字符类型数据，要为数据项“籍贯”定义一组字符类型变量，这样每个数据项都要定义一组相同数据类型的变量，同类数据项取值性质相同，具有相同的数据类型。如果需要时还可能对各类数据项进行排序、分段统计或累加处理等，大量的分立变量就难以有效实现。计算机程序设计中的数组就是为解决此类问题而产生的。

数组是相关变量的有序集合，数组中的每一个变量都属同一数据类型。例如，执行语句

```
int age[200];
```

表示定义了一组200个整型变量，各变量名分别为age[0]、age[1]、age[2]、…、age[199]，

这些变量顺序存放在计算机内存中，存取操作时与独立变量一样，可以单独引用，称作数组元素。而 age[200]则称为数组，数组名为 age。数组元素 age[0]～age[199]方括号中的数字 0,1,…,199 则称为数组下标，C 语言数组的下标从 0 开始。

数组定义的一般形式为

[存储类型]<类型说明符>数组名<[数组元素个数]>[<[数组元素个数]>]…;

其中的数组名符合变量标识符的命名规则，数组大小定义，即数组元素个数需要用一对方括号“[ ]”括起来。

存储类型可以是 auto 型和 static 型，如果定义为 auto 型，系统在编译时将该数组存放在动态存储区；如果定义为 static 型，在编译时系统会在静态存储区开辟一定长度的区域存放数组；若省略，则系统默认为 auto 型。

类型说明符表示数组元素的数据类型，数组元素可以是任何基本类型(如整型、实型、字符型)、指针类型或者构造类型(如结构体类型)等。

数组名是符合 C 语言中关于变量命名规则的标识符，数组名后方括号内的数值用来说明数组元素个数。

数组元素个数即数组长度，必须是整型数据类型。C 语言规定数组长度只能用常量或常量表达式来表示，而不能将数组长度定义为变量或变量表达式。

C 语言数组的主要特点如下：

(1) 数组中各元素是同一数据类型的变量。

(2) 数组中各元素按顺序存储，引用元素由下标确定。

(3) 数组中各元素可独立作为一个基本变量被赋值和使用。

(4) 数组下标值从 0 开始，最大下标值为数组长度减 1。

(5) 数组定义可以是一维，也可以是多维。

(6) 定义数组大小的数值常量可以是正整数常量，也可以是符号常量，但不能是变量。

只有在预处理语句中定义了符号常量，才可以使用该符号定义数组。例如：

```
#include<stdio.h>
#define AGE 200
main()
{
    int age[AGE];                    /* AGE是符号常量 */
    int age[100+AGE];
    …
}
```

是合法的。

C 语言不允许动态定义数组，定义数组长度只能用常量，不能使用变量。数组定义语句之前只能有与数组有关的定义语句，不能有与数组有关的命令执行语句。例如：

```
main()
```

```
{
    int i;
    scanf("%d",&i);
    int group[i];
    …
}
```

是错误的。

同一个程序中,数组名不能与其他变量名相同。例如:

```
main()
{
    int x;
    float x[10];
    …
}
```

也是错误的。

C语言中的数组与其他高级语言中的数组类似,都定义为同一类型数据有序存储的集合,但各有应用特点。C语言中的数组属于构造数据类型,同一个数组中的所有数组元素均使用相同的数组名,但是具有不同的下标。这些数组元素可以是基本数据类型,也可以是构造类型。按数组元素的数据类型不同,数组可分为数值数组、字符数组、指针数组和结构体数组等数组类型。

7.2 一维数组的定义与引用

一维数组由一维大小定义组成,数组元素按一维顺序排列存储,是数组构造类型中最简单的一种,其下标也是一维形式。

7.2.1 一维数组的定义

数组与其他变量一样,使用前要先定义。

数组的常用定义形式为

```
存储类型  类型说明符  数组名[数组元素个数];
```

其中,存储类型表示数组在内存中是放在动态存储区还是静态存储区,若省略该项,则默认为动态存储区;类型说明符表示定义数组的数据类型,是每一个数组元素变量的数据类型;数组名应符合C语言命名规范;数组元素个数用以定义数组长度,即表示该数组中有多少个数组元素。例如:

```
int x[6];
```

表示定义了一个大小为 6 的整型数组 x。x 数组中共包含 6 个元素，数组的存储类型默认为 auto 型。C 语言规定数组元素的下标由 0 开始，因此 x 数组元素依次为 x[0]、x[1]、x[2]、x[3]、x[4]、x[5]。数组一旦定义，C 编译系统在内存中会分配连续的内存单元依次存储所有数组元素，如图 7-1 所示。

x[0]	x[1]	x[2]	x[3]	x[4]	x[5]

图 7-1　一维数组存储示意图

C 语言中数组下标从 0 开始，到数组长度减 1 为止，因此上面定义的数组不可能出现 x[6]这样一个下标值为 6 的数组元素。

7.2.2　一维数组元素的引用

数组进行定义之后，就可以引用数组元素，对其进行赋值与输出操作。数组元素引用的一般形式为

数组名[下标]

其中，数组名为已定义的数组标识符；下标表示数组中的元素位置，必须是正的整型常量、整型变量或整型表达式，其值必须小于数组长度。例如，已定义数组 int x[6];，则 x[0]、x[i]、x[1+2*i]、x[2+3]等都是有效引用数组元素的形式，其中 i 为已定义的整型变量，而负数、小数或下标超出数组长度的引用为非法引用。如 a[6]、a[-1]、a[5.2]均为错误引用。

数组引用应注意以下问题：

(1) 通过下标值可以引用数组元素对数组进行操作，而每个数组元素就是一个变量，其使用方法与同类型变量的使用方法一样。

(2) 引用数组元素时，数组名后面的方括号中的数据与定义数组时数组名后面的方括号中的数据所代表的含义是不同的。定义数组时，方括号中的数据代表的是数组长度，只能是整型常量或常量表达式；而引用数组元素时，方括号中的数据则代表的是下标值，所以可写成整型的常量、变量或者表达式。

(3) C 语言中数组下标从 0 开始，到数组长度减 1 为止。引用数组元素时，下标值不能超出数组长度，C 编译系统在编译时并不检查数组的下标是否越界，但是在运行时下标越界会造成程序逻辑错误，结果完全不对。

例 7-1　编写程序，实现一维数组的定义与数组元素的引用。

程序源代码：

```
/*L7_1.C*/
main()
{
    int i,a[6];                    /*定义一个整型数组*/
    for(i=0;i<=5;i++)
```

```
        a[i]=i;                         /* 循环变量 i 作数组下标,对所有数组元素赋值 */
    for (i=5;i>=0;i--)
        printf("a[%d]=%d ",i,a[i]); /* 逆序输出数组元素值 */
}
```

本例程序利用一个循环控制结构实现对数组每一个元素的赋值,且循环变量 i 作为数组下标,又通过循环结构控制输出各数组元素的值。程序运行结果如图 7-2 所示。

图 7-2　循环控制变量作数组下标的引用

例 7-2　编写程序,定义一个整型数组,利用 ASCII 码值特点对数组元素赋值,打印输出 26 个小写字母。

程序源代码:

```
/*L7_2.C*/
main()
{
    int ch[26];
    int i;
    printf("\n");
    for(i=0;i<26;i++)
    {
        ch[i]='a'+i;                                /*赋予小写字母的 ASCII 码值*/
        printf("%c",ch[i]);
    }
}
```

程序运行结果如图 7-3 所示。

图 7-3　循环控制数组下标元素引用

7.2.3　一维数组的初始化

数组的初始化就是在定义时对所有数组赋初值的操作。在定义时进行初始化的一般格式为

数据类型 数组名[数组长度]={数据 1,数据 2,…,数据 n}

数组初始化命令在定义数组的同时对数组元素进行初始化。例如：

```
int a[6]={0,1,2,3,4,5};
```

该语句在定义数组 a 的同时完成了数组元素的初始化，即定义时数组 a 中的每个元素按照先后次序得到了相应的值，即 a[0]=0，a[1]=1，a[2]=2，a[3]=3，a[4]=4 和 a[5]=5。

数组元素赋值操作也可以在程序中通过对元素逐个赋值的方式完成。

数组初始化时应该注意以下几点：

(1) 花括号中的数据应与数组元素定义的类型一致，否则系统会进行自动类型转换，截取与数组元素定义的类型相应的有效数字。

(2) 可以只给数组前面部分元素赋值，如：

```
int a[6]={0,1,2};
```

经编译处理后，a 数组的前 3 个元素依次得到相应的值，而后 3 个元素则由系统自动赋值为 0，即得到 a[0]=0，a[1]=1，a[2]=2，a[3]=0，a[4]=0，a[5]=0。

(3) 在定义数组的同时进行初始化，如果对数组全部元素赋值，那么可以省略数组的长度。如果写成

```
int a[]={0,1,2,3,4,5};
```

则系统会根据花括号中所赋初值的个数自动定义 a 数组的长度为 6。

(4) 若数组定义的存储类型不同，则系统对数组初始化的处理也不同。对于静态(static)类型的未赋初值的数组，系统会自动将数组的全部元素初始化为 0。例如，有定义：

```
static int a[6];
```

在编译时系统自动将数组 a 初始化为 a[6]={0,0,0,0,0,0}。而对于动态(auto)类型的数组，C 语言编译系统将不对其进行初始化，必须在程序中由设计者自行初始化。如果想要将数组元素全部赋予初值 0，则需要最少给第一个元素赋 0 值，例如可写成

```
int a[6]={0};
```

7.2.4 一维数组应用案例

例 7-3 编写程序，输入 N 个数据存入数组中，输出其中的最大元素。

算法分析：由于 N 值不定，可以使用符号常量确定数组大小。暂设 N 为 10，利用循环查找最大值。

程序源代码：

```
/*L7_3.C*/
#define N 10
```

```
main()
{
    int i,p,max,a[N];
    printf("Input %d Numbers=",N);                    /*提示数据输入*/
    for(i=0;i<N;i++)
        scanf("%d",&a[i]);
    max=a[0];                                          /*从第 0 个元素开始找最大元素
值*/
    p=0;
    for(i=1;i<N;i++)
        if (a[i] >max)
            {max=a[i]; p=i; }
    printf(" The Max Number a[%d]=%d\n",p,max);
}
```

程序执行结果如图 7-4 所示。

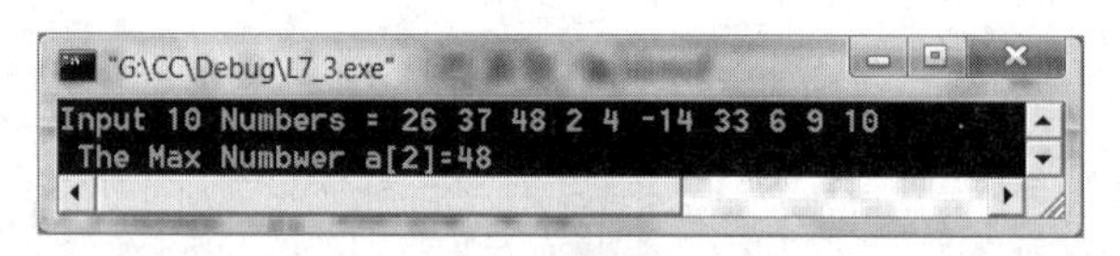

图 7-4 查找最大值

对这个程序算法可以进行功能上的扩展,注意变量参数细节需要作适当调整。

例 7-4 编写程序,输入 N 个整数,查找并输出其中的最大值和最小值。

算法分析:要求输入 N 个数,查找 N 个数中的最大值和最小值。暂设 N 为 10,利用循环进行查找。程序算法流程 N-S 图如图 7-5 所示。

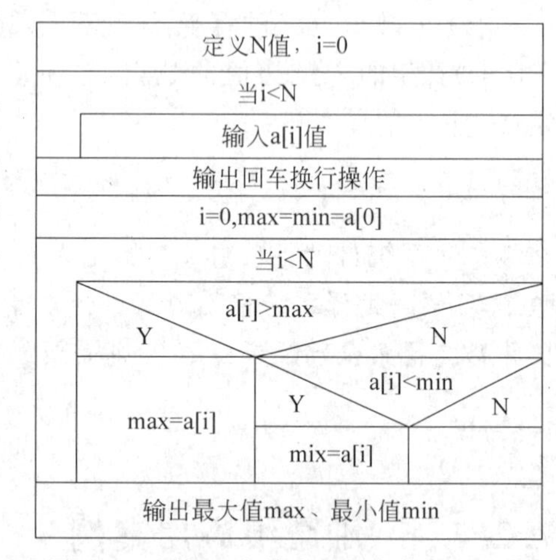

图 7-5 查找 N 个数中的最大值和最小值

程序源代码:

```
/*L7_4.C*/
#define N 10
main()
{
    int a[N],i,max,min;
    printf("Input %d integers:=",N);
    for(i=0;i<N;i++)
        scanf("%d,",&a[i]);                  /*以逗号分隔,输入 N 个整数赋予数组元素*/
    printf("\n");                            /*输出回车换行操作*/
    max=min=a[0];
    for(i=1;i<N;i++)
    {
```

```
        if(a[i]>max) max=a[i];          /* 循环比较,将最大值赋予 max */
        if(a[i]<min) min=a[i];          /* 循环比较,将最小值赋给予 min */
    }
    printf("max=%d min=%d\n",max,min);
}
```

程序执行结果如图 7-6 所示。

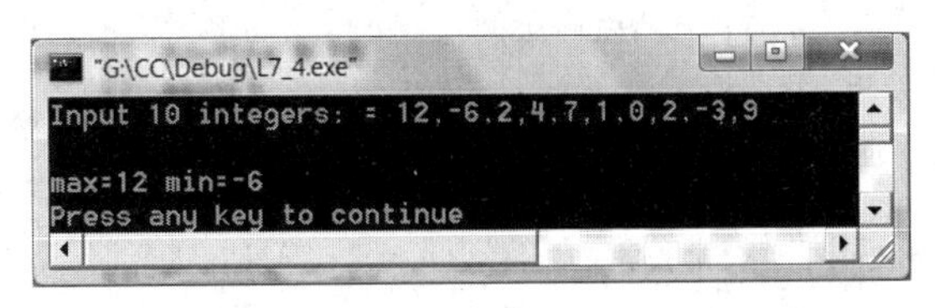

图 7-6 输入和查找最大值、最小值

例 7-5 编写程序,完成数组元素值的排序,即任意输入 N 个数据,实现数据排序,要求排好序的数据按顺序显示输出。

算法分析:利用计算机实现数据排序的算法不是唯一的,常见的有冒泡排序算法和选择排序算法。排序算法主要是利用循环控制结构嵌套数组操作,完成对数组元素值在内存的顺序存储。

先分析冒泡排序算法。以从小到大排序为例,内层嵌套循环通过对数组元素进行两两比较,找出其中最大的元素,将该元素值与最后一个元素的值交换,最大数沉底为最后一个元素;剩余数再作相同操作,找出剩余数中的最大元素值,将该元素值与倒数第 2 个元素值交换,次大数沉底为倒数第 2 元素;剩余数再作相同操作,依此类推,完成排序。由此可见,外层循环控制着每一轮剩余数查找直至结束。

例如,执行命令

```
static int a[6]={0,6,5,8,3,2};
```

数组 a 在内存的存放形式为

a[0]=0	a[1]=6	a[2]=5	a[3]=8	a[4]=3	a[5]=2

采用冒泡排序法对数组存放的 5 个数进行排序。a[0]=0 暂不需要,则冒泡排序法程序源代码为:

```
…
for(j=1;j<6;j++)
    for(i=1;i<6-j;i++)
        if (a[i]>a[i+1])
            {t=a[i];a[i]=a[i+1];a[i+1]=t;}
…
```

循环嵌套的内外层控制关系及执行过程如表 7-1 所示。

表 7-1 冒泡排序法的执行过程

j=1 找出全部数中的最大值	i=1：if(a[1]>a[2])→yes	0	6 ↔	5	8	3	2
	i=2：if(a[2]>a[3])→no	0	5	6	8	3	2
	i=3：if(a[3]>a[4])→yes	0	5	6	8 ↔	3	2
	i=4：if(a[4]>a[5])→yes	0	5	6	3	8 ↔	2
	i=5：结束内层循环	0	5	6	3	2	8
j=2 找出剩余的 4 个数中的最大值	i=1：if(a[1]>a[2])→no	0	5	6	3	2	8
	i=2：if(a[2]>a[3])→yes	0	5	6 ↔	3	2	8
	i=3：if(a[3]>a[4])→yes	0	5	3	6 ↔	2	8
	i=4：结束内层循环	0	5	3	2	6	8
j=3 找出剩余的 3 个数中的最大值	i=1：if(a[1]>a[2])→yes	0	5 ↔	3	2	6	8
	i=2：if(a[2]>a[3])→yes	0	3	5 ↔	2	6	8
	i=3：	0	3	2	5	6	8
j=4 找出剩余的两个数中的最大值	i=1：if(a[1]>a[2])→yes	0	3 ↔	2	5	6	8
	i=2：结束内层循环	0	2	3	5	6	8
j=5 结束外层循环		0	2	3	5	6	8

程序源代码：

```
/*L7_5_1.C*/
main ()
{
    int a[11];
    int i,j,t;
    printf("input 10 numbers=");
    for (i=1;i<=10;i++)
        scanf("%d,",&a[i]);                /*以逗号分隔,输入 N 个整数赋予数组元素*/
    printf("\n");
    for (j=1;j<=9;j++)                     /*查找最大值的次数 j=9*/
        for (i=1;i<=10-j;i++)              /*两两比较找出最大值,剩余数逐次减少*/
            if (a[i]>a[i+1])
                t=a[i];a[i]=a[i+1];a[i+1]=t;}
                                           /*找出剩余数中的最大值后交换元素值*/
    printf("the sorted numbers : \n");
    for (i=1;i<11;i++)
        printf("a[%d]=%d ",i,a[i]);
}
```

冒泡排序法在每次一组数查找最大值的过程中，只要当前元素值比下一个元素值大

(a[i]>a[i+1])，就要进行赋值运算{t=a[i];a[i]=a[i+1];a[i+1]=t;}，完成数组元素变量值交换的操作，即在每一次对剩余一组数中查找最大值的整个过程中，都要作多次元素值交换操作。

程序执行结果如图 7-7 所示。

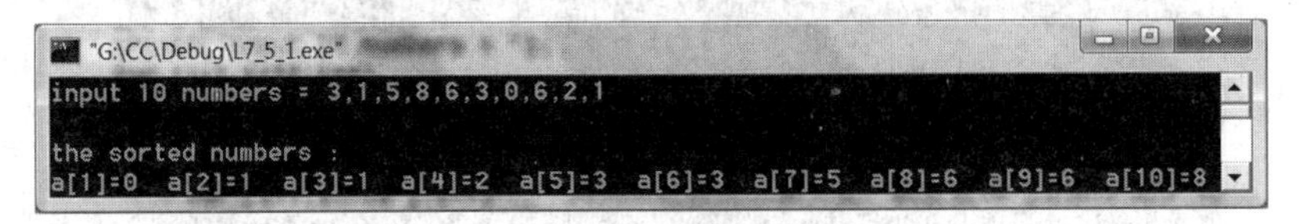

图 7-7　冒泡排序法

为了减少反复多次的变量值交换操作，可以使用选择排序法。选择排序法的程序源代码如下：

```
/*L7_5_2.C*/
#define N 10
main()
{
    int i,j,max,temp,a[N];
    printf("Input %d numbers:\n",N);
    for(i=0;i<N;i++)
        {printf("a[%d]=",i); scanf("%d",&a[i]); }      /*按提示对数组元素赋值*/
    for(i=0;i<N;i++)
        printf("a[%d]=%d ",i,a[i]);                    /*输出数组元素值*/
    printf("\n");
    for(i=0;i<N-1;i++)
    {
        max=i;
        for(j=i+1;j<N;j++)
            if(a[max]>a[j])                            /*查找最大值*/
                max=j;                                 /*最大值数组元素下标值*/
        temp=a[i];                                     /*数组元素值交换*/
        a[i]=a[max];
        a[max]=temp;
    }
    printf("The sorted result:\n");
    for(i=0;i<N;i++)
        printf("a[%d]=%d ",i,a[i]);                    /*输出排序结果*/
}
```

程序执行结果如图 7-8 所示。

选择排序法在每次找到一组数的最大值时，记住下标值，即最大值元素所在位置，然后再进行{t=a[i];a[i]=a[i+1];a[i+1]=t;}操作，完成数组元素值交换操作，即在每一次的剩余数中查找到最大值后，再作元素值交换操作。显然，选择排序算法效率高

```
"G:\CC\Debug\L7_5_2.exe"
Input 10 numbers:
a[0]=2
a[1]=-12
a[2]=0
a[3]=5
a[4]=-6
a[5]=6
a[6]=9
a[7]=12
a[8]=6
a[9]=10
a[0]=2 a[1]=-12 a[2]=0 a[3]=5 a[4]=-6 a[5]=6 a[6]=9 a[7]=12 a[8]=6 a[9]=10
The sorted result:
a[0]=-12 a[1]=-6 a[2]=0 a[3]=2 a[4]=5 a[5]=6 a[6]=6 a[7]=9 a[8]=10 a[9]=12
```

图 7-8　选择排序法

一些。

例 7-6　编写程序,在排好序的数组中插入一个元素值,排序性质不变。例如,在一个递减的整数数列中再插入一个整数,插入后的数列仍然递减有序。

算法分析:本例中的有序数列以数组定义,插入操作就是在这个数组中查找适当的插入位置,将要插入的数据保存到数组中,原排序性质不变。假设对 10 个数的数列进行插入操作,则算法设计流程 N-S 图如图 7-9 所示。

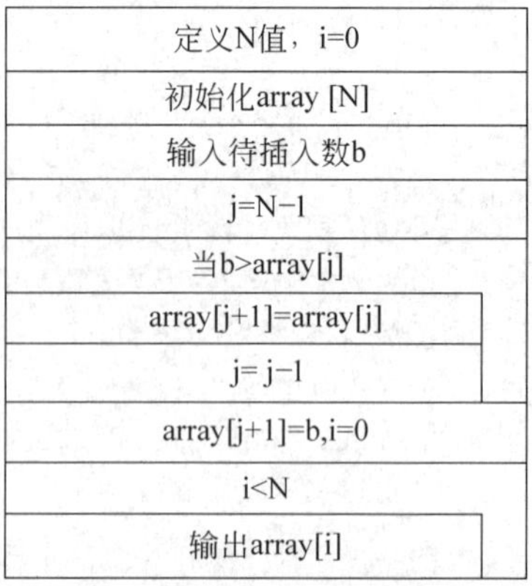

定义N值,i=0
初始化array [N]
输入待插入数b
j=N−1
当b>array[j]
array[j+1]=array[j]
j= j−1
array[j+1]=b,i=0
i<N
输出array[i]

图 7-9　排序数组中插入数值

程序源代码:

```
/*L7_6.C*/
#define N 11
main()
{
    int array[N]={9,8,7,6,5,5,3,2,2,1,0},b;
    int i,j;
    for(i=0;i<N;i++)
        printf("a[%d]=%d ",i,array[i]);        /*输出递减序列*/
    printf("\nInput the insert integer=");
    scanf("%d",&b);                             /*输入待插入的整数值*/
    j=N-1;
    while(b>array[j])                 /*比较待插数与数组中各元素值,查找插入位置*/
        {array[j+1]=array [j]; j--;}            /*从插入位置起将数组元素后移*/
    array[j+1]=b;                               /*在插入位置插入待插数*/
    printf("\nthe inserted array is:\n");
    for(i=0;i<N;i++)
    printf("a[%d]=%d ",i, array[i]);            /*输出插入整数后的数列*/
}
```

程序执行结果如图 7-10 所示。

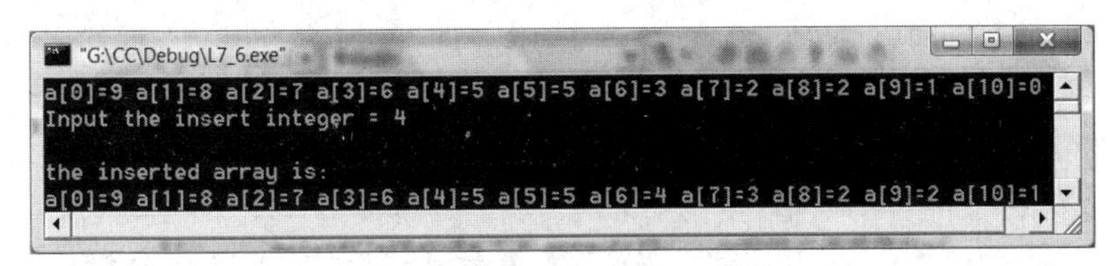

图 7-10　在递减序列中插入数据

7.3　多维数组的定义与引用

相对于一维数组而言，多维数组是较为复杂的数组形式，可以用来建立更加复杂的数据结构。C 语言中，多维数组的定义、初始化和引用与一维数组类似，本节以常用的二维数组为例来说明多维数组的定义与应用。

7.3.1　二维数组的定义与引用

在 C 语言中，二维数组可以看成特殊形式的一维数组，它由多个数列组合在一起构成。

1. 二维数组的定义

二维数组的定义格式为

存储类型 数据类型 数组名[第一维长度][第二维长度]

其中，第一维长度代表数组的行数，第二维长度代表数组的列数。定义格式中其他项目的规定同一维数组。例如：

```
int a[2][3];
```

表示定义了一个 auto 类型的长度为 2 行 3 列，共有 6 个元素的整型二维数组 a。

二维数组在内存中按行存放，即先存放第一行元素，然后依次存放第二行、第三行、……。如上例中定义的数组 a 在内存中的存放情况为

a[0][0]	a[0][1]	a[0][2]	a[1][0]	a[1][1]	a[1][2]

二维数组可以看成特殊的一维数组，由数组名分别为 a[0]和 a[1]的两个一维数组组成，其中每个一维数组又包含 3 个元素，数组示意如下：

```
              列↓
行 →      a[0][0]   a[0][1]   a[0][2]
          a[1][0]   a[1][1]   a[1][2]
```

二维数组包含的行元素又是一个一维数组。如 a[2][3]可以把 a 看成一个一维数组,它包含有两个行元素 a[0]和 a[1],每个行元素又是一个包含着两个元素的一维数组。

每一行可看成一个一维数组,同一行数组元素的行下标不变,而列下标从 0 变到列下标最大值,这时行下标自动增值,变为下一行。

利用这一特性可方便地引用每一个数组元素,依次可扩展到更高维数组的定义和使用。

2. 二维数组元素的引用

二维数组元素可以通过两个下标引用,一般形式为

数组名[下标 1][下标 2]

其中[下标 1]用来表示数组第一维的下标,[下标 2]用来表示数组第二维的下标。[下标 1]的范围不能超出数组第一维的长度减 1,[下标 2]的范围不能超出数组第二维的长度减 1。

如果定义了数组 a[2][3],则 a[1][0]、a[i][2*i-1]和 a[1][2]等在定义范围内都是合法的引用形式,而 a[1.9][3]、a[2][3]和 a[0][-2]等都是错误的引用形式。

二维数组存储顺序为同一行数组名的行下标不变时,列下标从 0 变到列下标最大值,然后行下标自动增值,成为下一行。因此,二维数组引用通常使用两层循环嵌套遍历每一个数组元素,外层循环控制行的变化,内层循环控制列的变化。

例 7-7 编写程序,对二维数组以自然数顺序赋值,以行列方阵形式输出,行与行之间是对应列元素加 5,即按行加 5。

算法分析:二维数组以自然数顺序赋值,由于各行之间按行加 5,因此可定义数组大小为 4×5 矩阵。

程序源代码:

```
/*L7_7.C*/
main()
{
    int a=4,b=5;
    int i,j;
    static int num[4][5];
    for(i=0;i<a;i++)                              /*控制行变化*/
    {
        for(j=0;j<b;j++)                          /*控制列变化*/
        {
            num[i][j]=i*b+j;                      /*按行加 5*/
            printf("%2d ",num[i][j]);
        }
        printf("\n");                             /*按行输出*/
    }
}
```

程序的执行结果如图 7-11 所示。

图 7-11　按行递增

例 7-8　编写程序，设有 3 位学生 4 门课的考试成绩，录入学生成绩，求每位学生的平均成绩，输出每人的各门课成绩及平均成绩。

算法分析：使用二维数组 score[3][4]存放 3 位学生 4 门课成绩，设一维数组 average[3]存放每位学生的平均成绩。

程序源代码：

```
/*L7_8.C*/
void main()
{
    int i,j,sum,score[3][4], average[3];
    printf("Input scores=");
    for(i=0;i<3;i++)                          /*学生序号*/
    {
        sum=0;                                /*每位学生总成绩求和之前清零*/
        for(j=0;j<4;j++)                      /*课程序号*/
        {
            scanf("%d",&score[i][j]);         /*输入 i 号学生 j 门课成绩*/
            sum=sum+score[i][j];              /*累加个人总成绩*/
        }
        average[i]=sum/4;                     /*第 i 位学生平均成绩*/
    }
    printf("Students Mathematics English Physics Music Average\n");
                                              /*成绩表的表头*/
    for(i=0;i<3;i++)                          /*输出计算结果*/
    {
        printf("S%d. ",i);
        for(j=0;j<4;j++)
            printf("%8d ", score[i][j]);
        printf("%8d\n", average[i]);          /*输出平均成绩*/
    }
}
```

程序执行后输入数据，运行结果如图 7-12 所示。

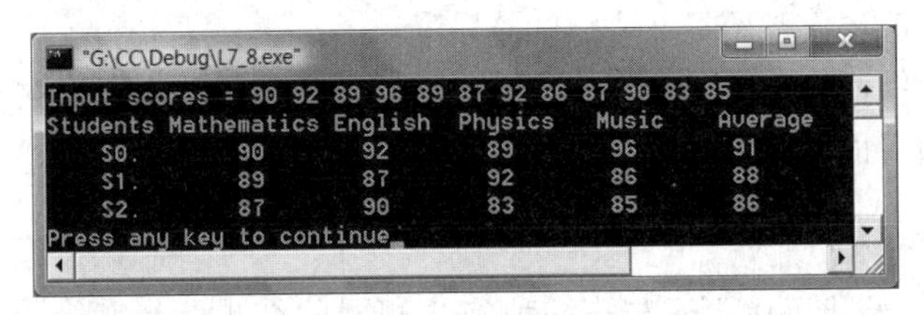

图 7-12　统计学生成绩

例 7-9　编写程序，将以二维数组存放的 3×3 矩阵转置后，输出转置结果。

程序源代码：

```
/*L7_9.C*/
#define N 3
void main()
{
    int i,j,t;
    int a[N][N]={{1,2,3},{4,5,6},{7,8,9}};
    for(i=0; i<N; i++)
        for(j=i+1; j<N; j++)
        {t=a[i][j]; a[i][j]=a[j][i]; a[j][i]=t;}              /*交换元素值*/
    for(i=0;i<N;i++)                                          /*输出转置矩阵*/
    {
        for(j=0;j<N;j++)
           printf("%d ",a[i][j]);
        printf("\n");
    }
}
```

程序执行结果如图 7-13 所示。

```
1 4 7
2 5 8
3 6 9
```

图 7-13　矩阵转置

3. 二维数组的初始化

二维数组初始化在定义时完成，赋值操作可在程序当中进行，数组元素只能逐一赋值，不能整体赋值。初始化定义的一般格式为

```
数据类型 数组名[常量表达式 1][常量表达式 2]={{数据列表 1},…,{数据列表 n}}
```

或

```
数据类型 数组名[常量表达式 1][常量表达式 2]={数据 1,…,数据 m×n}
```

其中{数据列表 1}是指数组矩阵中数据按行由左至右顺序对行中的每个元素赋值，数据列表中各数据项之间用逗号隔开。例如：

```
int a[3][2]={{1,2},{3,4},{5,6}}
```

在编译时，系统将第一个花括号内的数据赋给第一行，即依次赋给 a[0][0]、a[0][1]；将第二个花括号内的数据赋给第二行，即依次赋给 a[1][0]、a[1][1]；将第三个花括号内的数据赋给第三行，即依次赋给 a[2][0]、a[2][1]。

第二种格式进行初始化时，系统将按数组中的数据排列顺序依次对数组元素赋值。例如，可以将上例写成

```
int a[3][2]={1,2,3,4,5,6}
```

这样对数组进行初始化可以得到与第一种格式相同的结果。当二维数组的长度较小时，利用这种格式对数组进行初始化显得简洁方便；但当数组长度较大时，则容易引起混乱，而且不易修改，而利用第一种格式则直观且方便修改。因此当数组长度较大时，建议使用

第一种格式初始化二维数组。

对于数组初始化说明如下：

(1) 初始化时可以只给部分元素赋初值，此时系统将自动给剩余的元素赋 0 值。使用第一种初始化格式可以对各行中的前面一部分元素赋初值，也可以只对某几行元素赋初值，其余元素的值自动为 0。例如：

```
int a[3][4]={{1},{0,5},{2}};
```

经编译后，数组 a 被初始化为 a[0][0]=1、a[1][0]=0、a[1][1]=5、a[2][0]=2，数组 a 的其他元素则自动初始化为 0。如果只对第二行元素赋初值，则可以写成：

```
int a[3][4]={{0},{0,5,1,2}};
```

使用第二种格式可以给数组的前面一部分元素赋初值，其余元素值自动为 0。例如：

```
int a[3][4]={1,0,5,2,3};
```

数组 a 初始化为 a[0][0]=1、a[0][1]=0、a[0][2]=5、a[0][3]=2、a[1][0]=3，其余元素自动初始化为 0。当位于数组后面的元素为 0 值较多时，使用这种方法可方便对数组赋值。

(2) 当使用第一种初始化格式对二维数组的全部行赋初值，或使用第二种初始化格式对二维数组全部元素赋初值时，可省略第一维长度定义，但不能省略第二维长度定义。例如：

```
int a[][4]={{0,1},{0},{3,2,1}};
```

编译系统根据所赋初值自动将数组 a 定义为 a[3][4]。如果写成：

```
int a[][4]={1,2,3,4,5,6,7,8,9,19,11,0};
```

系统将根据花括号中的数据总数确定数组的第一维长度，因为数组 a 中总共包含 12 个数据，而且数组 a 的列数为 4，则可确定其行数为 12/4=3，即定义二维数组为 a[3][4]。

例 7-10 编写程序，利用二维数组求 3×4 矩阵中的最小值元素，输出该元素值及其所在行和列的位置。

算法分析：找到矩阵中的最小值，可以使用一个二维数组存放这个矩阵，然后依次比较这个数组中的各个值，求得最小值，确定其位置。算法流程 N-S 图如图 7-14 所示。

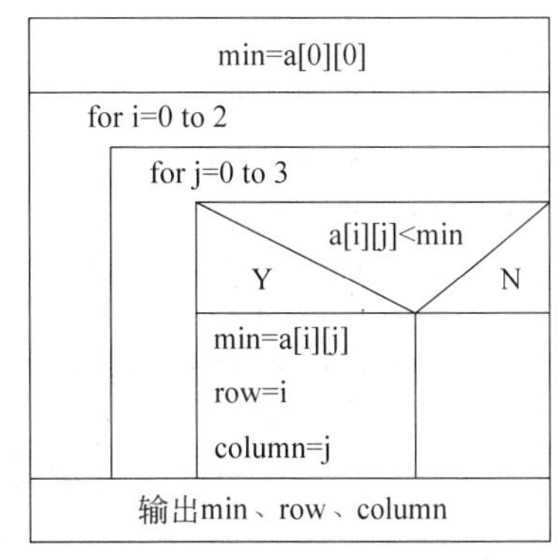

图 7-14　求矩阵中最小值的元素

程序源代码：

```
/*L7_10.C*/
main()
{
    int i,j,row=0,column=0,min;
    static int a[3][4]={{1,2,3,4},{0,-1,8,9},{-5, 0,-8,6}};      /*初始化操作*/
```

```
    min=a[0][0];
    for(i=0;i<=2;i++)
        for(j=0;j<=3;j++)
            if(a[i][j]<min)                          /* 比较元素值,找最小值 */
            {
                min=a[i][j];                         /* 小于当前最小值,赋给 min 变量 */
                row=i;                               /* 记录行号 */
                column=j;                            /* 记录列号 */
            }
    printf("min=%d,row=%d,column=%d\n",min,row,column);
}
```

程序执行结果如图 7-15 所示。

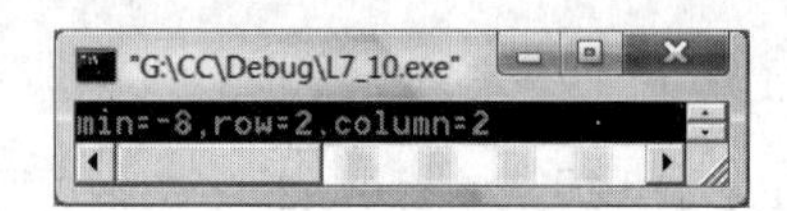

图 7-15　最小值元素及位置

7.3.2　二维数组程序算法案例

例 7-11　编写程序,将二维数组行和列元素互换,存入另一个二维数组中,即:

$$a=\begin{bmatrix}1 & 2 & 3\\4 & 5 & 6\end{bmatrix},\quad b=\begin{bmatrix}1 & 4\\2 & 5\\3 & 5\end{bmatrix}$$

程序源代码:

```
/*L7_11.C*/
main ()
{
    static int a[2][3]={{1,2,3},{4,5,6}};            /* 静态存储类型数组初始化 */
    static int b[3][2],i,j;
    printf("array a : \n");
    for (i=0;i<=1;i++)                                /* 循环变量作为行下标 */
    {
        for (j=0;j<=2;j++)                            /* 循环变量作为列下标 */
        {
            printf("%5d ",a[i][j]);                   /* 输出数组 a 中的元素 */
            b[j][i]=a[i][j];                          /* 给 b 数组元素赋值 */
        }
        printf("\n");
    }
    printf("array b : \n");
```

```
    for (i=0;i<=2;i++)                                /* i 作为行下标 */
    {
        for (j=0;j<=1;j++)
            printf("%5d ",b[i][j]);                   /* 输出数组 b 中的元素 */
        printf("\n");
    }
}
```

程序执行结果如图 7-16 所示。

程序通过定义两个数组 a[2][3]和 b[3][2],将数组 a 的行元素值赋给数组 b 的列元素,实现数组转置。

例 7-12 编写程序,设 ***a*** 为 2×3 的矩阵,***b*** 为 3×4 的矩阵,求解两个矩阵乘积 ***c***=***a***×***b***。

算法分析:求两个矩阵乘积,就是依次用 ***a*** 矩阵的行乘以 ***b*** 矩阵的列,所得的结果为 ***c*** 矩阵对应行与列上的元素,得到 ***c*** 为 2×4 的矩阵。使用二维数组实现算法,算法流程 N-S 图如图 7-17 所示。

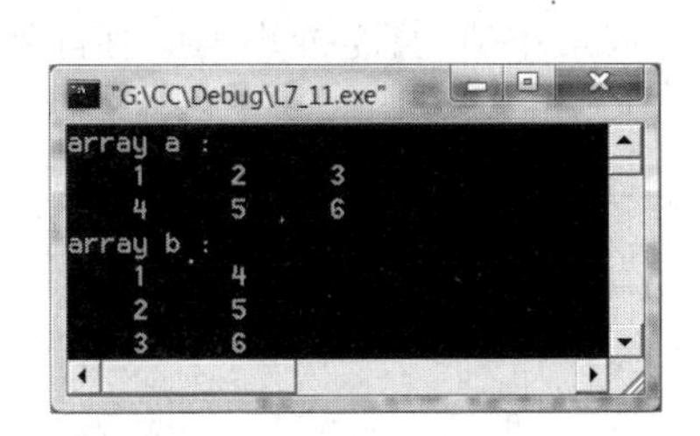

图 7-16 数组矩阵转置

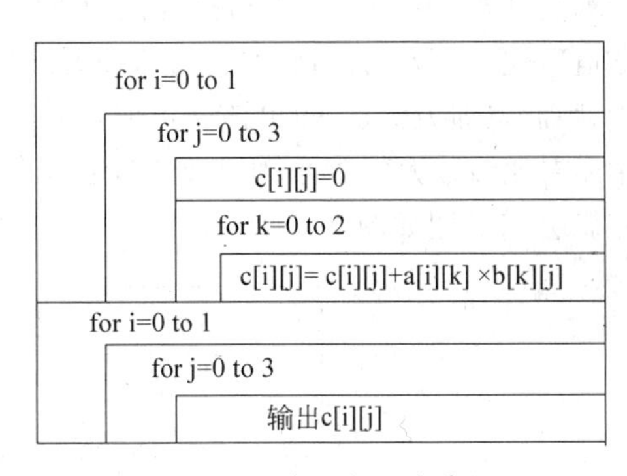

图 7-17 求两个矩阵乘积

程序源代码:

```
/*L7_12.C*/
main()
{
    int a[2][3]={1,2,3,4,5,6},b[3][4]={{1,2,3,4},{2,4,6,8},{1,3,5,7}};
    int c[2][4],i,j,k;
    for(i=0;i<2;i++)
        for(j=0;j<4;j++)
        {
            c[i][j]=0;
            for(k=0;k<3;k++)
                c[i][j]+=a[i][k]*b[k][j];          /* 两个矩阵相乘 */
        }
    printf("The multiplied array c is:\n");
    for(i=0;i<2;i++)                                /* 输出矩阵 c 的元素 */
```

```
    {
        for(j=0;j<4;j++)
            printf("%6d",c[i][j]);
        printf("\n");
    }
}
```

程序执行结果如图 7-18 所示。

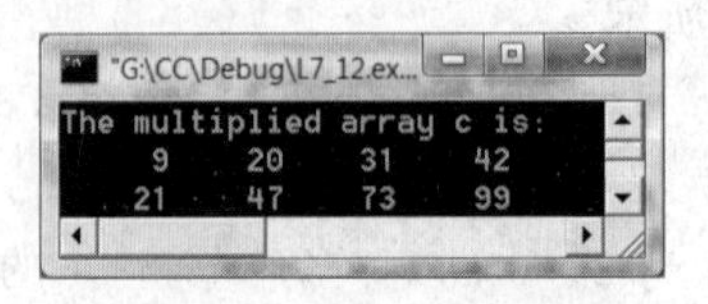

图 7-18　两个矩阵的乘积

例 7-13　编写程序,查找矩阵中的鞍点,鞍点在所在行中值最小,在所在列中值最大,输出该鞍点值及所在位置。

算法分析:使用二维数组处理该矩阵问题,首先查找数组每行中的最小值,找到后记下该值所在当前列的位置,然后再将该元素值与所在列其他数比较,如果该数在当前列中最大,则此点即为鞍点,输出该鞍点值,继续寻找下一行中的最小值依次处理;如果在当前列中还有比该数大的数,则中断比较,继续在下一行寻找最小值,直至处理完所有行为止。程序算法 N-S 图如图 7-19 所示。

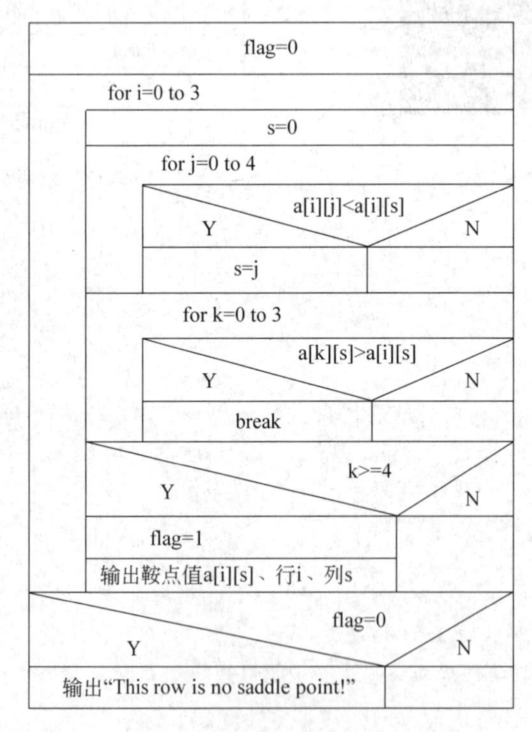

图 7-19　查找矩阵中的鞍点

程序源代码：

```
/*L7_13.C*/
main()
{
    int a[4][5]={{5,9,1,0,2},{8,9,3,2,0},{8,9,7,6,9},{9,3,5,4,2}};
    int i,j,k,s;
    int flag=0;
    for(i=0;i<4;i++)
    {
        s=0;
        for(j=0;j<5;j++)
            if(a[i][j]<a[i][s]) s=j;          /*查找当前行中的最小元素值*/
        for(k=0;k<4;k++)
        if(a[k][s]>a[i][s]) break;            /*所在列中非最大值则中断本层循环*/
        if(k>=4)
        {
            flag=1;                           /*设置标志为1*/
            printf("saddle point=%d, col=%d, line=%d\n",a[i][s],i,s);
                                              /*鞍点值及所在位置*/
        }
    }
    if(flag==0) printf("There is no saddle point!\n");
}
```

程序执行结果如图7-20所示。

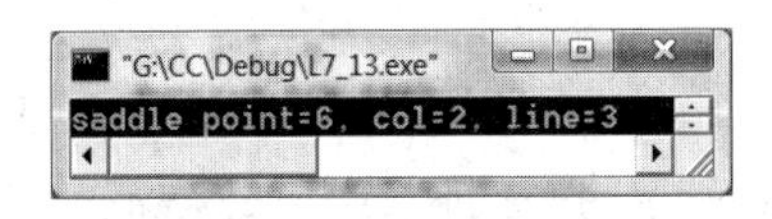

图7-20　查找矩阵鞍点结果

例7-14　编写程序，求一个3×3矩阵的主对角线元素之和。

算法分析：用二维数组处理二维矩阵，对角线元素之和应符合a[0][0]+a[1][1]+a[2][2]，即表达式i等于j条件为真的数组元素值之和。

程序源代码：

```
/*L7_14.C*/
main()
{
    int a[3][3];                                          /*数组定义语句*/
    int i,j,sum=0;
    printf("\Please input data:=");
    for (i=0;i<3;i++)
      scanf("%d%d%d", &a[i][0],&a[i][1],&a[i][2]);        /*输入一行数组元素*/
    for(i=0;i<3;i++)
```

```
        printf("\n%d%d%d",a[i][0],a[i][1],a[i][2]);         /*输出一行数组元素*/
    for (i=0;i<3;i++)
        sum=sum+a[i][i];                                    /*计算对角线元素之和,提示 i=i*/
    printf("\nThe sum data is: %d",sum);
}
```

程序执行结果如图 7-21 所示。

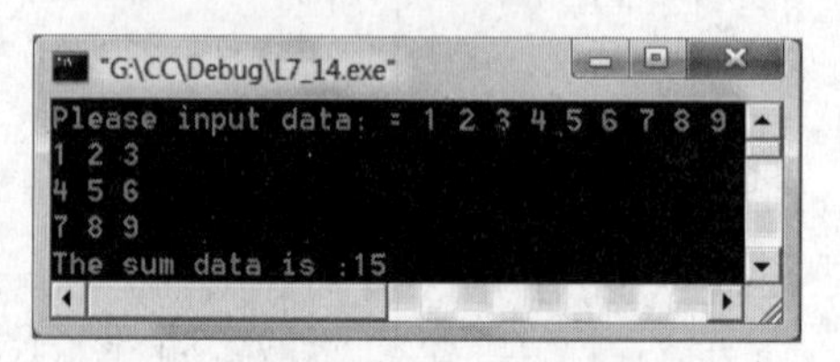

图 7-21　求主对角线元素之和

7.3.3　三维数组的定义与引用

三维空间数据的处理需要使用高维数组,在二维数组基础上再扩展一维数组即形成三维数组。三维数组定义的一般格式为

存储类型 数据类型 数组名[第一维长度][第二维长度][第三维长度]

三维数组的定义、引用和初始化等都与二维数组相同,三维数组元素在内存中的存放顺序同样也是按照数组元素排列顺序存储。例如:执行数组定义命令:

```
int a[3][2][2];
```

该语句定义了一个三维数组 a,数组名也为 a,数组类型为整型,数组元素共有 3×2×2 个,存储排列方式如图 7-22(a)所示,按三维数组下标增值变换关系,可以把其看成为一个立方体,如图 7-22(b)所示。

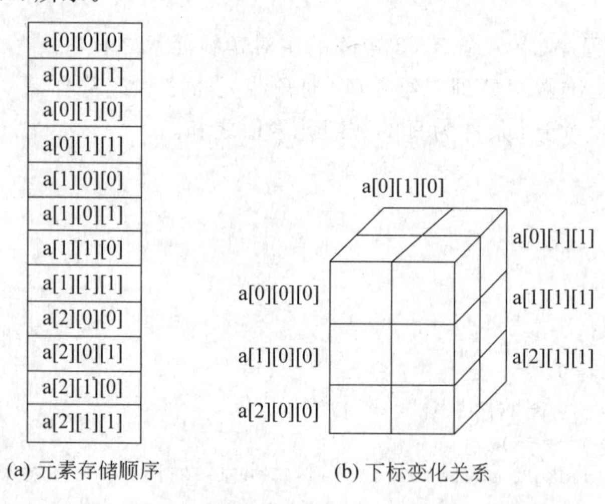

(a) 元素存储顺序　　(b) 下标变化关系

图 7-22　三维数组元素排列与下标变化关系

三维数组元素排列顺序的规则仍以维数下标自由向左递增变化，即先递增第三维下标值，再递增第二维下标值，最后递增第一维下标值，最右边的下标变化最快，最左边的下标变化最慢。因此，三维数组的引用通常需要嵌套3层循环控制结构。

例7-15 编写程序，定义一个三维数组，顺序对每个元素赋值，再顺序输出这个数组的所有元素值。

算法分析：定义一个三维数组a[3][2][2]，可以看成是一个立方体，每一维由许多二维数组构成页面，二维数组页面又由一维数组构成行。

程序源代码：

```
/*L7_15.C*/
main()
{
    int i,j,k;
    static int a[3][2][2];
    for(i=0;i<3;i++)
    {
        for(j=0;j<2;j++)
        {
            for(k=0;k<2;k++)
            {
                a[i][j][k]=i*3+j*2+k;
                printf("a[%d][%d][%d]=%-2d",i,j,k,a[i][j][k]);
            }
            printf("\n");              /*按行回车*/
        }
        printf("\n");                  /*按页回车*/
    }
}
```

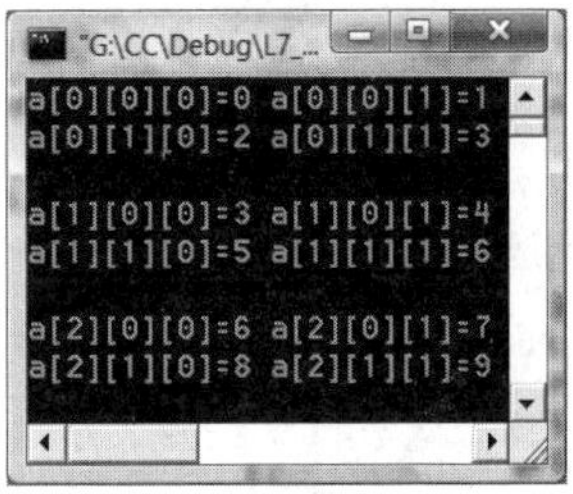

程序运行后的输出结果如图7-23所示。

图7-23 三维数组操作

由程序源代码及运行输出结果可以看出，每两个元素按行可看作一维数组，每4个元素按页面可看作二维数组。

7.3.4 多维数组的应用

C语言系统支持使用多维数组。多维数组的定义、引用和初始化等都与二维数组和三维数组相同。定义多维数组的一般格式为

存储类型 数据类型 数组名[第一维长度][第二维长度]…[第n维长度]

在多维数组中，各元素在内存中的排列顺序同样是第一维的下标变化最慢，最右边的下标变化最快。实际上，三维以上的数组通常不使用，因为高维数组占用的存储空间较大，运行时占用资源较多，速度较慢。

多维数组的初始化定义及引用符合数组的各项常规要求。例如，初始化并引用一个四维数组，一般要使用4层循环嵌套访问每一个数组元素。

程序源代码：

```
main()
{
    int j,k,m;
    int a[2][2][2][2]={{{{1,2},{0,3}},{{3,2},{2,1}}},{{{2,7},{3,2}},{{9,2},
    {6,8}}}};                                      /*初始化*/
    for (i=0;i<2;i++)                              /*可看成共有两个三维数组*/
    {
        for (j=0;j<2;j++)                          /*每个三维数组中有两个二维数组*/
        {
            for (k=0;k<2;k++)                      /*每个二维数组有两个一维数组*/
            {
                for(m=0;m<2;l++)                   /*每个一维数组有两个元素*/
                    printf("a[%d][%d][%d][%d]=%2d ",i,j,k,m,a[i][j][k][m]);
                                                   /*输出数组元素*/
                printf("\n");                      /*输出一行回车*/
            }
            printf("\n");                          /*输出完一个二维数组后回车*/
        }
        printf("\n");                              /*输出完一个三维数组后回车*/
    }
}
```

7.4 字符数组与字符串操作

字符数组是用来存放字符的数组，字符数组的每个元素存放一个字符。字符数组的定义、引用和初始化都与数值数组类似，但字符数组通常用来存放和处理字符串。

7.4.1 字符数组的定义与初始化

字符数组中每个元素只能存放一个ASCII字符值，一般定义形式为

存储类型 char 数组名[第一维长度][第二维长度]…[第n维长度]

其中各参数项目定义规范及使用规则与其他数组相同。例如：

```
char ch1[9], ch2[10][20];
```

这表示定义了一个auto类型的字符型一维数组，其中ch1数组共有9个字符数组元素，ch2数组共有10×20个字符数组元素。

字符数组引用也是由数组名和下标组合表示数组元素的位置。如引用已定义的二维数组 ch2,则像 ch2[8][19]、ch[i][i*2－5]等均为合法的引用形式。字符数组元素的使用规则与字符型变量相同。

字符数组的初始化与数值数组的初始化类似,在定义数组时完成,为初始化数组,可以在定义之后再逐个对数组元素赋初值。例如,以下的初始化定义

```
char ch[][5]={{'G','o','o','d'},{'l','u','c','k','!'}};
```

创建了一个大小为 2×5 的二维字符型数组,初始化定义每行各一个单词。系统根据赋值多少自动将数组定义为 ch[2][5],并按数组元素在内存中的顺序位置赋值存放。

字符数组的初始化与数值数组不同的是,如果只对数组的一部分元素赋值,对于整型数组来说,剩余元素由系统自动赋为 0 值,对于实型数组其值不定;而对于字符数组来说,系统通常自动赋予空字符,即 ASCII 码'\0'值。例如:

```
char ch[10]={'C','h','i','n','a','!'};
```

初始化定义后,ch 数组的前 6 个元素分别获得相应的字符值,而其余 4 个元素的值被自动赋为'\0',在内存中的存放形式如图 7-24 所示。

ch[0]	ch[1]	ch[2]	ch[3]	ch[4]	ch[5]	ch[6]	ch[7]	ch[8]	ch[9]
C	h	i	n	a	!	\0	\0	\0	\0

图 7-24　字符数组存放示意图

初始化定义中对所有元素赋初值时,也可以省去数组长度说明。例如:

```
char c[]={'C','','p','r','o','g','r','a','m'};
```

这时字符数组 c 的长度自动定为 9 个元素。

二维字符数组同样可以初始化。例如:

```
char a[][12]={{'S','t','u','d','y',' ','H','e','r','e'},{'I',' ','l','o','v',
'e',' ','i','t','!'}};
```

初始化的二维字符数组 a 的大小为 2×12,全部元素都赋予初值,因此一维下标的长度可以不加以说明。

例 7-16　编写程序,实现字符数组的初始化及其引用,以字符格式输出字符串。

程序源代码:

```
/*L7_16.C*/
main ()
{
    static char char ch[]={'I',' ','l','o','v','e',' ','C','h','i','n','a','!'};
                                        /*初始化定义*/
    int i;
    for(i=0;i<=12;i++)
        printf("%c",ch[i]);            /*按字符格式输出数组元素值*/
```

```
    printf("\n");
}
```

执行程序后的运行结果如图 7-25 所示。

图 7-25 输出字符数组元素

例 7-17 编写程序,利用二维字符数组,按字符格式分行输出两个字符串。

程序源代码:

```
/* L7_17.C */
main()
{
    int i,j;
    char a[][12]={{'S','t','u','d','y',' ','H','e','r','e'},{'I',' ',
    'l','o','v','e',' ','i','t','!'}};                    /* 初始化定义 */
    for(i=0;i<=1;i++)
    {
        for(j=0;j<11;j++)
            printf("%c",a[i][j]);                      /* 按字符格式输出数组元素值 */
        printf("\n");
    }
}
```

执行程序后的运行结果如图 7-26 所示。

图 7-26 分行输出字符串

7.4.2 字符串的处理及应用

字符串是字符组成的序列形成的有序的集合。C 语言中没有字符串类型的数据变量,通常以字符数组定义存储和处理字符串常量。

1. 字符串结束标志

C 语言规定字符串结束标志为'\0','\0'是 ASCII 码值为 0 的字符,称为空字符,又称为空操作符,表示什么也不做。'\0'不用于显示字符,而是作为辨别字符串有效字符是否截止的标志。例如:

```
char ch[100];
```

定义了一个长度为 100 的字符数组 ch,若用该数组保存字符串"It' OK!",该字符串包括空格共有 7 个有效字符,存储到 ch 数组时,系统会自动在字符串的后面加上字符'\0',表示该字符串的有效位到此为止,这样就可以很容易地获得字符串的实际有效长度。而在存储到数组的过程中,会连同系统后加上的'\0'共 8 个字符一起存到 ch 数组中。

注意,不能将一个字符串存放到一个长度不够的字符数组中,否则会出现语法错误,系统编译无法通过。例如,不能将上述字符串存放到字符数组 ch[6]中。另外,如果一个字符串中间包含有字符'\0',即使在'\0'之后可能还有其他字符,在按字符串处理时,系统也只截取'\0' 前面的字符串作为有效字符。

例 7-18 编写程序，分别按字符串格式和字符格式分行输出同一个字符串。

程序源代码：

```
/*L7_18.C*/
main ()
{
    static char ch1[]={'R','e','a','d',' ','l','o','o','k',' ','\0',' ','p',
    'l','a','y','!'};                              /*初始化定义*/
    int i;
    printf("%s\n",ch1);                            /*按字符串格式输出*/
    for (i=0;i<=16;i++)
        printf("%c",ch1[i]);                       /*按字符格式输出数组元素值*/
    printf("\n");
}
```

程序的运行结果如图 7-27 所示。

其中，按字符串格式%s 输出，到字符'\0'为止：而按字符格式%c 输出，则按数组元素值单个输出，则输出一个非有效字符 a，使用时需注意。

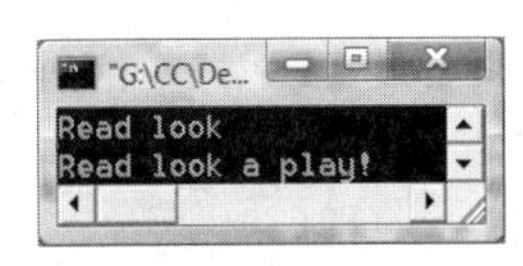

图 7-27 分行输出字符串

2. 字符串常量的赋值

将一个字符串常量赋给一个字符数组时，被赋值的字符数组长度应足够大，比如字符串长度为 n，那么字符数组的最小长度应该为 n+1，然后才能对字符数组进行有效赋值。

用字符串常量对字符数组初始化，或字符数组定义后对数组赋值，可以用的方式有以下几种，例如：

```
char ch[]={'O','l','y','m','p','i','c','s',' ','P','a','r','k','\0'};
```

字符数组初始化，按数组元素赋值，以'\0'结束，是完整的字符串定义。与之等价可以写成

```
char ch[14]={"Olympics Park"};
```

或

```
char ch[]={"Olympics Park"};
```

或

```
char ch[]="Olympics Park";
```

可以看到，最后一种写法更加简单易行，而且不必担心数组的长度不够。用这种方法对字符数组进行初始化与按元素赋值初始化操作 char ch[]={'O','l','y','m','p','i','c','s',' ','P','a','r','k','\0'}；完全等价，这是因为在数组元素赋值的最后加上了空字符'\0'，初始化后同样会得到长度为 14 的字符数组 ch[14]。

如果写成 char ch[]={'O','l','y','m','p','i','c','s','','P','a','r','k'};,经初始化后则会得到长度为 13 的字符数组 ch[13]。

字符数组可以不包含'\0',C 语言并不要求字符数组的最后一个字符为空字符'\0'。但是作为字符串,在存储时则一定要在字符数组的最后包含一个'\0'。

注意字符常量与字符串常量的不同,字符常量是用单引号引起来的单个字符,而字符串常量则是用双引号引起来的单个字符或字符序列。例如,空引号""与字符'\0'是等价的。

例 7-19 编写程序,检测字符串长度,分别使用字符格式控制符%c 和字符串格式控制符%s 输出该字符串。

程序源代码:

```
/*L7_19.C*/
#include "string.h"
main()
{
    int i,k;
    static char str[]="It's good!";
    k=strlen(str);                                          /*检测已知字符串长度*/
    printf("The lenth of the string is %d\n",k);
    for (i=0;i<k;i++)
        printf("%c",str [i]);                               /*按字符格式*/
    printf("\n%s", str);                                    /*按字符串格式*/
    for (i=0;i<k;i++)
        printf("\nstr[%d]=\'%c\'",i,str[i]);                /*输出字符数组各元素*/
    printf("\n");
}
```

程序运行结果如图 7-28 所示。

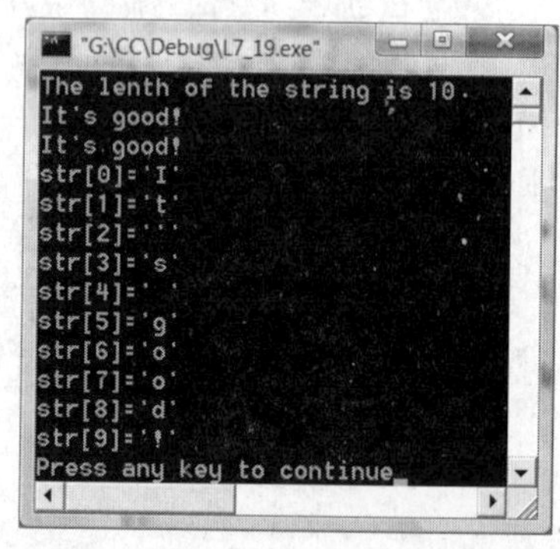

图 7-28　字符串长度测试与控制输出

使用字符串长度测试函数 strlen(str)测试字符串有效长度,不包括字符串结束标志'\0'。按%c 字符格式输出,需要用循环结构输出数组中字符串的每一个字符,循环控制表达式中的字符串长度值用以控制循环输出与结束,字符串后面的若干'\0'并不输出显示。按%s 字符串格式输出字符串,以'\0'作为字符串结束标志,不需要使用循环控制结构。

7.4.3　常用的字符串处理函数

C 语言在系统附带的库函数中提供了大量有关字符串处理的函数,本节介绍比较常用的标准库函数的使用。

1. 字符数组的输入输出

利用格式输入函数 scanf()和格式输出函数 printf()可实现字符数组的输入输出。

在格式输入输出函数中使用格式符%c 可以实现字符数组中逐个字符的输入输出，使用格式符%s 则可以将字符数组中的字符串一次输入和输出，以'\0'作为字符串结束标志。例如，一维字符数组定义为

```
char str[]="Olympics Park is Perfect!";
```

逐个输出字符的命令语句为

```
for(i=0;i<strlen(str);i++)
    printf("%c", str[i]);
```

按字符串格式控制一次输出字符串的命令语句为

```
printf("%s",str);
```

使用 printf()输出字符数组时，必须使用字符数组名作为 printf()的参数。处理字符串时应注意：

(1) 用%s 格式符输出字符串时，遇到'\0'就结束输出，即使数组长度大于字符串的长度，也只输出到'\0'为止。

(2) 如果字符数组中包含不止一个'\0'，则以第一个'\0'作为输出结束标志。例如，用命令语句 printf("%s\n",ch1)；输出 ch1[]={'R','e','a','d','','l','o','o','k',' ',' \0','','p',' l','a',' y','!' }；数组字符时，遇到第 11 个字符 ch1 [10]='\0'就结束输出。执行命令语句后，系统将输出"Read look"这 9 个字符，而不是输出所有字符。

(3) 结束标志'\0'并不作为有效字符输出，字符串输出到字符'\0'前面的一个字符为止。

使用 scanf()向字符数组中输入字符串时，应该预先定义足够长度的字符数组。例如，要向已定义的一维字符数组 str[50]中输入字符串"Olympics Park is Perfect!"，用逐个输入字符的命令语句为

```
for(i=0;i<50;i++)
    scanf("%c",str[i]);
```

或

```
for (i=0;i<strlen(str);i++)
    scanf("%c",str[i]);
```

而按字符串一次输入全部字符的语句为

```
scanf("%s",str);
```

(4) 使用格式控制符%s 时，必须使用字符数组名 str 作为 scanf()的参数，这时由于格式控制符%s 是按字符串依次输入到数组中，scanf()赋值变量参数要求按地址操作，而数组名在 C 语言中就代表着已定义数组存储的起始地址，即首地址。

(5) 使用%s 格式符输入字符串时，注意遇到回车符或空格符就结束一个字符串的输入。例如，对 str 数组输入字符串时，如果从键盘上输入

```
Olympics Park is Perfect!↙
```

那么在执行 scanf()命令语句后，str 数组中只能读入 Olympics，而后面的字符将被忽略舍去。系统执行 scanf()命令时，在遇到第一个空格时，将自动截取空格前面的字符串并在其后加上'\0'，作为输入字符存放到 str 数组中。

若想使用 scanf()的%s 格式实现连同空格的字符串输入，则需将其赋给多个字符数组，然后用字符连接函数将几个字符数组连接起来再存放到另外一个字符数组中。例如，输入字符串“Olympics Park is Perfect!”，可定义 4 个一维字符数组 str1[8]、str2[8]、str3[8]和 str4[8]，将 scanf()写为

```
scanf("%s%s%s%s",str1,str2,str3,str4);
```

再从键盘输入

```
Olympics Park is Perfect!↙
```

系统执行后，将 Olympics 赋给 str1 数组，将 Park 赋给 str2 数组，将 is 赋给 str3 数组，将 Perfect!赋给 str4 数组。

也可以使用二维数组 string[4][8]写为

```
for (i=0;i<4;i++)
    scanf("%s", string[i]);
```

使用

```
for(i=0;i<4;i++)
    for (i=0;i<8;i++)
        scanf("%c", string[i][j]);
```

同样可以完成 scanf("%s%s%s%s",str1,str2,str3,str4)；对 4 个数组输入字符串问题，此处 string[i]可看作 string[4][8]二维数组 i 行的一维数组 string[i][8]的数组名，按行输入并存放 4 个字符串，如图 7-29 所示。

为了减少用 scanf()语句处理带有空格字符串的不便，应使用字符串处理函数。

string[0]	O	l	y	m	p	i	c	s
	P	a	r	k				
	i	s						
string[3]	P	e	r	f	e	c	t	!

图 7-29 按行存放字符串

2. 常用的字符串处理函数

使用 C 语言提供的字符串处理函数可以方便快捷地处理相应的问题，注意使用前必须在程序前面包含相应的.h 头文件。

1) 字符串输出函数 puts()

该函数将以'\0'为结束标志的字符数组中的字符串输出到终端，没有返回值。其中，参数可以是字符串常量或字符数组。例如，初始化定义：

```
char str[]="Peach Apple Orange";
```

使用字符串输出函数 puts()输出 str 数组存储的字符串形式：

```
puts(str);
```

数组名 str 作为 puts()参数必须是字符数组,数组中可以包含转义字符。例如,初始化定义:

```
char str[]="Peach\t Apple\t Orange";
```

使用字符串输出函数 puts()输出,结果为

```
Peach    Apple    Orange
```

注意,使用 puts()时应在程序前面包含头文件 stdio.h。

2) 字符串输入函数 gets()

gets()的功能是接收从键盘输入的一个字符串,并在其后加上'\0'后存放到参数指定的数组中。该函数的返回值为字符数组的起始地址,参数必须是字符数组名。例如,有已定义的字符数组 str[20],可以使用 gets()对数组输入字符串:

```
gets(str);
```

执行后,如果从键盘输入

```
Sky is blue.↙
```

则系统将在字符串"Sky is blue."最后加上'\0',然后一起存到 str 数组中。

使用 gets()时应在程序前面包含头文件 stdio.h。

3) 字符串连接函数 strcat()

字符串连接函数 strcat()的参数是被连接的两个字符数组名或字符串常量,调用形式为

```
strcat(字符数组 1,字符串 2)
```

strcat()的功能是将字符串 2 连接到字符数组 1 中存储的字符串的后面,然后将连接后的新字符串保存到字符数组 1 中。如果字符数组 1 是一个字符串,则去掉'\0'后再连接。该函数返回字符数组 1 的地址。字符串 2 可以是一个已赋值的字符数组的数组名,也可以是一个字符串常量。例如,可以使用 strcat()将下面定义的字符数组 str1 和 str2 连接起来。

```
char str1[22]="This apple";
    char str2[]=" is sweet!";
strcat(str1,str2);
```

执行操作的存储形式如图 7-30 所示。

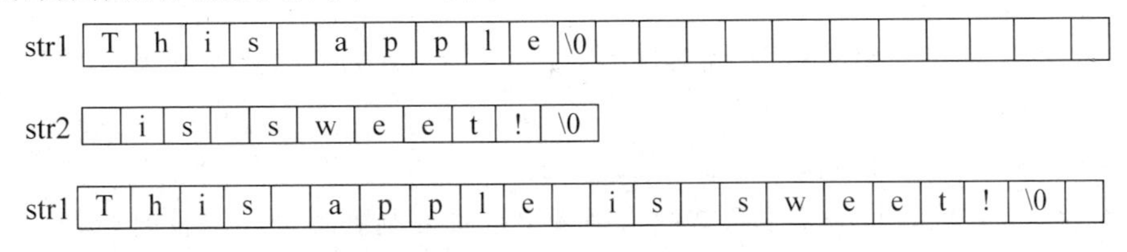

图 7-30　用 strcat(str1,str2)连接字符串

执行时,系统将数组 str1 后面的'\0'取消,然后将数组 str2 中的字符串连接到数组 str1 中的字符串后面,再在新字符串的后面加上'\0',重新保存到数组 str1 中,最后用 puts(str1) 输出连接后的字符串。

使用时 strcat()应注意字符数组 1 的长度应足够大,以便足以存放新字符串。注意,使用 strcat()时应在程序前面包含头文件 string. h。

4) 字符串比较函数 strcmp()

strcmp()的参数是参加比较的两个字符数组名或字符串常量,一般调用形式为

```
strcmp(字符串 1,字符串 2)
```

strcmp()的功能是按 ASCII 码顺序比较两个字符串的大小。其中字符串 1 和字符串 2 可以是字符串常量,也可以是已赋值的字符数组的数组名,当两个字符数组中的字符串比较时,参数应该写为字符数组名。例如:

```
strcmp("zhang","zhao");
strcmp(str1,"abc");
strcmp("abc",str1);
strcmp(str1, str2);
```

比较两个字符串的大小实际上是逐个比较两个字符串相同位置上的字符的 ASCII 码值,系统调用执行 strcmp()时,从左到右顺次比较两个字符串中对应字符的 ASCII 码值,若相等则继续比较,直到当前两个对应字符不相等,或者遇到其中一个字符串中的'\0'为止。该函数返回一个整型值,当字符串 1 大于字符串 2 时,返回一个正数;当字符串 1 小于字符串 2 时,返回一个负数;当二者相等时则返回 0。实际上函数返回的是两个字符串中相应字符的 ASCII 码的差值。对两个字符串从左向右逐个字符比较 ASCII 码值,直到遇到不同字符或'\0'为止,返回值是 int 型整数。

要比较一个字符数组 str1 中的字符串与一个字符串常量是否相同,使用

```
if(strcmp(str1,"zhang")==0)
```

而不能使用

```
if(str1=="zhang")
```

显然两个字符串的比较不是单个 ASCII 码值的比较。字符串比较必须使用 strcmp()。例如,中国人名的比较是对拼音字母的比较,使用 strcmp("Zhang","Zhao")值为负,因为字符 o 的 ASCII 码值大于字符 n 的 ASCII 码值,字符关系表达式'n'>='o'值为假,而表达式'o'>'n'值为真。

strcmp()通常用于数据检索或排序等,使用 strcmp()时应在程序前面包含头文件 string. h。

5) 字符串复制函数 strcpy()

strcpy()的功能是将一个字符数组或字符串常量复制到另一个字符数组中。一般调用形式为

```
strcpy(字符数组 1,字符串 2)
```

其作用是将字符串 2 复制到字符数组 1 中。其中,字符数组 1 的长度应足够大;字符串 2 可以是一个已赋值的字符数组名,也可以是一个字符串常量。函数返回字符数组 1 的起始地址。

在 C 语言中,不能直接将字符串或字符数组通过一个赋值语句赋给一个已定义过的字符数组,而是通过调用 strcpy()完成。例如,要给已定义的字符数组 str[18]用字符串赋值,应该是

```
strcpy(str,"the Summer Palace");
```

而不是

```
str="the Summer Palace";
```

这样写会产生语法错误,程序编译无法通过。

系统执行时将字符串"the Summer Palace"连同'\0'一起复制到字符数组 str 中。使用时注意字符数组 str 要定义得足够大,以便将字符串中的所有字符能有效复制进来。例如,执行命令语句

```
char str1[18], str2[]="the Summer Palace";
strcpy(str1,str2);
```

执行操作的存储形式如图 7-31 所示。

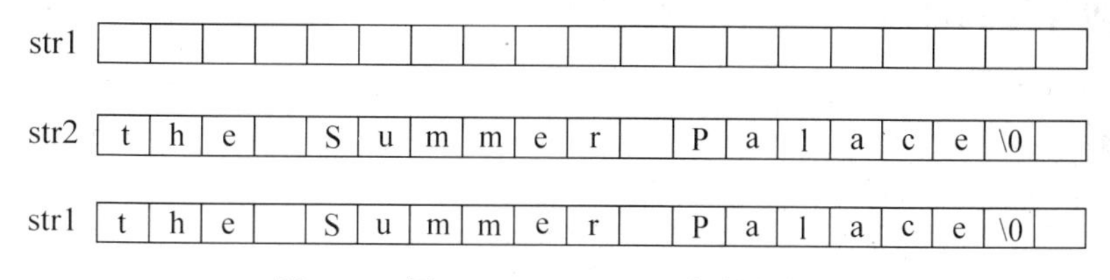

图 7-31 用 strcpy(str1,str2)复制字符串

使用 strcpy 函数时应在程序前面包含头文件 string. h。

6) 测试字符串长度函数 strlen()

strlen()的功能是测试字符数组中存放的字符串长度。一般调用形式为

```
strlen(字符串)
```

strlen()的参数"字符串"既可以是一个字符串常量,也可以是已定义赋值的字符数组。参数为字符数组时,必须使用字符数组名。strlen()返回值即字符串长度。例如,执行命令语句

```
char str[10]="red flag";
int length;
length=strlen(str);
```

执行后 length 的值为字符串实际长度 8。使用 strlen()时应在程序前面包含头文件

string. h。

7）大写字母转小写字母函数 strlwr()

strlwr()的功能是将字符串中的大写字母转换为小写字母。一般调用形式为

```
strlwr(字符串)
```

函数参数“字符串”可以是字符串常量，也可以是已定义赋值的字符数组。参数为字符数组时，必须使用字符数组名。函数返回值为转换后全部为小写字母的字符串。例如，执行命令语句：

```
char str[10]="RED FLAG";
puts(strlwr(str));
```

则输出为 red flag。

使用 strlwr()时应在程序前面包含头文件 string. h。

8）小写字母转大写字母函数 strupr()

strupr()的功能是将字符串中的小写字母转换为大写字母。一般调用形式为

```
strupr(字符串)
```

函数 strupr()的参数“字符串”可以是字符串常量，也可以是已定义赋值的字符数组。参数为字符数组时，必须使用数组名。函数返回值即为转换后全部为大写字母的字符串。

使用 strupr 函数时应在程序前面包含头文件 string. h。

例 7-20 编写程序，输入字符串，分别以大写字母和小写字母输出该字符串。

程序源代码：

```
/*L7_20.C*/
#include "stdio.h"
#include "string.h"                          /*包含头文件 stdio.h*/
main()
{
    char str[60];
    printf("Input the string=");
    gets(str);                                /*读入字符串*/
    printf("\nThe lowercase string is:");
    puts(strupr(str));                        /*输出全部字母大写的字符串*/
    printf("\nThe lowercase string is:");
    puts(strlwr(str));                        /*输出全部字母小写的字符串*/
    puts("\n");
}
```

程序使用C语言提供的标准库函数字符串处理函数 strupr()和 strlwr()进行字符串中字母大小写的转换，使用这些函数时应在程序的前面包含 string. h 文件；使用输入函数 gets()和输出函数 puts()输出字符串时，应在程序的前面包含 stdio. h 文件。

运行程序，运行结果如图 7-32 所示。

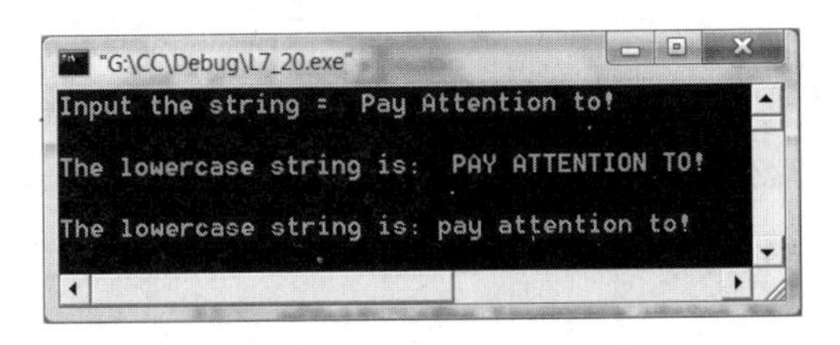

图 7-32　大小写字母转换 strupr()和 strlwr()的应用

7.4.4　字符数组应用案例

例 7-21　编写程序，利用一维字符数组递进错位打印一个菱形点阵图案。

程序源代码：

```
/*L7_21.C*/
#include "string.h"                              /*字符串函数头文件*/
main()
{
    static char str[]="*****";
    char space='';
    int i,j,k;
    for(i=0;i<strlen(str);i++)                   /*计算字符串长度*/
    {
        for(j=1;j<=3*i;j++)
            printf("%c",space);                  /*输出空格数*/
        for(k=0;k<strlen(str);k++)
            printf("%3c",str[k]);                /*输出一行字符数*/
        printf("\n");
    }
}
```

程序运行结果如图 7-33 所示。

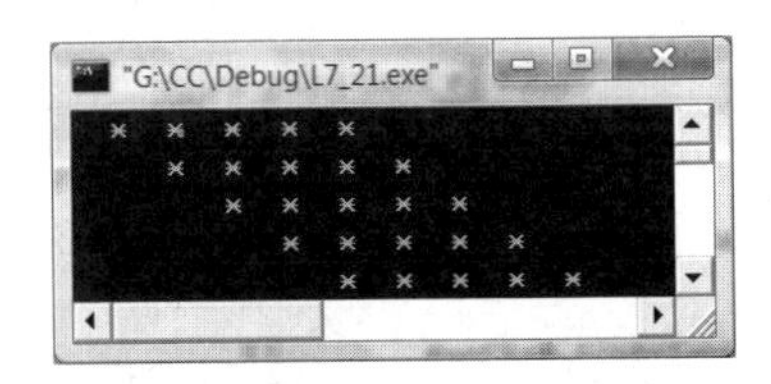

图 7-33　控制打印字符串

例 7-22　编写程序，将字符数组 from 中的全部字符复制到字符数组 to 中，字符串结束符'\0'也要复制过去，但'\0'后面的字符不复制。不使用标准库函数 strcpy()。

程序源代码：

```
/*L7_22.C*/
```

```
#include "stdio.h"
#include "string.h"
main()
{
    char from[80],to[80];
    int i, len;
    printf("\nInput a string =");
    gets(from);
    len=strlen(from);                         /* 得到字符串长度 */
    for(i=0;i< =len;)
        to[i]=from[i++];                      /* 逐个字符复制 */
    printf("New string is:%s\n",to);
}
```

执行程序，运行结果如图 7-34 所示。

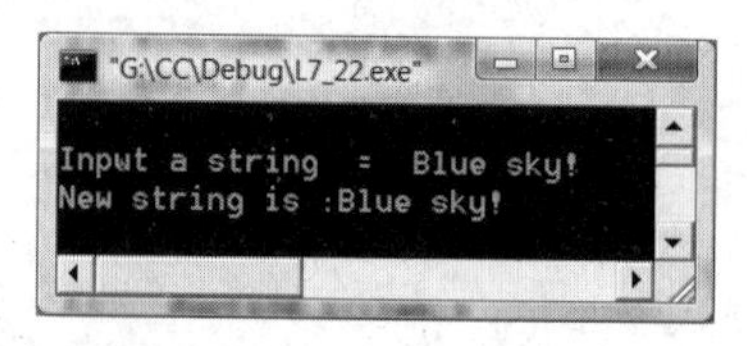

图 7-34　字符串复制

例 7-23　编写程序，输入一段文字，统计输入的这段文字中有多少个单词。

算法分析：用 gets()实现对数组输入一段文字。统计这段文字中的单词数量，由于单词之间以空格分隔，因此统计总单词数，也就是统计字符数组中用空格隔开的单词个数。从字符数组开始处检查字符，如果遇到空格则统计变量加 1；如果没有遇到空格，则表示这个单词还没有结束，就继续往下检查，直至遇到空格或字符串结束为止。算法实现的 N-S 图如图 7-35 所示。

输入一字符串给 string
i=0　num=0　word=0
当((c=string[i])!='\0')
c=空格　真　假
真：word=0
假：word==0　真：word=1　num=num+1　假：
i=i+1
输出:num

图 7-35　统计单词 N-S 图

程序源代码：

```
/* L7_23.C */
#include "stdio.h"
main()
{
    char string[81];
    int i,num=0,word=0;
    char c;
    gets(string);                       /* 输入一段文字到一维数组 string */
    for (i=0;(c=string[i])!='\0';i++)   /* 不到字符串结束符'\0'则继续进入循环体 */
        if(c==' ') word=0;              /* 遇到空格符，则新出现单词，标志 word 置 0 */
```

```
        else if(word==0)
                        /*若否,则先判断原 word 标志值,为 0 则单词数累加后 word 置 1*
        {
            word=1;
            num++;                      /*单词数累加*/
        }
    printf("There are %d words in the line\n", num);
}
```

执行程序,运行结果如图 7-36 所示。

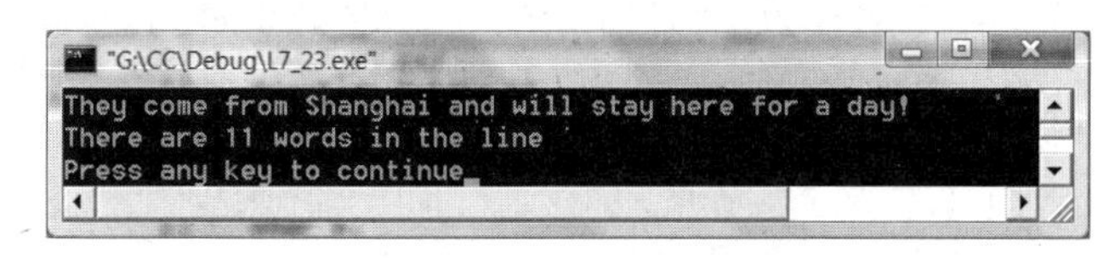

图 7-36　统计单词数

例 7-24　编写程序,输入 N 个数据存入数组中,完成数组倒排序功能,并打印输出结果。
程序源代码:

```
/*L7_24.C*/
#define N 10
main()
{
    int i;
    char t,str[N];
    printf("Input %d characters=",N);                /*提示输入数据*/
    for(i=0;i<N;i++)
        scanf("%c",&str[i]);
    for(i=0;i<N;i++)                                 /*输出倒置前的数组*/
        printf("s[%d]=%c ",i,str[i]);
    printf("\n");
    for(i=0;i<N/2;i++)                               /*将数组倒排序存放*/
    {
        t=str[i];
        str[i]=str[N-i-1];
        str[N-i-1]=t;
    }
    for(i=0;i<N;i++)                                 /*输出倒置后的数组*/
        printf("s[%d]=%c ",i,str[i]);
}
```

程序运行结果如图 7-37 所示。

例 7-25　编写程序,随机输入学生姓名,输入数组后再按人名升序排序存放,输出排序结果名单。

算法分析:综合使用 C 语言系统提供的各类字符串处理函数,设置一维数组输入学

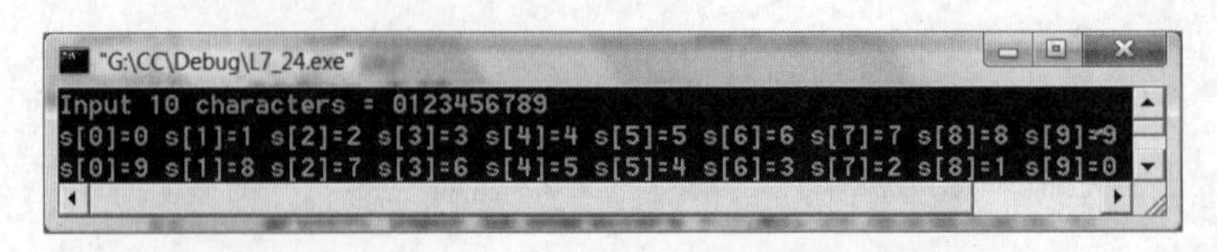

图 7-37　数组倒排序存储

生人名，将人名字符串保存在一维数组 str[20]中进行检验处理，然后存放到二维字符数组 name[N][20]中，按行存放，每行一位同学。排序时使用选择排序法来实现，第一次按行比较，找出所有(*N* 个)字符串中最大者将其放在最后一行，第二次按行比较找出剩下 $N-1$ 个字符串中最大者放在第 $N-1$ 个元素的位置，依此类推，直至结束。

设共输入 10 个学生的名字，则算法设计如图 7-38 所示。

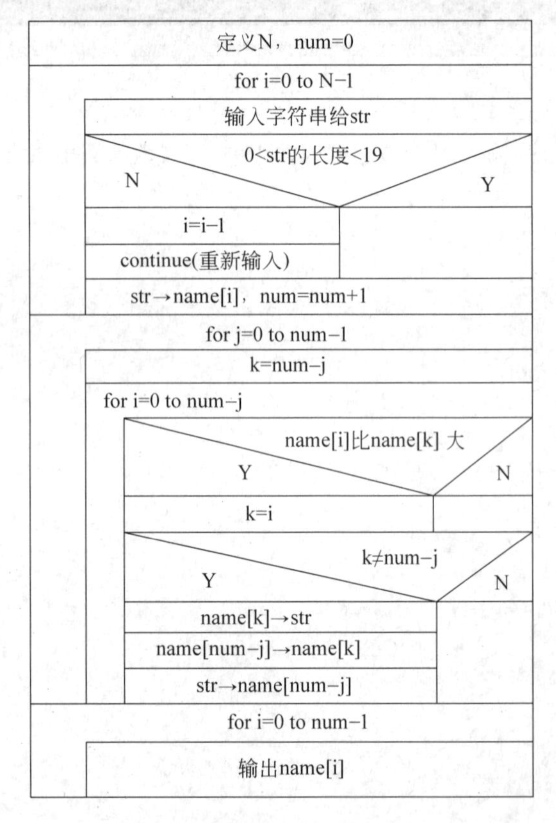

图 7-38　字符串排序算法

程序源代码：

```
/*L7_25.C*/
#include "stdio.h"
#include "conio.h"
#define N 6
main()
{
```

```
    char name[N][16];                  /* 定义一个二维字符数组用以排序 */
    char str[16];                      /* 定义一维字符数组存放输入字符串 */
    int i,j,k,num=0;
    for(i=0;i<N;i++)
    {
        printf("Input N%d student's name=",i+1);
        gets(str);                     /* 输入字符串 */
        if(strlen(str)==0||strlen(str)>15)
                                       /* 输入字符串为空或大于 16 则重新输入 */
        {
            printf("Input error-too long!\n");
            i--;
            continue;
        }
        strcpy(name[i],str);           /* 将输入的字符串赋给 name 数组中第 i 行元素 */
        num++;
    }
    printf("Befor :\n");
    for(i=0;i<num;i++)                 /* 输出排序前字符串 */
        printf("name[%d]:%s\n",i,name[i]);
    for(j=1;j<num;j++)                 /* 对所有 num 名学生人名按行查找最大者 */
    {
        k=num-j;
        for(i=0;i<num-j;i++)                /* 按行 name[i]比较字符串 */
          if(strcmp(name[i],name[k])>0) /* 比较 name 数组中两行字符串 */
              k=i;                          /* 记录较大字符串所在行号 */
        if(k!=num-j)                   /* 较大字符串不在本次的最后位置,交换两行位置 */
        {
            strcpy(str,name[k]);
            strcpy(name[k],name[num-j]);
            strcpy(name[num-j],str);
        }
    }
    printf("The sorted resultes :\n");
    for(i=0;i<num;i++)                      /* 输出已排序存放的字符串 */
        printf("name[%d]:%s\n",i,name[i]);
}
```

执行程序,输入 6 位同学姓名,排序运行结果如图 7-39 所示。

对于汉语字符串排序,计算机也是按照字符串拼音的 ASCII 码值进行顺序比较,再选择升序或降序排序存储。在计算机系统中对大量存储数据进行物理排序存储后,可以提高数据检索效率,便于信息检索和查询。

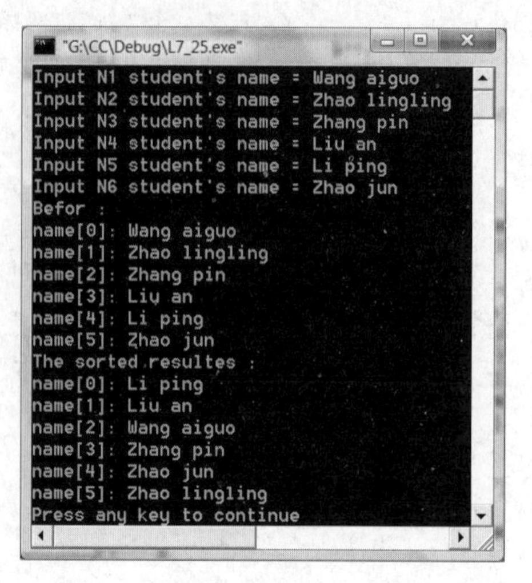

图 7-39　字符串排序

7.5　练　习　题

1. 简述 C 语言数组的主要特点。

2. 引用数组元素的下标值可以有哪些形式？

3. 数组初始化时应该注意哪些方面？

4. 试比较冒泡排序法和选择排序法的相同点与不同点。

5. 简单分析二维数组下标的递进规律，二维数组如何作为特殊的一维数组使用？

6. 如何利用循环嵌套将二维数组矩阵转置存放到另一个二维数组中？

7. 二维数组初始化有哪些方式？

8. 简述求两个矩阵乘积程序算法的实现过程。

9. 如何对三维数组元素按自然数递增顺序赋值？

10. 简述字符数组存储与输入输出特点，处理字符串有何特点？

11. 试比较格式输入输出函数 scanf()和 printf()的格式符%s 和%c 的使用区别。

12. 处理带有空格字符的字符串输入输出应使用什么函数？

13. 试述字符串比较函数 strcmp()的操作规则。

14. 简述字符串复制函数 strcpy()的整体赋值操作特点。

15. 简述测试字符串长度函数 strlen()的作用，其测得的长度是否包括'\0'?

16. 试仿照库函数 strupr()和 strlwr(str)的原理编写将字符串进行大小写字母转换的程序。

17. 试编写一个程序，输入 3 个字符串，按行存储到二维数组中，找出这 3 个字符串的最大者，将其输出。

18. 下面的程序源代码是利用数组求解并输出 Fibonacci 数列前 20 个数据项。

程序源代码：

```
/*t7_18.C*/
#include<stdio.h>
main()
{
    int i;
    int f[20]={1,1};
    for(i=2;i<20;i++)
        f[i]=f[i-2]+f[i-1];
    for(i=0;i<20;i++)
    {
        if(i%5==0)
        printf("\n");                           /*每输出5个数换行*/
        printf("%12d",f[i]);
    }
}
```

简述循环体语句 f[i]=f[i-2]+f[i-1];在循环控制中的实现过程。

19. 试分析在以下程序源代码中使用字符串处理函数完成的功能。

程序源代码：

```
/*t7_19.C*/
#include "string.h"
main()
{
    int k;
    static char st1[15],st2[]="C Language";
    printf("input a string:\n");
    gets(st1);
    k=strcmp(st1,st2);
    if(k==0)
        printf("st1=st2\n");
    if(k>0)
        printf("st1>st2\n");
    if(k<0)
        printf("st1<st2\n");
}
```

简述两个字符串为何不能直接用关系运算符进行比较。

第8章 函数与变量

结构化程序设计在实际应用中,一般是将一个较大的程序按功能或任务划分,形成相对独立的程序模块,每个程序模块完成特定的任务功能,从而实现系统程序的结构化程序模块设计。函数是C语言的基本构件,利用函数可以构建以功能模块为主体的结构化程序,编写功能完善的大型程序。本章主要内容如下:

- C语言函数的分类;
- 系统库函数;
- 自定义函数与函数类型;
- 函数的参数定义与参数传递;
- 函数的嵌套调用与递归调用;
- 函数变量的存储与作用域;
- 局部变量与全局变量;
- 动态存储变量和静态存储变量;
- 程序变量的存储类型;
- 全局函数和局部函数;
- 函数与变量综合案例分析。

8.1 C语言函数的分类与应用

所有计算机语言程序设计都有子程序和过程调用等应用概念,用以实现程序系统功能模块化编程。在C语言程序设计中,函数就是完成某个特定功能算法的一个程序段。

一个C语言源程序可以由一个或多个C源程序文件构成,一个C源程序文件中又可以包含一个或多个函数,每个函数完成特定的功能。

8.1.1 C语言函数分类

C语言函数分为两大类:一类是标准库函数,是由系统提供的,需要时直接调用,无须自己编程设计,只需要在程序前包含有该函数原型的.h头文件即可,在程序中就可直接调用相关库函数;另一类是自定义函数,是用户根据程序设计中任务功能的划分,将相对独立的功能单独定义,形成相对独立的功能模块,需要时单独调用。因此,一个C源程序就可以由一个主函数 main()和若干个自定义函数构成。

在 C 语言中，main()可调用其他函数，其他函数也可以互相调用，同一个函数可以被一个或多个函数调用任意多次。

C 语言函数的应用可以简单归述如下：

(1) C 语言以函数构成，函数有标准库函数和用户自定义函数两类。

(2) 一个 C 程序必须且只能有一个 main()。

(3) C 程序的执行总是从 main()开始执行，在 main()中结束。

(4) 用户自定义函数必须先定义再调用，函数不能嵌套定义，可嵌套调用。

(5) main()只能是主调函数，其他函数则既可主调也可被调。

C 语言程序设计以文件作为一个基本编译单位，一个 C 语言程序可以包含一个或多个源程序文件，各个源文件可以分别编译，然后通过系统链接起来。

C 程序的执行总是从 main()开始，而无论 main()在源程序中的位置如何。main()由系统定义，是 C 程序主函数，main()可以调用其他函数，而不允许被其他函数调用，所有其他函数调用执行完毕后，源程序流程最终会回到 main()主调函数，从 main()结束整个源程序的运行。

所有的函数在定义时是相互独立的，函数之间不能嵌套定义，但可以相互调用，调用其他函数的函数称为主调函数，被其他函数调用的函数称为被调函数。函数还可以自己调用自己，称为递归调用。

在调用函数时，在主调函数和被调函数之间有参数传递。即主调函数可以将数据传送给被调函数使用，而被调函数中的数据也可以返回给主调函数使用。

从调用形式划分，C 语言函数有无参函数和有参函数两种，无参函数调用时直接使用，无须传递参数；而有参函数定义和调用时都必须注意参数使用的类型和个数要一一对应和匹配。

例 8-1 编写程序，分模块设计实现计算器的基本运算功能。

程序源代码：

```
/*L8_1.C*/
float sum(float a, float b)                              /*定义加法运算函数*/
{
    float c;
    c=a+b; return (c);
}
float sub(a,b)                                           /*定义减法运算函数*/
    float a,b;
    {return (a-b);}
float mult(float a, float b) {return (a*b);}             /*定义乘法运算函数*/
fn() {printf ("To be developed...");}                    /*定义空函数,可无限扩展更多功能*/
main ()                                                  /*主函数*/
{
    float x,y,result;
```

```
    char c;
    printf ("Input calculate formula: ");
    scanf("%f%c%f",&x,&c,&y);
    if(c=='+')
        result=sum(x,y);                           /* 有参函数调用 */
    else if(c=='-')
        result=sub(x,y);
    else if(c=='*')
        result=mult(x,y);
    else  fn();                                    /* 无参函数调用,待扩展 */
    printf("result is %f\n",result);
}
```

编译后将该程序运行3次,输入3组不同的运算表达式,调用不同的函数,对应输出3种不同的结果,如图8-1所示。

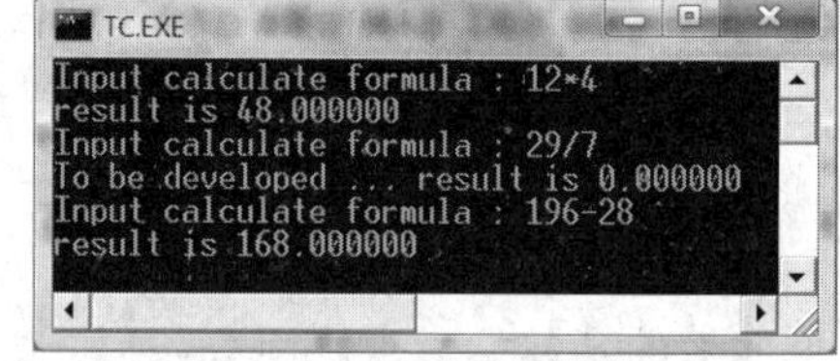

图8-1　不同函数调用运算结果

C语言程序设计中,函数是相互独立的,只有调用时才分配被调函数内存等资源,调用结束后自动释放所有被调函数定义的变量及所占资源。

计算机程序设计中使用函数的作用与特点主要有:

(1) 分解大任务,将大程序按功能划分成小模块。

(2) 利用现有成果,更符合结构化系统程序设计思想。

(3) 增加系统程序可读性、可维护性。

(4) 程序模块相对独立,功能特定,便于创建与调用。

(5) 降低了程序设计的复杂性。

(6) 提高了整个程序的可靠性。

(7) 避免程序算法实现的重复工作。

(8) 便于系统程序开发、维护和功能扩充。

(9) 在开发方法方面,更适合自顶向下、逐步分解等软件工程的系统设计思想。

8.1.2　系统标准库函数

各种C语言编译系统均提供了极为丰富的标准库函数,在库函数调用之前,C程序源文件的开头处必须包含相应的.h头文件,标准库函数定义说明都存放在对应的头文件中,只有在源文件中包含了调用库函数的.h头文件,编译系统才能正确地找到该函数,正确调用和执行。例如,程序中如需调用getchar(),在源文件的开头处就必须有命令

```
#include<stdio.h>
```

该命令必须以＃include 开头，其后是.h 头文件名，文件名需要使用一对尖括号或双引号括起来。

标准库函数可以从功能角度作如下分类：

(1) 输入输出函数。

输入输出函数的使用需要执行＃include＜stdio.h＞文件包含命令，用于完成基本输入输出功能。这类函数有 getc()、fpringt()、fread()和 fwrite()等。

(2) 数学函数。

数学函数的使用需要执行＃include＜math.h＞文件包含命令，主要用于常规数学函数的计算。这类函数有 log()、sin()、fabs()和 sqrt()等。

(3) 字符类型函数。

字符类型函数的使用需要执行＃include＜ctype.h＞文件包含命令，按 ASCII 编码方式处理数据，用于对字符类(如数字字符、控制字符、分隔符和大小写字母等)进行处理。这类函数有 getc()、tolower()和 toupper()等。

(4) 字符串函数。

字符串函数的使用需要执行＃include＜string.h＞文件包含命令，用于字符串操作和处理。这类函数有 strcat()、strcmp()、strlen()和 strupr()等。

(5) 图形函数。

图形函数的使用需要执行＃include＜graphics.h＞文件包含命令，用于屏幕管理和实现各种图形功能。这类函数有 arc()、circle()、getbkcolor()和 putimage()等。

(6) 日期和时间函数。

日期和时间函数用于日期、时间转换操作。这类函数有 stime()、asctime()和ctime()等。

(7) 数据类型转换函数。

数据类型转换函数的使用需要执行＃include＜stdlib.h＞文件包含命令，用于字符或字符串的转换，以及在字符类和各种类型数值(如整型和实型等数据类型)之间的转换，包括在大小写字母之间的转换等。这类函数有 ultoa()、atof()、atol()和 atoi()等。

(8) 内存管理函数。

内存管理函数的使用需要执行＃include＜alloc.h＞文件包含命令，用于申请使用内存空间等内存管理。这类函数有 free()、malloc()、realloc()和 farcalloc()等。

(9) 目录路径函数。

目录路径函数的使用需要执行＃include＜dir.h＞文件包含命令，用于文件目录和路径的操作。这类函数有 chdir()、findfirst()、getdisk()和 mkdir()等。

(10) 接口函数。

接口函数的使用需要执行＃include＜bios.h＞文件包含命令，用于计算机软件系统和硬件系统的接口。这类函数有 bioskey()、biosdisk()、biosmemory()和 biosprint()等。

(11) 控制台函数。

控制台函数的使用需要执行＃include＜conio.h＞文件包含命令，用于系统控制台输入输出进程管理和控制。这类函数有 cgets()、cscanf()、getch()和 delline()等。

(12) 其他函数。

标准库函数中还有一些函数用于其他各种功能，如 system()、abort()、exit()和 rand()等。

各种编译系统均支持常用的 ANSI 标准 C 库函数，使用时只要包含对应的.h 头文件，就可以正常调用和执行。

标准库函数的一般调用形式为

```
函数名(参数表)
```

C 语言程序设计中库函数调用可以有以下几种形式：

(1) 函数表达式。

库函数作为表达式中的操作对象组合在表达式中，函数返回值参与表达式运算，这种方式要求库函数必须有返回值。例如，y=sin(x)是一个赋值表达式，把函数 sin()的返回值赋予变量 y。

(2) 函数调用语句。

函数调用语句是函数调用加上分号。例如 gets(str);、printf("%d",a);、putc('\n');等都是将库函数调用加上一个分号构成调用语句。

(3) 函数参数。

函数可以作为另一个函数调用时的实际参数使用。这时系统把作为另一个函数调用参数的函数返回值作为实际参数传送到另一个函数调用，因此要求该实参函数必须有返回值。

例如，printf("%d",strlen(str))，strlen(str)作为库函数在 printf("%d", strlen(str))函数调用语句中是一个实际参数。

更多的库函数应结合各专业领域实际应用选择，在此不再赘述。本章以用户自定义函数为重点内容。

8.1.3 自定义函数

程序设计中有大量的实际问题需要按功能分解，利用函数来完成特定算法和任务，系统库函数功能有限，这时必须创建和使用自定义函数来完成复杂而多样化的任务。

C 程序中，函数定义需在所有函数体之外，顺序上可以放在程序的任意位置，既可放在主函数 main()之前，也可放在 main()之后。

函数定义的一般形式为

```
[extern/static] 类型说明符 函数名([形参列表])
形式参数定义说明
{
    定义说明部分
    执行语句部分
}
```

其中，方括号内为可选项，如果省略则表示该函数调用无须传参。

类型说明符指出函数的类型，而函数的类型实际上是函数返回值的类型，使用规则与C语言数据类型一致。

函数名是由用户定义的标识符，符合C语言标识符命名规则，函数名后一对圆括号是函数的基本特征。括号内为函数形参列表，为可选项，无须参数传递时可以省略，但括号不可少。

形式参数定义说明是函数形式参数类型的定义说明。

函数体是一对花括号中括起的命令语句。函数体由函数变量的类型定义说明和函数功能的执行语句两部分组成。其中，定义说明部分是对函数体内部使用的所有变量类型进行定义说明，执行语句部分是函数需要完成的功能与任务。例如，定义一个求阶乘的自定义函数 factorial()：

```
int factorial(n)                /* 函数定义 */
int n;                          /* 定义说明形式参数 n */
{
    int result=1;               /* 初始化定义函数局部变量 result */
    while(n!=0)
      {result *=n--;}
    return (result);            /* 返回调用函数,result 带出函数值 */
}
```

第1行：int factorial(n)是函数定义起始部分，是自定义函数的函数头，其中 int 为函数类型，是函数的返回值类型；factorial 为函数名，是函数的标识；一对圆括号括起来的部分(即 n)为函数形式参数，简称形参，两个以上形式参数以逗号分隔。

第2行：为形参定义说明部分，定义形参的数据类型。

第3～8行：一对花括号括起来的部分为函数体部分，其中 int result=1;是函数内部变量的类型定义说明部分；其余为函数执行体部分，while(n!=0){result *= n--;}是求阶乘算法，return (result);语句用来结束 factorial()调用，返回到调用函数，圆括号中 result 带出值即为 factorial()返回值。

如果函数定义在函数名后面的括号中没有参数列表，称此函数为无参函数。无参函数定义的一般形式为

```
类型说明符 函数名([void])
{
    定义说明部分
    执行语句部分
}
```

无参函数通常用来完成一组指定的功能，可以返回或不返回函数值。一般地，以无返回值的函数居多。

例如，定义

```
pri(){printf("********\n");}
```

pri()只完成输出操作,不需要参数传递。假使需要 pri()的返回值,此处为 printf()语句输出的字符个数,即整数 8 为 pri()的返回值。

如果函数定义不需要函数返回值,则无返回值的函数定义的一般形式为

```
[void] 函数名([void])
{
    定义说明部分
    执行语句部分
}
```

例如,定义

```
void pri(){printf("********\n");}
```

pri()定义为无返回值函数,不能用于赋值运算等操作。

如果函数什么也不需要做,称为空函数。空函数定义的一般形式为

```
[void] 函数名([void])
{}
```

例如,定义

```
void fn(void) {}
```

fn()定义为空函数。因为函数体内没有内容,所以函数什么也不会做,当调用空函数时,没有任何实际操作,直接返回,一般在程序设计初期用于设计基本框架,其中细节有待开发,需要时再为空函数的函数体添加内容,这样便于扩充程序新功能,又不会影响程序的其他结构。

函数定义时可以把形式参数列表连同定义说明均放在函数名后面的括号中,即 ANSI 标准允许使用如下函数定义:

```
类型标识符 函数名(形参说明 形参 1,形参说明 形参 1,…,形参说明 形参 n)
{
    定义说明部分
    执行语句部分
}
```

例如:

```
int sum(int x,int y)
{
    …
}
```

括号中每一个形式参数变量是先定义说明形参数据类型,再给出形参名,两个以上形式参数变量用逗号分隔。

8.2 自定义函数与函数类型

自定义函数规定了函数的类型,而函数类型是由函数的返回值决定的。函数被调用执行完后将向函数调用点返回一个执行结果,该结果称为函数返回值,也称函数值。函数值是通过函数中的 return 语句返回的。return 语句将被调用函数中的一个确定值返回到主调函数中,该值决定了自定义函数的类型。return 语句的一般形式为

```
return 表达式;
```

或

```
return (表达式);
```

该语句的功能是计算表达式的值,结束函数调用,将函数值返回给主调函数。例如,定义一个求和的自定义函数:

```
float sum(float a, float b)            /*定义加法运算函数*/
{
    float c;
    c=a+b;
    return (c);
}
```

或写成

```
float sum(float a, float b)            /*定义加法运算函数*/
{
    float c;
    c=a+b;
    return c ;
}
```

使用 return 语句将函数中的变量 c 的值返回给主调函数作为函数值。或写成

```
float sum(float a, float b)            /*定义加法运算函数*/
    {return (a+b);}
```

函数的返回值是利用 return 语句得到的,在使用 return 语句时需要注意:

(1) 函数中只能有一个 return 语句,如果有多个流程分支有 return 语句,执行到哪个 return 语句哪个语句就起作用,即每次调用只可能有一个 return 语句被执行,只能返回一个函数值。

(2) 调用函数中省略 return 语句时,函数并非无返回值,而是返回一个不确定值,此时函数返回值没有实际意义。

(3) 如果函数有返回值,就必须指定函数的返回值类型,就是定义函数时指定函数的

数据类型。如果定义函数时没有指定函数的返回值类型,将自动定义为 int 型。

(4) 如果确定函数不返回任何值,使用 void 类型说明符定义函数的函数返回值为空或无返回值。

(5) 函数值的类型和函数定义中函数的类型应保持一致。如果两者不一致,则以函数类型为准,自动进行类型转换。

(6) 定义函数的类型一般与 return 语句的返回值类型一致。当两者不一致时,以函数定义类型为准,即函数定义类型将决定函数返回值的类型。

8.3 自定义函数参数与参数传递

自定义函数定义时是否有形式参数,决定了自定义函数是有参函数还是无参函数,而有参函数定义时,必须定义形式参数及其参数的数据类型。

8.3.1 形式参数和实际参数

函数定义时,函数名后括号中的函数参数列表中的参数称为形式参数,简称形参。形式参数可以是 C 语言各种数据类型的变量,若有两个以上参数,各参数之间用逗号间隔。

当主调函数调用被调函数时,在调用函数名后括号中的参数列表必须与被调函数名后括号中的参数列表的数据类型和个数一一对应,被调函数的参数在调用时必须有值,称为实际参数,简称实参。实际参数表中的参数可以是常数、变量或其他构造类型数据及表达式,各实参之间用逗号分隔。

形式参数在函数定义中定义和使用,在整个函数体内都可以使用,被调用时接受实际参数值,离开该函数则不能使用。实际参数是在主调函数中使用,调用被调函数时,实参变量值传递给形参变量,称为虚实结合,进入被调函数后实参变量也不能使用。

形参和实参的作用是在函数调用时进行数据传递,主调函数把实参值传送给被调函数的形参,实现主调函数向被调函数的数据传递。函数形参和实参的特点主要有以下几个:

(1) 形参变量只有在被调用时才分配内存单元,在调用结束时,即刻释放所分配的内存空间。因此形参只在函数内部有效,函数调用结束后返回主调函数,则不能再使用形参变量。

(2) 无论实参是何种数据类型,函数调用时都必须具有确定的值,以便把这些值对应传递给形参。因此实参必须事先赋值,即实参必须有确定值。

(3) 实参与形参在数量、类型和顺序上必须严格对应,否则会产生"类型不匹配"的错误。

(4) 函数调用过程的数据传送是单向的,即只能把实参的值传送给形参,而不能把形参的值反向传送给实参。因此在函数调用过程中,形参的值发生改变,而实参中的值不会有任何变化,即使是同名变量也是如此,这是因为形参与实参分属于不同的函数,在内存中分别存储于不同的内存单元，彼此独立。

例 8-2 编写程序，计算任意两个整数的阶乘之和。

程序源代码：

```
/*L8_2.C*/
main()
{
    int num1,num2,result;
    printf("Input 2 numbers num1,num2=");
    scanf("%d,%d",&num1,&num2);
    result=factorial(num1)+factorial(num2);      /*调用两次 factorial()*/
    printf("num1!+num2!=%d",result);
    printf("\n num1=%d,num2=%d \n",num1,num2);
                                            /*主调函数内实参 num1 和 num2 的值*/
}
int factorial(int n)                        /*创建定义函数*/
{
     int result=1;
     while(n!=0)
        {result*=n--;}
     printf("n=%d\n",n);                    /*被调函数内形参 n 的值*/
     return  result;                        /*返回函数值*/
}
```

程序运行后输入两个数，在主调函数中调用两次 factorial()函数，输出两次调用时形参 n 在运算中的变化值，在主调函数中两次调用 factorial()的 result 分别带出返回值，计算出阶乘和的结果，同名变量 result 各司其职，互不干扰。函数调用结束后，输出对应实参 num1 和 num2 的值，结果如图 8-2 所示。

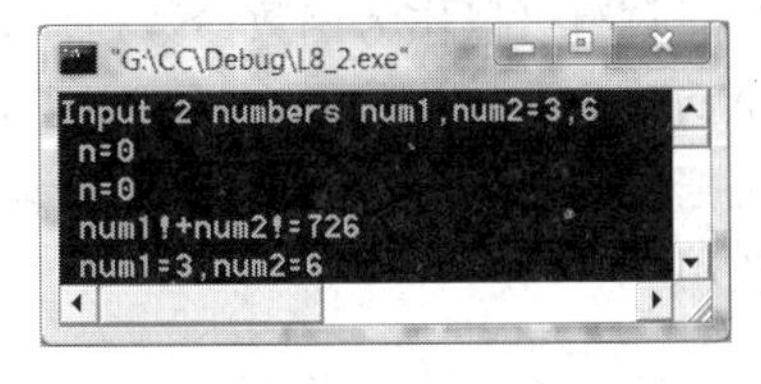

图 8-2 函数两次调用形参与实参变化

可见，形参与实参只在各自的函数中起作用。下面在本例基础上，将形参与实参命名为同名变量，检验形参与实参的命名及应用特点。

程序源代码：

```
/*L8_2_1.C*/
main()
{
     int n,result;
     int factorial();                   /*说明已定义函数*/
     printf("Input n=");
     scanf("%d",&n);
     result=factorial(n);               /*调用 factorial()*/
     printf("n!=%d",result);
     printf("\n n=%d \n",n);            /*主调函数内实参 n 的值*/
```

```
}
int factorial(int n)                        /*创建自定义函数*/
{
    int result=1;
    while(n!=0)
        {result*=n--;}
    printf("n=%d\n",n);                     /*被调函数内形参 n 的值*/
    return  result;                         /*返回函数值*/
}
```

程序运行结果如图 8-3 所示。

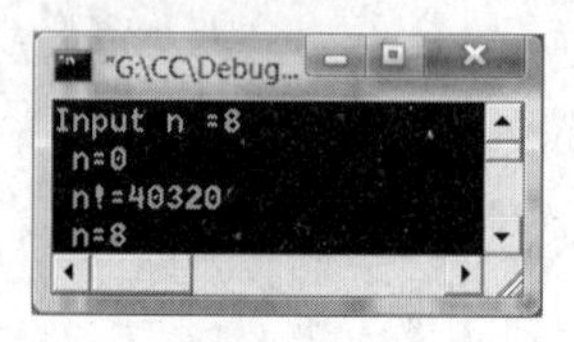

图 8-3　同名形参与实参函数调用特点

本例程序函数调用后阶乘运算结果正确,表示参数传递也正确。本例中,尽管形参变量和实参变量同名,都为 n,但各自函数的作用域不同。函数调用时,实参变量 n 的值传递给形参变量 n,在被调函数 factorial()中运算后,用 printf()语句输出形参变量 n 的值,这个 n 的值是形参循环运算后 n 的值,为 0。返回到主函数中用 printf()语句输出的 n 值是实参 n 的值,未改变输入值 8。

从运行情况看,输入值为 8,实参 n 的值为 8;调用 factorial()时将实参 n=8 传给函数 factorial()形参 n 后,实参 n 隐匿,形参 n 的初值为 8;在执行 factorial()过程中,形参 n 的值变为 0;返回主调函数之后,形参 n 释放消失,实参 n 恢复有效,输出实参 n 的值仍为 8。可见实参的值不随形参的变化而变化。

8.3.2　数组作为函数参数

数组可以作为函数参数使用,进行数据传递。数组作为连续存储变量元素的集合,用于函数参数有两种形式:一种是把数组元素,即带下标的元素变量作为实参使用;另一种是把数组名,即连续存储空间的地址作为函数的参数,既可作为形参使用,也可作为实参使用。

1. 数组元素作函数参数

数组元素就是带下标的元素变量,与常规变量使用无区别。数组元素作为函数实参在使用上与常规变量完全相同,函数调用时,系统把作为实参的数组元素的值传送给形参,同样实现的是单向的值传送。

例 8-3　编写程序,判别整数数组中各元素的值,如果元素值大于 0 输出 1,元素值小于 0 输出 −1,元素值等于 0 则输出 0。

程序源代码:

```
/*L8_3.C*/
void f(int n)                     /*定义函数 f()及形式参数 n,n 为整型变量*/
{
    if(n>0)
```

```
    printf("  %4d ",1);
    else if(n==0)
        printf("  %4d ",0);
    else  printf("  %4d ",-1);
}
main()
{
    int a[5],i;
    printf("input 5 numbers\n");
    for(i=0;i<5;i++)
    {
        scanf("%d,",&a[i]);
        f(a[i]);                    /* 调用 5 次函数,数组元素 a[i]作实参 */
    }
    printf("\n");
    for(i=0;i<5;i++)
        printf ("a[%d]=%d",i,a[i]);
}
```

程序运行结果如图 8-4 所示。

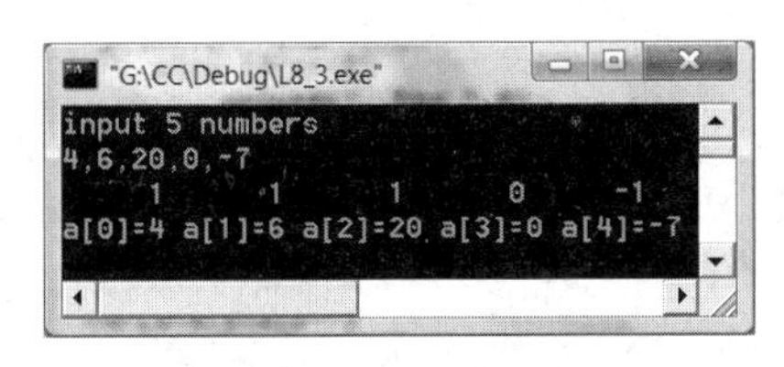

图 8-4 数组元素传参调用函数

本例首先定义了一个无返回值函数 f(),定义形参 n 为整型变量,f()函数体实现关系比较运算,根据 n 值作条件判断输出不同结果。在 main()中用 for()循环结构语句对数组 a[5]各元素赋值,每输入一个值就将 a[i]元素值作实参传递并调用一次 f(),即把 a[i]值传送给形参 n,在函数 f()输出判断结果。

2. 数组名作为函数参数

数组名作为函数参数时传递的是地址,而不是数组元素变量值的传递。地址传参与变量值传参有本质的不同,形式上把实参数组的首地址赋予形参数组名,形参数组名获得实参数组首地址后,也就拥有了实参数组,这样形参数组和实参数组实际上是同一数组,共同拥有同一个连续存储空间。

例 8-4 编写程序,输入一组数据存入数组,调用函数将这组数据按原来顺序的逆序存放,输出比较函数调用之前和调用之后的存放情况。

程序源代码:

```
/* L8_4.C */
```

```c
#include <stdio.h>
#include <string.h>
void opposite(char retr[],int n);          /*声明已定义函数原型*/
void main()
{
    char str[60];                          /*定义实参数组 str[]*/
    int n,i;
    gets(str);
    n=strlen(str);                         /*实参数组 str[]大小*/
    puts("Before opposite():");
    for(i=0;i<n;i++)
      printf("str[%d]=%c ",i,str[i]);
    putchar('\n');
    opposite(str,n);                       /*调用 opposite()*/
    puts("After opposite():");
    for(i=0;i<n;i++)
      printf("str[%d]=%c ",i,str[i]);
    putchar('\n');
}
void opposite(char retr[],int n)           /*定义函数——形参数组 retr[]*/
{
    int i;
    char c;
    for(i=0;i<n/2;i++)
    {
        c=retr[i];
        retr[i]=retr[n-i-1];
        retr[n-i-1]=c;
    }
}
```

编译后运行，任意输入一组数据，测定数组长度后输出 str 数组元素值。调用 opposite()时，实参数组 str 首地址传递给形参数组 retr 作为首地址，共享同一数组。调用 opposite()结束后，输出同一个 str 数组元素值，结果如图 8-5 所示。

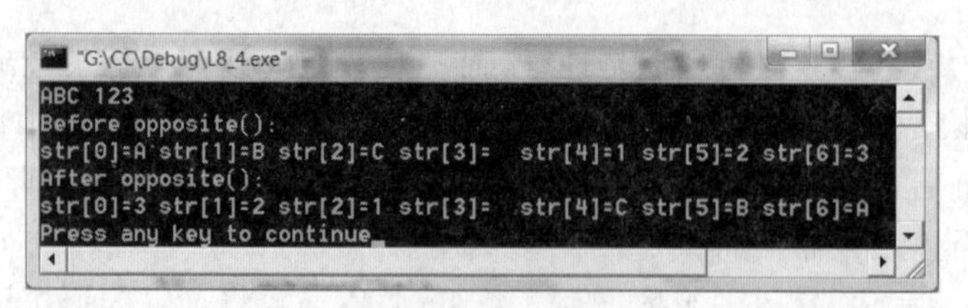

图 8-5　共享同一数组内存

本例定义了函数 opposite()，形参数组为 retr，长度为形参 n。在函数 opposite()中，把元素逆序存放后返回主函数。主函数 main()中先对实参数组 str 输入数据，然后以 str

首地址作为实参传递给形参数组 retr 作为首地址，调用 opposite()，数组 retr 和数组 str 共享同一数组内存。

使用数组名作为函数参数时应注意以下几点：

(1) 形参数组和实参数组中元素的数据类型必须一致，否则将引起错误。

(2) 形参数组和实参数组的长度可以不相同，因为在调用时只传送首地址，不检查形参数组的长度。但是当形参数组的长度与实参数组不一致时，编译虽能通过，不出现语法错误，但程序执行结果将与实际不符，出现逻辑错误。

(3) 在函数形参表中，可以不给出形参数组的长度，可再设一个变量表示数组元素个数。例如函数头 opposite(char retr[N])，可定义为 opposite(char retr[],int n)，形参数组 retr 没有给出长度，而由形参 n 传递，可动态地表示数组的长度，n 的值由主调函数的实参传送。

(4) 多维数组也可作为函数参数。例如函数定义 sum(int score[N][M])，可定义为 sum(int score[][M]) 或 sum(int score[][M],n) 等，定义时对形参数组可以指定每一维的长度，也可省去第一维的长度。

8.4 自定义函数的调用

使用函数的作用使程序按功能分解，将大任务分解成实现独立功能的函数，实现程序设计功能化、模块化设计。函数定义后不占用资源，只有调用时才分配资源执行流程。一般在 main() 中调用其他函数，其他函数也可互相调用。调用函数的一般形式为

```
函数名([实参列表]);
```

函数调用分为有参函数调用和无参函数调用，调用有参函数时必须给出实参列表，实参列表在数据类型、变量顺序和个数上严格一致。调用无参函数时函数名后的圆括号不能省略。

调用函数时需要注意以下几点：

(1) 被调函数必须是已经存在的库函数或自定义函数。

(2) 如调用库函数，在文件的开头必须使用 #include 命令将对应库函数的 .h 头文件包含进来。

(3) 如调用自定义函数，在调用之前必须对其进行定义或声明。

定义在主调函数之前的自定义函数调用时不必声明，可直接调用；定义在主调函数之后的自定义函数调用时，需要声明已定义的函数原型，符合先定义再使用原则，与使用变量之前要先定义变量的原则相同。定义在后的被调函数，在主调函数前对被调函数原型进行声明，也是告知编译系统被调函数返回值的数据类型，以便在主调函数中按对应类型对函数调用和返回值作相应处理。

声明被调函数原型有两种方式。一种为简约形式，其一般形式为

```
类型说明符 被调函数名();
```

这种方式只声明函数返回值类型、被调函数名及空括号，虽然可行，但在括号中没有任何参数信息，不便于编译系统进行函数调用错误检验，易于产生不易察觉的错误。

另一种为规范方式，其一般形式为

```
类型说明符  被调函数名(类型 形参,类型 形参,…);
```

或

```
类型说明符  被调函数名(类型,类型,…);
```

规范方式在函数括号内给出了形参名与形参类型，或只给出形参类型。函数调用时可全面检验。

为了使用上的灵活方便，C语言规定在以下几种情况时可以省去主调函数中对被调函数的原型声明。

(1) 如果被调函数的返回值是整型或字符型，可以不对被调函数作调用前的声明，可直接调用。这时系统将自动对被调函数返回值按整型处理。

(2) 被调函数定义在主调函数之前，在主调函数中可以不对被调函数再作声明而直接调用。

(3) 在所有函数定义之前，在调用函数外预先声明了各个函数的类型，则在之后各主调函数中调用函数，可不再对被调函数作调用前的声明。标准库函数头文件包含命令即属此类声明。

(4) 对库函数的调用必须把该函数的头文件用include命令包含在源文件前部，不需再作声明。

对函数进行声明之后，就可以调用函数。函数的调用有两种特殊的方式：嵌套调用和递归调用。下面分别加以说明。

8.5 函数的嵌套调用

C语言从主函数main()开始执行，执行过程中可调用其他函数，但不能为其他函数所调用，而其他函数还可以调用另外的函数，也可以互相调用，还可以在被调函数中又调用其他函数。在被调用函数中再调用其他函数称作函数嵌套调用。函数可以根据需要平行调用，也可以层层嵌套调用，还可以被调用多次。所有函数调用都是从主调函数出口进入被调函数，再回到主调函数，但最终要回到main()结束整个程序。

函数调用关系示意如图8-6所示。

C语言程序设计中不允许函数嵌套定义，但可以嵌套调用，C语言允许在一个函数定义中调用另一个函数。所有自定义函数之间是平行关系，不会由于定义有前后而分上级函数和下级函数的关系。

图8-6中main()调用的add()、multiply()和sort()是平行调用关系，而sort()和output()是函数嵌套调用的关系。

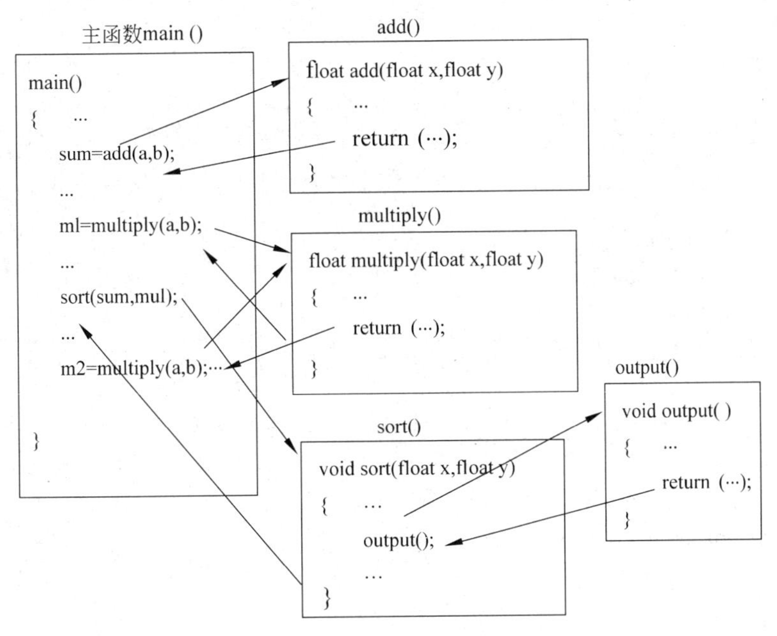

图 8-6 函数调用关系示意图

例 8-5 编写程序,调用函数实现数组的输入、逆序存放和输出。

程序源代码:

```
/*L8_5.C*/
#define N 6
sort(int a[],int n);                /*声明已定义函数的原型*/
input(int a[],int n);               /*声明已定义函数的原型*/
output(int a[],int n);              /*声明已定义函数的原型*/
main()
{
    int i,j,min,temp,str[N];
    input(str,N);
    output(str,N);
    printf("The sorted result:\n");
    sort(str,N);
}
input(int a[],int n)                /*定义输入函数*/
{
    int i;
    printf("Input %d numbers:\n",N);
    for(i=0;i<n;i++)
    {
        printf("a[%d]=",i);
        scanf ("%d",&a[i]);
```

```
    }
    return;
}
output(int a[],int n)                               /* 定义输出函数 */
{
    int i;
    for (i=0;i<n;i++)
        printf("%5d",a[i]);
    printf("\n");
    return;
}
sort(int a[],int n)                                 /* 定义排序函数 */
{
    int i,j,min,temp;
    for(i=0;i<n-1;i++)
    {
        min=i;
        for(j=i+1;j<n;j++)
            if(a[min]>a[j])
                min=j;
        temp=a[i]; a[i]=a[min];a[min]=temp;
    }
    output(a, N);               /* 嵌套调用 out() */
}
```

程序运行后,按提示输入数据,调用不同的函数对同一数组进行操作,输出结果如图 8-7 所示。

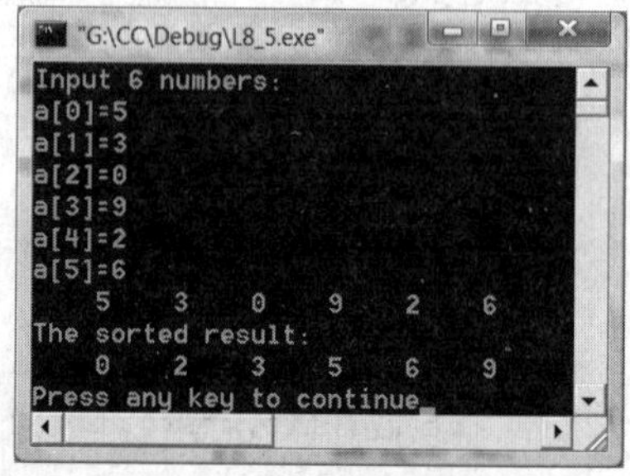

图 8-7　函数嵌套调用

本例中自定义了 sort()、input()和 output()三个自定义函数,函数 input()和 sort()在 main()中被顺序平行调用,而在被调用函数中,sort()又作为主调函数调用 output()形成嵌套调用。从本例运行结果看,该嵌套调用逻辑正确。

8.6　函数的递归调用

函数嵌套调用是在定义函数的过程中嵌套调用其他函数,执行时形成嵌套调用。如果定义函数时在函数体内调用自定义函数本身,执行时形成递归调用,称该自定义函数为递归函数。

递归函数和递归调用在实际应用中算法比较复杂,有些实际问题只能用递归算法解决。简单举例,假设有 A、B、C 三人报名参赛,需要完整参赛原题,公布之前每个人只知道测试题的一部分，问及 A 时回答：要知道完整题目，必须问 B；可问及 B 时回答：要知道完整题目，还必须问 C；最后问及 C 时，C 必须要说出自己知道的那部分题目，告知 B 后，B 连同自己知道的部分一起告知 A，这时 A 的完整题目才得以知晓。

程序设计实现递归算法，可先了解递归函数和递归调用的基本概念。

1. 递归函数

递归函数实现的是递归算法，递归算法是指在连续执行某一个处理过程时，该过程中的某一步需要用到自己的上一步结果。在函数定义中，如果函数体的算法中需要函数自己间接或直接调用函数自己，就构成了递归函数，递归函数的特点就是在函数内部直接或间接地调用函数自己。

2. 递归调用

递归调用又分为直接递归调用和间接递归调用，直接递归调用是指函数 fx()在执行过程中又调用函数 fx()自身；而间接递归调用是指函数 fx()在执行过程中先调用函数 fy()，函数 fy()在执行过程中又调用函数 fx()，而 fx()在执行过程中又调用函数 fy()，这时如果没有终止条件，将出现程序互相等待所导致的“死锁”现象。两种递归调用的执行过程如图 8-8 所示。

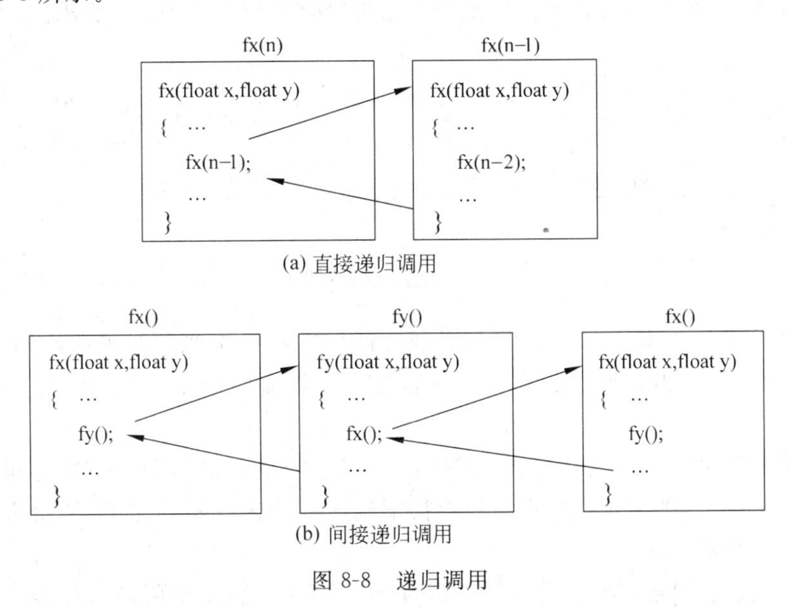

图 8-8 递归调用

递归调用是一种常用的程序设计算法，当连续执行某一个处理过程时，该过程中的某一步需要用到这段程序的上一步结果。程序如果存在自己调用自己的现象就构成了递归。递归函数就是在函数内部直接或间接地调用自己。

在递归函数调用中，主调函数也是被调函数，执行递归函数将反复调用递归函数本身，每调用一次，递归变量递减一次，直至递归终止条件成立后，开始递推，最后得到运算结果。

可用递归算法定义的函数称为递归函数。定义递归函数必须有两个条件，第一是递归算法，第二是递归终止条件，下面以求阶乘为例进行说明。

求 n 的阶乘，写成递归算法为

$$f(n)=\begin{cases} nf(n-1), & n>0 \\ 1, & n=0 \end{cases}$$

其中，递归算法为 $f(n)=nf(n-1)$，$f(n-1)=(n-1)f(n-2)$……，递归终止条件为 $f(0)=1$。

递归函数定义：

```
f(int n)
{
    int result;
    if(n==0)
      result=1;                  /* 递归终止条件 */
    else
      result=n * f(n-1);         /* 递归调用 */
    return (result);
}
```

递归函数求解过程可以分为"回推"和"递推"两个过程，如图 8-9 所示。

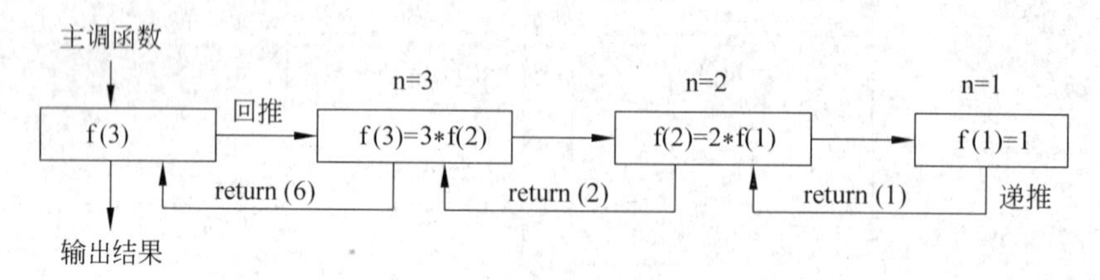

图 8-9　递归函数调用

为了防止递归调用无终止地进行，必须在函数内有终止递归调用的条件。通常是加条件选择分支结构，当满足递归终止条件后就不再作递归调用，然后逐层返回，f(0)=1 即为使递归结束的条件，使 f(1)=1。

例 8-6　编写程序，一个货运场地地方不大，一堆货物借助于一小块空间，从一个地方挪到另一个地方，挪的过程中大体积货物不能压在小体积货物之上，使用机器人工作，需要编写程序算法。

算法分析：该问题实际上是一个汉诺(Hanoi)塔问题，需要用递归算法来解决，用自然语言描述为：要把 A 区的 n 箱货物挪到 C 区，必须先把 A 区的 $n-1$ 箱较小货物挪到 B 区，再把最大一箱货物从 A 区挪到 C 区；而要把 B 区的 $n-1$ 箱货物挪到 C 区，必须先把 B 区的 $n-2$ 箱较小货物挪到 A 区，再把这 $n-1$ 箱中最大一箱货物从 B 区挪到 C 区；这时要把 A 区的 $n-2$ 箱货物挪到 C 区，必须先把 A 区的 $n-3$ 箱中较小货物挪到 B 区，再把这 $n-2$ 箱中最大一箱货物从 A 区挪到 C 区。依此类推，直到最后一只箱子挪完。示意过程如图 8-10 所示。

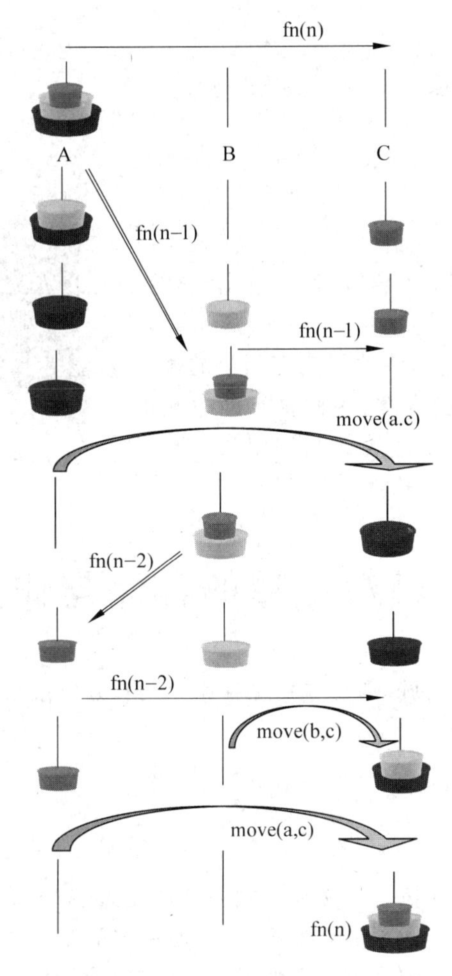

图 8-10 递归过程

程序源代码：

```
/*L8_6.C*/
void move(char x,char y)
{printf("%c-->%c\n",x,y);       }
void fn(int n,char one,char two,char three)    /*将 n 从 one 借助 two 挪到 three 地*/
{
    if(n==1) move(one,three);
    else
    {
        fn(n-1,one,three,two);                 /*移开 n-1 个*/
        move(one,three);                       /*才能移动最后一个*/
        fn(n-1,two,one,three);                 /*剩下的 n-1 个*/
    }
}
main()
```

```
{
    int m;
    printf("Input the numbers of cargo:");
    scanf("%d",&m);
    printf("The step to moving %d cargo:\n",m);
    fn(m,'A','B','C');
}
```

程序运行时输入货物件数 3，货物搬运步骤如图 8-11 所示。

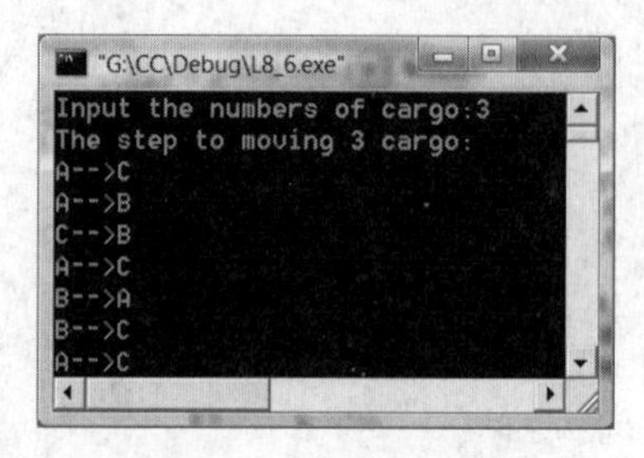

图 8-11　货物搬运步骤

在许多情况下，采用递归调用形式有明显的优点。但由于递归调用费时、耗费内存，因此执行效率较低。在对性能要求不太高时可以采用递归调用，否则使用迭代或其他算法往往执行效率会更高些。

8.7　函数变量的存储与作用域

函数中的变量按照作用域（即指变量在程序中的有效范围）可以分为局部变量和全局变量。现分别说明如下。

8.7.1　局部变量

局部变量也称为内部变量。定义在函数内部的变量属局部变量，其作用域仅限于函数内，该函数之外不可使用，即函数之外不可见，使用这类变量是非法的，形式参数也属于函数内局部变量。复合语句中也可定义变量，定义在复合语句中的变量属于复合语句的局部变量，其作用域只在复合语句范围内。

例如，在同一程序中，各局部变量的作用域示意如下：

```
float f1(int a)                     /* 定义 f1() */
{
    int b,c;    } 变量 a,b,c 作用域
    ...
}
char f2(int x,int y)                /* 定义 f2() */
{
    int i,j;    } 变量 x,y,i,j 作用域
    ...
}
main()                              /* 定义 main() */
{
```

```
    int a,b;
    ...
    {                     
        int x;   } 变量 x 作用域     } 变量 a,b 作用域
        ...
    }
  }
...
```

该程序段在 f1()和 main()中均有局部变量 a、b,但作用域不同,局部变量 a、b 各自只在自己的函数内部有效,函数调用时分配不同的内存单元。

局部变量的作用域有以下特点:

(1) main()中定义的变量只在 main()中使用,不能在其他函数中使用。同时 main()中也不能使用其他函数中定义的变量。因为 main()也是一个函数,与其他函数具有相同性质,是平行关系,这点与其他语言不同。

(2) 自定义函数的形参变量是被调函数的局部变量,而实参变量则是属于主调函数的局部变量。

(3) C 语言允许在不同的函数中使用相同的变量名,但代表的是不同对象,分配不同的存储单元,调用时不会发生混淆,互不干扰。

(4) 复合语句中也可定义变量,属于复合语句的局部变量,其作用域只在复合语句范围内。

例 8-7 编写程序,检验局部变量作用域。

程序源代码:

```
/*L8_7.C*/
#include<stdio.h>
f1();
f2();
main()
{
    int x;                                     /*main()局部变量*/
    x=1;
    fx1();
    fx2();
    printf("main()=>  x=%d\n",x);             /*main()局部变量*/
}
fx1()
{
    int x;                                     /*fx1()局部变量*/
    x=10;
    printf("fx1()  =>  x=%d\n",x);            /*fx1()局部变量*/
    return;
}
```

```
fx2()
{
    float x;                                  /* fx2()局部变量 */
    x=20;
    printf("fx2()  =>  x=%f\n",x);            /* fx2()局部变量 */
    return;
}
```

程序运行结果如图 8-12 所示。

例 8-8　编写程序,比较检验复合语句中局部变量的作用域。

程序源代码:

```
/* L8_8.C */
#include<stdio.h>
main()
{
    int x=1;                                  /* 创建 main()局部变量 x */
    {
        int x=2;                              /* 创建复合语句 x 变量 */
        {
            int x=3;                          /* 创建 x 变量 */
            printf("x1=%d\n",x);              /* 输出值为 3 */
        }                                     /* 释放 x 值 3 */
        printf("x2=%d\n",x);                  /* 输出值为 2 */
    }                                         /* 释放 x 值 2 */
    printf("x3=%d\n",x);                      /* 输出值为 1 */
}
```

程序运行结果如图 8-13 所示。

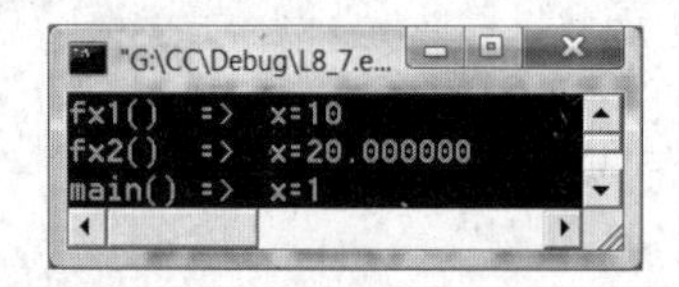

图 8-12　函数局部变量 x 的作用域

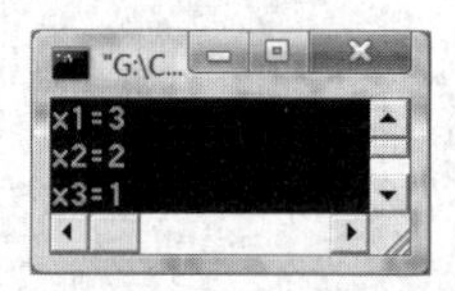

图 8-13　复合语句 x 局部变量的作用域

8.7.2　全局变量

全局变量也称全程变量或外部变量,是定义在所有函数外部的变量,属于所在源程序文件。全局变量的作用域是从定义变量的位置开始,到所在源文件结束。

如果全局变量在文件的开头定义,则在整个文件范围内均可以使用该全局变量;如果不在文件的开头定义,又需要在定义位置之前使用该全局变量,需要用 extern 进行声明。

变量的声明和定义是有区别的:变量定义是创建,要为定义的变量分配存储单元;而变量的声明则是告知编译系统已定义的变量的性质等,并不具体分配存储空间。

全局变量是实现函数之间数据传递的有效方法,可加强函数模块之间的数据联系,但是函数调用要依赖这些变量传递数据,使得函数的数据耦合性增强,独立性降低,不利于模块化程序设计的耦合性原则。因此,不必要时尽量少用全局变量。

全局变量的作用域示意如下:

```
int a,b;          /* 定义全局变量 */
void f1()         /* 定义函数 f1() */
{
    …
}
float x,y;        /* 定义全局变量 */
int f2()          /* 定义函数 f2() */
{
    …
}
main()            /* 主函数 */
{
    …
}
char m,n;         /* 定义全局变量 */}变量 m,n 作用域
```

(图中标注:从 float x,y; 至程序末尾为"变量 x,y 作用域";从 int a,b; 至程序末尾为"变量 a,b 作用域"。)

变量 a、b、x、y、m、n 都定义在函数外部,都是全局变量。变量 a、b 的作用域为整个程序,变量 x、y 定义在函数 f1()之后,作用域从定义的位置开始到程序结束。如果在 f1()内使用,之前需要加 extern float x,y;语句对 x、y 变量作说明,表示已经定义;如果不加 extern 说明语句,则在函数 f1()内使用无效。a、b 定义在源程序最前面,因此在函数 f1()、f2()及主函数 main()内均不用加说明即可直接使用。

例 8-9 编写程序,比较全局变量与局部变量的作用域范围。

程序源代码:

```
/* L8_9.C */
#include<stdio.h>
void f1(void);
void f2(void);
char ch='M';                                  /* 全局变量定义 */
void main(void)
{
    int  x=6;                                 /* 局部变量定义 */
    printf("x in main() is %d\n",x);
    printf("ch in main() is %c\n",ch);
    f1();
    printf("ch in main() is %c\n", ch);
    f2();
    printf("ch in main() is %c\n", ch);
```

```
}
int  x=9;                                         /* 全局变量定义 */
void f1(void)
{
    char ch='A';                                  /* 局部变量定义 */
    int  x=7;                                     /* 局部变量定义 */
    printf("x in f1() is %d\n",x);
    printf("ch in f1() is %c\n", ch);
}
void f2(void)
{
    ch='B';                                       /* 全局变量赋值 */
    x=x+1;
    printf("x in f2() is %d\n",x);
    printf("ch in f2() is %c\n", ch);
}
```

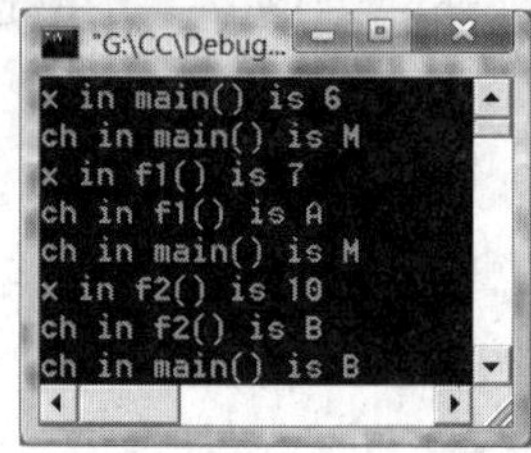

图 8-14　全局变量与局部变量比较

程序运行结果如图 8-14 所示。

由于 C 语言规定函数返回值只有一个，当需要增加函数的返回数据时，用全局变量是一种方式。本例中，如不使用全局变量，在 f2()中就不能取得 x 值计算 x＝x＋1，ch 变量也不能直接赋值'B'；使用了全局变量，在函数 f2()中求得 ch＝'B'值在 main()中仍然有效。因此，全局变量是实现函数之间数据通信的有效方法。

全局变量有以下几点使用说明：

(1) 局部变量无定义和声明之分，而全局变量的定义和全局变量的声明性质不同，全局变量的定义必须在所有函数之外，且只能定义一次，而声明可以多次。全局变量定义的一般形式为

```
类型说明符　变量名,变量名,…
```

全局变量的定义即创建，只能有一次；而全局变量的声明可以出现在要使用该全局变量的任何函数内，在整个程序内可能出现多次。全局变量声明的一般形式为

```
extern 类型说明符　变量名,变量名,…;
```

全局变量在定义时就已分配了内存单元，因此全局变量定义时可以初始化赋值，但不能在声明时赋值，全局变量的声明只是表明该全局变量已定义，需要在函数内使用。

(2) 在同一源文件中，允许全局变量和局部变量同名。在局部变量的作用域内，全局变量自动隐匿，不起作用。

例 8-10　编写程序，求立方体的体积，高度不变，输入长度和宽度，同时求出底面积。

程序源代码：

```
/* L8.10 */
#include <stdio.h>
```

```
#define H 2.8
float l,w;                                          /* 定义全局变量 */
float cube();                                       /* 声明函数原型 */
void input();                                       /* 声明函数原型 */
void output();                                      /* 声明函数原型 */
void input(void)                                    /* 定义输入函数 */
{
    printf("Input long and wide l,w=   ");
    scanf("%f,%f",&l,&w);
    return;
}
void output(void)                                   /* 定义输出函数 */
{
    extern float area;                              /* 声明全局变量 */
    printf("The cube is %f\nThe area is %f\n ",cube(), area);
    printf("\n");
    return;
}
float cube(void)                                    /* 定义求立方函数 */
{
    extern float cub;                               /* 声明全局变量 */
    extern float area;                              /* 声明全局变量 */
    area=l * w;
    cub=area * H;
    return(cub);
}
float cub,area;                                     /* 定义全局变量 */
void main(void)
{
    input();
    cube();
    output();
}
/* The end of this program */
```

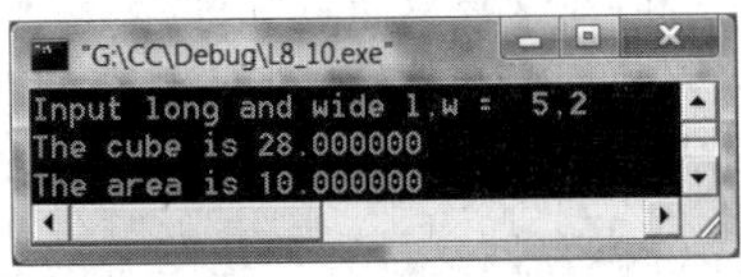

图 8-15　全局变量应用

程序运行结果如图 8-15 所示。

程序中定义了 4 个全局变量 l、w、cub 和 area 用来传递数据，全局变量 l、w 的作用域为整个程序，全局变量 cub、area 的作用域为所在位置。函数 cube()用来求立方体体积，函数的返回值为体积，只有一个值，而 cube()中的全局变量 area 可以带出底面积值。

全局变量只在所有函数之外定义一次，初始化定义也只能在变量定义时进行。全局变量可以声明多次，无论任何函数要用到在其后面定义的全局变量，必须要在该函数内对其位置之后定义的全局变量进行声明。

8.8 动态存储变量和静态存储变量

根据变量的作用域不同,可以将变量分为全局变量和局部变量。如果从变量定义的存储位置和存在时间来区分,可以分为静态存储方式和动态存储方式。

8.8.1 程序变量的存储类型

C程序运行时所占用的内存空间通常分为3个部分,程序存放在程序区,程序数据分别存放在动态存储区和静态存储区。其中动态存储区用来存放动态分配和回收空间的运行数据,如局部变量、函数形参、函数调用时的返回地址等;静态存储区则用来存放程序运行期间需占用固定存储单元的变量数据,如全局变量、静态局部变量等,如图8-16所示。

程序区
静态存储区
动态存储区

图8-16 程序运行存储区域

在C语言中,每一个变量和函数有两个属性:数据类型和存储类别。所以对一个变量的说明不仅应说明其数据类型,还应说明其存储类型。因此变量说明的完整形式应为

存储类型说明符 数据类型说明符 变量名,变量名,…;

在C语言中,变量的存储类型有4类:自动变量(auto)、寄存器变量(register)、静态变量(static)和外部变量(extern)。自动变量和寄存器变量属于动态存储方式,外部变量和静态变量属于静态存储方式。

动态存储类别用于存放动态存储变量和局部变量,对于动态存储的变量,当执行到定义变量的函数或复合语句时,变量被分配存储单元,当函数或复合语句执行结束后,系统将释放所占空间。

静态存储类别用于存放静态存储变量和全局变量,对于静态存储的变量,在源程序编译的时候即被分配内存空间,而且在程序运行期间一直占用固定的存储单元,直到程序运行结束,才会释放所占空间。

在C语言中用static(静态)和extern(外部)两个存储关键字来定义和声明静态存储变量。静态存储只有一种存储方式,就是将变量存放在静态存储区。

静态存储变量通常是在变量定义时就分配存储单元并一直保持不变,直至整个程序结束。动态存储变量是在程序执行过程中调用它时才分配存储单元,调用结束立即释放。

1. 局部变量存储类型

局部变量的作用域是定义它的函数或复合语句内部。局部变量的存储类型则是指它存放的位置,即存储方式。局部变量可以存放在内存的动态存储区、CPU寄存器以及内存的静态存储区。

1）auto（自动存储）类型变量

自动存储类型变量即 auto 类型的变量，存放在内存的动态存储区，是系统默认的存储类型。例如，int x；默认定义了一个自动类型的 x 整型变量，与 auto int a；的定义等价。

auto 类型的变量的作用域和生存期是一致的，在它的生存期内一直是有效可见的。函数内部的 auto 类型的变量在每次调用时都会被重新分配内存单元，调用结束后再释放内存单元。可见，变量的存储位置随着程序的运行是变化的，所以未赋初值的 auto 类型的变量值是不确定的。

2）register（寄存器）类型变量

寄存器类型变量 register 存放在寄存器中。例如，register int x；定义了一个寄存器类型的 x 整型变量。

register 类型的变量同 auto 类型的变量一样，作用域和生存期也是一致的。由于寄存器的存取速度比内存的存取速度快得多，可以将频繁引用的变量定义为 register 类型，如循环体中的循环控制变量等。但由于计算机中寄存器的数量有限，因此 register 类型的变量不允许定义得太多，类型也不能太大，如数组、结构体等。现代 C 编译系统能够识别频繁使用的变量，因此通常不必声明 register 类型的变量，由系统程序运行时占用的资源决定。

3）static（静态）变量

静态变量 static 存放在内存的静态存储区，编译时分配内存并初始化，且只能被赋初值一次。对于未赋初值的内部 static 类型的变量，系统自动赋值为 0 或'\0'。在整个程序运行期间，static 类型的变量始终占用固定的内存单元，即使它所在的函数调用结束后也不释放存储单元，它所在的内存单元的值也会继续保留，下次调用此函数时，static 类型的变量仍然使用上次调用保存在存储单元以及该单元中的值。用 static 声明的内部变量的作用域仍然是定义该变量的函数或复合语句内，作用域外不可见，但在整个程序运行期间一直生存有效。

2. 全局变量存储类型

全局变量只能存放在内存的静态存储区，全局变量的生存期是整个程序的运行期，在程序运行期间一直占用固定的存储单元。全局变量的作用域要看变量定义在文件还是整个程序。全局变量又分为两种，即文件级全局变量和程序级全局变量。

全局变量作用域取决于定义方式，变量定义时未加存储类型声明的即为程序级全局变量，其作用域全程是系统项目文件统调时所有的 C 源程序文件；而定义时用存储类型关键字 static 声明的即为文件级全局变量，其作用域可为所在的 C 源程序文件。

1）程序级全局变量

程序级全局变量是定义在所有函数之外的全局变量，且定义时不加任何存储类型声明。例如，在函数体外定义全局变量：

```
f1(){…}
float area;
f12(){…}
```

即定义了一个程序级全局整型变量 area。程序级全局变量的作用域可以是包括其他源文件的整个程序，其他文件要使用该变量，只需在使用前用 extern 声明，即可将其作为全局变量使用。

2）文件级全局变量

文件级全局变量也是定义在所有函数之外的全局变量，但定义时用 static 声明。例如：

```
f1(){…}
static float color;
f12(){…};
```

即定义了一个文件级的全局整型变量 color。文件级全局变量的作用域是所在文件，不能被所在程序的其他文件使用，生存期为整个程序的运行期。

全局变量的声明是对已经定义的全局变量做有效使用前的 extern 说明，全局变量的定义和声明与函数的定义和声明概念类似。全局变量的定义与声明也是两个不同的概念，定义变量需要分配存储空间，而声明变量则不需分配存储空间，它用来说明函数中即将要使用该函数外已经定义的变量的性质，又称为引用性声明。同样，变量定义只有一次，而声明则可以有多次。

对于局部变量，变量定义和声明一样，定义就是声明。而对于全局变量，定义和声明性质不同，全局变量定义在函数体外部，使用则在函数体内，使用在定义位置之前的全局变量必须在使用前对其进行声明。

C 语言中使用 extern 说明符来声明已定义的全局变量，全局变量声明可以在使用的函数内，也可以在函数外部。在全局变量的作用域内，即从定义开始到源文件结束的范围内可直接使用，不必声明。而在如下两种情况下则必须使用声明来扩展全局变量的作用域：

（1）在同一文件中，定义在后而使用在前的全局变量，使用前必须对其进行声明。

（2）在同一程序的不同文件中，使用其他文件中定义的全局变量时，使用前必须对其进行声明，但定义为 static 类型的变量除外。

8.8.2 auto 型变量

auto 型变量为局部变量，是用 auto 说明符定义的存储类型，这种存储类型是 C 语言程序中最常用的类型。C 语言规定，任何函数内定义的变量若未加存储类型说明符均视为 auto 型变量，自动变量可省去 auto 说明符。

auto 型变量具有以下特点：

（1）auto 型变量的作用域仅限于定义该变量的函数体内或复合语句中。在函数中定义的 auto 型变量只在该函数内有效，在复合语句中定义的 auto 型变量只在该复合语句中有效。

（2）auto 型变量属于动态存储方式，只有在使用它，即定义该变量的函数被调用时才给它分配存储单元，开始它的生存期。函数调用结束，释放存储单元，结束生存期。因此，函数调用结束之后，自动变量的值不能保留。同样，在复合语句中定义的自动变量，在退出复合语句后也不能再使用，否则将引起错误。

（3）由于 auto 型变量的作用域和生存期都局限于定义它的函数或复合语句内，因此，不同的个体中允许使用同名的变量也不会相互干扰，即使在同一函数内定义的自动变量也可与该函数内部的复合语句中定义的自动变量同名。

（4）对构造类型的自动变量，如 auto 数组类型等，不能用初始化整体赋值。

（5）函数的形参属于自动变量，也属于局部变量。

8.8.3 extern 型变量

全程变量是用 extern 说明符声明定义的全局变量。全程变量的存储类型和作用域与全局变量相同，一旦定义和声明，可以直接通过变量名访问。

全程变量和全局变量是对同一存储类型变量的两种不同角度的提法，全程变量是从作用域提出的，表示作用范围；而全局变量是从存储方式提出的，表示生存期。

当一个源程序由若干个 C 源文件组成时，在一个源文件中定义的全局变量在其他源文件中用 extern 说明符加以声明，就可有效使用。

8.8.4 static 型局部变量与全局变量

静态变量是用 static 说明符声明定义的变量。用 static 定义的静态变量属静态存储方式，但属于静态存储方式的变量不一定都是静态变量，例如全局变量属于静态存储方式，但不是静态变量，只有用 static 存储类型定义的变量才是静态变量。

静态变量有静态全局变量和静态局部变量两类。

如果是全局变量，定义时用 static 存储类型声明，则为静态全局变量，只能在本 C 源程序文件范围内使用。而对于 auto 型变量，本属于动态存储方式，但也可以用 static 定义它为静态自动变量，也称静态局部变量，从而成为静态存储方式，存放于静态存储区。由此看来，一个变量可由 static 进行再说明，以改变其原有的存储方式。

1. 静态局部变量

在局部变量的说明前再加上 static 说明符就构成静态局部变量。静态局部变量属于静态存储方式，具有以下特点：

（1）静态局部变量加上 static 说明符定义在函数内，属局部变量，但与 auto 型变量不同，auto 型变量当函数调用时存在，退出函数时就消失，而 static 型局部变量始终存在着，它的生存期为整个源程序。

（2）static 型局部变量的生存期虽然为整个源程序，但作用域与自动变量相同，只能在定义该变量的函数内使用，退出该函数后，尽管该变量还继续存在，但不能引用。

（3）对基本类型的 static 型局部变量，若在定义时未赋以初值，则系统自动赋 0 值。

而若对 auto 型变量不赋初值，则变量值是不确定的。静态局部变量局限于定义它的函数之内，但并不随函数的退出而消失。

例 8-11 编写程序，分析比较函数调用时动态局部变量与静态局部变量的变化。

程序源代码：

```
/*L8.11*/
#include<stdio.h>
main()
{
    int i;
    for(i=0;i<5;i++)
        fs();                           /*调用5次自定义函数*/
}
fs()
{
    int auto_v=0;
    static int static_v=0;              /*静态局部变量，每次调用保留上次调用值*/
    static int n=1;                     /*静态局部变量*/
    printf("fs(%d): auto_v=%d,  static_v=%d\n",n,auto_v,static_v);
    auto_v++;
    static_v++;
    n++;
    return;
}
```

```
"G:\CC\Debug\L8_11.exe"
fs(1): auto_v=0,  static_v=0
fs(2): auto_v=0,  static_v=1
fs(3): auto_v=0,  static_v=2
fs(4): auto_v=0,  static_v=3
fs(5): auto_v=0,  static_v=4
```

图 8-17 auto 型局部变量与 static 型局部变量的比较

程序运行结果如图 8-17 所示。

本例中变量 auto_v 为 auto 型局部变量，而 static_v 和 n 为 static 型局部变量。auto_v 每次调用时重新被赋为 0 值；而 static_v 和 n 每次调用时使用上次调用结束时保留的结果值。

2. 静态全局变量

全局变量以 static 存储类型定义就构成了静态全局变量。全局变量本身就属静态存储方式，而静态全局变量自然也属于静态存储方式，两者在存储方式上相同。

静态全局变量与非静态全局变量的区别是：非静态全局变量的作用域是整个 C 源程序，即当一个源程序由多个 C 源文件组成时，非静态的全局变量在各个源文件中只要加以 extern 声明，就在该程序的所有源文件中都有效可用。而静态全局变量则限定其作用域只在定义该变量的 C 源文件内有效，在同一源程序中的本源文件以外的其他源文件中均不能使用。

可见，当把局部变量改变为静态变量后，改变了它的存储方式，拓展了生存期，使局部变量在这一特性上全局化。而把全局变量改变为静态变量后则是改变了作用域，限制了使用范围，使全局变量在这一特性上局部化。因此，static 这个说明符在不同性质变量定义中所起的作用是不同的。

8.8.5 register 型变量

寄存器变量以 register 说明符定义。常规变量都存放在计算机内存中，当一个变量需要频繁访问内存进行读写时，必然要花费大量存取资源。为此，C 语言提供了寄存器变量。寄存器变量定义存放在 CPU 的寄存器中，使用时直接访问 CPU，而不需要访问内存，即直接读写寄存器，以提高系统效率。寄存器变量常用于循环次数较多的循环控制变量及循环体内反复使用的变量，如果系统没有足够的寄存器空间，就将剩余的寄存器变量自动转为 auto 型变量。例如，求自然数阶乘函数及其调用程序：

```
int fac(n)
int n;
{
    register int i,f=1;          /*定义寄存器变量*/
    for (i=1;i<=n;i++)
        f=f*i;
    return(f);
}
main()
{
    int i;
    for (i=1;i<=5;i++)
        printf("%d!=%d\n",i,fac(i));
}
```

求阶乘函数 fac()循环 n 次，局部变量 i 和 f 都频繁使用，因此定义为寄存器变量。

使用寄存器变量还需注意以下几点：

(1) 只有局部自动变量和形式参数才可以定义为寄存器变量。因为寄存器变量属于动态存储方式，所以凡属于静态存储方式的变量不能定义为寄存器变量。

(2) 有些 C 语言编译系统实际上把寄存器变量当成自动变量处理，因此并不能提高速度。诸多编译系统在程序中允许使用寄存器变量是为与标准 C 语言保持一致。

(3) 即使编译系统允许使用寄存器变量，由于 CPU 中寄存器的个数有限，因此，寄存器变量的个数也会受到限制。

8.9 全局函数和局部函数

全局函数和局部函数也称外部函数和内部函数，其内外之分是对所在 C 源程序使用范围而言的。每个 C 语言程序可以包含多个源文件，每个源文件又可以包含多个函数。一般情况下，一个函数可以被函数所在源文件中的其他函数调用，还可以被其他源文件中的函数调用。但有时又需要限定某个函数只能被本文件中的函数调用,而不能被其他源文件中的函数调用。这样,根据函数的使用范围可将函数分为外部函数和内部函数,即根据在一个源文件内的函数能否被其他源文件调用,将函数分为局部函数和全局函数。

8.9.1 局部函数

如果在一个文件中定义的函数限定为只能被本文件中的函数调用,而不能被同在系统调试下的源程序中的其他文件中的函数调用,这种函数称为局部函数,或称内部函数。

局部函数是只能被本文件中的其他函数调用,而不能被其他文件中的函数所调用的函数,是文件级的函数。函数定义格式为

```
static  函数类型  函数名(形参表列)
{
    定义说明部分
    执行部分
}
```

static 存储类型函数只能被所在文件中的函数调用,如果在其他文件中声明或调用 static 类型的函数就会产生错误。使用内部函数的作用是限定函数的作用域,使得在其他文件中可以使用与自己同名的函数,相互不会干扰。这为多人共同编写软件,分头开发,最后统一调试带来一些灵活性,各个开发小组人员可以使用同名函数,只要使用 static 存储类型局部函数,就不会因函数名相同而相互干扰。

8.9.2 全局函数

C 语言默认的函数存储调用类型为 extern 类型,即如果一个函数定义省略了存储类型 extern 说明符,则系统会默认其为外部函数,可以为其他文件所调用。

同样,在一个 C 源文件中,如果需要调用其他文件中定义的外部函数,需要在本程序使用前对外部调用函数进行 extern 声明后才能调用。

一个外部函数可以被它所在程序中的所有其他函数所调用,外部函数是系统调试程序级函数。外部函数定义的一般形式为

```
[extern]  函数类型  函数名(形参表列)
{
    声明部分
    执行部分
}
```

定义时在原函数定义前面位置加上函数的存储类型说明符 extern,外部函数定义和调用声明均使用关键字 extern 标识说明。在一个 C 源文件的函数中要调用其他 C 源文件中定义的全局函数时,使用 extern 说明符声明被调函数为全局外部函数。

例 8-12 编写程序,有 3 个 C 源文件 prg1. C、prg2. C 和 prg3. C,需要集成在一起统

一调试运行，各源文件分别完成主调、输入、输出功能。各文件源代码分别如下。

主调函数文件源代码：

```
/* L8_12.C */
/* prg1.C */
#define N 20
main()
{
    char str[N];
    extern input(),output();
    input(str);
    output(str);
}
```

输入函数文件源代码：

```
/* prg2.C */
#include "stdio.h"
extern input(char str[])
{gets(str);}
```

输出函数文件源代码：

```
/* prg3.C */
#include "stdio.h"
extern output(char str[])
{printf("%s\n",str);}
```

先将这 3 个 C 源文件 prg1. C、prg2. C 和 prg3. C 分别编译，生成 prg1. obj、prg2. obj 和 prg3. obj 文件，确保无语义语法错误，然后组建 prg1. exe 可执行文件，如图 8-18 所示。运行程序，输入字符串“This is my test!”后，程序运行结果如图 8-19 所示。

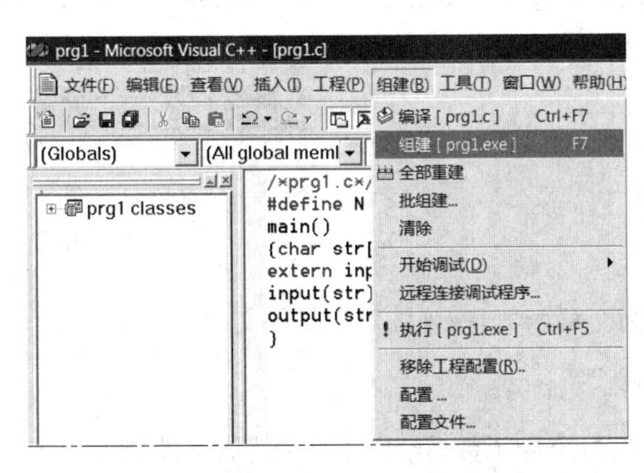

图 8-18 组建 prg1. exe 可执行文件

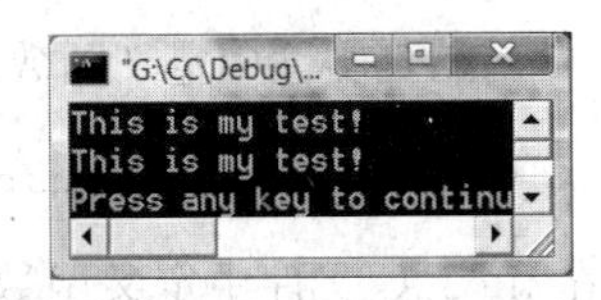

图 8-19 外部函数调用结果

由运行结果可见，程序完成了调用两个外部函数的操作。

如果将主调函数增加 # include "prg2. C"和 # include "prg3. C"，将文件 prg2. C 和

prg3.C 包含到 prg1.C 中，则不需要单独编译成 prg2.obj、prg3.obj 和 prg1.obj，只需直接编译成 prg1.obj 并组建成 prg1.exe 文件执行即可，如图 8-20 所示。

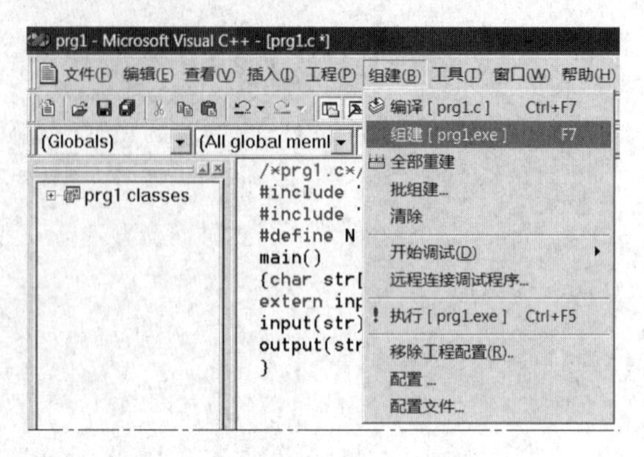

图 8-20　直接组建 prg1.exe 可执行文件

主调函数程序源代码：

```
/*prg1.C*/
#include "prg2.C"
#include "prg3.C"
#define N 20
main()
{
    char str[N];
    extern input(),output();
    input(str);
    output(str);
}
```

文件包含实际上是将 prg2.C 和 prg3.C 包含到 prg1.C 文件中，形成一个 C 文件，这时直接对 prg1.C 进行编译和组建就可执行，运行结果如图 8-21 所示。

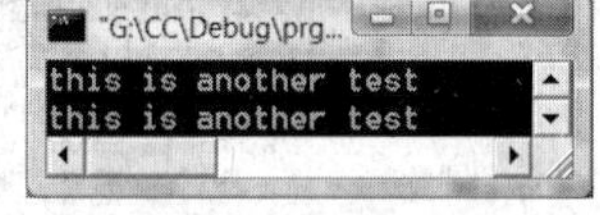

图 8-21　文件包含命令外部函数调用

本例在 prg1.C 中声明 input()和 output()两个函数为全局函数。

```
extern input(),output();
```

在 prg2.C 文件中定义函数 input()为全局函数，该函数可为其他文件所调用。

```
extern input_string(char str[]){}
```

在 file3.C 文件中定义函数 output()为全局函数，该函数可为其他文件调用。

```
extern output(char str[]){}
```

8.10 函数与变量综合案例分析

例 8-13 编写程序，实现求解生物细胞繁殖程序，要求根据繁殖次数计算细胞繁殖后的总数量。程序算法分析示意如图 8-22 所示。

列表如下：

繁殖次数：	0	1	2	3	…
细胞个数：	1	2	4	8	…
算　　法：	2^0	2^1	2^2	2^3	…

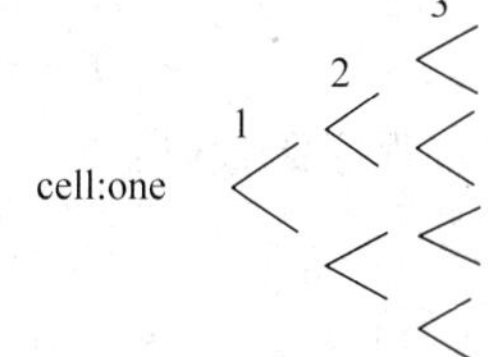

图 8-22　细胞繁殖过程

程序源代码：

```
/*L8_13.C*/
long multi(int n);                          /*声明繁殖函数原形*/
main()
{
    int t;
    long c;
    printf("Input times=");
    scanf("%d",&t);
    c=multi(t);
    printf("cells=%d ",c);
}
long multi(int n)                           /*定义繁殖函数原形*/
{
    long sn, tn;
    int times,i;
    sn=0L;                                  /*整型常量赋值*/
    for (times=0; times<=n; times++)
    {
        tn=1;
        for(i=1;i<=times;i++)
            tn=tn*2;
        sn=sn+tn;
    }
    return (sn);
}
```

程序执行时，输入细胞繁殖次数，运行结果如图 8-23 所示。

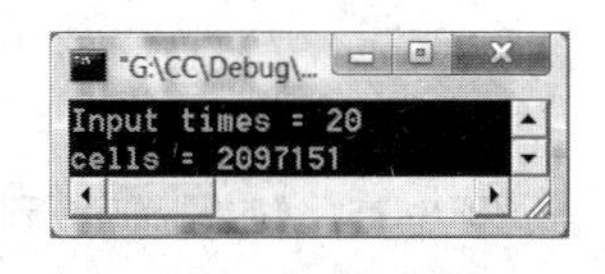

图 8-23　细胞繁殖后的总数量

例 8-14 编写程序，任意输入一个十进制整数，将其转换为二进制数后输出。

算法分析：十进制整数转换为二进制数的算法为该数不断除以 2 取余数，直至商为 0，宜用循环取其余数，可用一个数组顺序存放余数，最后逆序输出即为转换结果。运算过程算法分析示意如下：

	m	aa[j]		循环条件 m!=0	循环变量	取值	
2	11	……1	低位	m=11	i=0	aa[0]	
2	5	……1		m=m/2=5	i=1	aa[1]	
2	2	……0		m=m/2=2	i=2	aa[2]	
2	1	……1		m=2/2=1	i=3	aa[3]	j-1
商	0	……0	高位	m=1/2=0	i=4	aa[4]	

程序源代码：

```
/*L8_14.C*/
#include <stdio.h>
trans(int m);                          /*声明转换函数原形*/
main()
{
    int n;
    printf("Input a decimal number:");
    scanf("%d",&n);
    trans(n);
}
trans(int m)                           /*定义转换函数*/
{
    int binary[20],i;
    for(i=0;m!=0;i++)
    {
        binary[i]=m%2;
        m=m/2;
    }
    printf("The binary is ");
    for(;i>0;i--)
        printf("%d", binary[i-1]);
}
```

程序执行时，输入十进制数 256，转换为二进制数，运行结果如图 8-24 所示。

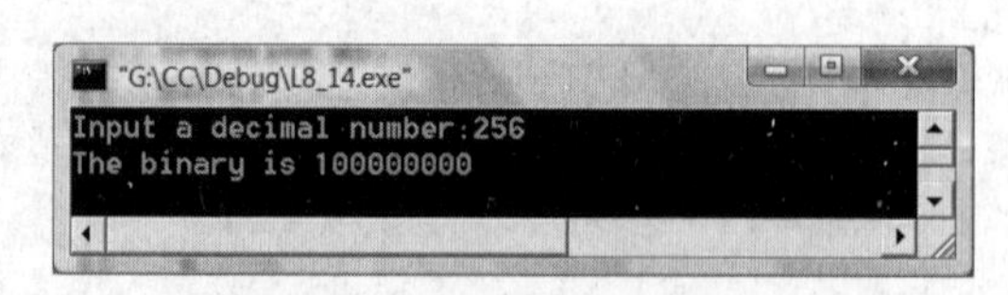

图 8-24　十进制数转换为二进制数

例 8-15　编写程序，利用多项式展开$\frac{\pi}{4}=1-\frac{1}{3}+\frac{1}{5}-\frac{1}{7}+\cdots$求圆周率 π 的近似值。

程序源代码：

```
/*L8_15.C*/
#define PRECISION 0.0001
```

```
#include<stdio.h>
#include<math.h>
double pi(float prec);                          /* 声明求圆周率函数 */
void main()
{
    printf("pi=%.6f\n",pi(PRECISION));
    printf("pi=%.8f\n",pi(PRECISION/100));
    printf("pi=%.8lf\n",pi(PRECISION/10000));
}
double pi(float prec)                           /* 定义求圆周率函数 */
{
    double sum=0,t=1.0,n=1,s=1;
    while(fabs(t)>prec)
    {
        sum=sum+t;
        s=-s;
        n=n+2;
        t=s/n;
    }
    return(4*sum);
}
```

```
"G:\CC\Debug\...
pi=3.141393
pi=3.14159065
pi=3.14159263
```

图 8-25　求圆周率 π 的近似值

程序运行结果如图 8-25 所示。

例 8-16　编写程序，利用函数嵌套调用，用弦截法求解方程 $f(x)=x^3-5x^2+16x-80=0$ 的根。

算法分析：用弦截法求解高次方程的方法如图 8-26 所示。

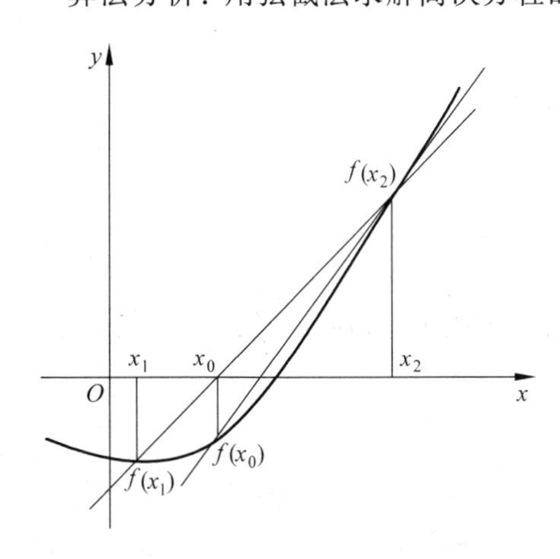

图 8-26　用弦截法求解高次方程

(1) 任取两点 x_1、x_2，代入方程可求得两个值 $f(x_1)$、$f(x_2)$。

(2) 使其相乘，若乘积为正，则需要重新构造求解区间；若乘积为负，则说明 (x_1,x_2) 之间只有一个根。即可按求根公式求得弦函数与 x 轴的交点 x_0：

$$x_0=\frac{x_1\cdot f(x_2)-x_2\cdot f(x_1)}{f(x_2)-f(x_1)}$$

(3) 将求得的 x_0 代入方程，若 $f(x_0)\neq 0$，则用 x_0 与 x_1 或 x_2 重新组成求解区间，再用求根公式求得新弦截得的交点 x_0。

(4) 重复执行步骤(2)和(3)，直至 $f(x_0)\neq 0$，此时即认为 x_0 为 $f(x)$ 的根。程序算法的 N-S 图如图 8-27 所示。

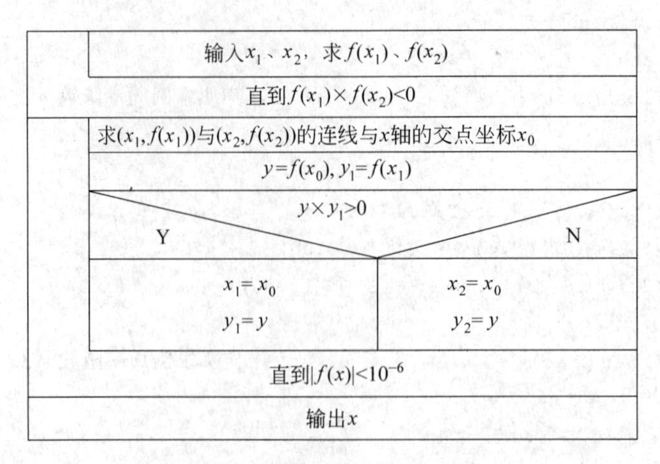

图 8-27　用弦截法解方程的 N-S 图

程序源代码：

```
/* L8_16.C */
#include<math.h>
float f(float x);                         /* 声明 f()原型 */
float root(float x1,float x2);            /* 声明 root()原型 */
float xpoint(float x1,float x2);          /* 声明 xpoint()原型 */
main()                                    /* 主函数 */
{
    float x1,x2,f1,f2,x;
    do
    {
        printf("input x1,x2:\n");
        scanf("%f,%f",&x1,&x2);
        f1=f(x1);
        f2=f(x2);
    }
    while(f1*f2>=0);
    x=root(x1,x2);
    printf("A root of equation is%8.4f",x);
}
float f(float x)                          /* 定义 f(),求解 f(x)=x³-5x²+16x-80 */
{
    float y;
    y=((x-5.0)*x+16.0)*x-80.0;
    return(y);
}
float xpoint(float x1,float x2)           /* 定义 xpoint(),求出弦与 x 轴的交点 */
{
    float y;
    y=(x1*f(x2)-x2*f(x1))/(f(x2)-f(x1));
    return(y);
```

```
}
float root(float x1,float x2)            /* 定义 root(),求近似根 */
{
    int i;
    float x,y,y1;
    y1=f(x1);
    do
    {
        x=xpoint(x1,x2);
        y=f(x);
        if(y*y1>0)                       /* f(x)与 f(x1)同符号 */
        {
            y1=y;
            x1=x;
        }
        else
            x2=x;
    }
    while(fabs(y)>=0.0001);
    return(x);
}
```

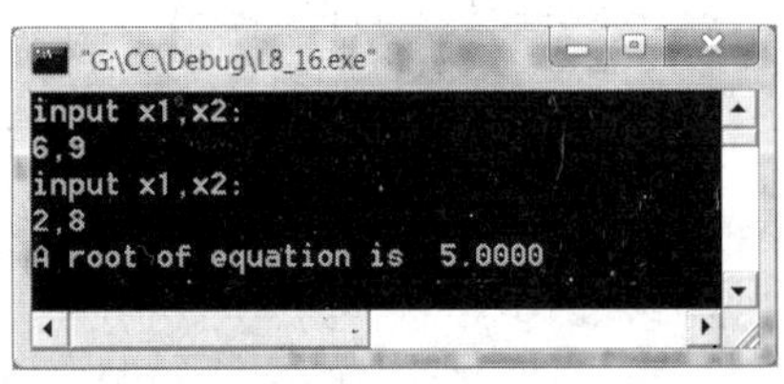

图 8-28 弦截法解方程执行结果

程序运行时输入两个 x 值,如果求解的方程根不在对应的 x 值区间,提示再输入,直到可以求解。执行结果如图 8-28 所示。

例 8-17 编写程序,利用随机函数生成随机数,利用数组进行排序,求所有随机数的平均值,统计高于平均值、低于平均值和等于平均值的数各有几个,输出结果。

程序源代码:

```
/*L8_17.C*/
#define N 10
#include<stdio.h>
#include<stdlib.h>
void get_rand(int a[],int n);                 /*声明生成随机数据的函数*/
void sort(int a[],int n);                     /*声明排序函数*/
float average(int a[],int n);                 /*声明求平均值函数*/
void count(int a[],int n,float x,int b[]);    /*声明统计函数*/
void output(int a[],int n);                   /*声明输出函数*/
void main()
{
    int a[20],b[3];
    float x;
    get_rand (a,N);
    printf("\nRandom() numbers:");
    output(a,N);
```

```
    sort(a,N);
    printf("\nSorted:");
    output(a,N);
    x=average(a,N);
    printf("\nAverage: \n%f\n",x);
    count(a,N,x,b);
    printf("\Greater than:Equal to be:Smaller than Average");
    output(b,3);
}
void get_rand(int a[],int n)                        /*定义生成随机数据的函数*/
{
    int i;
    randomize();
    for(i=0;i<n;i++)
        a[i]=random(9)+10;                          /*random()随机函数*/
}
void sort(int a[],int n)                            /*定义排序函数*/
{
    int i,j,k,t;
    for(i=0;i<n-1;i++)
    {
        k=i;
        for(j=i+1;j<n;j++)
            if(a[k]>a[j])k=j;
        t=a[i];
        a[i]=a[k];
        a[k]=t;
    }
}
float average(int a[],int n)                        /*定义求平均值函数*/
{
    float s;
    int i;
    s=0.0;
    for(i=0;i<n;i++)
        s=s+a[i];
    return(s/n);
}
void count(int a[],int n,float x,int b[])           /*定义统计函数*/
{
    int i;
    b[0]=b[1]=b[2]=0;
    for(i=0;i<n;i++)
        if(a[i]>x) b[0]++;
```

```
    else if(a[i]==x) b[1]++;
        else b[2]++;
}
void output(int a[],int n)                          /*定义输出函数*/
{
    int i;
    for(i=0;i<n;i++)
    {
        if(i%10==0)printf("\n");
        printf("%d ",a[i]);
    }
}
```

执行结果如图 8-29 所示。

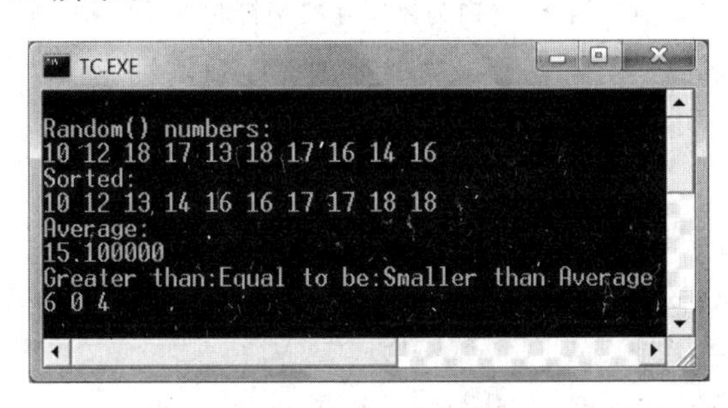

图 8-29　函数综合调用

例 8-18　编写程序，通过外部函数调用建立字符数组，从数组中删除指定的字符后，其余未删除字符顺序前移，输出删除指定字符后的数组元素。

程序源代码：

```
/*f_prg1.C*/
extern enter_string(char str[80]);              /*声明 f_prg2.C 文件定义的函数*/
extern delete_string(char str[],char ch);       /*声明 f_prg3.C 文件定义的函数*/
extern print_string(char str[]);                /*声明 f_prg4.C 文件定义的函数*/
main()
{
    char c;
    char str[80];
    printf("Input some words:\n");
    input_string(str);
    printf("Befor delete:\n");
    output_string(str);
    printf("\nInput a delete character=");
    scanf("%c",&c);
    delete_string(str,c);
    printf("Deleted:\n");
    output_string(str);
```

```
}

/* f_prg2.C */
#include<stdio.h>
extern input_string(char str[80])                /*定义外部函数 input_string()*/
{gets(str);}                                     /*读入字符串 str[]*/

/* f_prg3.C */
extern delete_string(char str[],char ch)         /*定义外部函数 delete_string()*/
{
    int i,j;
    for(i=j=0;str[i]!='\0';i++)
        if(str[i]!=ch)
                  /*当 str[i]为要删除的字符时 str[j++]不执行,而循环 i++执行*/
        str[j++]=str[i];
    str[j]='\0';
}

/* f_prg4.C */
extern output_string(char str[])                 /*定义外部函数 output_string()*/
{printf("%s",str);}
```

可分别编译源程序文件 f_prg1. C、f_prg2. C、f_prg3. C 和 f_prg4. C,组建并执行 f_prg1. C,执行过程中输入要删除的字符,字符被删除后的输出结果如图 8-30 所示。

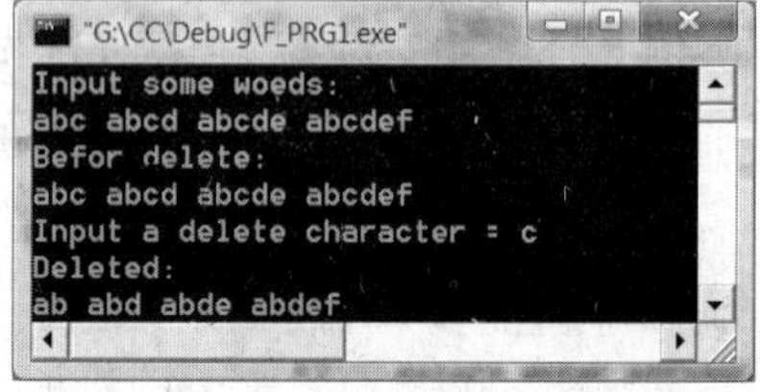

图 8-30　调用外部函数删除字符

如果不想分别编译 4 个源程序文件,就在 f_prg1. C 源程序之前加入文件包含命令:

```
#include "f_prg2.C"
#include "f_prg3.C"
#include "f_prg4.C"
```

这样可只编译和组建 f_prg1. C 一个文件就可以将其他文件包含进来,然后直接执行 f_prg1. exe 文件。

当然,本例程序的所有 C 源程序文件合起来本身就是一个完整的源程序。实际应用中独立构建函数文件,分别编译调试,最后组建执行,是为了便于功能模块划分和独立开发,有利于更大软件系统研发的团队协作和软件功能的扩展。

8.11　练　习　题

1. 完整的 C 语言源程序是如何构成的?
2. C 语言函数分为哪两大类?各有哪些应用特点?

3. 简述无参函数和有参函数的使用区别。
4. 在程序设计中使用函数的作用与特点主要有哪些?
5. 数学函数的使用需要执行何种文件包含命令?其作用是什么?
6. C 语言程序设计中库函数调用可以用哪几种形式?
7. 试述自定义函数与标准库函数的定义说明和使用方面的异同。
8. 自定义函数的类型是如何确定的?
9. 简述形式参数和实际参数的特点与区别。
10. 简述数组作为函数参数进行数据传递的两种方式的作用与区别。
11. 函数调用时使用实参列表需注意哪几个方面?
12. 为什么函数定义在主调函数之前需要声明或说明?
13. 简述函数嵌套调用的执行关系。
14. 简述递归函数创建条件与递归调用的执行过程。
15. 递归调用有哪两种形式?程序死锁可能会发生在什么情况下?
16. 在不同函数中使用同名变量是否会互相干扰?为什么?
17. 全局变量的声明与定义有何区别?
18. 局部变量有哪些存储类型?
19. 简述文件级全局变量和程序级全局变量的作用范围。
20. 简述全局变量的使用特点。
21. 试比较静态局部变量与静态全局变量的作用范围。
22. 简述静态局部变量的作用范围与生存时间。
23. 如果不允许在其他文件中声明或调用函数,应该用什么存储类型加以限定?
24. 使用什么说明符声明将被调的全局外部函数?
25. 以下程序的功能是找出 0~1000 内的所有完全数及其所有因子。

程序源代码:

```
/*t8_25.C*/
#include<stdio.h>
int find(int x,int fac[]);                /*声明函数定义原型*/
main()
{
    int i, j, s, n, num[1000];            /*定义实参数组*/
    for (i=1; i<1000; i++)
    {
        n=find(i, num);                   /*带回因子个数 n*/
        s=0;
        for (j=0; j<n; j++)
            s+=num[j];                    /*共用数组 num[]内存,求所有因子之和*/
        if(s==i)                          /*满足完全数条件*/
        {
            printf("%3d its factors:", i);        /*输出完全数*/
            for (j=0; j<n; j++)
```

```
            printf("%d", num [j]);                  /*输出所有因子*/
        printf("\n");
      }
    }
    return 0;
}
int find(int x,int fac[])       /*定义查找因子函数 find()、查找数 x 与形参数组 fac[]*/
{
    int i, count;
    count=0;                          /*0为下标起始*/
    for(i=1;i<x;i++)
        if(x%i==0)
            fac[count++]=i;           /*找出因子*/
    return count;                     /*数组元素个数 count,即因子个数*/
}
```

程序运行结果如图 8-31 所示。

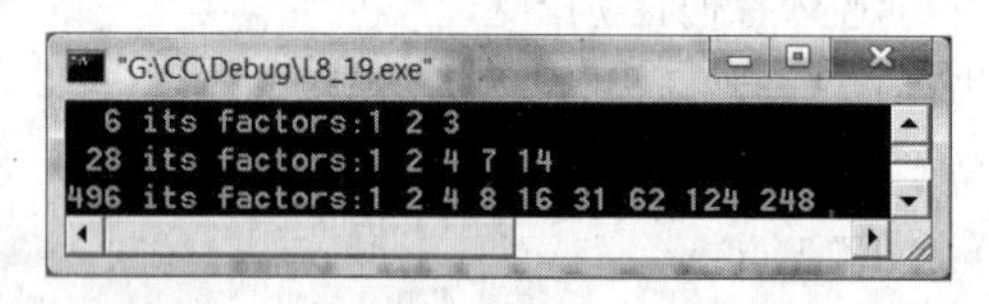

图 8-31 1000 以内的完全数及其因子

试分析函数 find()通过数组 num[j]和数组 fac[]的传参调用过程,分析说明数组公用存储单元的工作过程。

26. 以下程序的功能是求 $S_n=b+bb+bbb+\cdots+bbb\cdots b$(最后一项为 n 个 b)的值,其中 b 代表某个一位数字(以下称为位码),n 为 S_n 的求和项数。例如 $b=6,n=4$ 时,求和公式为 $S_n=6+66+666+6666$。

程序源代码:

```
/*t8_26.C*/
long sum(int a, int n);               /*声明函数定义原型*/
main()
{
    int b,n;
    long c;
    printf("Input numbers b, n=");
    scanf("%d,%d",&b,&n);             /*输入位码实参 b 和求和项数实参 n*/
    printf("Sn=");
    c=sum(b,n);                       /*传入实参,调用函数*/
    printf("=%d\n",c);
}
long sum(int a, int n)                /*定义函数 sum(),定义位码形参 a 和项数形参 n*/
{
```

```
    long sn, dn;
    int i;
    sn=dn=0L;
    printf("%d",dn);
    for (i=0; i<n; i++)
    {
        dn=dn*10L+a;                /*求和项*/
        sn=sn+dn;                   /*求和*/
        printf("+%ld",dn);
    }
    return (sn);
}
```

程序运行时输入位码 b＝6 和求和项数 n＝7，输出结果如图 8-32 所示。

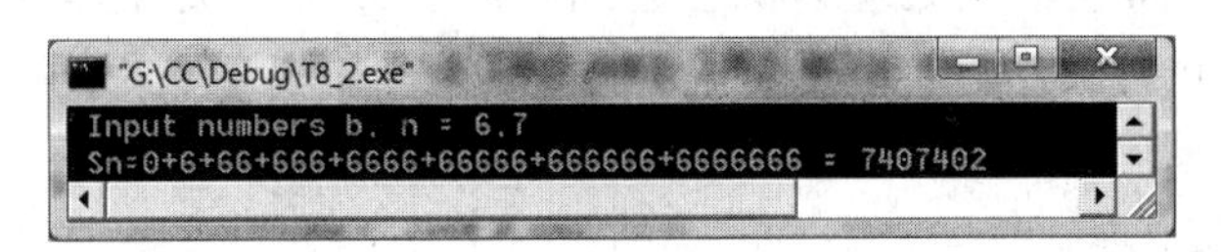

图 8-32　求和结果

试分析主函数 main()和自定义函数 sum()所使用的实参 n 和形参 n 是否为同一个变量，为什么要在函数 sum()内部输出局部变量 dn 的值，在主函数 main()中是否也能输出局部变量 dn 的值。

第9章 编译预处理

编译预处理在形式上是源程序开始处以＃为标识的语句命令，这些命令与函数内的命令语句不同，执行编译操作时，在系统对源程序代码编译之前作提前处理，因此称为编译预处理。C语言系统在编译执行源代码程序时，如果程序中有预处理命令，则首先进行编译预处理，然后再将经过预处理的源程序编译成.obj目标文件，最后进行目标文件的链接，生成.exe可执行文件。本章主要内容如下：

- 编译预处理命令；
- 宏定义与宏代换；
- 带参数与不带参数的宏定义；
- 宏定义作用域的终止；
- 文件包含处理；
- 条件编译。

9.1 编译预处理命令

C语言编译预处理命令在程序的编译过程中先于其他常规命令语句执行。在对程序源代码进行处理，如命令语句词法分析、语法结构分析、有效代码生成、代码优化处理和链接等之前，首先要进行编译预处理。编译预处理包含命令＃include和宏代换命令＃define位置通常在程序的初始定义说明部分，在主函数main()之前；编译预处理条件命令＃if-＃endif等可以在函数内。C语言提供的编译预处理功能主要有3类：

- 宏定义代换功能；
- 文件包含处理功能；
- 条件选择编译功能。

编译预处理的使用取决于实际程序的需要，预处理命令一般包括宏定义、宏代换命令＃define-＃undef、文件包含命令＃include和条件编译命令＃if-＃elif-＃endif等3种类型，其中＃define宏定义是一次定义，可处处使用，在编译前原样进行宏展开，编译时检验展开后位置的源代码语法结构；＃include文件包含的作用是将其他源代码程序原样展开在包含位置，作为程序的一部分；而＃if-＃else-＃endif、＃ifdef-＃else-＃endif、＃ifndef-＃else-＃endif、＃if-＃elif-＃endif等条件编译预处理语句的作用范围是从被定义语句开始到被解除定义的位置选择性地编译源代码程序。

编译预处理命令定义位于源程序文件需要的位置，均以编译预处理标识符＃起始，且命令的末尾不加分号。

9.2 宏定义与宏代换

C语言中宏的概念借用自汇编语言，引用宏定义和宏代换是为了在程序设计中做一些预定义和数据扩展。宏定义的位置通常在程序初始定义说明部分，也可以在程序的其他位置。用一个指定的标识符来代表一个字符串，这个标识符就称为宏名。宏定义与变量定义不同，宏定义只是在编译预处理时作简单的字符串替换，并不需要系统分配内存空间；而定义变量则会在编译时得到系统分配的内存空间。宏定义有两种形式，即不带参数的宏定义和带参数的宏定义，宏定义命令由＃define来标识。

宏定义命令的一般格式为

```
#define 宏名  字符串常量
```

宏名也称宏代换标识符或宏代换常量，＃define的功能是用字符串代换宏名。在程序中用宏名替代字符串称为宏调用，预编译时用字符串常量代换宏名称为宏展开。例如：

```
#define MSG "This is a C program."
main()
{
    printf("MSG is");
    printf(MSG);
}
```

输出结果：

```
MSG is This is a C program.
```

用宏定义命令使宏名替代一个字符串，在编译预处理时，会将程序中在该命令出现以后的与宏名相同的标识符都替换成它所代表的字符串，这个过程就是宏展开。在程序中用双引号""括起来的字符串内的宏名字符不进行替换。

宏名可使用在程序中的任何位置，以减少程序中的重复过程，避免不一致性。如果宏定义在程序初始定义说明部分，则其作用域就是所在的整个文件，可以使用＃undef命令终止宏定义的作用域。

例如，宏定义

```
#define PI 3.1415926
```

使用宏名PI替代3.1415926，在程序中任何需要使用3.1415926的地方都以PI表示，就可减小重复使用的不一致性，且不易出错。需要改变精度时，只需修改宏定义中的字符串常量即可。

宏定义和宏代换分不带参数符号常量宏代换和带参数宏代换两种类型。

9.2.1　不带参数的宏定义

不带参数的宏定义的一般形式为

```
#define 宏名　字符串
```

宏定义一般写在源文件开头函数体的外面，宏名通常用见名知意且易于记忆理解的大写字母表示，其有效范围是从宏定义命令之后至遇到宏定义终止命令 #undef 为止，否则其作用域将一直到源文件结束。

例如：

```
#define Rate 7.618
```

定义宏名 Rate 代表 7.618。编译预处理时，系统将该命令定义后作用域内所有 Rate 都自动用 7.618 来代换，实际上，这也是符号常量的定义形式。

使用宏定义可以减少程序中频繁使用字符串的重复表达，易于统一修改、重复使用，需要时只需在宏定义命令行修改一次即可。

使用宏定义命令需要注意以下几点：

(1) 对于程序中双引号中的字符串，即使与宏名相同，也不对其进行代换。例如，程序中的输出命令语句：

```
printf("Rate=",Rate);
```

在编译预处理时，"Rate="中的 Rate 不会被代换，只对输出表达式表列中的第二个 Rate 进行代换，即执行该语句后输出结果为

```
Rate=7.618
```

(2) 编译预处理只对宏作简单的代换工作，并不作语法正确性检验。例如：

```
#define Rate 7.618;
```

则在预处理时将把 Rate 代换为带双引号的字符串"7.618;"，例如：

```
real=3000+Rate*6
```

实际宏代换为

```
real=3000+7.618;*6
```

显然计算时会发生错误。

(3) 如果宏定义在一行中写不下整个字符串常量，需要使用两行或更多行来表达时，只需在换行最后字符位置后面加上续行符反斜杠"\"，就可以在下一行的开始接着写。

(4) C 语言允许宏定义嵌套引用已定义的宏，新的宏定义中可以引用已定义的宏名。例如：

```
#define Rate 7.618
```

```
#define Exchange 1.79516
#define Central Exchange * Rate * 3e5
```

宏展开时，编译器把程序中的 Rate 用 7.618 来代换，把 Exchange 用 1.79516 来代换，最后将 Central 用 1.79516 * 7.618 * 3e5 来代换。

可以嵌套定义引用已定义宏代换，例如源代码：

```
#define A 2
#define B 4
#define C 6
#define D (A+B) * C
main()
{
    printf("The result is:%d\n",D);
}
```

程序执行结果：

```
The result is:36
```

例 9-1 编写程序，输入半径，使用宏定义常量计算任意半径的圆的周长和面积以及球体的体积。

程序源代码：

```
/* L9_1.C */
#define Pi 3.1415926
#define Perimeter 2 * Pi                    /* 嵌套引用宏定义 */
#define Volume 4.0/3.0 * Pi
#include<stdio.h>
main()
{
    float r;
    printf("Input radius=");
    scanf("%f",&r);
    printf ("perimeter=%f\nSpace=%f\nVolume=%f\n", Perimeter * r, Pi * r * r,
    Volume * r * r * r);
}
```

程序运行时，输入任意半径值，输出结果如图 9-1 所示。

本例程序使用宏定义嵌套引用，用 printf()有效输出经过宏展开后的各表达式表列。

```
"G:\CC\Debug...
Input radius = 9.999
perimeter=62.825566
Space=314.096406
Volume=4187.533114
```

图 9-1 嵌套引用宏定义

9.2.2 带参数的宏定义

带参数的宏定义在宏名后一对括号内需列出形式参数列表，在展开位置之前需要给

出对应的实际参数列表，实参必须有值。带参数宏定义的一般形式为

```
#define 宏名(形参表列) 表达式字符串
```

形参列表中的各形参之间用逗号隔开，且表达式字符串中应包含形参表列中的参数，书写时注意宏名和后面的括号之间不要加空格。例如：

```
#define MAX(x,y) (x>y)?x:y
```

定义宏名为 MAX 的带参数宏 MAX(x,y)，形式参数为 x 和 y。带参数宏定义的作用域和使用方法与不带参数的宏定义相同，所不同的是，带参数的宏定义除了用表达式字符串代换宏名之外，在编译预处理进行宏展开时，还要进行参数代换，用实参替换形参。例如源代码：

```
#define START
{
#define END
}
#define MAX(x,y) x>y?x:y
main()
START   double x=600.0,y=2000.0;
        long lx=9,ly=698;
        printf("double MAX=%lf\n",MAX(x,y));
        printf("long MAX=%ld\n",MAX(lx,ly));
END
```

在编译预处理时，宏展开后的源代码为

```
#define START {
#define END}
#define MAX(x,y) x>y?x:y
main()
{
    double x=600.0,y=2000.0;
    long lx=9,ly=698;
    printf("double MAX=%lf\n", 600.0>2000.0?600.0: 2000.0);
    printf("long MAX=%ld\n", 9>698?9:698);
}
```

带参数的宏名在编译预处理时进行宏展开的顺序是从左到右进行代换，表达式字符串中包含宏中的形参，将形参用程序命令语句中相应的实参来代换，而字符串中的其他字符则原样保留。

带参数的宏展开用程序中实参替代宏定义中的形参，程序中的实参可以是常量、变量或表达式，当实参为表达式时，为了保证代换后实现同样的算法，一般在宏定义时用括号将表达式字符串中的形参括起来。例如：

```
#define SQ(x) x*x
```

则 SQ(a+b)将被宏代换成 a+b*a+b。若有 a=3,b=6,则

```
c=SQ(a+b)
```

将被宏代换成

```
c=3+6*3+6
```

c 值为 27。

为了避免算法上出现歧义,宏定义时使用圆括号将表达式字符串中的形参运算对象括起来,即

```
#define SQ(x) ((x)*(x))
```

那么 SQ(a+b)将被宏代换成((a+b)*(a+b))。若有 a=3,b=6,则

```
c=SQ(a+b)
```

将被宏代换成

```
c=((3+6)*(3+6))
```

c 值为 81。

带参数的宏定义也可嵌套使用,即一个宏定义可用另一个宏定义引用来定义。例如:

```
#define SQ(x) ((x)*(x))
#define CUBE(x) (SQ(x)*(x))*(x)
```

那么 CUBE (a+b)将被宏替换成((a+b)*(a+b))*(a+b)。若有 a=3,b=6,则

```
c=CUBE(a+b)
```

将被宏代换成

```
c=((3+6)*(3+6))*(3+6)
```

c 值为 729。

在使用带参数的宏时,实参和形参必须一一对应。

带参数的宏定义与带参数的函数性质有所不同。在带参数的宏定义中,形参不分配内存单元,因此不必作类型定义,而宏调用中的实参有具体的值,需要用实参值去代换形参,因此必须作类型说明,这与函数中的情况不同,在带参数的宏展开过程中只是符号代换,不存在值传递的问题。

尽管利用宏定义可以实现与函数相同的算法,带参数的宏定义只是将表达式字符串定义为宏名,编译时进行宏展开与宏代换,宏展开是执行源程序的一部分,应用上避免了代码重复书写工作,但并不能像函数那样,只在需要调用的时候分配资源,执行结束实现运算并带回返回值,释放函数调用时的所有内存资源。函数定义与调用过程的形参和实参是两个不同的参量,各自有自己的存储空间和作用域,函数调用时要把实参值赋予形参,进行值传递。

总之,在实际应用中,使用宏定义或使用函数定义方式要根据具体情况进行选择。若

为简化程序或调试维护简单程序，可选择使用宏来实现函数的功能。

例 9-2 编写程序，输入半径，使用带参数的宏定义实现计算任意半径的圆的周长和面积以及球体的体积。

程序源代码：

```
/*L9_2.C*/
#define Pi 3.1415926
#define Perimeter(r) 2*Pi*r                    /*嵌套引用宏定义*/
#define Space(r) Pi*r*r                        /*嵌套引用宏定义*/
#define Volume(r) 4.0/3.0*Space(r)*r           /*嵌套引用宏定义*/
#include<stdio.h>
main()
{
    float r;
    printf("Input radius=");
    scanf("%f",&r);
    printf("perimeter=%f\nSpace=%f\nVolume=%f\n", Perimeter(r), Space(r),
    Volume(r));
}
```

程序运行时，输入任意半径值，输出结果如图 9-2 所示。

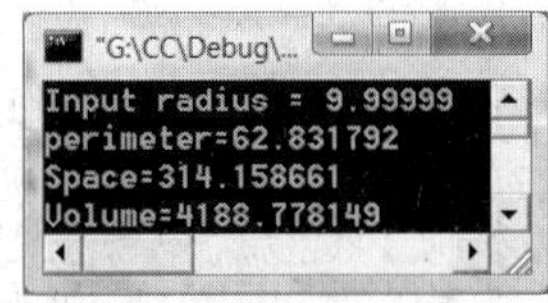

图 9-2 嵌套引用带参宏定义

宏定义经过宏展开后，源程序语句中的宏名 Perimeter(r)、Space(r)和 Volume(r)被代换为对应的 3 个宏定义表达式，使用一条宏定义可以嵌套定义引用，使源程序简洁直观。一般来说，需要反复使用某一运算表达式的情况使用宏定义较为方便；而当运算表达式较长且逻辑关系较为复杂，运算处理步骤又较烦琐时，通常不适合使用宏定义，而选择函数较为合适。

合理地利用宏定义避免了反复使用某运算对象时程序书写的烦琐。例如，在程序中可能需要经常使用较为复杂的输出格式，就可以事先将这些格式定义好，每次需要使用时就显得非常方便。

例 9-3 编写程序，利用带参数的宏编译预处理定义各种常用输出格式，输出各种数据。

程序源代码：

```
/*L9_3.C*/
#define PR printf                  /*PR代表printf字串*/
#define NL "\n"                    /*NL代表\n回车字符*/
#define SP "  "                    /*SP代表空格字符*/
#define D "%d"                     /*D代表%d格式控制*/
#define F "%f"                     /*F代表%f格式控制*/
#define D1 D NL                    /*D1代表D NL定义*/
#define D2 D SP D1                 /*D2代表D SP D1嵌套定义*/
#define F1 F NL                    /*F1代表F NL嵌套定义*/
```

```
#define F2 F SP F1                    /* F2 代表 F SP F1 嵌套定义 */
#define S "%s"                        /* S 代表%s 格式控制 */
main()
{
    int a,b;
    float c,d;
    char str[]="The beautiful lake!";
    a=123456; b=200; c=3.14159;d=7.9;
    PR(D1,a);          /* 宏展开为 printf("%d""\n",a);,即 printf("%d\n",a); */
    PR(D2,a,b);        /* 宏展开为 printf("%d""  ""%d""\n",a,b) */
    PR(F1,c);          /* 宏展开为 printf("%f""\n",c) */
    PR(F2,c,d);        /* 宏展开为 printf("%f""  ""%f""\n",c,d) */
    PR(S,str);         /* 宏展开为 printf("%s",str) */
    PR(NL);            /* 宏展开为 printf("\n") */
}
```

程序运行后的输出结果如图 9-3 所示。

使用编译预处理命令 # define 定义了不同的输出格式宏，在程序中使用这些输出格式宏代换可方便各种数据的输出。

图 9-3　嵌套定义引用格式宏

9.2.3　宏定义作用域的终止

宏定义的作用域是从宏定义命令开始到程序结束。如果需要在源程序的某处终止宏定义，则需要使用 # undef 命令取消宏定义。取消宏定义命令的一般格式为

```
#undef 宏名
```

其作用是终止用 # define 定义的宏的作用域。使用时，根据需要可以将 # undef 写在某个函数之前，也可以写在函数体内部。例如：

```
#define P1 3.14
#define P2 3.14159
main()
{
    ...
}
#undef P1
#define Space(r) P2*((r)*(r))
volume()
{
    ...
    ...
    #undef Space
```

```
    ...
}
```

该程序示意中,在 main()之前定义的宏 P1 在执行到宏命令 ＃undef P1 之后,将终止宏名 P1 的作用域。因此,volume()中不能使用 P1,因为会把 P1 当作未定义的普通变量处理。而在 volume()之前定义的宏名 Space(r),在 Space(r)函数中的执行宏命令 ＃undef Space 之前,会将宏名 Space(r)进行宏展开;而执行到 ＃undef Space 之后,将不能再对 Space(r)进行宏展开。

例 9-4 编写程序,分别使用带参宏定义和函数定义求圆球体的体积。

程序源代码:

```
/*L9_4.C*/
#define P1 3.14
#define P2 3.1415926
#define volume(r) 4.0/3.0*P1*r*r*r              /*定义宏 Volume(r)*/
float volume(float r);
main()
{
    float r,v;
    printf("Enter the radius:");
    scanf("%f",&r);
    v=volume(r);                    /*宏展开为 v=4.0/3.0*3.1415926*r*r*r*/
    printf("r=%f\n P1 for Volume()=%f\n",r,v);
    v=volume(r);                    /*调用函数 volume(r)*/
    printf("P2 for volume()=%f\n",v);
}
#undef P1                           /*终止宏定义 P1 的作用域*/
float volume(float r)               /*定义函数 volume(r)*/
{
    float v;
    v=4.0/3.0*P2*r*r*r;             /*使用宏定义 P2 的作用域*/
    return (v);
}
```

程序运行后的输出结果如图 9-4 所示。

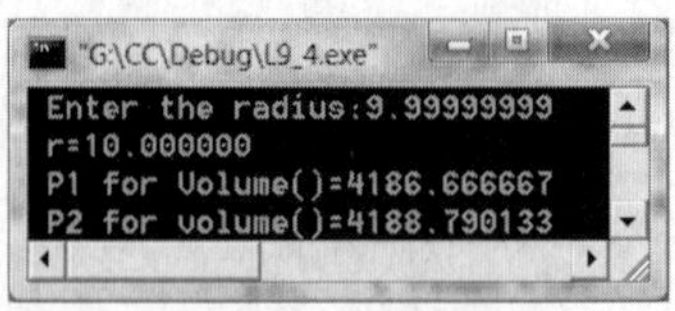

图 9-4 宏定义和函数定义运算

本例编译预处理时,宏定义 volume(r)可以将 P1 和半径值代入宏展开。由于在 volume()自定义函数的前面遇到了终止宏定义作用域命令 ＃undef P1,自此 P1 不能再使用,只可以被作为普通变量重新定义处理,因此后面函数 volume()调用只能使用 P2 求解运算。

9.3 文件包含处理

文件包含处理就是执行#include 包含命令，把其他源程序文件的全部内容都包含到当前C源程序文件中。文件包含命令一般有两种形式：

```
#include "文件名"
```

或

```
#include <文件名>
```

用双引号表示文件包含命令是先在当前源文件所在目录中找包含文件，若找不到，再到系统标准库目录中找；而用尖括号表示文件包含命令直接在标准库目录下找该文件。

#include 命令中的文件名是被包含的源程序代码文件名，系统库函数使用的包含文件称为头文件，通常以.h 作为文件后缀，如 stdio.h 文件等。

只要是符合C语言程序规范的源文件都可以作为头文件被包含，头文件中可以包括声明函数定义原型、宏定义、全局变量定义、结构体类型定义等各类有效内容。

执行文件包含命令后，在当前文件中将包含文件内容原样展开，在当前文件中无须重新定义，就可以直接使用头文件中的内容。文件包含命令的执行过程与作用如图 9-5 所示。

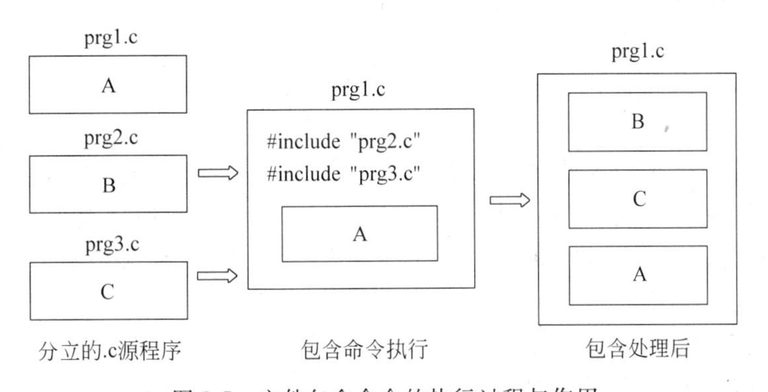

图 9-5 文件包含命令的执行过程与作用

图 9-5 中 prg1.c、prg2.c 和 prg3.c 的内容分别为 A、B 和 C，以 prg1.c 为当前文件，在当前文件 prg1.c 中有#include "prg2.c"和#include "prg3.c"两条文件包含命令。编译预处理后，prg2.c 和 prg3.c 的内容将被全部原样展开到 prg1.c 中，因此编译 prg1.c 时，不是将 3 个文件分别编译再进行链接操作，而是将包含进来的 prg2.c 和 prg3.c 的内容连同 prg1.c 作为一个C源程序整体进行编译，最后得到的是一个 prg1.obj 目标文件。

包含命令的使用需要注意以下几点：

(1) 被包含文件不一定必须是以.c 或.h 为后缀的文件，只要文件的内容是C编译系统可以识别和执行的源代码都可以包含,文件名可以是其他后缀,也可以没有后缀。

(2) 每一条#include命令只能指定包含一个头文件。如果需要包含多个文件,则需要用多条#include命令,而且#include命令通常写在当前文件的开始。注意包含顺序,例如,文件1需要包含文件2和文件3,而文件2也需要包含文件3,那么就可以在文件1中一次同时包含文件2和文件3,将头文件3写在头文件2前面,于是在头文件2中就可以不必再包含头文件3。包含关系如图9-6所示。

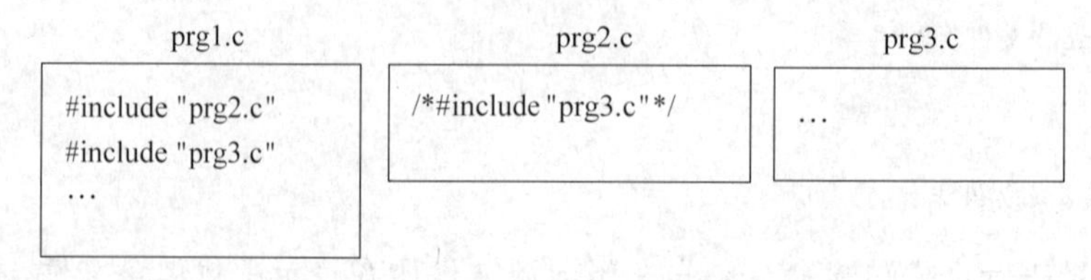

图9-6 多个文件包含的顺序处理

顺序处理后使得prg1.c中执行到prg2.c程序内容时,可以有效使用prg3.c文件的内容。

(3) 文件包含也可以嵌套使用,即在一个包含文件中又可以包含另一个头文件。例如,上述问题也可以这样处理:在文件1的头部包含文件2,而在文件2的头部再使用包含文件3的命令。包含关系如图9-7所示。

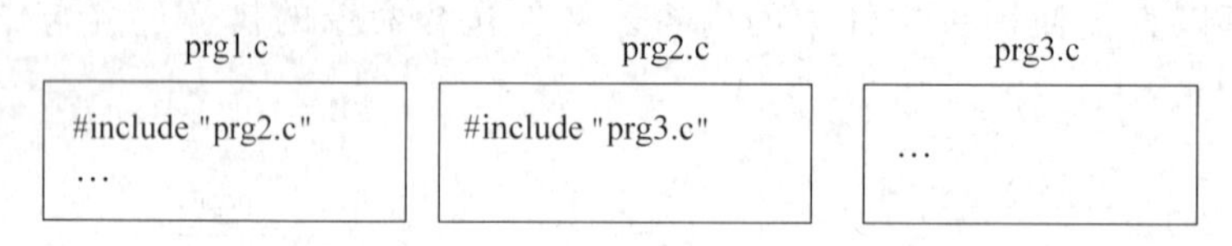

图9-7 文件包含的嵌套使用

(4) 使用头文件编译预处理使程序中常用语句命令的修改、使用和维护变得简单易行。需要时只需修改头文件中的对应内容就可以,而不必去依次修改大量程序中的每个程序。实际使用时注意,如果修改了某个头文件中的代码,那么所有包含该头文件的C源程序文件都需要逐一重新编译。

文件包含可以辅助编程工作,提高工作效率。C语言提供了许多库函数,包括标准库函数的原型定义声明以及系统宏定义等,均以后缀为.h分类存放在相关头文件中。常用的标准库头文件的扩展名均以.h为后缀,例如:

```
#include<stdio.h>          /*标准输入输出基本常量、系统宏或库函数文件声明*/
#include<string.h>         /*字符串函数文件声明*/
#include<ctype.h>          /*字符函数文件声明*/
#include<math.h>           /*数学函数库文件声明*/
```

当程序设计需要使用相关内容时,必须在源程序中使用#include包含命令将相关.h头文件包含在源程序中。同时,用户可以自己创建共享头文件,也可以事先编制所需要的扩展名为.h的包含文件或其他ASCII码文件,然后用#include把它们包含到当前文件中使用,或供其他程序使用时将其包含在其他程序源文件当中。

例 9-5 编写程序，将与圆有关的圆周率、圆面积、球体体积、空心球体积函数以及常用格式控制等宏定义集中形成.h 头文件，以便在其他源程序使用时可以共享包含相关声明与原型。

```
/* sphere.h */
#define PI 3.1415926535                              /* 宏定义 */
#define S(r) PI*r*r
#define V(r) 4.0/3.0*S (r)*r
#define PR printf
#define NL "\n"
#define F "%f"
float shell(float r) {return(V(r+.9567)-V(r));}  /* 函数定义 */
/* end */
```

将 sphere.h 源程序存盘，然后在需要使用的程序中包含该文件，执行 #include "sphere.h"包含命令之后，程序中就可使用 sphere.h 头文件中的相关定义与函数。需要时也可以扩充和修改，注意要对相关源程序重新编译。

程序源代码：

```
/* L9_5.C */
#include "sphere.h"
void main()
{
    float r;
    printf("Enter the radius:");
    scanf("%f",&r);
    PR("The Space is "NL);
    PR(F NL, S(r));
    PR("The Volume is "NL);
    PR(F NL,V(r));
    PR("The Shell is "NL);
    PR(F NL,shell(r));
}
```

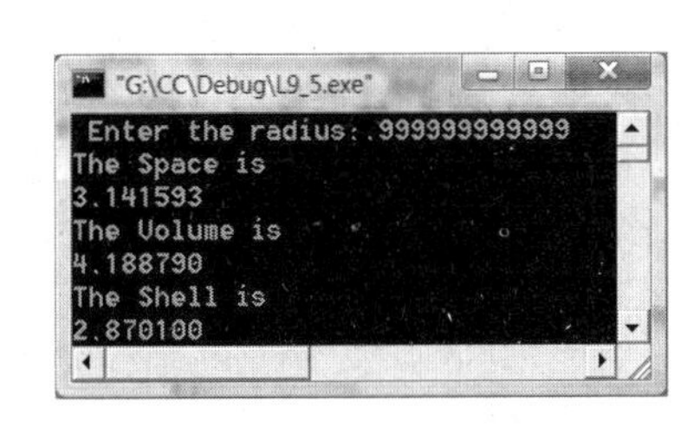

图 9-8 包含宏定义和函数定义.h 头文件

程序运行后的输出结果如图 9-8 所示。

9.4 条件编译

在源程序设计中，如果需要根据给定条件进行选择，条件成立时编译某一部分程序，否则编译另一部分程序，这时需要使用条件编译命令。完成条件编译的宏指令主要有 #ifdef-#else-endif、#ifndef-#else-endif 和 #if-#else-#endif 等，按实际需要组合使用构成条件编译的程序结构。

所谓条件编译,就是根据编译条件是否满足来选择编译源程序中的不同部分,而不需要编译源程序中的所有命令语句。条件编译命令主要包括以下几种形式。

1. ＃if-＃endif 结构

＃if-＃endif 结构的一般形式为

```
#if 常量表达式
    程序模块
#endif
```

＃if-＃endif 结构的作用是：如果常量表达式的值为非 0 值,则编译＃if-＃endif 的范围程序模块,否则不编译该程序模块。例如：

```
#define MAX 6
#if MAX==0
   #define MAX 5
#endif
main()
{
    int x=3;
    do {printf("x=%d,",x++);} while(x<MAX);
}
```

运行时输出

```
x=3,x=4,x=5
```

因为 MAX 首先定义为 6,所以条件编译＃if-＃endif 结构模块不执行,MAX 的代换常量值仍为 6。如果将 MAX 代换常量值改为 0,则执行条件编译＃if-＃endif 结构模块,MAX 的代换常量值为 5。

运行时则会输出

```
x=3,x=4
```

2. ＃if-＃else-＃endif 结构

＃if-＃else-＃endif 结构的一般形式为

```
#if 常量表达式
      程序模块 1
#else
      程序模块 2
#endif
```

＃if-＃else-＃endif 结构的作用是：如果常量表达式的值为非 0 值,则编译程序模块 1,否则编译程序模块 2。例如：

```
#define MAX 0
#if MAX>10
  #define MAX 10
#else
  #define MAX 5
#endif
main()
{
    int x=3;
    do {printf("x=%d,",x++);} while(x<MAX);
}
```

因为 MAX 定义为 0,根据#if-#else-#endif 条件选择结构功能,使 MAX 的代换常量值为 5,所以程序执行结果为

```
x=3,x=4
```

如果将#define MAX 0 改为#define MAX 10,则执行结果为

```
x=3,x=4,x=5,x=6,x=7,x=8,x=9
```

因为 MAX 代换常量为 10。

3. #if-#elif-#endif 结构

#if-#elif-#endif 结构的一般形式为

```
#if 常量表达式 1
    程序模块 1
#elif 常量表达式 2
    程序模块 2
#endif
```

#if-#elif-#endif 结构的作用是:如果常量表达式 1 的值为非 0 值,则编译程序模块 1,否则需要判断常量表达式 2,如果常量表达式 2 为非 0 值,则编译程序模块 2,否则结束。例如:

```
#define MAX 3
#if MAX>10
   #define MAX 10
#elif MAX>5
   #define MAX 5
#elif MAX>2
   #define MAX 2
#endif
main()
{
     int x=0;
```

```
    do {printf("x=%d,",x++);} while(x<MAX);
}
```

程序中的#define MAX 3只满足MAX>2这个条件,故MAX代换常量值为2,程序执行结果为

```
x=0,x=1
```

如果将#define MAX 3改为12,则满足MAX>10的条件,故MAX的值为10,程序执行结果为

```
x=0,x=1,x=2,x=3,x=4,x=5,x=6,x=7,x=8,x=9
```

4. #ifdef和#ifndef编译命令

#ifdef条件编译命令的一般形式为

```
#ifdef  宏名标识符
```

#ifndef条件编译命令的一般形式为

```
#ifndef  宏名标识符
```

#ifdef和#ifndef条件编译命令的功能是用来识别宏名是否被定义过,都可以取代#if命令构成条件编译结构。#ifdef和#ifndef的区别是:#ifdef所判断的宏名标识符如果被#define命令定义过,则为真;而#ifndef所判断的宏名标识符如果没有被#define命令定义过,则为真。

宏名标识符是指已用宏命令#define定义的宏名,而程序段可以是编译预处理命令,也可以是C命令语句组。

可以看到,使用条件编译可以提高编译的效率,并且可以使得程序更加灵活,并且有利于程序的调试以及移植等。

例9-6 编写程序,输入一行字母字符,根据需要设置条件编译,使之能将字母全改为大写输出,或全改为小写字母输出(大写字母与对应小写字母的ASCII代码差值为32)。

程序源代码:

```
/*L9_6.C*/
#define LETTER 1
main()
{
    char str[20]="The Summer Palace",C;
    int i;
    i=0;
    while((C=str[i])!='\0')
    {
        i++;
```

```
    #if  LETTER
        if(C>='a' && C<='z')
            C=C-32;
    #else
        if(C>='A' && C<='Z')
            C=C+32;
    #endif
        printf("%C",C);
    }
    printf("\n");
}
```

先定义 LETTER 为 1,这样在对条件编译命令进行预处理时,由于 LETTER 定义非零即为真,因此对第一个#if 选择结构语句进行编译,运行时使小写字母变大写。

程序运行后的输出结果如图 9-9 所示。

如果将程序第一行改为

```
#define LETTER 0
```

则在预处理时,对第二个#if 选择结构语句进行编译处理,使大写字母变成小写字母。

程序运行结果如图 9-10 所示。

图 9-9 编译条件定义为真

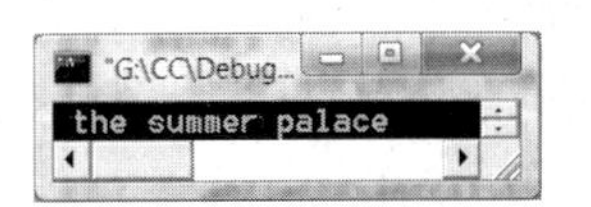

图 9-10 编译条件定义为假

9.5 练 习 题

1. C 语言提供的编译预处理命令主要有哪些功能与作用?
2. 试述宏定义与宏展开的关系与过程,分析用双引号括起来的宏名是否能代换。
3. 简述宏定义命令作用域的有效范围及终止命令的形式与作用。
4. 简单示例新的宏定义中引用已定义的宏名是如何进行宏展开的。
5. 带参数的宏定义除了用表达式字符串代换宏名之外,能否嵌套定义?
6. 带参数的宏定义与带参数的函数性质有何不同?
7. 简述文件包含命令的两种形式对路径查找的相同与不同。
8. 简述文件包含处理的形式与作用。
9. 简述多个相互关联的文件包含和嵌套使用的逻辑顺序。
10. 条件编译的宏指令主要有哪些? 各有何编译控制特点?
11. 在#if-#elif-#endif 条件编译结构中#elif 条件是否独立判断?
12. 条件编译#ifdef 和#ifndef 命令主要用于哪方面?

13. 试分析下列程序代码中无参宏定义的宏展开源代码及输出结果。

```
#define PR printf
#define NL "\n"
#define D "%d "
#define F "%f "
#define S "%s "
void main()
{
    int a=6,b=9;
    float x=3.14159,y=56.78;
    char ch[]="Test myself!";
    PR(D F NL,a,x);
    PR(D D F F NL,a,b,x,y);
    PR(S NL,ch);
}
```

14. 试分析下列程序代码中带参宏定义的算法实现过程,简述如果去掉形式参数 x 的括号是否可行。

```
#define SQR(x) ((x) * (x))
void main(void)
{
    int i=1;
    while(i<6)
        printf("%d,",SQR(2+i++));
}
```

试对照比较同样问题使用下列函数定义的方式,在调用实现过程和参数传递方面,与带参宏定义进行宏展开有何不同。

```
void main()
{
    int i=1;
    while(i<6)
        printf("%d  ", sqr(2+i++));
}
int sqr(int x)
{return((x) * (x));}
```

简述带参宏展开有无数据类型问题和参数值的传递问题。

第10章 地址与指针变量

指针变量简称指针，是一种用于存放已定义内存变量地址的特殊变量，指针的内容就是各种数据类型操作对象的内存地址。指针是C语言程序设计中的精华与重要特色，正确掌握和使用指针，可以有效地表示复杂的数据结构，可以动态地分配和使用内存，还可以方便地处理字符串、有效地使用数组、灵活地调用函数等。直接对内存地址操作不仅可以有效解决一些复杂的系统底层访问问题，还可以提高代码编译和运行效率。掌握运用C语言编程必须熟练掌握指针的概念与应用。本章主要内容如下：

- 指针变量的定义与运算；
- 数组名及指向数组的指针变量作函数参数；
- 多维数组与指针变量；
- 字符串指针变量的定义及应用；
- 用指向函数的指针调用函数；
- 返回指针值的指针函数；
- 指针数组的定义及应用；
- 指向指针的指针变量；
- main()参数的传递。

10.1 变量的内存地址与指针

所有变量一经定义便分配内存单元，产生相应的存储和访问地址，该地址是变量在内存空间的存放地址，用于访问该变量的寻址操作，简称变量地址。将已定义变量的地址取出存放到特殊的变量，该特殊变量便指向取其地址的变量，形成指针变量，简称指针。

指针是已定义变量的地址，变量地址是该变量的内存访问地址，赋值操作后使指针变量有所指向，即指向取其地址进行赋值运算的变量。

指针本身也是一种变量，与数据变量不同的是，指针变量存放的是数据变量的地址，而不是数据。指针变量定义时规定其存放地址对应的数据变量类型，指定存放某种数据类型的地址，可以是字符类型、整数类型、浮点数据类型等变量的地址。

内存区域以内存单元划分，每个内存单元存放一个字节数据，每个内存单元都有唯一的地址。如果将教学楼比作内存空间，每个教室是变量存储单元，每个座位是最小内存单元，以字节为单位。在教学楼中寻找教室必须按每个教室的唯一编号查找，如同内存空间查找变量地址一样。

在程序中定义的任何一个变量,系统都会根据变量定义的数据类型分配给变量一定长度的内存空间,占据一块内存区域,变量数据值就可存放在这块内存区域之中,称为内存单元数据或内容。一般系统会为字符型变量分配 1B,为整型变量分配 2B 或 4B,为实型变量分配 4B 等。

内存变量单元地址和内存变量单元数据是不同的概念。内存变量单元的地址可看成是一个变量存储单元在内存空间分配存放空间位置的编号,而内存变量数据是指变量存储单元存放的内容,数据是程序运行操作的运算对象。

系统对内存变量的访问方式有两种,即绝对地址访问和相对地址访问,也称直接访问和间接访问。

直接访问是按变量的地址直接寻址进行访问。比如变量 i 的地址是 2008,访问变量 i 的值,只要找到地址 2008 就是变量 i 的地址,就可以存取变量 i 的数据值。

间接访问是指将数据变量地址存放在指针变量中,因为指针变量存放的是数据变量的地址,使用指针变量进行访问时,按指针变量值进行操作,实际访问的是对应变量的地址,根据这个地址的指向,去访问相应的数据变量,进行数据存取,称为间接访问。

一个指针变量只能指向定义类型数据变量的地址,即指向一个已经定义的类型匹配的数据变量地址,用指针地址变量可以对指向的地址单元数据按地址进行操作。

例 10-1 编写程序,定义数据变量和指针地址变量,实现直接访问与间接访问数据变量操作运算。

程序源代码:

```
/*L10.1.c*/
void main(void)
{
    int i=20,m,n;
    int *i_pointer;              /*定义指针变量*/
    i_pointer=&i;                /*取出数据变量 i 的地址赋给指针,指针指向 i 变量*/
    m=i+6;                       /*直接访问 i,即直接存取 i 变量值*/
    n=*i_pointer+3;              /*间接访问 i,即通过指针间接存取 i 变量值*/
    i_pointer=&m;                /*指针指向 m 变量*/
    printf("m=%d\n n=%d\n",*i_pointer,n);    /*间接访问 m,直接访问 n 变量值*/
}
```

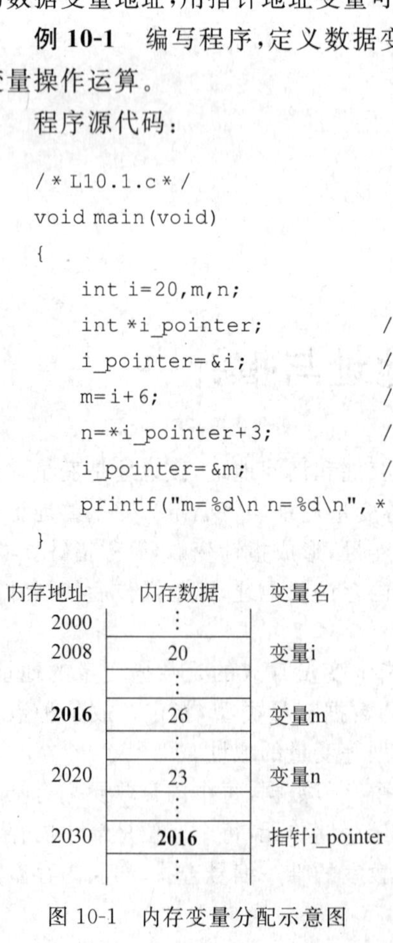

内存地址	内存数据	变量名
2000	⋮	
2008	20	变量i
	⋮	
2016	26	变量m
	⋮	
2020	23	变量n
	⋮	
2030	**2016**	指针i_pointer
	⋮	

图 10-1 内存变量分配示意图

程序执行后的内存分配示意图如图 10-1 所示。

本例程序中定义数据变量 i,初始化存放数据值为 20;定义指针地址变量 i_pointer,通过取地址运算符 & 获得数据变量 i 的地址 2008,使 i_pointer 指针存放的是数据变量 i 的地址。

执行 m=i+6;命令是取数据变量 i 值,为直接访问数据变量 i 方式,而执行 n=*i_pointer+3;命令是按 2008 地址的指向取出数据变量 i 值,为间接访问数据变量 i 方式。程序执行过程中内存变量访问变化关系示意图如图 10-2 所示。

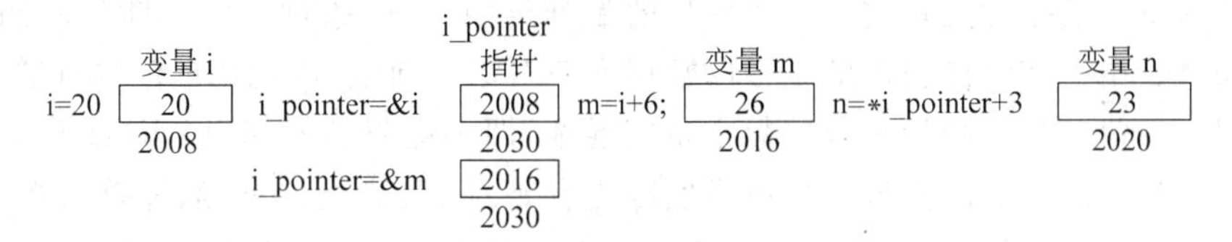

图 10-2　内存变量访问示意图

程序运行结果如图 10-3 所示。

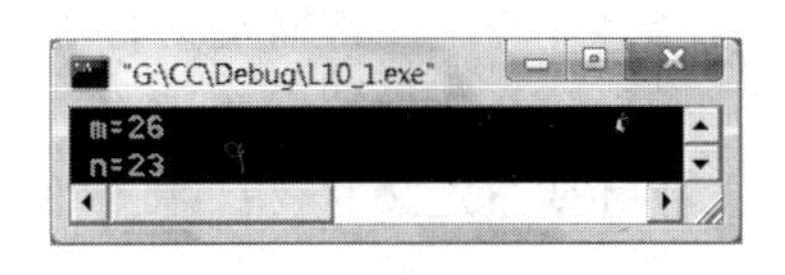

图 10-3　直接访问与间接访问内存变量

本例中指针 i_pointer 地址变量也是变量，占有地址 2030 内存单元，执行 i_pointer＝&m；命令语句之后，其中 i_pointer 存放的数据是变量 m 的地址 2016，由于 2016 为数据变量 m 的地址，执行输出语句 printf("m＝%d\n n＝%d\n", * i_pointer,n)；时，以取值运算符 * 操作 * i_pointer，即为间接访问方式输出 m 值。

一个变量根据其定义数据类型会占有多个字节内存单元，这时以首地址表示该变量的地址，数据类型长度为变量存储单元长度，这时指向该数据变量的指针地址变量值加 1，则下一个变量首地址以变量存储单元长度为单位移动。

在 C 语言中将存放变量地址的变量称为地址变量或指针变量，简称指针，只能用来存放地址，且只能通过取地址运算符 & 操作获得已定义变量地址。可以这样来理解指针和指针变量的叫法，指针是一种特殊的数据类型，用来指存放数据的内存地址；指针变量是一种变量，这种变量中存放的数据为指针型的数据，即内存地址。

10.1.1　指针变量的定义

指针变量是存放地址的变量。指针变量在使用之前必须进行定义，说明其指向变量的数据类型或数据结构。指针变量定义的一般形式为

```
类型说明符 *指针变量名
```

类型说明符表示指针变量所指向的数据变量的数据类型，这里星号“*”表示后面的标识符是指针变量，而不是对指向变量内容进行操作的运算符，也不作为指针变量名标识符的一部分。例如：

```
int *p;            /*定义指针变量 p 是指向 int 型变量的指针*/
char *s;           /*定义指针变量 s 是指向 char 型变量的指针*/
float *f;          /*定义指针变量 f 是指向 float 型变量的指针*/
double *d;         /*定义指针变量 d 是指向 double 型变量的指针*/
static int *p;     /*定义指针变量 p 是指向 int 型变量的指针，而 p 本身是静态存储类型变量*/
int *fpi();        /*定义 fpi()是一个函数，该函数返回指向 int 型变量的指针地址*/
int (*fpi)();      /*定义 fpi 是一个函数指针，该指针指向 int 型函数*/
```

```
int *p[3];         /* 定义 p 指针数组,每一个数组元素都是指向 int 型变量的指针 */
int (*p)[3] ;      /* 定义指针变量 p,指向三个元素为一组的一维数组或二维数组行 */
```

指针变量的数据类型是它指向的变量的数据类型,一个指针变量只能指向同一数据类型的变量。指针变量值表示的是指向数据变量对象的地址,因此地址值只有取正整数,但不能把地址值和整型变量值或整数常量值混淆,即不能直接对指针变量赋整型常量或变量值。所有合法有效的指针变量值是实际内存地址,只能通过 & 运算符获得,均为非 0 值。如果需要指针变量无任何指向,即某个指针变量取值为 0,则赋值常量为 ASCII 码空值 NULL,表示该指针变量不指向任何对象。

指针变量只能指向定义时所规定类型的变量,例如类型为 int 的指针变量不能在程序中指向一个实型数据变量。

指针变量定义后,指针变量值是不确定值,使用前必须先赋值,使其有所指向。

10.1.2 指针变量的赋值

指针变量同数据变量的使用原则一样,使用前需要定义说明,而且必须赋予具体变量的地址值,使其有所指向。未经赋值的指针变量不能使用,否则会按不确定地址值操作,造成系统混乱甚至瘫痪。

指针变量的赋值只能赋予已定义变量的地址,不能赋予任何其他数据。C 语言中变量的地址是由编译系统自动分配的,用户无须关心变量的具体地址值在什么位置。

C 语言中提供了地址运算符 & 来表示变量地址运算。变量地址运算的一般形式为

```
&变量名;
```

运算符 & 表示取变量地址的运算,例如表达式

```
&number
```

运算结果为变量 number 的地址。被操作运算的变量必须是已定义的变量。

例如,设指向整型数据变量的指针变量 p,使 p 指向整形变量 number,就要把整型变量 number 的地址赋予 p,有以下两种方式:

(1) 指针变量初始化方法。

```
int number;
int *p=&number;
```

(2) 赋值语句方法。

```
int number;
int *p;
p=&number;
```

不允许把一个数值常量赋予指针变量,例如:

```
int *p;
```

```
p=1000;
```

赋值操作是错误的。另外,被赋值的指针变量前也不能再加 * 运算符,例如写为

```
*p=&number;
```

赋值操作也是错误的。

10.1.3 指针变量运算符及运算

指针变量值是内存地址,其实际有意义的运算种类仅限几类,除地址运算和取值运算外,还有赋值运算、部分算术运算和关系运算。

1. 地址变量运算符

地址变量运算符也是指针运算符,基本运算符有取地址操作运算符 & 和变量值存取运算符 * 两个。

- &:对已定义变量操作,将返回操作数的内存地址。& 运算符只能用于一个具体的变量或数组元素。
- *:也称间接访问运算符,将返回操作数指向的内存变量。* 运算符只能用于一个有指向的指针变量。

例 10-2 编写程序,利用指针变量对已定义的变量按地址操作运算,输出结果。

程序源代码:

```
/*L10_2.c*/
main()
{
    int a=10,b=20;                      /*定义初始化整型变量*/
    int *pointer=&a;                    /*定义初始化指向整型的指针变量*/
    a=*pointer+5;                       /*等效于 a=a+5*/
    pointer=&b;                         /*指向 b*/
    *pointer=*pointer+a;                /*等效于 b=b+a*/
    printf("a=%d\n b=%d\n",a,*pointer); /*b 按地址指向取变量值*/
}
```

程序运行结果如图 10-4 所示。

图 10-4 取址运算与取值运算

地址变量运算符 & 和 * 的优先级相同,结合性均为自右至左。例如,设执行程序命令语句

```
int x;
int *pointer;
pointer=&x;
```

有&*pointer 运算等效于 &(*pointer)。由于运算符 & 和 * 的优先级相同,结合性均为自右至左,因此先进行 *pointer 运算,相当于变量 a;再进行 & 运算,与 &a 的含义

相同，即 &* pointer_1 运算结果为变量 a 的地址。

*&x 运算等效于 *(&x)。由于运算符 & 和 * 的优先级相同，结合性均为自右至左，因此先进行 &x 运算得到变量 x 的地址，再进行 * 运算，得到 &x 所指向的变量就是 x。因此，*&a 和 * pointer_1 的作用一致，均等价于变量 a。

(* pointer)++ 和 * pointer++ 是有区别的，由于 * 和 ++ 的优先级相同，结合性为自右至左，因此(* pointer)++ 相当于 x++ ，而 * pointer++ 相当于 *(pointer++)，先取出 pointer 指向的数据变量的值，即 * pointer，再将地址指针向下移动一个变量单元。

如果 pointer 为指向字符型变量的指针变量，则向下移动一个字节；如果 pointer 为指向整型变量的指针变量，则向下移动两个字节，视变量的数据类型，以变量长度为单位移动指针。

取地址运算符 & 与位运算符 & 的写法是相同的，指针运算符 * 与乘法运算符 * 的写法也是一样的，但运算对象不同，注意使用上的区别。

2. 指针变量运算

指针变量运算是关于地址的运算，主要有以下 3 种，

1）赋值运算

指针变量的赋值运算有以下几种形式：

(1) 指针变量初始化赋值，例如：

```
int x;
int pointer=&x;
```

(2) 把一个变量的地址赋予指向相同数据类型的指针变量。例如：

```
int x,*px;
px=&x;                          /* 把整型变量 x 的地址赋予整型指针变量 pa */
```

(3) 把一个指针变量的值赋予指向相同类型变量的另一个指针变量。例如：

```
int x,*px=&x,*pb;
pb=px;                          /* 把 x 的地址赋予指针变量 pb */
```

由于 px、pb 均为指向整型变量的指针变量，因此可以相互赋值。

(4) 把数组的首地址赋予指向数组的指针变量。例如：

```
int x[5],*px;
px=x;
```

数组名表示数组的首地址，故可赋予指向数组的指针变量 px。也可写为

```
px=&x[0];                       /* 数组的第一个元素地址也是数组的首地址 */
```

当然，也可采取初始化赋值的方法：

```
int x[5],*px=x;
```

(5) 把字符串的首地址赋予指向字符类型的指针变量。例如：

```
char *pc;
pc="C Language";
```

或用初始化赋值的方法写为

```
char *pc="C Language";
```

这里不是把整个字符串赋给指针变量，而是把存放该字符串的字符数组的首地址赋给指针变量。

(6) 把函数的入口地址赋予指向函数的指针变量。例如：

```
int (*pf)();
pf=f;                    /* f 为函数名 */
```

2) 加减算术运算

指针的加减算术运算对于单个数据变量没有实际意义，但对于指向数组的指针变量，加减算术运算意味着以内存变量数据类型长度为单位向前和向后移动一个变量单元。例如：

```
int x[10], *p;
p=&x[5];          /* 或 p=x; */
```

则 p+3、p-2、p++、++p、p--、--p 运算均合法有效。

指针变量加或减一个整数 n 就是把指针指向的当前数组元素向前或向后移动 n 个元素单元。由于数组可以有不同的数据类型，各种类型的数组元素字节长度不同，指针变量加 1 即向后移动一个元素，表示指针变量指向下一个数据元素的首地址。例如：

```
int x[5], *px;
px=x;                    /* px 指向数组 x,即指向 x[0] */
px=px+2;                 /* px 指向 x[2],即 px 的值为 &px[2] */
```

指针变量的加减运算只能对数组指针变量进行，而对指向函数等其他类型的指针变量作加减运算无实际意义。

两个指针变量之间的算术运算只有在指向同一数组的两个指针变量之间进行运算才有实际意义。

3) 指针变量关系运算

指向同一数组的两个指针变量进行关系运算可表示它们所指数组元素之间的关系。例如：

pf1==pf2 表示 pf1 和 pf2 指向同一数组元素。

pf1>pf2 表示 pf1 处于相对高位地址位置。

pf1<pf2 表示 pf2 处于相对低位地址位置。

4) 空指针运算

空指针 p=NULL 表示指针变量 p 不指向任何数据变量。在系统头文件 stdio.h 中，NULL 被定义为 0，习惯上不使用 p=0 而使用 p=NULL。指针变量 p 可以与 NULL 作比较运算，例如：

```
if(p==NULL)…
```

注意，空指针类型不指向任何数据变量，与指针未赋值不同。指针未赋值时其值是不确定值，而空指针的值是确定数，为 ASCII 码值 0。

10.1.4 指针变量作函数参数

函数的参数可以为指针类型，用于传地址。指针变量作为函数参数，可以将变量地址传送到另一个函数中，按地址使主调函数和被调函数对同一变量进行操作。

例 10-3 编写程序，任意输入两个数，通过函数调用交换两个变量值，输出结果。

程序源代码：

```
/* L10_3.c */
swap(int *p1,int *p2)
{
    int temp;
    temp=*p1; *p1=*p2; *p2=temp;
}
main()
{
    int a,b;
    int *pa, *pb;
    printf("Input two numbers=");
    scanf("%d,%d",&a,&b);                    /*输入两个数,并分别赋给变量 a 和 b*/
    printf("Befor swap() : ");
    printf("a=%d,%d\n",a,b);
    pa=&a;                                   /*指针变量 pa 指向 a*/
    pb=&b;                                   /*指针变量 pb 指向 b*/
    swap(p1,p2);                             /*传实参地址*/
    printf("After swap() : ");
    printf("a=%d,%d\n",a,b);
}
```

调用 swap()自定义函数，交换 a、b 这两个实参变量的值，定义两个形参变量 p1 和 p2 是指向这两个变量的指针变量。程序运行结果如图 10-5 所示。

程序运行时，主调函数中 scanf("%d,%d",&a,&b);接收用户输入的数据分别赋给变量 a 和 b，执行 pa=&a;和 pb=&b;命令，分别将变量 a 和 b 的地址赋给指针变量 pa 和 pb，使 pa 指向 a，pb 指向 b，如图 10-6 所示。

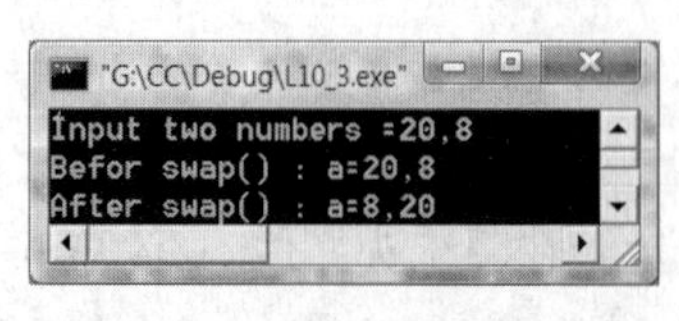

图 10-5 交换实参变量值

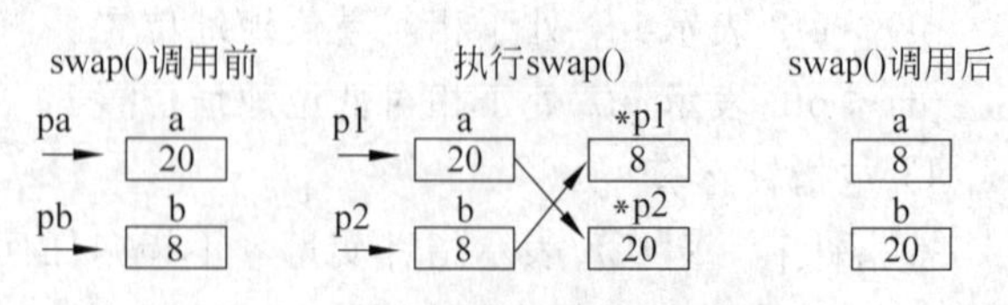

图 10-6 交换实参变量值过程

调用执行 swap()时，将实参指针变量 pa 和 pb 的值传送给形参指针变量 p1 和 p2。指针变量 p1 指向实参变量 a；指针变量 p2 指向实参变量 b。

此时实参指针变量和形参指针变量均指向同一个数据变量 a 和 b，最后按地址指向将 * p1 和 * p2 值互换，即实际变量 a 和 b 的值被交换。

swap()调用结束后，释放指针变量 p1 和 p2，但按地址操作，实际变量 a 和 b 的变量值交换已经完成，最后输出 a 和 b 值的交换结果。

编写程序，将例 10-3 程序中 swap()调用时参数传递由指针变量传地址方式，改为数据变量传数据方式，程序源代码：

```
/*L10_3_1.c*/
swap(int x,int y)
{
    int temp;
    temp=x; x=y; y=temp;
}
main()
{
    int a,b;
    int *pa,*pb;
    printf("Input two numbers=");
    scanf("%d,%d",&a,&b);             /*输入两个数，并分别赋给变量 a 和 b*/
    printf("Befor swap() : ");
    printf("a=%d,%d\n",a,b);
    swap(a,b);                        /*传实参变量*/
    printf("After swap() : ");
    printf("a=%d,%d\n",a,b);
}
```

程序只是将 swap()函数的两个形参由指针变量改成整型变量。程序执行结果如图 10-7 所示。

从本例程序运行结果看出，实参变量 x 值和 y 值没有交换。

调用函数 swap()时，编译系统在内存为形参变量 x 和 y 分配内存单元，并将实参变量 a 和 b 的值传递给变量 x 和 y。

执行 swap()的函数体，将变量 x 值和 y 值互换，swap()执行结束返回主调函数，变量 x 和 y 的内存被释放，如图 10-8 所示。

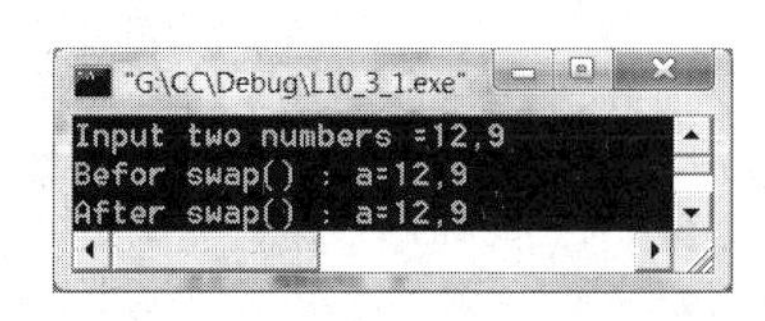

图 10-7　实参变量值未被交换

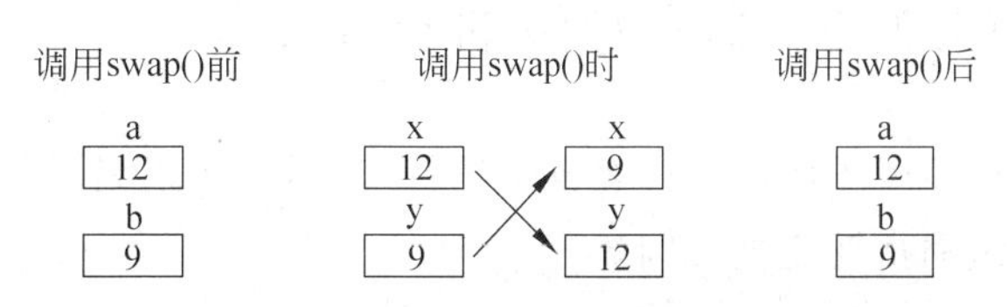

图 10-8　形参变量值交换过程

可见,调用函数 swap()并没有改变实际变量 a 和 b 的值。

再将 swap()函数体内定义的局部变量 temp 由数据变量改为指针变量,程序源代码:

```
swap(int *p1,int *p2)
{
    int *temp;
    temp=p1; p1=p2; p2=temp;
}
```

尽管调用函数 swap()时将指针变量 pa 和 pb 的值传送给形参指针变量 p1 和 p2,p1 指向 a,p2 指向 b,此时实参指针变量和形参指针变量各自指向同一个数据变量 a 和 b,但 swap()调用时,p1 和 p2 值互换,交换的是地址指向,实际变量 a 和 b 的值未被交换。

swap()调用结束后,释放指针变量 p1 和 p2,但实际变量 a 和 b 的值未变,最后输出 a 和 b 的值是原来的结果,如图 10-9 所示。

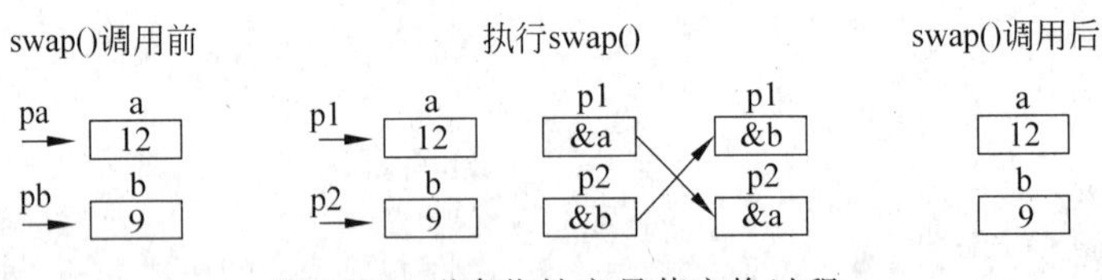

图 10-9　形参指针变量值交换过程

通过本例分析可知,C 语言实参变量和形参变量之间的数据传递为单向值传递,指针变量作为函数参数可以传地址,按地址可以对实际变量存储单元进行访问。调用一次函数,最多只能得到一个返回值。使用指针变量作为函数形参,可以操作多个变量获得不同的值。

10.2　数组与地址指针

数组由数组元素组成,每个数组元素占有内存连续存储单元,按数据类型不同,数组元素存储单元字节长度也不同,均以元素为单位按地址顺序存储。数组是由连续存储单元组成的,数组名就是数组连续存储空间的首地址,每个数组元素的首地址是该元素占有字节长度的内存单元的首地址。通过指针变量指向已定义的数组,获取数组连续存储空间的首地址,也就获取了该数组所有数组元素的地址。

10.2.1　指向数组的指针变量

由于数组名代表数组的首地址,把数组名赋给一个指针变量就可以定义一个指向数组的指针变量。例如:

```
int x[10];
int *p;
```

```
p=x;
```

等价于

```
int x[10];
int *p=x;
```

也等价于

```
int *p=&a[0];
```

以上几种形式均是将数组 x 的首地址赋给指针变量 p,使指针变量 p 指向数组 x。注意,数组数据类型和指针变量定义类型应该一致。

10.2.2 指向数组元素的指针变量

一个指针变量既可以指向一个数组首地址,也可以指向任何一个数组元素。如果使指针变量指向一个数组,则把数组名或第一个元素地址赋给该指针变量;如果要使指针变量指向第 i 号元素,可以把第 i 元素地址或数组名加 i 增量值赋给该指针变量。例如:

```
int x[10];
int *p=x;
```

这时指针变量 p、数组首地址常量 x 和 &x[0]均为数组第一个元素 a[0]的地址,即变量 p 值、首地址 x 和 &a[0]是等价的。

因此可以得到 p+i、x+i 为第 i 元素 x[i]的地址,均指向数组的第 i 个元素。而 *(p+i)和 *(x+i)均为数组元素 x[i]。

这里 p+i 的含义是由当前 p 指向下 i 个数组元素。这样,引用数组元素的方法有以下 3 种:

(1) 下标法引用方式。

使用下标法书写和阅读直观,例如 x[0]、x[6]和 x[i]等,但系统查找数组元素需要寻址计算,相对比较耗时。

(2) 首地址加偏移量引用方式。

使用首地址加偏移量引用方式,以首地址为基准加偏移量计算数组元素位置,例如 *(x+i),其中x 数组名是数组的首地址,查找定位速度相对比较快。

(3) 指针变量引用方式。

使用指针变量引用方式可直接对指向的数组进行操作运算,如 *(p+i)+6 等,其中 p 是指向数组的指针变量,初始值可以为 p=x、p=&x[0]或 p=&x[3]等。使用指针法可以使目标程序占内存少,运行速度相对更快。

例 10-4 编写程序,试采用下标法、首地址加偏移量法和指针法 3 种方式,分别编程实现输出数组全部元素。

(1) 下标法引用数组元素。

程序源代码:

```
/* L10_4_1.c */
#define N 6
main()
{
    int x[N],i;
    printf("Input %d numbers of array=",N);
    for(i=0;i<N;i++)
       scanf("%d",&x[i]);                       /* 下标法输入数组元素 */
    printf("\n");
    for(i=0;i<N;i++)
       printf("x[%d]=%d  ",i,x[i]);             /* 下标法输出数组元素 */
}
```

（2）首地址加偏移量引用数组元素。

程序源代码：

```
/* L10_4_2.c */
#define N 6
main()
{
    int x[N];
    int i;
    printf("Input %d numbers of array=",N);
    for(i=0;i<N;i++)
       scanf("%d",x+i);                         /* 首地址加偏移量输入数组元素 */
    printf("\n");
    for(i=0;i<N;i++)
       printf("x[%d]=%d  ",i,*(x+i));           /* 首地址加偏移量输出数组元素 */
    printf("\n");
}
```

（3）指针法引用数组元素。

程序源代码：

```
/* L10_4_3.c */
#define N 6
main()
{
    int x[N];
    int *p,i=0;
    printf("Input %d numbers of array=", N);
    for(p=x;p<x+N;p++)
       scanf("%d",p);                           /* 指针法输入数组元素 */
    printf("\n");
    for(p=x;p<(x+N);i++,p++)                    /* 指针法输出数组元素 */
```

```
        printf("x[%d]=%d  ",i,*p);
    printf("\n");
}
```

上述 3 种访问数组元素的方式，程序运行都可以得到相同的结果，只是运行速度有所不同。编译运行 L10_4_3.c 程序，结果如图 10-10 所示。

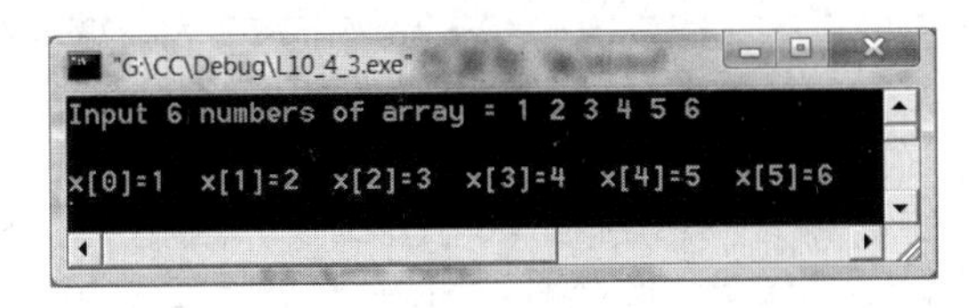

图 10-10　指针变量输入输出数组

使用指针变量引用数组元素需要注意以下几点：

(1) 数组名是一个常量。

C 语言中数组名为数组元素的地址，有具体值，在程序运行期间是固定不变的，可理解为是指针常量。例如 int x[N];，则 x 为数组名，程序中若出现 x++或 x+=5 等表达式均为错误。

(2) 指针变量值改变。

指针变量值的改变意味着指针的移动。本例中用指针变量 p 指向数组元素，利用 p++使 p 不断指向下一个数组元素。

(3) 指针变量的当前值。

指针变量的当前值在指向数组时指向的是数组元素的位置。例如将本例程序改写为如下源代码形式。

```
/*L10_4_4.c*/
#define N 6
main()
{
    int x[N];
    int *p=x,i=0;
    printf("Input %d numbers of array=", N);
    for(i=0;i<N;i++)
        scanf("%d",p++);                /*循环结束 p 指向 x 末地址*/
    printf("\n");
    for(i=0;i<N;i++)
        printf("x[%d]=%d  ",i,*p++);    /*当前 p 不指向 x 首地址*/
    printf("\n\n");
    p=x+N;                              /*重新使 p 指向数组最后一个元素*/
    for(i=N;i>0;i--)
        printf("x[%d]=%d  ",i,*--p);
    printf("\n");
}
```

程序运行结果如图 10-11 所示。

图 10-11 指针指向输入输出的数组元素

指针变量 p 初始值为数组 x 的首地址,经过第一个 for 循环读入数据后,p 已经指向数组的末尾。所以当执行第二个 for 循环时,p 的初始值不是数组 x 的首地址,而是末尾地址,数组后续内存单元中的值是不确定值,所以输出无法预测随机乱码。

为了正确使用指针变量,使用前必须确定其指向,因此在第 3 个 for 循环之前重新对指针变量 p 赋初值,即 p=x+N;赋值语句。

(4) 指针变量作增量运算。

指针变量作增量运算后的指向取决于当前指向,而增量运算的结果是地址运算还是指针运算取决于运算符的位置与运算关系。例如定义:

```
int x[10]={0,1,2,3,4,5,6,7,8,9},m;
int * p=&x[3];
```

指针变量 p 指向一个数组元素 x[3],则

- 运算 m= * p 的作用是取指针变量 p 指向的数据变量值,即 x[0]元素值 3 赋给变量 m。
- 运算 p++或 p+=1 的作用是使 p 指向下一个元素,即 p=&x[4]。
- 运算 * p++等价于 * (p++)运算。例如 p=&x[3],运算 m= * p++ 的作用是取出指针变量 p 指向的数组元素变量 x[3]的值赋给变量 m,然后再将 p+1 赋给 p,指向下一个元素。使 p=&x[3],此时输出 * p++或 * (p++)的结果即输出 x[3]的值。
- 运算 * (++p) 的作用是先移动指针,再取指针变量 p 指向变量的值。例如 p=&x[3],则输出 * (++p)的结果即输出 x[4]的值。
- 运算(* p)++的含义是将指针变量 p 指向的数组元素值加 1。例如 p=&x[3],输出(* p)++的结果即输出 x[3]+1 的值。

10.2.3 数组名作函数参数

当函数之间需要传递一组数据时,可利用数组名作为函数的参数传递数组地址。数组名作为数组的首地址用作函数参数,传递的是数组的首地址,此时实参数组与形参数组将共享同一内存存储空间。如果被调函数对共享内存中的数据作了修改,即数组元素值发生变化,函数调用结束后,实参数组各个元素值的改变与形参数组改变状态一致,主调函数中再使用实参数组元素值就是被调函数改变的值。

例 10-5　编写程序，调用函数传递数组 x 首地址，将数组 x 中的各元素按逆序排列存放。

程序源代码：

```
/*L10_5.c*/
#define N 6
int retro_array(int y[N]);                    /*声明 retro_array()定义原型*/
main()
{
    int x[N],i;                               /*定义实参数组 x[]*/
    for(i=0;i<N;i++)
        x[i]=i+1;
    printf("The array  :\n");
    for(i=0;i<N;i++)
        printf("x[%d]=%d  ",i,*(x+i));
    retro_array(x);                           /*数组名传参*/
    printf("\nThe retrograde array :\n");
    for(i=0;i<N;i++)
        printf("x[%d]=%d  ",i,*(x+i));
}
int retro_array(int y[])                      /*定义形参数组 y[]*/
{
    int t,i,j;
    for(i=0,j=N-1;i<N/2;i++,j--)
        {t=y[i];y[i]=y[j];y[j]=t;}
    return 0;
}
```

程序运行结果如图 10-12 所示。

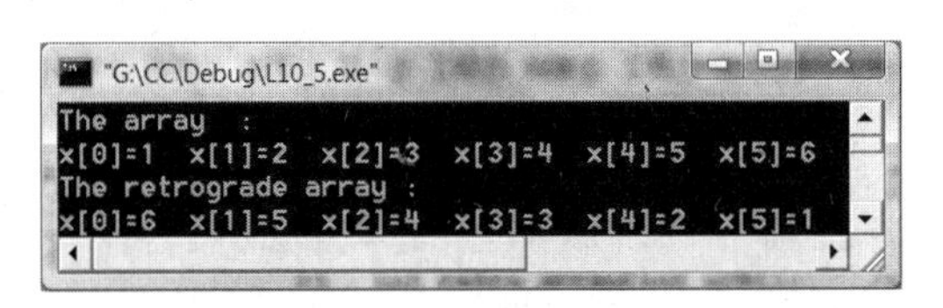

图 10-12　首地址传参将数组逆序排列

主函数以数组 x 的数组名作为调用 retro_array()的参数传地址。调用函数时将实参数组名 x 传递给形参数组名 y，实参数组 x 与形参数组 y 共享数组内存空间，如图 10-13 所示。

在函数 retro_array()执行过程中，将数组 y 元素逆序排列存放，函数调用结束时，数组 x 中的各个元素获得数组 y 操作结果，已逆序存放。这时在主函数中输出数组 x 的元素时就是数组运算的逆序排列。

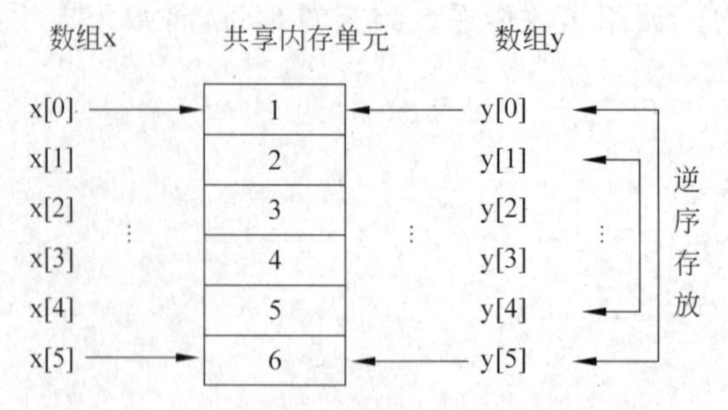

图 10-13　逆序排列存放过程

10.2.4　指针变量作函数参数

数组名作函数参数，调用函数时形参数组和实参数组将共用同一段内存。对形参数组元素的操作也是对实参数组元素的操作。

数组名是数组第一个元素的地址，也是整个数组的首地址。以数组名作为函数参数，传递的是整个数组的首地址。由于指针变量可以指向地址，因此形参可以是指针变量，将指针变量作为函数的参数指向数组，也可以传递数组数据。数组和指针传递数据有4种方式可以实现。

例 10-6　编写程序，调用函数对任意一组数据统一放大一倍，在主函数中输出放大前后的数据。

方法1：函数实参和形参均用数组名。

程序源代码：

```
/*L10_6-1.c*/
#define N 5
int doubled(int y[N]);                          /*声明 doubled()定义原型*/
main()
{
    int x[N],i;                                 /*定义实参数组 x[]*/
    for(i=0;i<N;i++)
        {printf("x[%d]="); scanf("%d",x+i);}
    printf("The input array  :\n");
    for(i=0;i<N;i++)
        printf("x[%d]=%d  ",i,*(x+i));
    doubled(x);                                 /*数组名传参*/
    printf("\nThe doubled array :\n");
    for(i=0;i<N;i++)
        printf("x[%d]=%d  ",i,*(x+i));
}
int doubled(int y[])                            /*定义形参数组 y[]*/
{
```

```
    int i;
    for(i=0;i<N;i++)
        y[i]=2*y[i];
    return 0;
}
```

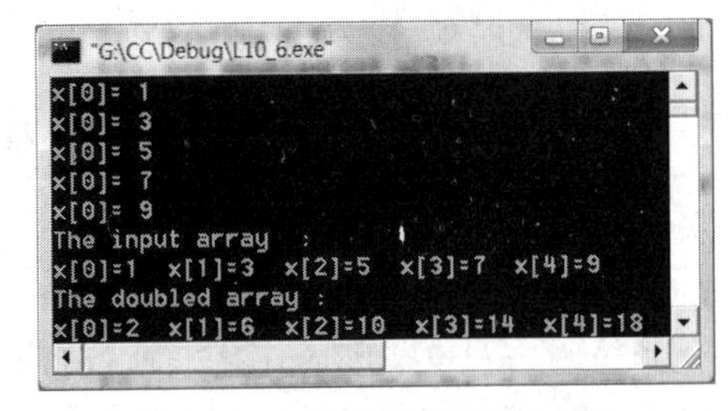

图 10-14　数组名传参运行结果

程序运行结果如图 10-14 所示。

方法 2：实参用指针变量，形参用数组。

程序源代码：

```
/*L10_6_2.c*/
#define N 5
int doubled(int y[N]);              /*声明 doubled()定义原型*/
main()
{
    int x[N],i,*p=x;                /*定义实参数组 x[]及指向 x 数组的指针变量*/
    for(i=0;i<N;i++)
        {printf("x[%d]="); scanf("%d",x+i);}
    printf("The input array  :\n");
    for(i=0;i<N;i++)
        printf("x[%d]=%d  ",i,*(x+i));
    doubled (p);                    /*指针变量传参*/
    printf("\nThe doubled array :\n");
    for(i=0;i<N;i++)
        printf("x[%d]=%d  ",i,*(x+i));
}
int doubled(int y[])                /*定义形参数组 y[]*/
{
    int i;
    for(i=0;i<N;i++)
        y[i]=2*y[i];
    return 0;
}
```

方法 3：实参用数组名，形参用指针变量。

程序源代码：

```
/*L10_6_3.c*/
#define N 5
int doubled(int *p);                          /*声明 doubled()定义原型*/
main()
{
    int x[N],i;                               /*定义实参数组 x[]*/
    for(i=0;i<N;i++)
        {printf("x[%d]="); scanf("%d",x+i);}
```

```
    printf("The input array  :\n");
    for(i=0;i<N;i++)
        printf("x[%d]=%d  ",i,*(x+i));
    doubled(x);                                    /*数组名传参*/
    printf("\nThe doubled array :\n");
    for(i=0;i<N;i++)
        printf("x[%d]=%d  ",i,*(x+i));
}
int doubled(int *p)                                /*定义形参指针变量*/
{
    int i;
    for(i=0;i<N;i++)
        *(p+i)*=2;
    return 0;
}
```

方法4：实参和形参均采用指针变量。

程序源代码：

```
/*L10_6_4.c*/
#define N 5
int doubled(int *p);                   /*声明doubled()定义原型*/
main()
{
    int x[N],i,*p=x;                   /*定义实参数组x[]及指向x数组的指针变量*/
    for(i=0;i<N;i++)
        {printf("x[%d]="); scanf("%d",x+i);}
    printf("The input array  :\n");
    for(i=0;i<N;i++)
        printf("x[%d]=%d  ",i,*(x+i));
    doubled(p);                        /*指针变量传参*/
    printf("\nThe doubled array :\n");
    for(i=0;i<N;i++)
        printf("x[%d]=%d  ",i,*(x+i));
}
int doubled(int *p)                    /*定义形参指针变量*/
{
    int i;
    for(i=0;i<N;i++)
        *(p+i)*=2;
    return 0;
}
```

实参数组名是确定地址，相当于指针型常量，而形参数组则没有固定的地址值。作为指针变量，在函数调用开始时，传入实参地址值时形参数组才等于实参数组的首地址，在函数执行期间，形参数组与实参数组共享同一存储空间，可以被赋值改变指向。

10.2.5 多维数组与指针变量

本节以二维数组为例介绍多维数组与地址表示关系和使用方法。例如，有一个二维数组定义：

```
int a[2][3]={{1,2,3},{4,5,6}};
```

该二维数组的数组名 a 为数组首地址，现在做增量运算，如 a+1、a[0]+1、&a[0]+1 和 &a[0][0]+1 等，这些地址各自指向何处？需要先考察二维数组的各维下标值变化与内存连续存放地址的关系。为了便于叙述，将二维数组以方阵形式列出，如图 10-15 所示。

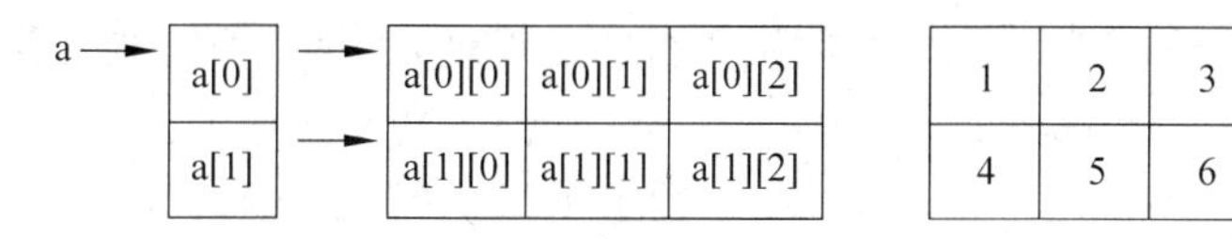

图 10-15　二维数组各维下标关系与元素值

可以将数组 a 按行看成包含两个元素 a[0]和 a[1]数组，则 a+1 地址由 a[0]指向 a[1]数组元素；而 a[0]和 a[1]又各是一个包含 3 个元素的一维数组，即 a[0]是第一行一位数组的数组名，按列包含有 a[0][0]、a[0][1]和 a[0][2] 3 个元素；a[1]数组名按列又包含 a[1][0]、a[1][1]和 a[1][2] 3 个元素，则 a[0]+1 按列指向 a[0][1]元素，a[1]+2 按列指向 a[1][2]元素。组合到二维数组里有：

- a+1 为按行增量运算指向下一行首地址 a[1]。
- a[1]+1 为按列增量运算指向该行的下一个元素 a[1][1]。
- &a[1][1]+1 为按列增量运算指向该行的下一个元素 a[1][2]。

因此：

a[0][0]为数组元素，&a[0][0]+1 运算为地址按列增量，称指向列运算。

a[0]为行元素，&a[0]+1 运算为地址按行增量，等效于 a+1，称指向行运算。

a 为数组首地址，a=&a[0]，指向行运算。

这样，a、&a[0]、a[0]和 &a[0][0]都是同一地址常量，但是做增量运算时指向不同，a 和 &a[0]指向行，按行移动；而 a[0]和 &a[0][0]均指向列，在同一行一维数组中按列移动。

二维数组中的有关数组地址运算的表示方法如下：

首先确定 a 为数组名，表示该数组的首地址，即 0 行 0 列的首地址。

而 a[0]、a[1]为一维数组名。则：

a[0]为 0 行首地址，即 0 行 0 列元素的地址，a[0]=&a[0][0]。

a[1]为 1 行首地址，即 1 行 0 列元素的地址，a[1]=&a[1][0]。

a[0]等效于 *(a+0)，a[1]等效于 *(a+1)，此处 *(a+0)仍是内存单元地址，只是由(a+0)指向行变为 *(a+0) 指向列，运算符 * 在多位数组运算中起到降维的作用，直到一维数组中即为数组元素运算。有：

- a[0]=&a[0][0]等效于*(a+0)。
- a[1]=&a[1][0]等效于*(a+1)。
- 0行0列元素地址a[0]=&a[0][0]等效于*(a+0)。
- 0行1列元素地址a[0]+1=*(a+0)+1=&a[0][1]。
- 1行0列元素地址a[1]=&a[1][0]=*(a+1)。
- 1行1列元素地址a[1]+1=*(a+1)+1=&a[1][1]。

以int a[2][3]为例，二维数组与指针的表达关系如下：

- a数组的首地址，即0行首地址。
- a+1数组1行首地址。
- a[0]、*(a+0)=*a、&a[0][0]数组0行首地址，也是0行0列元素地址。
- a[1]、*(a+1)、&a[1][0]、数组1行的首地址，也是1行0列元素地址。
- a[0]+1、*(a+0)+1、&a[0][1]数组0行1列元素地址。
- a[1]+1、*(a+1)+1、&a[1][1]数组1行1列元素地址。

实际上，多维数组元素值在内存中是连续存放的，假设数组a在内存中的起始地址为2000，则a在内存中存放的示意图如图10-16所示。

内存单元的地址	数组元素名	内存单元值
2000	a[0][0]	1
2002	a[0][1]	2
2004	a[0][2]	3
2006	a[1][0]	4
2008	a[1][1]	5
2010	a[1][2]	6

图10-16　多维数组在内存中的存放

例10-7　编写程序，检验二维数组按地址操作的运算表达关系。

程序源代码：

```
/*L10_7.c*/
main()
{
    int a[2][3]={1,2,3,4,5,6};
    printf("0行0列元素的地址\n");
    printf("%d, %d\n",a, *a);
    printf("%d, %d\n",a[0], *(a+0));
    printf("%d, %d\n",&a[0],&a[0][0]);
    printf("0行0列元素的值: ");
    printf("%d\n",a[0][0]);
    printf("1行0列元素的地址\n");
    printf("%d, %d\n",a[1],a+1);
```

```
    printf("%d, %d\n",&a[1][0],*(a+1)+0);
    printf("1行0列元素的值：");
    printf("%d\n",a[1][0]);
    printf("1行1列元素的地址\n");
    printf("%d, %d\n",&a[2][1],*(a+2)+1);
    printf("1行1列元素的值：");
    printf("%d\n",a[1][1]);
    printf("\n");
}
```

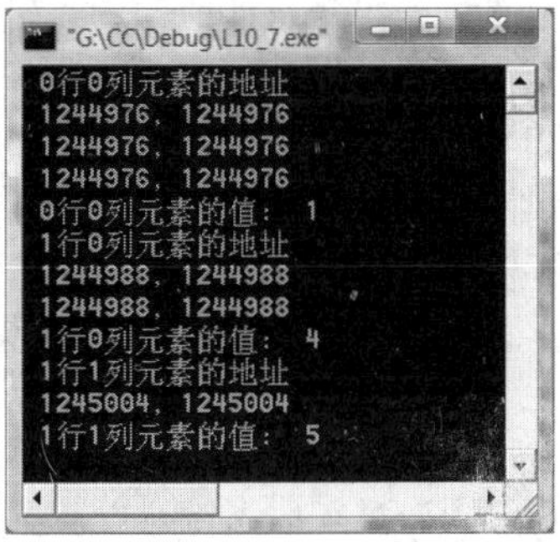

程序运行结果如图 10-17 所示。

```
0行0列元素的地址
1244976, 1244976
1244976, 1244976
1244976, 1244976
0行0列元素的值： 1
1行0列元素的地址
1244988, 1244988
1244988, 1244988
1行0列元素的值： 4
1行1列元素的地址
1245004, 1245004
1行1列元素的值： 5
```

图 10-17　二维数组地址与元素运算表达关系

利用多维数组中地址与元素操作的表示关系，可有效地使用指针变量来处理数组相关的运算与操作。指针变量处理二维数组运算可以使用两种方式。

1. 指针变量指向数组元素

例 10-8　编写程序，利用指向列的指针变量输出二维数组 a[2][3]的所有元素。

程序源代码：

```
/*L10_8.c*/
main()
{
    int a[2][3]={1,2,3,4,5,6};
    int i,*p;
    p=&a[0][0];                    /*或 p=a[0];或 p=*a;指向列*/
    for(i=0;i<6;i++)
    {
        if((p-*a)%3==0)            /*或(p-&a[0][0])或(p-*a),每3个元素换行*/
            printf("\n");
        printf("%-5d",*p++);
    }
    printf("\n");
}
```

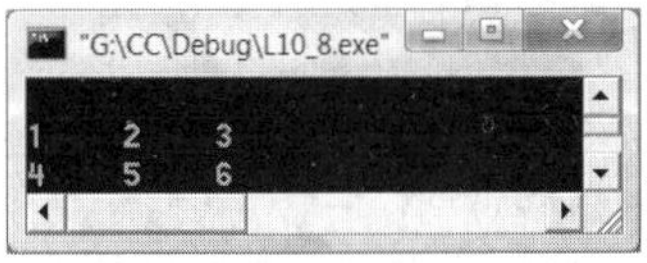

```
1    2    3
4    5    6
```

图 10-18　指向列的指针变量输出元素

程序运行结果如图 10-18 所示。

本例程序中 a 是数组 a[2][3]的首地址，a[0]是第一行的首地址，所以 a[0]、*(a+0)、&a[0][0]、*a 是等效的，因此可将程序中的 for()循环控制表达式用指针变量表示为

```
for(p=a[0];p<(a[0]+6);p++)
```

或

```
for(p=&a[0][0];p<(a[0]+6);p++)
```

或

```
for(p=*(a+0);p<(a[0]+6);p++)
```

或

```
for(p=*a;p<(a[0]+6);p++)
```

程序结果不变。

本例顺序输出数组的各个元素，当需要计算输出指定数组元素时，就要计算表达该元素在数组中相对于数组首地址的偏移量，即相对位置。

设有数组 a[n][m]，则计算元素 a[i][j]在数组中相对位置的公式为

```
i*m+j
```

这也是C语言以0开始记下标的优点。如在大小为 a[2][3]的数组中，数组元素 a[1][2]的相对位置为 1*3+2=5。

如果指针变量指向数组的首地址 p=&a[0][0];，则数组元素 a[i][j]的值就可以表示为

```
*(p+i*m+j)
```

例如，在大小为 a[2][3]的数组中，当 p=a;时，a[1][2]的相对地址为

```
(p+1*3+2)=(p+5)
```

2. 指针变量指向行

指针变量指向行，相当于指针变量指向一个含有 n 个数组元素的一维数组。设数组 a[n][m]，指针变量初始化指向行 p=a，则 p+1 指向一个含有 m 个数组元素的一维数组，即指向 a[1]，此时 p 增量运算时以一维数组长度为单位。

例 10-9 编写程序，利用指向行的指针变量输出二维数组 a[2][3]的所有元素。

程序源代码：

```
/*L10_9.c*/
main()
{
    int a[2][3]={1,2,3,4,5,6},i,j;
    int (*p)[3];                              /*定义指向一维数组的指针变量 p*/
    p=a;                                      /*指向行*/
    for(i=0;i<2;i++)
    {
        for(j=0;j<3;j++)
            printf("%d  ",*(*(p+i)+j));     /*输出 a[i][j]元素值*/
        printf("\n");
```

```
    }
    printf("a[%d][%d]=%d\n",i-1,j-1,*(*(p+1)+2));      /*输出 a[1][2]元素值*/
}
```

程序输出结果如图 10-19 所示。

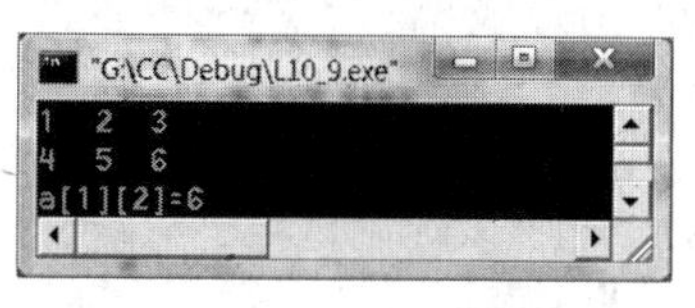

图 10-19 指向行的指针变量输出元素

本例指针变量 p 指向含有 3 个元素的一维数组，p 相当于数组的行指针，p+1 下移一行等效于 a[1]，因此 *(p+i)+j 为指向列，而 *(*(p+i)+j)为数组元素。

指针变量 p 指向含有 3 个元素的一维数组，与数组的列数相等，p 就相当于二维数组的行指针。使用时注意指针变量 p 指向的一维数组个数应与二维数组的列数相等。

10.3 字符串与指针变量

C 语言中字符类型的数据以 ASCII 码值为基础，有字符类型变量，但没有字符串类型变量，字符串是用数组处理的，而在实际应用中经常使用字符串，C 语言除了用字符数组处理外，还可以用字符指针方式处理，但本质上仍然是字符数组。

10.3.1 字符串处理方法

C 语言的字符串处理方法有字符数组和字符指针变量两种。

1. 字符数组处理字符串

字符数组实现字符串处理已经在前面做了介绍，例如利用字符数组实现输出字符串：

```
main()
{
    static char str[]="I love China!";
    printf("%s\n",str);
}
```

其中，数组名 str 代表字符数组的首地址。

2. 字符指针处理字符串

通过字符指针可以实现对字符串的操作处理，例如：

```
main()
{
    char *string="I love China!";
    printf("%s\n",string);
}
```

定义了一个字符类型指针变量 string,用字符串常量"I love China!"对其进行初始化,使指针变量指向字符串"I love China!"。C 语言中的字符串常量是按数组方式处理的,所以:

```
char * string="I love China!";
```

或

```
char * string;
string="I love China!";
```

等价于

```
static char string[]="I love China!";
```

或

```
static char str[]="I love China!", * string=str;
```

此时,字符数组 str 和指针数组 string 在内存中的存放情况如图 10-20 所示。

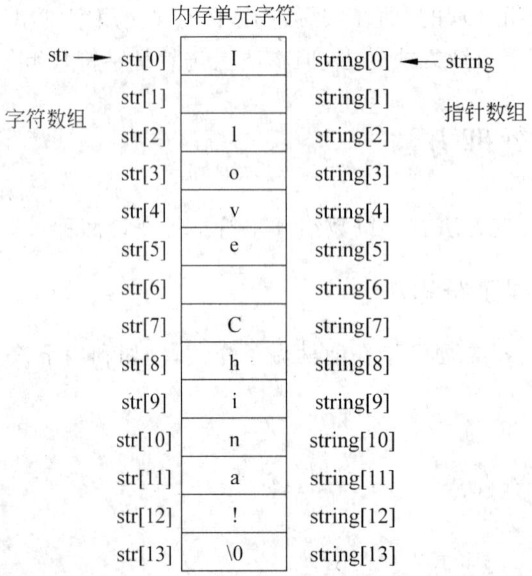

字符数组：str → str[0]；指针数组：string → string[0]

字符数组	内存单元字符	指针数组
str[0]	I	string[0]
str[1]		string[1]
str[2]	l	string[2]
str[3]	o	string[3]
str[4]	v	string[4]
str[5]	e	string[5]
str[6]		string[6]
str[7]	C	string[7]
str[8]	h	string[8]
str[9]	i	string[9]
str[10]	n	string[10]
str[11]	a	string[11]
str[12]	!	string[12]
str[13]	\0	string[13]

图 10-20 字符数组与指针数组

定义字符指针 string 指向字符串常量,就是把字符串常量的首地址赋给指针变量 string,相当于建立一个字符数组 string,可以理解为 string 是数组 string[]的首地址,而不能理解为把字符串常量赋值给指针变量。如果程序中出现

```
* string="I love China!";
```

显然是错误的。

在使用上字符数组和字符指针对字符串的访问方式相同,均可以使用%s 格式控制符将字符串常量整体输入和输出。%s 格式控制符只能用于字符数组,而整型、实型等数值类型数组不能使用%s格式控制符，只能逐个元素处理。

C语言中对字符串的处理等效于字符数组处理，因此可以用下标和指针两种方法访问数组元素。对字符串中的字符操作也可以采用两种方法访问，例如str[2]表示字符数组str中的一个元素，也可以用*(str+2)表示和访问，首地址加偏移量str+2是指向数组元素str[2]的地址指针。

例如，将数组a字符串元素复制到数组b，用下标法、首地址加偏移量法和指针变量法实现字符串复制。

下标法的程序源代码：

```
main()
{
    char a[]="go to work!";
    char b[20];
    int i;
    for(i=0; a[i]!='\0'; i++)
        b[i]=a[i];
    b[i]='\0';                           /*跳出循环后添加一个字符串结束符'\0'*/
    printf("string a is: %s\n",a);
    printf("string b is: ");
    for(i=0; b[i]!='\0'; i++)
        printf("%c",b[i]);
    printf("\n");
}
```

首地址加偏移量法的程序源代码：

```
main()
{
    char a[]="go to work!",b[20];
    int i;
    for(i=0; *(a+i)!='\0';i++)
        *(b+i)=*(a+i);
    *(b+i)='\0';                         /*跳出循环后添加一个字符串结束符'\0'*/
    printf("string a is:%s\n",a);
    printf("string b is: %s",b);
    printf("\n");
}
```

指针法的程序源代码：

```
main()
{
    char a[]="go to work!";
    char b[20];
    char *p1,*p2;                                  /*定义字符指针*/
```

```
    for(p1=a,p2=b;*p1!='\0';p1++,p2++)        /*分别指向数组*/
        *p2=*p1;
    *p2='\0';                      /*跳出循环后添加一个字符串结束符'\0'*/
    printf("string a is: %s\n",a);
    printf("string b is: %s",b);
    printf("\n");
}
```

用字符数组和字符指针变量都可处理字符串操作，使用时注意两者的不同。

(1) 字符串指针变量本身就是一个变量，用于存放字符串的首地址，指向字符串，即字符串存放在以该字符串首地址起始的连续内存空间，并以'\0'作为字符串结束标志。

(2) 字符数组是由数组元素组成的，用来存放整个字符串，对字符数组作初始化赋值，一般用全局数据类型或静态存储类型。例如：

```
static char st[]={"C Language"};
```

而对字符串指针变量则无此限制。例如：

```
char *ps="C Language";
```

(3) 对字符串指针方式：

```
char *ps="C Language";
```

可写为

```
char *ps;
ps="C Language";
```

而对数组方式：

```
static char str[]={"C Language"};
```

不能写为

```
char st[20];
str={"C Language"};
```

str为首地址，是地址常量。字符数组只能对数组各元素逐个赋值。而对指向字符数组的指针变量直接赋值的表达方式是允许的，即令指针变量指向某个字符串。C编译系统对指针变量赋值操作是赋予确定地址。例如：

```
char *ps="C Langage";
```

或者

```
char *ps;
ps="C Language";
```

都是合法的。

例 10-10 编写程序，输入一个字符串，测试其长度，复制两次后输出结果。

程序源代码：

```
/*L10_10.c*/
#define M 80
main()
{
    char from[M],to[M-20];
    char *p1,*p2;
    int leng=0;
    printf("Input a string=");
    gets(from);
    p1=from;
    while(*p1++)                          /*移指针测长度*/
        leng++;
    printf("Length of the string is: %d\n",leng);
    p1=from; p2=to;                       /*重新定位指针*/
    while( *p2++=*p1++);                  /*空语句循环体复制字符串*/
    printf("1 copy from[] to to[] : %s\n",to);
    p1=from; p2=to;                       /*重新定位指针*/
    while(*p2++);                         /*空语句循环体将指针移到字符串尾*/
    *p2--;                                /*去掉字符串尾的'\0'*/
    while( *p2++=*p1++);
    printf("2 copies from[] to to[] : %s \n",to);
}
```

程序运行结果如图 10-21 所示。

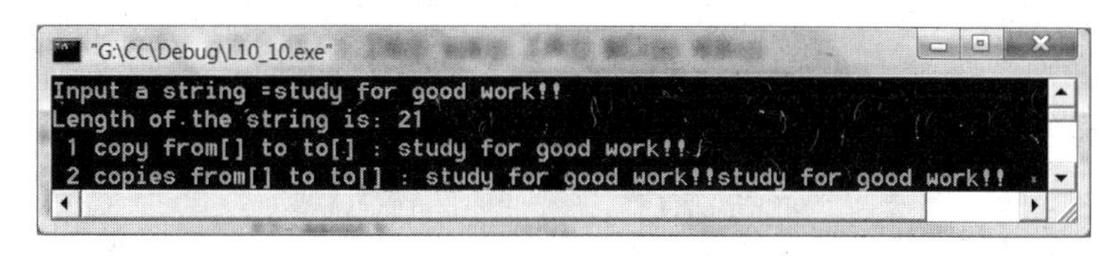

图 10-21　指针与数组

10.3.2　字符串指针作函数参数

将一个字符串从一个函数传递到另一个函数，可以使用传递地址的方式，即用字符数组名或字符指针变量作函数的参数传递的是地址。有 4 种使用方式，如表 10-1 所示。

表 10-1　字符数组的函数传递

实　参	形　参	实　参	形　参
数组名	数组名	字符指针变量	字符指针变量
数组名	字符指针变量	字符指针变量	数组名

下面通过案例说明这 4 种方式的使用。

例 10-11 编写程序,调用函数通过地址传参实现字符串的复制。

(1) 形参和实参都是数组名。

程序源代码:

```
/*L10_11_1.c*/
void str_copy(char from[], char to[])
{
    int i=0;
    while(from[i]!='\0')
    {
        to[i]=from[i];
        i++;
    }
    to[i]='\0';
}
void main(void)
{
    char a[]="Study for work."; char b[]="Work for our country!";
    printf("str_a=%s\nstr_b=%s\n", a,b);
    str_copy(a,b);
    printf("str_a=%s\nstr_b=%s\n", a,b);
}
```

(2) 形参是数组名,实参是指针变量。

程序源代码:

```
/*L10_11_2.c*/
void str_copy(char from[], char to[])
{
    int i=0;
    while(from[i]!='\0')
    {
        to[i]=from[i];
        i++;
    }
    to[i]='\0';
}
void main(void)
{
    char *a="Study for work."; char *b="Work for our country!";
    printf("str_a=%s\nstr_b=%s\n", a,b);
    str_copy(a,b);
    printf("str_a=%s\nstr_b=%s\n", a,b);
}
```

(3) 形参是指针变量，实参是数组名。

程序源代码：

```
/ * L10_11_3.c * /
void str_copy(char * from, char * to)
{
    for(; * from!='\0'; from++, to++)
        * to= * from;
    * to='\0';
}
void main(void)
{
    char a[]="Study for work."; char b[]="Work for our country!";
    printf("str_a=%s\nstr_b=%s\n", a,b);
    str_copy(a,b);
    printf("str_a=%s\nstr_b=%s\n", a,b);
}
```

(4) 形参和实参都是指针变量。

程序源代码：

```
/ * L10_11_3.c * /
void str_copy(char * from, char * to)
{while( * to++= * from++);}
void main(void)
{
    char * a="Study for work."; char * b="Work for our country!";
    printf("string_a=%s\nstring_b=%s\n", a,b);
    str_copy(a,b);
    printf("str_a=%s\nstring_b=%s\n", a,b);
}
```

程序运行结果如图 10-22 所示。

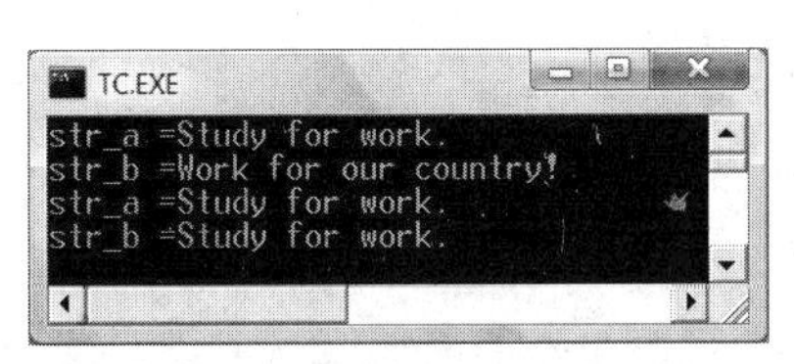

图 10-22 数组名与指针作函数参数

10.4 函数的指针及指向函数的指针变量

C 语言中的指针可以指向整型变量、字符型变量、实型变量和数组等，还可以指向函数。函数在调用时也分配占用一段连续存储的内存空间，函数名就是函数调用时所占内存区域的首地址。因此，可以把函数的首地址(也称函数入口地址)赋予一个指针变量，使指针变量指向函数。这样，通过指向函数的指针变量就可以找到并调用函数。

10.4.1 函数指针变量的定义

指向函数的指针变量称为函数指针变量。函数指针变量定义的一般形式为

```
类型说明符 (*指针变量名)();
```

其中，类型说明符表示指向函数的返回值类型。"(*指针变量名)"是一个整体，表示*后面定义的变量是指针变量。最后的一对空括号"()"表示指针变量指向的只能是一个函数。例如：

```
int (*p)();
```

表示指针变量p是指向函数的指针变量，该函数的返回值，即函数值是整型数据类型。

10.4.2 用函数指针调用函数

用函数名调用函数与用函数指针调用函数的不同之处是：函数名只针对一个唯一的函数调用，而函数指针可以指向类型相同的任何函数。

例10-12 编写程序，输入a和b的变量值，调用函数输出a和b中的较大数。

(1) 用函数名调用函数。

程序源代码：

```
/*L10_12_1.c*/
int max(int x, int y);
main()
{
    int a,b,c;
    scanf("%d,%d", &a, &b);
    c=max(a, b);
    printf("a=%d,b=%d\nmax=%d\n",a,b,c);
}
int max(int x, int y)
    {return((x>y)?x:y);}
```

(2) 用函数指针调用函数。

程序源代码：

```
/*L10_12_2.c*/
int max(int x, int y);
main ()
{
```

```
    int (*p)(int, int);                    /*指向函数的指针变量*/
    int a,b,c;
    p=max;                                 /*函数指针指向被调函数*/
    scanf("%d,%d", &a, &b);
    c=(*p)(a,b);                           /*用函数指针调用函数*/
    printf("a=%d,b=%d\nmax=%d\n",a,b,c);
}
int max(int x, int y)
  {return((x>y)?x:y);}
```

程序运行结果如图 10-23 所示。

图 10-23　用函数指针调用函数

程序中：

```
int (*p) (int,int);
```

定义了一个函数指针变量。当形参类型是 int 时，可以省略形参类型。

```
p=max;
```

使函数指针 p 指向函数 max()，即 max()入口地址赋给 p 指针。

```
c=(*p)(a,b)
```

用函数指针调用函数 max()，调用函数 max()时需指定实参 a 和 b 的值。

定义一个函数指针变量(*p)()后，p 可以指向不同的函数。使用时注意，由于 p 是指向函数的指针变量，若移动指针运算，如 p++、p--、p+n 等是无意义的。

因此，函数指针变量不能进行算术运算，这与数组指针变量不同，数组指针变量加减一个整数可使指针移动指向后面或前面的数组元素，而函数指针的移动指向的是不确定位置，无实际意义。

函数调用中"(*指针变量名)"两边的括号不可少，指针运算符*表示函数调用，获得指向函数的函数调用结果。

10.4.3　用函数指针变量作函数参数

函数指针可以指向被调用函数，获得函数调用结果，也可以作为函数形参传递到其他函数。如果调用某个函数，该函数还嵌套调用另外一个按需要调用的不确定函数，利用函数指针处理方便简单。

例 10-13　编写程序，实现求若干数学函数定积分的算法。如数学函数：

$$y_1 = \int_0^1 (1 + x^2)\,dx$$

$$y_2 = \int_0^6 (1 + x + x^2 + x^3)\,dx$$

$$y_3 = \int_0^{3.7} \left(\frac{x}{1 + x^2}\right)dx$$

算法分析：由于要求对每一个数学函数求定积分，可以定义一个通用求定积分函数，该函数算法实现方法是：把数学函数放在坐标系中，x 轴方向分成 n 个取值区间，使函数与坐标轴围成 n 个小面积，使 n 足够小，求得这些面积的和，即求得指定数学函数的定积分。积分区域划分如图 10-24 所示，其中：

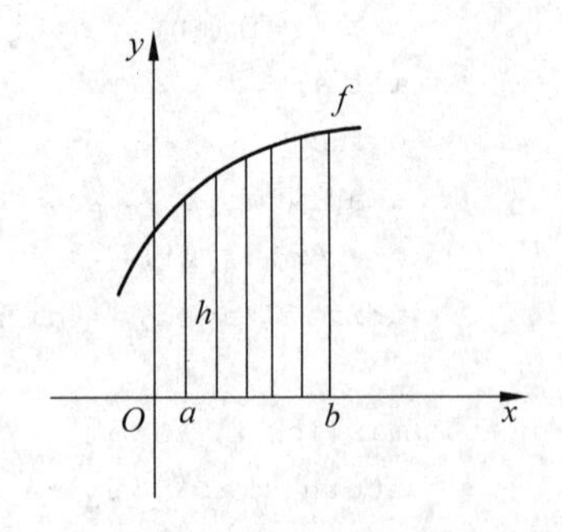

图 10-24　求数学函数定积分方法

n 为将 x 轴$[a,b]$区间等分的份数。

h 为每份区间的高度。

$$h=\frac{b-a}{n}$$

函数 f 在区间$[a,b]$的定积分公式为：

$$s=h\left[\frac{f_{(a)}+f_{(b)}}{2}+f_{(a+h)}+f_{(a+2h)}+\cdots+f_{(a+(n-1)h)}\right]$$

编写一个求定积分的通用函数 definite_integral()，函数形参定义指向函数的指针变量，求定积分在 x 轴的上限和下限。因此定义 definite_integral()：

```
float definite_integral(float (* f)(float), float a, float b)
{
    float s,h,y;
    int i;
    s=((* f)(a)+(* f)(b))/2.0;
    h=(b-a)/N;
    for(i=1;i<N;i++)
        s=s+(* f)(a+i * h);
    y=s * h;
    return y;
}
```

现有需要求定积分的数学函数为

$$f_1=1+x^2$$

$$f_2=1+x+x^2+x^3$$

$$f_3=\frac{x}{1+x^2}$$

分别定义 3 个函数 f1(float x)、f2(float x)和 f3(float x)，调用 definite_integral()，分别用函数指针指向 f1()、f2()和 f3()，求得 3 个数学函数求定积分的值。

程序源代码：

```
/* L10_13.c */
#define N 200
float f1(float x)
  {return(1+x * x);}
float f2(float x)
  {return (1+x+x * x+x * x * x);}
float f3(float x)
```

```
  {return (x/(1+x * x));}
float definite_integral(float (* f)(float), float a, float b)
{
    float s,h,y;
    int i;
    s=((* f)(a)+(* f)(b))/2.0;
    h=(b-a)/N;
    for(i=1;i<N;i++)
        s=s+(* f)(a+i * h);      /* 求定积分 */
    y=s * h;
    return y;
}
void main(void)
{
    float y1, y2, y3;
    y1=definite_integral(f1,0.,1.0);
    y2=definite_integral(f2,0.,6.0);
    y3=definite_integral(f3,0.,3.7);
    printf("The definite_integral result:\n");
    printf("f1=%-8.3f\n f2=%-8.3f\n f3=%-8.3f\n",y1,y2,y3);
}
```

程序运行结果如图 10-25 所示。

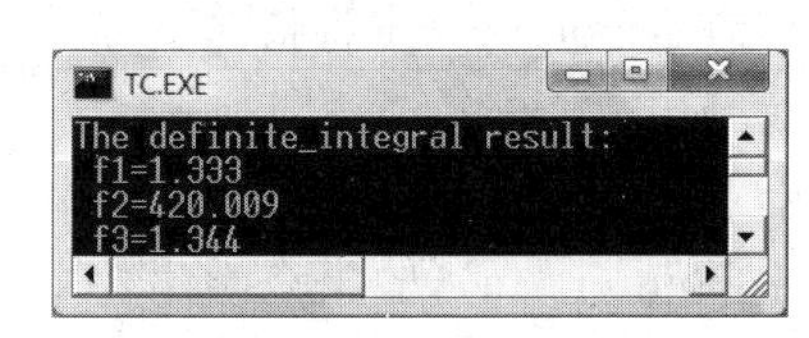

图 10-25　函数指针指向不同函数的调用结果

主函数 main()调用自定义函数 definite_integral()时,先把 f1()函数名 f1 作为实参,将 f1()入口地址传递给 definite_integral()指针形参 f,则函数 definite_integral()中的(* f)(a)和(* f)(b)传参后分别等效于 f1(0.0)和 f1(1.0),执行 definite_integral (f1,0.,1.0)后,得到函数 f1()的定积分。

同样,主函数 main()第二次、第三次调用自定义函数 definite_integral()时,分别将函数名 f2()和 f3()作为实参,将其函数入口地址传递给形参 f。则执行 definite_integral()后,就得到函数 f2()和 f3()的定积分。

10.4.4　返回指针值的指针函数

函数类型是指函数返回值的类型,C 语言中函数的返回值可以是整型、字符型、实型等数据类型,也可以是指针地址类型。返回地址类型值的函数称作指针类型函数,也称指针型函数。定义指针型函数的一般形式为

```
类型说明符 * 函数名(形参表)
        {函数体}
```

指针类型的函数定义首先就是函数定义,在函数名之前加地址运算定义符 * 表示该函数是指针型函数,函数返回值是一个指针地址。例如:

```
float * fp(int x,int y) {函数体}
```

该函数定义表示函数返回地址值指向实型数据类型。

注意区别函数指针变量和指针型函数。例如:

```
int (*p)()
```

定义的是指向函数的指针变量 p,该函数的返回值是整型数据类型,定义时(* p)两边的括号不能缺少。而

```
int *p()
```

定义的是函数,不是变量,表示 p 是一个指针型函数,函数返回值是一个指向整型数据类型的指针类型,p()的括号内一般应有形式参数。

例 10-14 编写程序,有学生成绩单,每位学生 4 门课程,要求输入学生序号,检索并输出该生所有 4 门课成绩。

算法分析:学生成绩单用二维数组存放,每位学生成绩占一行。设置指向行的指针 pointer 指向学生的 4 门课程成绩。定义 float (* pointer)[4],则 pointer 为指向一维数组的指针,该一维数组元素为 4 个,表示 pointer+1 将指向下一位学生的成绩,如图 10-26 所示。

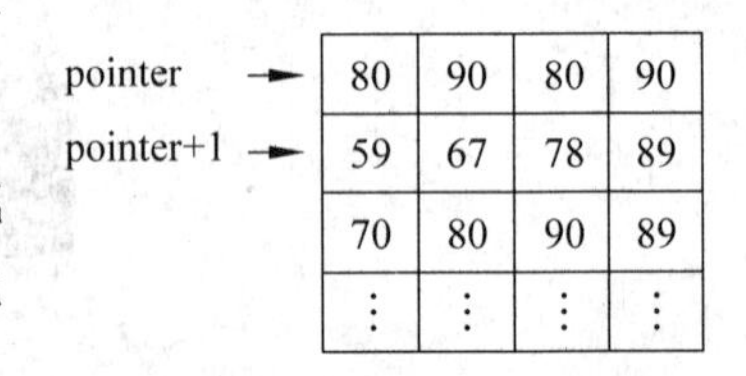

图 10-26　指向行的指针

输入学生序号进行查找,使 pointer 指向该学生成绩,然后返回指向列的指针 *(pointer+n),输出该学生的所有成绩。

程序源代码:

```
/*L10_14.c*/
#define M 4
float * search(float (*pointer)[M], int n);
void main()
{
    static float score[][M]={{80,90,80,90},{59,67,78,89},{70,80,90,89}};
    float *p;
    int i, m;
    printf("Input the number of student:");
    scanf("%d",&m);
    printf("The scores of No.%d are:\n", m+1);
    p=search(score, m-1);
    for(i=0; i<M; i++)
        printf("%5.2f\t", *(p+i));
```

```
}
float * search(float (* pointer)[M], int n)
{
    float *pt;
    pt= * (pointer+n);
    return pt;
}
```

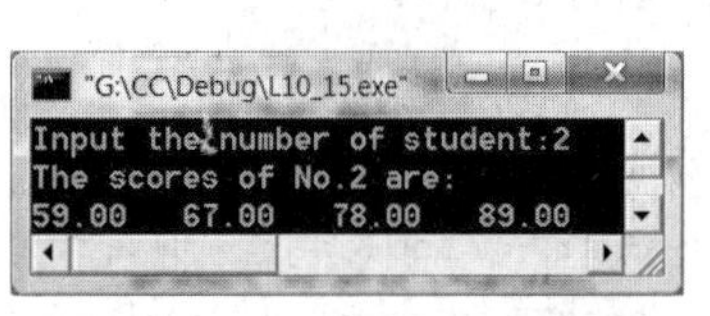

图 10-27　指针按行检索，按列输出

程序运行后输入学生序号 2，输出结果如图 10-27 所示。

注意，函数指针 int(* p)()和指针型函数 int * p()是两个完全不同的操作对象，指针型函数定义 int * p();定义的是函数，按函数定义格式还应包括函数体部分。

10.5　指针数组与指向指针数组的指针变量

指针数组首先是数组，也有首地址，可以取出赋给一个指针类型变量；指针数组的每一个数组元素都是一个指针变量，可以分别指向不同的运算对象。指针数组与指向指针数组的指针变量的结合使用，适于处理二维数组或多个字符串。

10.5.1　指针数组

定义一个数组，数组的每一个元素均为指针类型数据，则称该数组为指针数组。指针数组是一组有序的指针变量的集合。同一指针数组的所有元素具有相同的存储类型，是指向相同数据类型的指针变量。

指针数组定义的一般形式为

```
类型说明符 *数组名[数组长度]
```

其中，类型说明符是数组元素指针值所指向的变量的数据类型。例如：

```
int *p[4];
```

定义了一个指针数组，数组名为 p，有 4 个元素，每个元素可指向整型变量。试比较指向一维数组的行指针：

```
int (*p)[4];
```

定义的是一个指针变量，是指向有 4 个元素的整型一维数组的指针变量，因此，指针 p 移动时按 4 个元素为一个单位做增量运算。

指针数组常用来指向一组字符串，这时指针数组的每个元素被赋予的是每个字符串的首地址。

例 10-15　编写程序，定义指针数组指向一周的每一天的英文单词，输入一周的第几天的天数，即输入数值型星期几的数字，则输出字符型星期几的文字。例如，输入 2 时对应输出为 Tuesday。

程序源代码：

```
/*L10_15.c*/
#include<stdio.h>
char *find(char *t[],int day);     /*声明检索函数*find()原型*/
char *week[8]={"Sunday","Monday","Tuesday","Wednesday","Thursday","Friday",
             "Saturday",NULL};     /*定义*week[]指针数组,各元素指向字符串*/
main()
{
    int day;
    char *p;
    printf("Input the day number(0-Sunday…6-Saturday):");
    scanf("%d",&day);
    p=find(week,day);                        /*获得 week[day-1]元素地址指针*/
    printf("It is %s!\n",p);
}
char *find(char *t[],int day)                /*定义检索函数*find()*/
{
    int i;
    for(i=0;i<day&&t[i]!=NULL;i++);      /*检索 week[i]元素值*/
        if(i==day&&t[i]!=NULL)
            return(t[day]);         /*返回 week[day-1]元素值指向检索字符串*/
        else
            return NULL;
}
```

程序运行后输入数字 3，输出结果如图 10-28 所示。

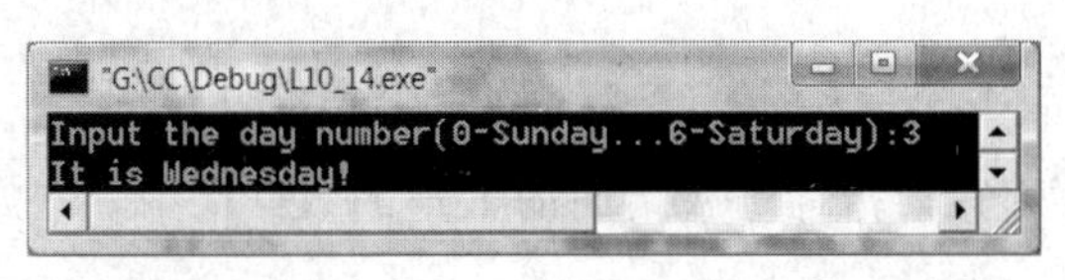

图 10-28　指针型函数检索数据

利用指针数组各元素分别指向不同字符串的特点，可以实现对字符串进行查找或排序等运算操作。

例 10-16　编写程序，定义指针数组分别指向不同的字符串，利用选择排序法对指针数组指向的字符串进行排序，调用函数输出排序结果。

程序源代码：

```
/*L10_16.c*/
#define N 5
#include "stdio.h"
```

```
#include "string.h"
void sort(char * char_str[], int n);                    /* 声明排序函数原型 */
void output(char * name[], int n);                      /* 声明输出函数原型 */
void main()
{
    static char * name [ ] = { "Zhao XiaoJun", "Zhang YiMing", "Liu LiLi", "Li
    YiPing", "Zhao Xuan"};
    sort(name, N);                                      /* 调用排序函数 */
    output(name, N);                                    /* 调用输出函数 */
}
void sort(char * char_str[], int n)                     /* 定义选择排序法函数 */
{
    char * temp;
    int i, j, k;
    for(i=0; i<n-1; i++)                                /* 指向 n 个字符串,循环 n-1 次 */
    {
        k=i;
        for(j=i+1; j<n; j++)                            /* 内循环两两字符串比较 */
        if(strcmp(char_str[k], char_str[j])>0)          /* 比较指向的字符串大小 */
            k=j;                /* 保存指向较小字符串的指针元素下标 */
        if (k!=i)               /* 不在排序位置,则交换 char_str[]数组元素值 */
            {temp=char_str[i]; char_str[i]=char_str[k]; char_str[k]=temp;}
    }
}
void output(char * name[], int n)          /* 定义输出函数 */
{
    int i;
    for(i=0; i<n; i++)
        printf("%s\n",name[i]);            /* 输出排序后的各字符串 */
}
```

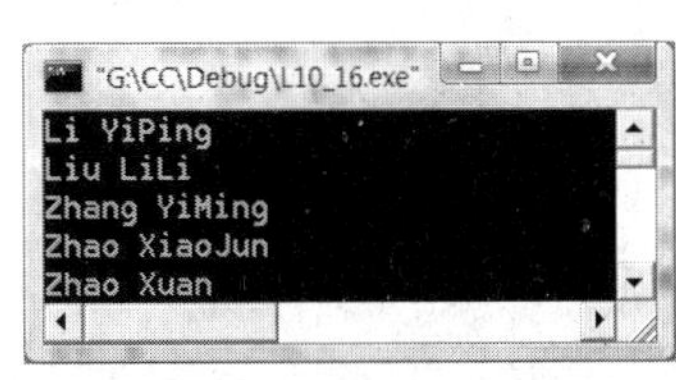

图 10-29　用指针数组完成字符串排序

程序运行结果如图 10-29 所示。

本例在 main()中定义了一个字符型指针数组 * name[],每个数组元素分别指向不同的人名,将数组名 name 作为实参传递给 sort(),调用 sort()函数对人名字符串进行排序,将数组名 name 作为实参传递给 output()调用函数完成排序结果输出。

形参和实参均为数组名,函数调用时实参指针数组 name[]和形参指针数组 char_str[]共用同一块内存空间,即实参指针数组和形参指针数组是同一个数组,调用 sort()排序函数,用选择排序法对数组元素进行排序,完成对指向字符串的排序。输出函数 output()利用循环输出指针数组的各元素指向的字符串。

10.5.2 指向指针的指针变量

通常一个指针变量存放的是已定义的数据变量的地址，称为指向数据变量的指针。指针变量也有地址，将其取出赋给另一个指针变量，使这个指针变量存放的是指向另一个指针变量的地址，称这个指针变量为指向指针的指针变量。

指向指针的指针变量定义的一般形式为

```
类型说明符  **指针变量名;
```

类型说明符表示最终指向数据变量的数据类型。例如：

```
float **pp;
```

定义 pp 指针变量，其中**表示 pp 指向另一个指针变量，这个指针变量指向一个浮点类型数据变量。例如：

```
main()
{
    float x=6.0, * p,**pp;
    p=&x;                          /* 指针变量 p 指向浮点型数据变量 x */
    pp=p;                          /* 指针变量 pp 指向指针变量 p */
    printf("%f",**p);              /* 两次间址访问输出数据变量 x */
}
```

程序中的 p 是指向数据变量 x 的指针变量，指针变量 pp 指向指针变量 p，通过 pp 指针变量需要两次间址访问数据变量 x 值，因此表示为**pp。

通过指针变量指向一次性访问数据变量的间接访问称为一级间址，这时指针变量直接指向数据变量，也称为单级间接访问。而指向指针的指针变量访问数据变量需分为两步(或更多步)才能指向数据变量，因此构成了二级间址(或多级间址)，如图 10-30 所示。

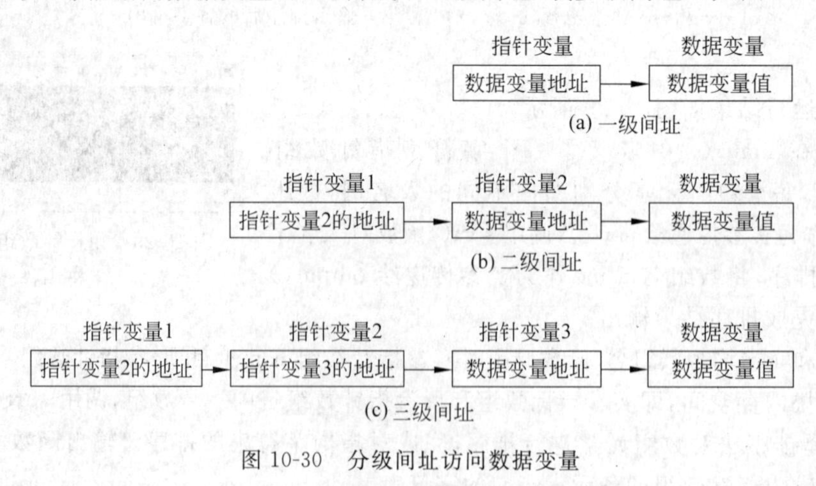

图 10-30 分级间址访问数据变量

C 语言对间接访问的间址级数在原理和理论上没有明确限制，但在实际应用中，间址访问级数太多将使源程序不易阅读理解，使用时易于出错，因此，三级以上的间址访问几乎很少用到，应根据需要而定。

例 10-17 编写程序，利用指向指针的指针变量输出多组数据。

程序源代码：

```
/*L10_17.c*/
main()
{
    static num[3]={1,3,5};
    static int *p[3]={&num[0],&num[1],&num[2]};
                                            /*指针变量 p 指向 num 数组各元素*/
    int **pp,i;
    pp=p;                                   /*指针变量 pp 指向指针变量 p*/
    for(i=0;i<3;i++)
    {
        printf("num[%d]=%d\t",**pp);        /*二级间址输出数组各元素*/
        pp++;
    }
}
```

程序运行结果如图 10-31 所示。

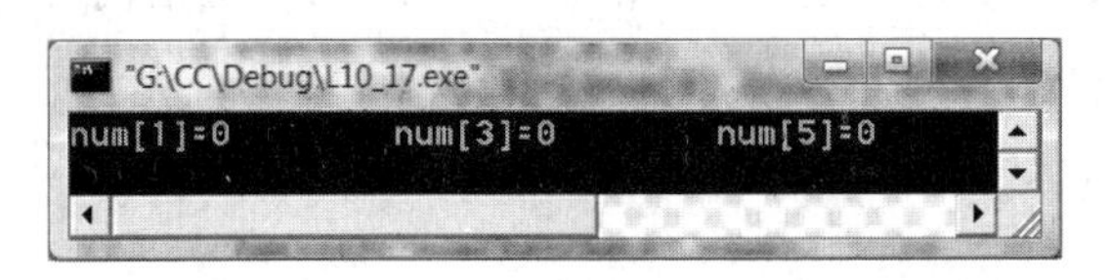

图 10-31 用指向指针的指针变量输出数据

程序中的 p 是一个指针数组，数组元素 p[i]分别指向整型数据数组的各相应元素 num[i]；pp 指针变量指向指针变量 p。通过 pp 变量访问 mun 需要两次间接访问，因此表示为**pp。

例 10-18 编写程序，利用二级间址访问输出多个字符串。

程序源代码：

```
/*L10_18.c*/
main()
{
    static char *str[]={"Sunday","Monday","Tuesday","Wednesday","Thurday",
    "Friday","Saturday"};
    char **pp;
    int k;
    pp=str;
    for(k=0;k<7;k++)                      /*输出一周中每一天的名称*/
```

```
    printf("%s\n",*(pp++));
                    /*相当于 str[i]*/
}
```

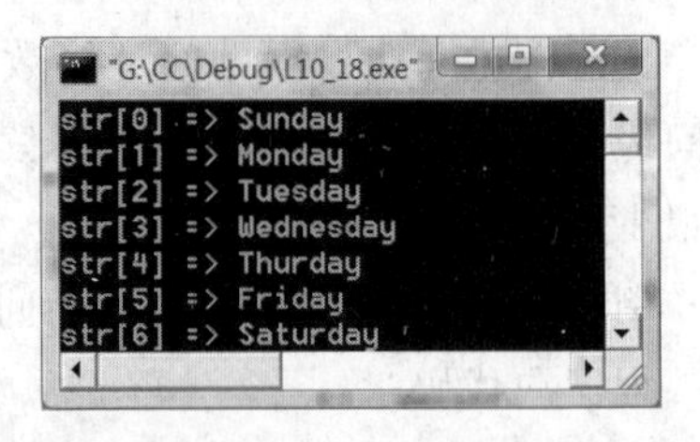

图 10-32　二级间址输出多个字符串

程序运行结果如图 10-32 所示。

本例程序中定义了 * str[]指针数组，初始化赋值指向一周各天星期名称字符串；定义 pp 为指向指针的指针变量，指向 * str[]指针数组。在 for()循环中，指针变量 pp 分别取得 str[i]元素地址值，通过二级间址输出 str[i]指向的字符串。

10.6　main()命令行参数传递

C 语言编程使用 main()通常都不带参数传递，因此 main()的圆括号都为空或 void 类型。如果需要编写操作系统下可以直接执行的操作系统命令，则需要 main()传递参数，定义 main()的参数为形式参数，操作系统下执行.exe 程序指定的参数是实际参数。

C 语言规定 main()的形式参数只能有两个，通常将这两个参数写为 argc 和 argv。需要传参的 main()定义时的函数头一般形式为

```
main(argc, argv)
```

其中第一个形参 argc 必须是整型变量，第二个形参 argv 是指向字符串的指针数组。带形参定义说明的 main()定义函数头为

```
main(argc,argv)
int argv;
char * argv[];
```

或写成

```
main(int argc,char * argv[])
```

由于 main()不能被其他函数调用，因此 main()的形式参数不能在程序内部取得实际参数值，实际参数值是从操作系统命令行执行时获得的。

当需要运行一个可执行文件.exe 时，在操作系统行命令提示符下输入文件名后，再输入实际参数，即可把这些实际实参传送到 main()的形式参数中。

在操作系统行命令提示符下输入命令行的一般形式为

当前盘符:\>可执行文件名 参数 [参数…]↙

其中，当前盘符是.exe 文件所在磁盘盘符，可执行文件名为 C 源程序编译链接后生成的.exe 文件，下划线表示命令执行输入部分。

使用时应特别注意的是，main()定义的两个形式参数和执行.exe 文件命令行中的实际参数在位置上不是一一对应的，因为 main()的形参只有两个，而命令行中的实际参数

个数从理论上可不加限制。

形式参数 argc 用以记录命令行中以空格分隔的实际参数的个数，包括.exe 文件名本身也算其中一个实际参数，argc 的值是在输入命令行时由系统按实际参数的个数自动赋予的。例如，命令行执行例 10-19 的 L10_19.exe 文件命令：

```
D:\>L10_19 China Beijing Olympics Games↙
```

这一行命令中，文件名 L10_19 本身也计为 argc 的一个参数，共有 5 个参数，因此 argc 取值为 5。

argv 参数是指向字符串的指针数组，其各元素值为命令行中各字符串的首地址，指针数组的大小为实际参数个数，命令执行时数组元素初值由系统自动赋予。

例 10-19 编写程序，显示命令行中输入的字符串。

程序源代码：

```
/*L10_19.c*/
main(int argc,char *argv[])
{
    while(argc>0)
    printf("argc=%d :  %s\n", argc--, *argv++);
}
```

编译链接 L10_19.c 源程序，生成的可执行文件 L10_19.exe 存放在 G 盘上，则输入命令行：

```
G:\>L10_19 China Beijing Olympics Games↙
```

运行结果如图 10-33 所示。

图 10-33 main()命令传参

该命令行共有 5 个实际参数，传递到 main()时，argc 初值即为 5，argv[]的 5 个元素分别为 5 个字符串的首地址，在执行 while()循环语句时，每循环一次，argc 值减 1，argv 指向下一个字符串，直到 argc 值等于 1 时结束循环，共循环 5 次，因此，共输出 5 个参数。在 printf()语句中，由于输出项 *argv++ 是先输出再加 1，因此第一次输出的是 argv[5]所指的字符串 L10_19.EXE；如果输出项 *++argv 是先加 1 再输出，则参数文件名字符串不输出，使用时应灵活掌握这一技巧。例如，将本例参数变量和程序 printf()语句输出项稍作如下修改。

程序源代码：

```
/*L10_19_1.c*/
main(argc,argv)                    /*type*/
int argc;
char *argv[];
{
```

```
    while(--argc>0)
    printf("%s%c", * ++argv,(argc>1)?' ':'\n');
}
```

则运行结果如图 10-34 所示。

图 10-34　main()命令传参控制

在执行 while()循环语句时，表达式--argc>0 先自减 1，则输出字符串不包括命令文件名 L10_19_1.EXE 本身。在 printf()语句中，%c 控制在字符串之间输出空格或回车。

指针是 C 语言程序设计中的重要组成部分，使用指针可以提高程序的编译效率和执行速度，可以使用主调函数和被调函数参数传递共享变量或数据存储结构，编写高质高效的软件系统程序。常用指针相关定义如表 10-2 所示。

表 10-2　常用指针相关定义

定　义	含　义
int * p;	定义指向整型数据的指针变量 p
float * p;	定义指向实型数据的指针变量 p
int * p[n];	定义指针数组 p[]，包含 n 个指针元素，每个元素指向整型数据
int (* p)[n];	定义指向数组的指针变量 p，数组有 n 个整型数
int * p();	定义函数 p()，其返回值是指针，该指针指向整型数据
int (* p)();	定义指向函数的指针变量 p，指向的函数返回整型数据
int **p;	定义指针 p，指向一个指向整型数据的指针

指针变量赋值运算可以把已定义的变量地址赋予指针变量，使指针指向该变量，指向同类型数据变量的指针变量可以相互赋值。指针运算有取地址运算符 &、取内容运算符 * 以及移动指针运算符++、--等。把函数入口地址赋予指针变量，指针变量则指向该函数；把数组或字符串的首地址赋予指针变量，指针变量则指向数组或字符串。对指向数组和字符串的指针变量可以进行加减运算，但对指向其他类型的指针变量作加减运算无实际意义。指针的关系运算可以在指向同一数组的两个指针变量之间进行，如大于、小于、等于等比较运算。指针变量值可与 0 进行比较，如 p==NULL 表示指针变量 p 为空指针。

10.7　指针变量综合案例

例 10-20　编写程序，输入 3 个数，调用函数用指针变量传递参数，实现按由小到大的顺序排放，输出排序结果。

程序源代码：

```
/* L10_20.c */
void swap(int * p1, int * p2)
{
```

```
    int p;
    p= * p1; * p1= * p2; * p2=p;
}
void main(void)
{
    int a,b,c;
    int * p1, * p2, * p3;
    printf("Input 3 numbers=");
    scanf("%d,%d,%d", &a,&b,&c);
    p1=&a; p2=&b; p3=&c;
    if(a>b) swap(p1,p2);                    /* 调用函数交换变量值 * /
    if(a>c) swap(p1,p3);
    if(b>c) swap(p2,p3);
    printf("The sorted numbers: a=%d, b=%d, c=%d\n",a,b,c);
}
```

程序运行结果如图 10-35 所示。

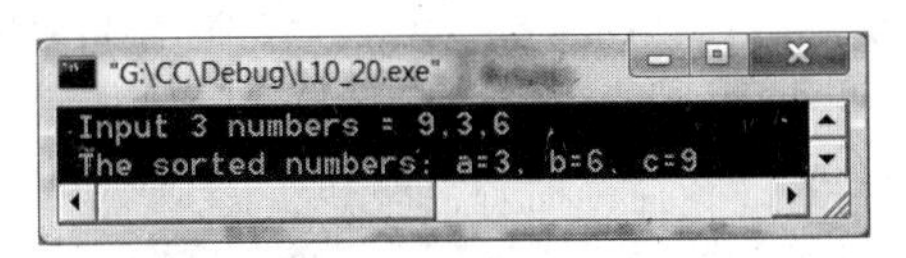

图 10-35　指针参数传递交换变量值

例 10-21　编写程序，定义指向一维数组的行指针，指向二维数组，输入数组元素数据，输出所有元素值。

程序源代码：

```
/* L10_21.c * /
#include<stdio.h>
#define M 3
#define N 4
void main()
{
    int a[M][N],i,j;
    int (* p)[N];                    /* 定义指针变量指向包含 N 个元素的一维数组 * /
    printf("Input 12 numbers=");
    for(p=a;p<a[M];p++)                                    /* 指向二维数组行 * /
        for(j=0;j<N;j++)
            scanf("%d", * p+j);                            /* 指向二维数组列 * /
    for(p=a,i=0;p<a[M];p++,i++)                            /* 按行移动 * /
    {
        for(j=0;j<N;j++)
            printf("a[%d][%d]=%-6d",i,j, * (* p+j));       /* 按元素输出 * /
        printf("\n");
```

```
    }
}
```

程序运行结果如图 10-36 所示。

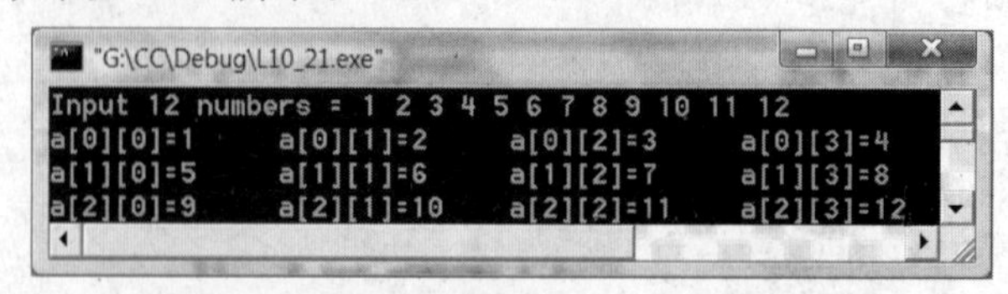

图 10-36 行指针控制二维数组元素

例 10-22 编写程序,利用指针数组指向不同的字符串,对给定的地名排序。

程序源代码:

```
/*L10_22.c*/
#define N 5
#include<stdio.h>
#include<string.h>
void sort_str(char *str[],int n);                /*声明排序函数 sort_str()原型*/
void main()
{
    char *name[]={"北京","西安","上海","成都","天津"},**p=name;
                                                  /*二级指针指向指针数组*/
    int i;
    sort_str(p,N);                                /*调用 sort_str()排序函数*/
    for(i=0;i<N;i++)
    {
        printf("name[%d]=",i);
        puts(name[i]);
    }
}
void sort_str(char *str[],int n)
{
    char *t;
    int i,j,k;
    for(i=0;i<n-1;i++)
    {
        k=i;
        for(j=i+1;j<n;j++)
            if(strcmp(str[k],str[j])>0)         /*字符串比较*/
                k=j;
        if(k!=j)
            {t=str[i]; str[i]=str[k]; str[k]=t;}
    }
}
```

程序运行结果如图 10-37 所示。

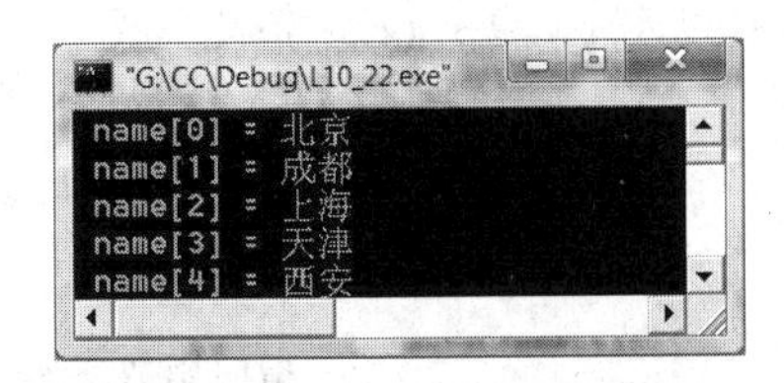

图 10-37　指向指针数组的指针变量传参排序

例 10-23　编写程序，根据输入的运算符，使用指向函数的指针指向调用各运算函数，实现整数运算功能。

程序源代码：

```
/*L10_23.c*/
#include<stdio.h>
int mul(int a,int b);                    /*声明求积函数 mul()原型*/
int sum(int a,int b);                    /*声明求和函数 sum()原型*/
int sub(int a,int b);                    /*声明求差函数 sub()原型*/
int div(int a,int b);                    /*声明整除函数 div()原型*/
int rem(int a,int b);                    /*声明求余数函数 rem()原型*/
void main(void)
{
    int (*p)();                          /*定义指向函数的指针变量*/
    int x,y; char c;
    printf("Input the expression=");
    scanf("%d%c%d",&x,&c,&y);
    if(c=='+')
    {
        p=sum;                           /*指向函数 sum()*/
        printf("%d+%d=%d\n",x,y,(*p)(x,y));
                                         /*(*p)(x,y) 等效于 sum(x,y);*/
    }
    if(c=='-')
    {
        p=sub;                           /*指向函数 sub()*/
        printf("%d-%d=%d\n",x,y,(*p)(x,y));
                                         /*(*p)(x,y) 等效于 sub(x,y);*/
    }
    if(c=='*')
    {
        p=mul;                           /*指向函数 mul()*/
        printf("%d*%d=%d\n",x,y,(*p)(x,y));
                                         /*(*p)(x,y) 等效于 mul(x,y);*/
    }
    if(c=='/')
    {
```

```
        p=div;                                    /* 指向函数 div() */
        printf("%d/%d=%d\n",x,y,(*p)(x,y));
                                                  /* (*p)(x,y) 等效于 div(x,y); */
    }
    if(c=='%')
    {
        p=rem;                                    /* 指向函数 rem() */
        printf("%d%%%d=%d\n",x,y,(*p)(x,y));    /* (*p)(x,y) 等效于 div(x,y); */
    }
}
int mul(int a,int b)                              /* 定义乘法函数 mul() */
    {return (a*b);}
int sum(int a,int b)                              /* 定义加法函数 sum() */
    {return (a+b);}
int sub(int a,int b)                              /* 定义减法函数 sub() */
    {return (a-b);}
int div(int a,int b)                              /* 定义除法函数 div() */
    {return (a/b);}
int rem(int a,int b)                              /* 定义求余数函数 rem() */
    {return (a%b);}
```

程序运行结果如图 10-38 所示。

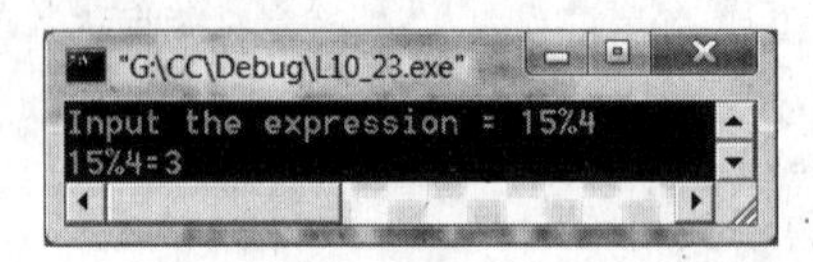

图 10-38　指向函数的指针实现各种整数运算

例 10-24　编写程序，定义指向函数的指针数组，依次求出给定参数的正弦、余弦、正切和对数函数值。

程序源代码：

```
/*L10_24.c*/
#include<math.h>                                  /* 指向函数的指针数组 */
double execute(double x,double(*f)());            /* 声明 execute()执行函数原型 */
#define N 4
void main(void)
{
    double(*func[N])();                           /* 定义指向函数的指针数组 */
    double x=0.99999999999;
    int i;
    func[0]=sin;                                  /* 指向数学库函数 sin() */
    func[1]=cos;                                  /* 指向数学库函数 cos() */
    func[2]=tan;                                  /* 指向数学库函数 tan() */
    func[3]=log10;                                /* 指向数学库函数 log10() */
```

```
    for(i=0;i<N;i++)
        printf("function[%d]=>  %f\n",i,execute(x,func[i]));
}
double execute(double x,double(* f)())        /*定义执行函数 execute()*/
{return ((* f)(x));}
```

程序运行结果如图 10-39 所示。

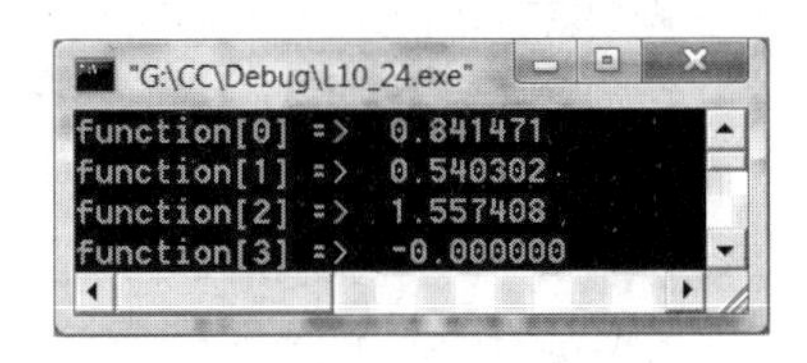

图 10-39 指向函数的指针数组实现各种函数调用

10.8 练 习 题

1. 常用数据类型变量在计算机内存区域是如何进行划分和使用的?
2. 内存变量存储单元地址和内存变量存储单元数据有何不同?
3. 直接访问与间接访问内存变量方式有何不同?
4. 如何获得已定义的变量地址? 如何按地址存放数据?
5. 简述指针运算有哪些实际有效的运算符及各自操作的物理意义。
6. 函数的参数为指针类型时传递的是指定变量的什么内容?
7. 试比较引入数组首地址或指针变量后,引用数组元素的不同方法的特点。
8. 调用函数传递数组首地址时如何与被调函数共享同一数组空间?
9. 指针变量处理二维数组运算可以使用哪两种方式?
10. 字符指针处理字符串与字符数组处理字符串各有何特点?
11. 试述将字符串从一个函数传递到另一个函数的形参与实参的使用方式。
12. 函数名和指向函数的指针变量在使用时有何特点?
13. 指针类型函数是如何定义和使用的?
14. 指针数组与指向一维数组的行指针在定义和使用上有何不同?
15. 如何通过指向指针的指针变量获取最终数据变量值?
16. 简述 main()的两个形式参数的作用与使用方法。
17. 试分析以下程序中行指针的作用与意义,试述为何本程序对任何系统 int 型分配存储均可运行。程序源代码如下:

```
/*t10_17.c*/
#include "stdlib.h"
#include "malloc.h"
#include "stdio.h"
```

```
void main(void)
{
    int i,j,**p;
    int a[3][3]={{1,2,3},{4,5,6},{7,8,9}};
    p=(int**)malloc(3*sizeof(int*));          /*动态分配内存*/
    p[0]=(int*)malloc(3*sizeof(int*));
    p[1]=(int*)malloc(3*sizeof(int*));
    p[2]=(int*)malloc(3*sizeof(int*));
    p[0]=*a;                                  /*指向数组a行*/
    p[1]=a+1;
    p[2]=a+2;
    printf("*(p[0]+1)=%d,**(&p[1]+1)=%d,*(*(a+2)+2)=%d\n",
        *(p[0]+1),**(&p[1]+1),*(*(a+2)+2));
    printf("------------\n");
    for(i=0;i<3;i++)
        for(j=0;j<=3;j++)
            if(j!=3)
                printf("%3d",*(*(p+i)+j));
            else
                printf("\n");
    printf("------------\n");
}
```

程序运行结果如图10-40所示。

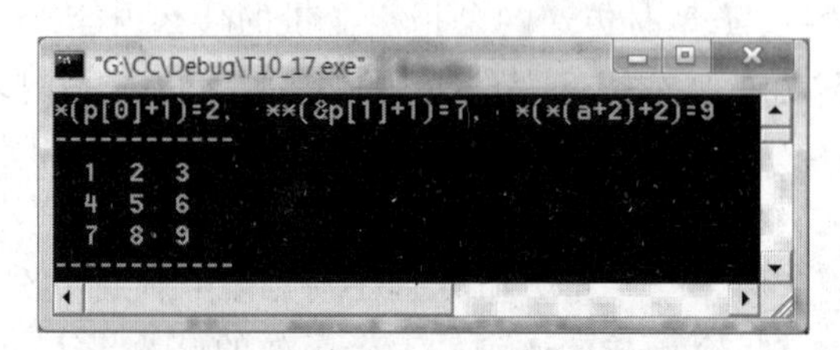

图10-40 用指向行和列的指针输出数据

程序中的malloc()是内存动态存储分配函数。malloc(unsigned size)从动态内存分配一个长为size字节的存储空间,即允许程序按需要恰好分配所需存储容量,如果分配成功,则返回新分配的存储空间地址;如果没有足够的空间分配给所需存储量,则返回NULL,内存储块内容不变。假使参数size置为0,则malloc()将返回NULL值。

18. 试分析以下程序用数组指针如何实现输入年月日后计算输入日期是该年的第几天。程序源代码如下:

```
/*T10_18.c*/
#include<stdio.h>
day_of_year(int (*day_tab)[13],int year,int month,int day);     /*函数原型声明*/
main()
```

```
{
    static int year_tab[2][13]={{0,31,28,31,30,31,30,31,31,30,31,30,31},
                                {0,29,31,30,31,30,31,31,30,31,30,31}};
    int year,mon,day;
    printf("Input the year,month,day  =");
    scanf("%d,%d,%d",&year,&mon,&day);
    printf("The days of the year is %d\n",day_of_year(year_tab,year,mon,day));
}
day_of_year(int (*year_tab)[13],int year,int month,int day)
                                                /*设 day_tab 为指向数组的指针*/
{
    int i,j;
    i=(year%4==0&&year%100!=0)||year%400==0;     /*计算 year_tab 数组行下标*/
    for(j=1;j<month;j++)
        day+=(*(year_tab+i))[j];                /*引用数组指针指向数组中的元素*/
    return (day);
}
```

程序运行结果如图 10-41 所示。

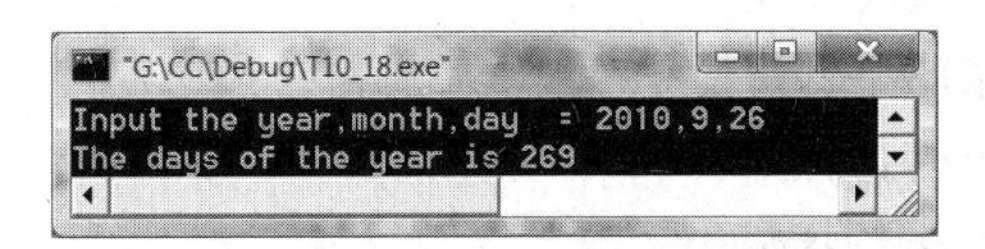

图 10-41　引用数组指针指向数组元素进行计算

第11章 构造类型与自定义类型

C语言对基本变量进行数据类型定义，决定了所定义变量的存储空间与取值范围，而对数组的定义则是对一组相同数据类型变量即数组元素的定义。如果需要使用一组具有不同数据类型的数据结构变量，则需定义和使用结构体或共用体等构造类型。例如，学生学籍表数据结构中有学号、姓名、性别、年龄、院系和成绩等不同数据类型，需整体组合定义为构造类型，作为记录每位学生信息的构造类型变量，可使用结构体类型。另外，构造类型还有共用体类型、枚举类型及自定义类型。本章主要内容如下：

- 结构体类型与结构体变量的概念及应用；
- 结构体数组的定义及使用；
- 指向结构体变量的指针；
- 指向结构体数组的指针；
- 结构体类型作为函数参数；
- 静态链表与动态链表的创建及使用；
- 在单向动态链表中插入结点；
- 从单向动态链表中删除结点；
- 共用体类型及共用体变量的定义及使用；
- 枚举类型与枚举变量的定义及应用；
- 自定义数据类型说明符。

11.1 结构体类型与结构体变量

将不同数据类型定义组合构成构造类型数据结构，该数据结构由成员组成，每一个成员既可以是相同数据类型，也可以是不同数据类型，结构体成员通过变量或数组定义确定，且具有明确的数据类型与成员标识名，其整体构成结构体类型。

11.1.1 结构体类型的定义

结构体类型属于构造类型，由一组成员定义构成，可看成是二维数据表的表头部分，例如学生记分册信息表，如表11-1所示。

表 11-1　学生记分册信息表

学　号	姓　　名	性　　别	年　　龄	院　　系	分　　数
2010050621	王昕雨	男	19	应用数学	92
2010020409	李晓萌	女	18	国际关系	91
2010080326	赵明理	男	20	环境工程	94
⋮	⋮	⋮		⋮	⋮

信息表中数据项“学号”、“姓名”、“性别”、“年龄”、“院系”、“分数”具有各自的数据类型，组合定义构成结构体类型。而每一位同学的各数据项值组合就构成一条完整记录，该记录值则是相同结构体类型定义下结构体变量的取值。因此，构建由不同类型的数据项构成的二维表，首先要定义结构体类型，再定义该结构体类型下的结构体变量。

结构体类型的一般定义形式为

```
struct 结构体类型名
{
    数据类型 1  成员名 1;
    数据类型 2  成员名 2;
    ⋮
    数据类型 n  成员名 n;
};
```

其中，struct 为结构体定义关键字；结构体类型名的命名规则符合 C 语言标识符命名规则；结构体类型是一个整体，成员表列需用花括号括起来；结构体类型定义以分号结束。

结构体类型定义的各成员定义方法与单个变量定义相同，各个成员变量数据类型定义表示该成员变量存放数据的类型，可以是 C 语言提供的任何有效数据类型。各成员名的命名规则与变量相同，每个成员变量定义均以分号结束。

例如，学生记分册信息表结构体类型可定义为

```
struct score_table                    /* 定义 score_table 结构体类型 */
{
    int number;                       /* 定义学号 number 成员 */
    char name[30];                    /* 定义姓名 name 成员 */
    char sex;                         /* 定义性别 sex 成员 */
    int age;                          /* 定义年龄 age 成员 */
    char depart[40];                  /* 定义院系 depart 成员 */
    float score;                      /* 定义分数 score 成员 */
};
```

此处完整定义了一个 scorc_tablc 结构体类型，包含有学号(整型)、姓名(字符数组)、性别(字符型)、年龄(整型)、院系(字符数组)和成绩(单精度浮点型)6 个成员，利用已定义的 score_table 结构体类型，接着可以定义存放每位同学信息记录的结构体变量。

11.1.2 结构体类型变量的定义及引用

结构体类型提供了组合数据项的数据结构，只是一个构造类的数据类型，根据该数据类型再定义结构体类型变量(简称结构体变量)，系统才会按结构体类型对结构体变量分配内存单元，然后才能对变量赋值，形成一条完整的记录，多个结构体变量组成有具体数据的二维信息表。

结构体变量同样是先定义再引用，利用结构体变量处理每条数据记录。

1. 结构体变量的定义

结构体变量的定义可以使用以下3种方式中的任何一种。

(1) 用已定义的结构体类型定义结构体变量，其一般形式为

```
struct 已定义的结构体类型名 变量表列;
```

例如，先定义学生记分册信息表结构体类型，再定义存放数据记录的学生结构体变量：

```
struct score_table                              /* 先定义 score_table 结构体类型 */
{
    int number;
    char name[30];
    char sex;
    int age;
    char depart[40];
    float score;
};                                              /* 结构体类型定义结束 */
struct score_table student1,student2,student3;  /* 再定义 3 个结构体变量 */
```

最后一条命令按已定义的 score_table 结构体类型定义了3个结构体变量 student1、student2 和 student3。

以这种方式定义结构体变量时，struct 命令关键字和 score_table 结构体类型名均不能省略，因为已定义的结构体类型是由 struct 命令关键字和 score_table 结构体名构成的。

(2) 定义结构体类型的同时定义结构体变量，其一般形式为

```
struct 结构体类型名
{
    成员表列;
}
结构体变量表列;
```

例如，定义学生记分册信息表结构体类型的同时，定义存放数据记录的学生结构体变量：

```
struct score_table                              /* 定义 score_table 结构体类型 */
{
    int number;
    char name[30];
    char sex;
    int age;
    char depart[40];
    float score;
}
student1,student2,student3;                     /* 直接定义 3 个结构体变量 */
```

直接在 score_table 结构体类型定义结束位置定义结构体变量 student1、student2 和 student3。

使用这种方式定义，应去掉结构体类型定义结束的分号，将变量表列直接写在结构体类型定义后面。

(3) 定义无类型名的结构体类型的同时必须定义结构体变量，其一般形式为

```
struct
{
    成员表列;
}
结构体变量表列;
```

例如，定义无类型名的学生记分册信息表结构体类型的同时，必须接着定义存放数据记录的学生结构体变量：

```
struct                                         /* 定义无类型名的结构体类型 */
{
    int number;
    char name[30];
    char sex;
    int age;
    char depart[40];
    float score;
}
student1,student2,student3;                    /* 直接定义 3 个结构体变量 */
```

直接在结构体类型定义末尾定义结构体类型变量 student1、student2 和 student3。

使用这种定义方式定义结构体类型时，不用结构体名，只能直接定义结构体变量。在程序中如果需要再定义该结构体类型的结构体变量时，就不能再使用该结构体类型定义新的结构体变量了。

结构体变量一经定义，编译时系统就会给结构体变量按结构体类型分配一组存储单元，用以存放其中各成员变量的数据。

结构体变量在内存中所占据的存储单元是该结构体所包含的各个成员变量数据类型

所占据的内存字节的总和;结构体变量的地址则是结构体变量在内存中存放的首地址。

结构体类型中的成员变量名可以与源程序中的其他数据变量名相同。例如,在上述结构体类型中有 score 分数成员,还可以在程序中再另外定义一个变量 score,与结构体中定义的变量 score 不会互相干扰,在编译时也不会出错。另外,如果结构体中的成员是一个结构体变量,则使用的结构体类型定义必须写在本结构体类型定义之前。

例如,学生记分册信息表结构体类型中的年龄成员扩展为出生日期成员,则有

```
struct birthday
{
    int year;
    int month;
    int day;
};
struct score_table                          /* 定义 score_table 结构体类型 */
{
    int number;
    char name[30];
    char sex;
    struct birthday birth;
    char depart[40];
    float score;
}
student1,student2,student3;                 /* 直接定义 3 个结构体变量 */
```

由于 struct birthday 结构体类型定义是在 struct score_table 结构体类型定义之前,这样在 struct score_table 中定义的成员变量 birth 才可顺利使用已定义的 struct birthday 结构体类型。

2. 结构体变量的引用

结构体变量定义后就可以赋值引用和处理数据了。由于结构体变量是构造类型,不能整体赋值,因此需要对结构体变量中各个成员变量单独处理。引用结构体变量成员的一般形式为

```
结构体变量.成员变量
```

其中,“.”为分量运算符,表示成员变量是指定结构体变量的成员。例如,引用上面例子中定义的结构体变量 student1 的成员变量:

```
student1.number=2010050621
student1.age=19;
strcpy(student1.name,"王昕雨");
student1.sex='M'
strcpy(student1.depart,"应用数学");
student1.score=92
```

其中,“.”是成员运算符,也称为分量运算符,优先级最高,因此,可以将 student1.age 等成员变量的分量表达方式作为一个变量整体用于各种运算,其运算规则与常规数据变量相同。注意,如果本例中的 age 成员改为结构体类型的 birth 成员,则需要用分量运算符逐级表达到最低一级成员赋值引用,例如:

```
student1.birth.year=1991;
student1.birth.month=5;
student1.birth.day=26;
```

这表示当结构体类型成员中又定义了另一个结构体类型成员时,只能逐级引用至最低一级的成员变量才能操作,不能写为如下形式:

```
student1.birth={1991,5,26};
```

此外,结构体变量也不能作为一个整体进行引用。例如,不能使用如下引用方法进行输出:

```
printf("%d%d%d", student1.birth);
```

结构体引用只能对最低一级各个成员进行各种运算操作,例如:

```
scanf("%d%d%d",& student1.birth.year, & student1.birth.month,\
& student1.birth.day);
printf("%d%d%d", student1.birth.year+1, student1.birth.month, \
student1.birth.day);
```

需要说明的是,结构体变量不能被直接引用,但结构体变量地址可以直接操作。例如:

```
printf("%o",& student1);
```

此处被引用的是结构体变量 student1 的起始地址。这样就可以定义一个指向结构体变量的指针来存放这个地址,并通过指向结构体变量的指针来引用结构体的成员。

3. 结构体变量初始化及引用

结构体变量的初始化与其他数据类型的变量一样,可以在定义时完成,需要对各成员按数据类型赋值。如果结构体类型中的成员又是一个结构体类型,则需要逐级表示到最低一级成员变量,才能对结构体变量赋值引用。如果在程序中需要重新赋值引用结构体变量,也需按成员变量赋值。

例 11-1 编写程序,定义结构体变量并初始化,然后输出各结构体变量的值。

程序源代码:

```
/*L11_1.C*/
void main(void)
{
    struct birthday                    /*定义结构体类型 birthday*/
    {
```

```
        int year;
        int month;
        int day;
    };
    struct score_table            /*定义 score_table 结构体类型*/
    {
        long int number;
        char name[30];
        char sex;
        struct birthday birth;
        char depart[40];
        float score;
    }
    student1={2010050621,"王昕雨",'M',{1991,5,26},"应用数学",91.8};
    struct score_table student2={2010020409,"李晓萌",'F',{1992,3,18},\
    "国际关系",91.3};
    struct score_table student3={2010080326,"赵明理",'M',{1990,12,19},\
    "环境工程",93.6};
    printf("  学号     姓名 性别 出生年月     院系   分数 \n");
    printf("%ld,%s,%c,%4d-%2d-%2d,%s,%3.2f\n",student1.number,\
    student1.name, student1.sex, student1.birth.year,student1.birth.month,\
    student1.birth.day,student1.depart,student1.score);
    printf("%ld,%s,%c,%4d-%2d-%2d,%s,%3.2f\n",student2.number,\
    student2.name, student2.sex, student2.birth.year,student2.birth.month,\
    student2.birth.day,student2.depart,student2.score);
    printf("%ld,%s,%c,%4d-%2d-%2d,%s,%3.2f\n",student3.number,\
    student3.name, student3.sex, student3.birth.year,student3.birth.month,\
    student3.birth.day,student3.depart,student3.score);
}
```

程序运行后的输出结果如图 11-1 所示。

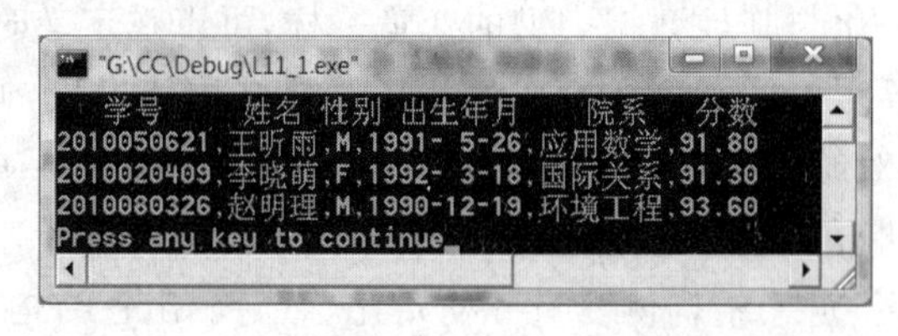

图 11-1　结构体定义与引用

本例程序在定义 score_table 结构体类型的同时进行了结构体变量 student1 的初始化，而结构体变量 student2 和 student3 是按 score_table 结构体类型定义并初始化的，然后按结构体成员变量的数据类型格式输出数据。在 score_table 结构体类型中的 struct birthday 结构体类型初始化引用其结构体变量 birth 成员时，注意要逐级表示到最终成员变量进行赋值引用。

11.2 结构体数组的定义及引用

将相同结构体类型的结构体变量定义为数组，构成结构体类型数组（简称结构体数组），每个数组元素都是相同结构体类型的变量。

11.2.1 结构体数组的定义及初始化

结构体数组与结构体变量一样，可以在定义结构体类型的同时定义，也可以在结构体类型定义之后定义。定义一维结构体数组的形式为

```
struct 结构体标识名
{
    成员表列;
};
struct 结构体名 结构体数组名[长度];
```

或者

```
struct 结构体标识名
{
    成员表列;
};
struct 结构体名 结构体数组名[长度];
```

与定义结构体变量的规则一样，也可以在定义无结构体标识名的结构体的同时定义结构体数组，形式为

```
struct
{
    成员表列;
};
struct 结构体名 结构体数组名[长度];
```

注意，最后一种形式仅适合于随后不需要再定义该结构体类型变量或数组时使用。

结构体数组的初始化与一般数组的初始化类似，在定义数组时进行初始化，一般是在定义后赋初值，即在“结构体数组名[长度]”后加上

```
={初始化赋值表列};
```

各结构体类型成员变量初值之间用逗号分隔开。例如，定义并初始化学生成绩信息表的结构体数据类型及结构体数组：

```
struct score_table                    /* 定义 score_table 结构体类型 */
```

```
{
    long int number;
    char name[30];
    char sex;
    int age;
    char depart[40];
    float score;
}student[3]={{2010050621,"王昕雨",'M',19,"应用数学",91.8},\
             {2010020409,"李晓萌",'F',18,"国际关系",91.3},\
             {2010080326,"赵明理",'M',20,"环境工程",93.6}};
```

这里定义了 student[3]一维结构体数组，3 个数组元素在定义结构体类型 struct score_table 时初始化赋值，各结构体数组元素赋值之间用逗号分隔。

结构体数组也可以在 score_table 结构体类型定义之后单独定义并初始化赋值。例如：

```
struct score_table fstudent[2]={{2010121601,"刘易军",'M',18,"机械工程",89.9},\
                                {2010110213,"吴小菡",'F',19,"创意设计",93.1}};
```

结构体数组定义后，在编译时系统按结构体类型为该数组分配存储空间，数组元素在内存中连续存放。例如，结构体数组 student[3]定义后，系统编译时会自动分配一组地址连续的内存单元，顺序存放 student[3]结构体数组，每个结构体数组元素占用空间长度为各成员变量数据类型长度之和。例如，结构体数组 student[3]定义初始化之后，数组元素在内存中存放的顺序示意如图 11-2 所示。

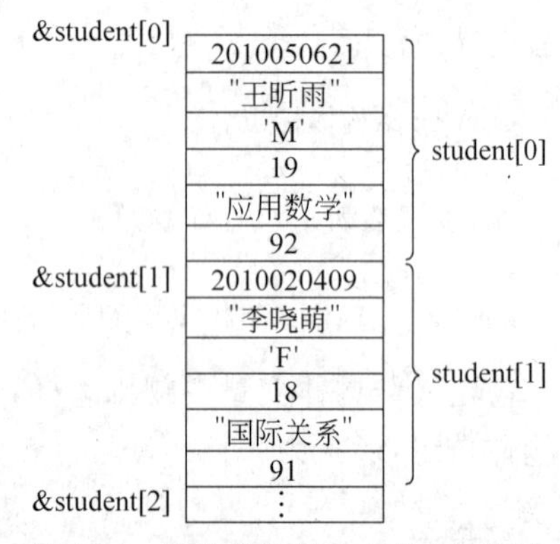

图 11-2　结构体数组在内存中的存放

结构体数组元素是连续存放的，整个数组有首地址，每个元素有自己的首地址。如果需要在程序中对已定义的结构体数组重新赋值，需对每个结构体数组元素的各成员逐个逐级进行赋值。C 语言同样允许使用多维结构体数组，多维结构体数组的定义及初始化与一维结构体数组相同，数组元素同样是顺序存放。

11.2.2　结构体数组的引用

结构体数组与一般数组性质相同，其引用可以通过数组名和下标结合进行访问。结构体数组中的成员引用的一般形式为

```
数组名[下标值].成员名
```

由于结构体数组中的元素形式上属于结构体类型变量，因此结构体数组元素的引用与结构体变量的引用一样，需要使用成员运算符对数组元素各成员逐级引用，直至最低一

级的成员变量为止。

例 11-2 编写程序，定义结构体数组并初始化，引用数组元素输出结构体数组元素值。

程序源代码：

```
/*L11_2.C*/
void main(void)
{
    int i;
    struct score_table                                  /*定义结构体类型*/
    {
        long int number;
        char name[30];
        char sex;
        int age;
        char depart[40];
        float score[2];
    }
    st[2]={{2010121601,"刘易君",'M',18,"机械工程",{89.9,93.2}},\
          {2010110213,"吴小菡",'F',19,"创意设计",{93.1,91.6}}};
                                                        /*初始化结构体数组*/
    printf("   学号      姓名  性别 年龄   院系     平时    期末\n");
    for(i=0;i<2;i++)
        printf("%ld,%s, %c, %d,%s, %3.2f, %3.2f\n",st[i].number,st[i].name,\
        st[i].sex,st[i].age,st[i].depart,st[i].score[0],st[i].score[1]);
}
```

程序运行后的输出结果如图 11-3 所示。

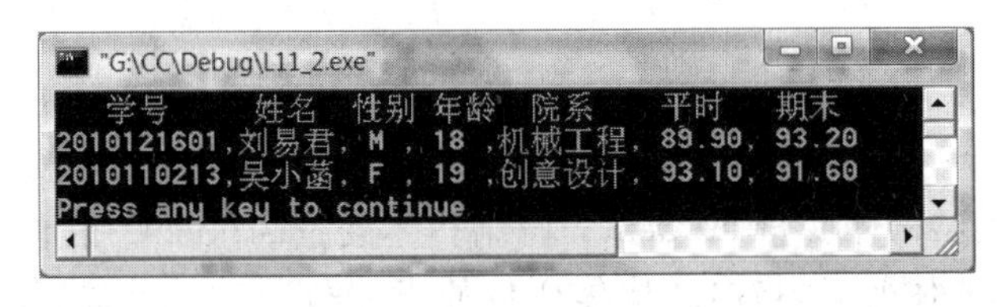

图 11-3 结构体数组的定义与引用

程序运行时，st[0].number 表示第 1 位学生的学号，st[0].name 表示第 1 位学生的姓名，字符数组名 name 作为一个字符串的首地址，以%s 输出人名字符串。在引用结构体中的数组 score 时，要依次引用 score 数组中的元素，例如，st[0].score[0] 表示第 1 位学生的平时成绩，st[0].score[1]表示第 1 位学生的期末成绩，st[1].score[0] 表示第 2 位学生的平时成绩，st[1].score[1]表示第 2 位学生的期末成绩，都是合法的结构体数组元素引用形式。

11.3 指向结构体类型数据的指针

前面已经说明,一个结构体在内存中所占据的单元是该结构体内部所包含的各个成员所占据的内存单元的总和,而一个结构体类型变量的地址就是该变量在内存中的首地址。因此可以设一个指针变量指向结构体变量或结构体数组,那么,该指针变量的值就是结构体变量的起始地址或结构体数组的首地址。

11.3.1 指向结构体变量的指针

定义结构体类型之后就可以定义结构体变量,编译时系统为定义的结构体变量分配内存空间存储地址,因此就可以定义指向结构体变量的指针变量。定义指向结构体变量的指针变量与定义结构体变量对应,同样可以使用 3 种定义形式声明一个指向结构体变量的指针。例如:

```
struct score_table                                  /* 定义结构体类型 */
{
    long int number;
    char name[30];
    char sex;
    int age;
    char depart[40];
    float score[2];
} * p;
struct score_table student1={2010121601,"刘易君",'M',18,"机械工程",\
{89.9,93.2}};
p=&student1;
```

本例中定义了一个指向 score_table 结构体类型的指针变量 p,还定义了一个 score_table 结构体类型的结构体变量 student1,将结构体变量 student1 的首地址赋给 p,使得 p 指向 student1 结构体变量。指向结构体变量的指针与结构体变量的关系如图 11-4 所示。

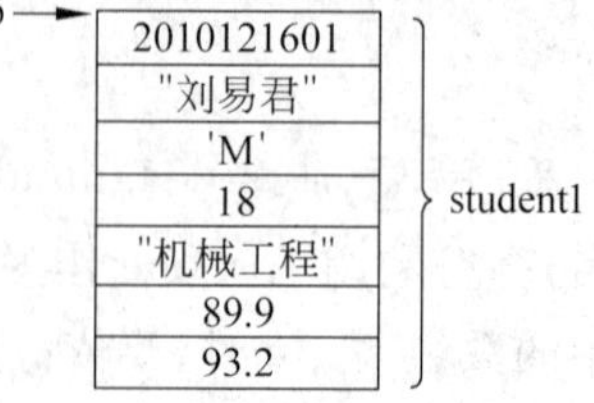

图 11-4 指向结构体变量的指针

指针 p 指向结构体变量 student1,就可以实现对结构体变量 student1 的引用。使用“(* p)”运算表达式逐级引用到最低一级的成员变量,实现对整个结构体变量的引用。例如:

```
printf("%s,%d,%f", (* p).number, (* p).name,
(* p).score[0]);
```

注意,使用指向结构体变量的指针 p 引用结构体变量时,要用圆括号括起来,即表达为

(* p),否则由于成员运算符“.”的运算级别高于指针运算符 *,将使运算变成 *(p. name),与实际不符。

C 语言中的分量运算符也可以使用表示指向结构体成员的 —> 运算符代替,用来实现结构体变量的引用。例如,可将上述语句改写成

```
printf("%s,%d,%f",p->number, p->.name, p->.score[0]);
```

其作用与下面的表达方式相同:

```
printf("%s,%d,%f", student1.number,student1.name,student1.score[0]);
```

这样,可以用 3 种方式引用结构体变量:

(1) 结构体变量.成员名　　(例如:student1. number)

(2) (* 指针变量).成员名　　(例如:(* p). number)

(3) 指针变量—>成员名　　(例如:p—>number)

分量运算符—>指向结构体成员的运算优先级别与成员运算符“.”相同。例如:

```
p->number++
```

表示先引用 p 指向的结构体变量成员 number 的值,然后使 number 自加 1,相当于

```
(p->number)++
```

或

```
p->number=p->number+1
```

即把 p—>number 看成一个整体变量。

11.3.2 指向结构体数组的指针

定义指向结构体数组的指针变量,运算时是以结构体数组元素为单位进行移动,实际上也是指向数组元素的指针。例如以下程序段:

```
...
struct score_table                                    /* 定义结构体类型 */
{
    long int number;
    char name[30];
    char sex;
    int age;
    char depart[40];
    float score[2];
} * p;
struct score_table student[2]={{2010121601,"刘易君",'M',18,"机械工程",{89.9,93.2}},\
                               {2010110213,"吴小菡",'F',19,"创意设计",\
```

```
                    {93.1,91.6}}};
    p=student;                                      /* 指针变量 p 指向结构体数组 */
    printf("%ld,%s, %c, %d,%s, %3.2f, %3.2f\n", p->number, p->name, p->sex, p->age,\
          p->depart, p->.score[0], p->score[1]);
                                              /* 输出结构体数组第一个元素的成员值 */
    p++;                                      /* 指针 p 移到下一个结构体数组元素的起始地址 */
    printf("%ld,%s, %c, %d,%s, %3.2f, %3.2f\n", p->number, p->name, p->sex, p->age,\
          p->depart, p->score[0], p->score[1]);
                                                  /* 输出结构体数组第二个元素的成员值 */
    …
```

在本例中，将结构体数组 student[2]的首地址 student 赋给指针 p，使指针变量 p 指向结构体数组 student[2]，随后输出语句输出第一个结构体数组元素的成员值；执行 p++后，指针移动输出第二个结构体数组元素的成员值。两个输出语句的输出结果分别等同于以下两条输出命令语句：

```
printf("%ld,%s, %c, %d,%s, %3.2f, %3.2f\n",student[0].number, student[0].name,\
        student[0].sex, p->age, student[0].depart,student[0].score[0],\
        student[0].score[1]);
printf("%ld,%s, %c, %d,%s, %3.2f, %3.2f\n",student[1].number, student[1].name,
        student[1].sex, p->age, student[1].depart,student[1].score[0],\
        student[1].score[1]);
```

指向结构体数组的指针 p 自加移动示意图如图 11-5 所示。

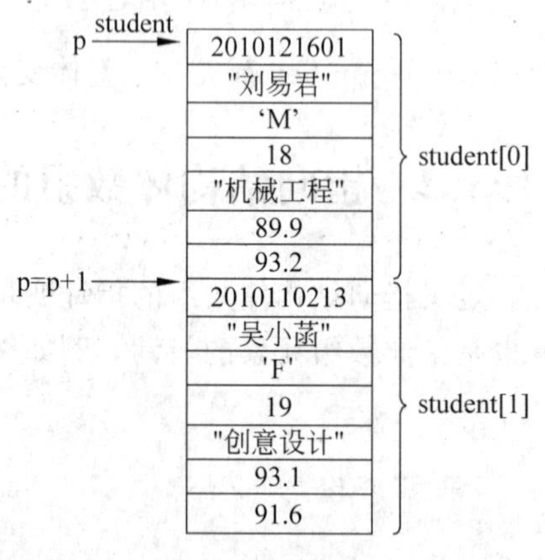

图 11-5　指向结构体数组的指针变量

指向结构体类型数组的指针 p 是指向结构体数组中的元素 student[i]，注意不能将结构体数组元素中的某一成员地址赋给 p，造成地址类型不匹配。例如，不能有如下表达方式：

```
p=&student[1].number;
```

如果需要实现成员变量地址赋值操作，首先要将成员的地址进行强制类型转换，把成员地址转换为该结构体类型的地址之后，才能对指向结构体类型的指针变量 p 赋值。例如：

```
p=(struct score_table*)&student[1].number;
```

进行类型转换后对指针变量赋值，如果有 p++指针运算，则 p 将指向结构体数组下一个元素的成员 number，这是因为执行 p++时，以结构体类型 struct score_table 的长度为单位移动。

11.3.3 结构体类型作为函数参数

结构体类型可以作为函数参数传递数据，函数参数可以是结构体变量成员、结构体变量或结构体数组。

1. 结构体变量成员作函数参数

结构体变量成员作为参数把数据从一个函数传递给另一个函数，与一般数据类型变量传参相同，形参与实参之间属于“值传递”方式。

例 11-3 编写程序，有 N 位学生，要求输入每位学生的姓名及各自的 3 门课成绩，调用函数统计每位学生所有课程的平均成绩。

程序源代码：

```
/*L11_3.C*/
#define N 2
float average(float fscore[],int n);          /*声明自定义函数原型*/
main()
{
    int i,j;
    float stu_score[N];
    struct student
    {
        char name[30];
        float score[3];
    }
    stu[N];
    for(j=0;j<N;j++)                            /*输入数据*/
    {
        printf("The %dth student name=",j+1);
        scanf("%s",&stu[j].name);
        printf("Input the 3 scores=");
        for(i=0;i<3;i++)
            scanf("%f,",& stu[j].score[i]);
    }
    for(i=0;i<N;i++)                            /*输出数据*/
    {
    stu_score[i]=average(stu[i].score,3);
                          /*结构体数组 stu[]的成员数组 score[]首地址作实参*/
    printf("%dth student %s's average: %5.2f\n",i+1,stu[i].name,stu_score[i]);
    }
}
float average(float fscore[],int n)           /*自定义求平均成绩函数*/
```

```
{
    int i,j;
    float aver=0;
    for(i=0;i<3;i++)
        aver=aver+fscore[i];
    return(aver/n);
}
```

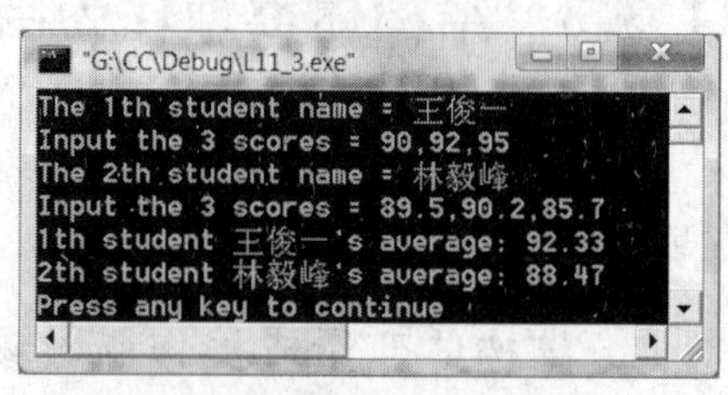

图 11-6　传递结构体数组成员实参值

程序运行后，输入学生姓名和成绩，调用函数求平均值后输出结果，如图 11-6 所示。

本例中主函数main()调用函数 average(stu[i]. score,3)；语句中的实参 stu[i]. score 是结构体数组 stu[N]数组元素 stu[i]中的成员数组 score[]的首地址，实参 score[]成员是浮点类型一维数组，与形参 fscore[]定义类型一致。

2. 结构体变量作函数参数

结构体变量作函数实际参数传递数据，在函数调用时系统按形参结构体变量定义为形参分配内存单元，程序执行过程将结构体变量实参数据顺序传递给相同结构体类型的形参。此时，如果在函数调用期间程序运算改变了形参值，由于不能将改变后的形参值传递返回给实参变量，因此，结构体变量作函数实际参数是"值传递"方式。

例 11-4　编写程序，有 N 位学生，要求输入每位学生的姓名及各自的 3 门课成绩，调用函数统计每位学生所有课程的平均成绩。

程序源代码：

```
/* L11_4.C */
#define N 2
#define INPUTF "%f,%f,%f"
#define OUTPUTF "姓名:%s, 数学:%3.2f, 英语:%3.2f, 人文:%3.2f\n"
struct student
{
    char name[30];
    float score[3];
}
stu[N];
void putout(struct student st,int i);          /*声明自定义函数原型*/
main()                                         /*定义主函数*/
{
    int j;
    float stu_score[N];
    for(j=0;j<N;j++)                           /*输入数据*/
    {
        printf("The %dth student name=",j+1);
        scanf("%s",&stu[j].name);
        printf("Input the 3 scores=");
```

```
        scanf(INPUTF,&stu[j].score[0],&stu[j].score[1],&stu[j].score[2]);
    }
    for(j=0;j<N;j++)                    /*输出数据*/
        putout(stu[j],j);               /*传递结构体数组元素 stu[j]实参值*/
}
void putout(struct student st,int i)    /*自定义输出成绩表函数和结构体变量 st*/
{
    printf(OUTPUTF, st.name,st.score[0],st.score[1],st.score[2]);
}
```

程序运行后，输入学生姓名和成绩，调用输出函数输出成绩名单表，如图 11-7 所示。

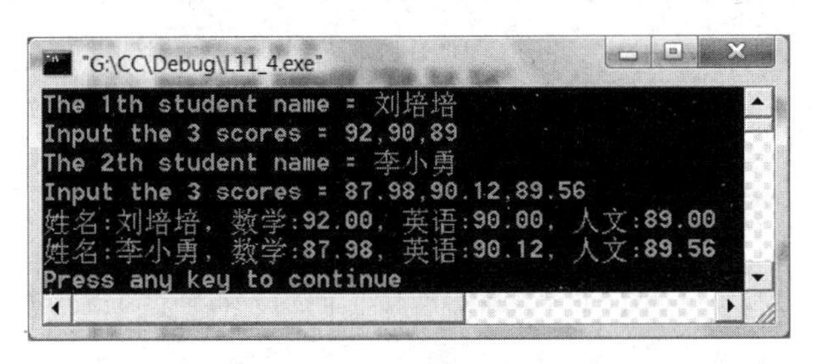

图 11-7　传递结构体数组元素实参值

结构体变量传参属单向值传递，形参和实参都占用内存，资源消耗量大，因此，函数需要结构体变量传参时，一般不采用结构体变量作参数，而是将结构体变量地址作为参数传递，与实参结构体变量共享同一内存空间。在函数调用期间如果改变了结构体变量形参值，那么在主调函数中获得同样结果，从而达到函数调用改变结构体变量值的目的，因此，用结构体变量地址传参属“址传递”方式。这样，可以将本例中 putout(struct student st, int i)定义的形式参数 st 改为 *p 结构体指针类型，即：

```
void putout(struct student *p,int i)
{
    for(p=stu;p<N;p++)
        printf(OUTPUTF, p->.name, p->.score[0], p->.score[1], p->.score[2]);
}
```

将主函数 main()中的函数调用

```
for(j=0;j<N;j++) putout(stu[j],j);
```

改为

```
putout(stu);
```

即可实现与上面的程序相同的功能和运行结果。使用结构体变量地址作实参，利用指针变量作形参数进行参数传递，可以提高程序运行效率。尤其是编写对结构体变量赋值或取值的输入输出函数，如果使用结构体变量作参数，由于结构体变量是调用函数的局部变量，显然无法实现相应功能，必须使用结构体变量地址作参数才能实现共享结构体变量内存空间与数据。例如，本例程序中需单独定义输入函数，则：

```
void input(struct student student1)
{
    scanf("%s",& student1.name);
    scanf(INPUTF, & student1.score[0],& student1.score[1], & student1.score[2]);
}
```

此函数只能实现对形参结构体变量 student1 中各成员变量赋值，其赋值结果并不能共享传递到 main()主调函数中。

要实现主调函数定义的结构体变量获得函数 input()的赋值结果，必须将上述函数改为

```
void input(struct student *p)
{
    scanf("%s",&student1.name);
    scanf(INPUTF, &(*p).score[0], &(*p).score[1], &(*p).score[2]);
}
```

这样，在主调函数中定义的实参结构体变量才能共享 input()的赋值结果。例如，在 main()主调函数中可定义一个指向同一结构类型的指针变量，则调用输入函数

```
for(p=stu;p<stu+N;p++)
input(p);
```

即可实现主调函数获得共享所有结构体数组元素的输入数据。

3. 结构体数组作函数参数

结构体数组作为参数与其他数据类型数组传参一样，传递的是数组地址，且形参数组和实参数组共享同一结构体类型变量的内存空间。

例 11-5 编写程序，有 N 位学生，要求调用输入函数输入每位学生的姓名及各自的 3 门课成绩，调用输出函数输出学生的成绩表。

程序源代码：

```
/*L11_5.C*/
#define N 2
#define INPUTF "%f,%f,%f"
#define OUTPUTF "姓名:%s, 数学:%3.2f, 英语:%3.2f, 人文:%3.2f\n"
struct student
{
    char name[30];
    float score[3];
}
stu[N];
```

```
void input(struct student *p);              /*声明自定义输入函数原型*/
void putout(struct student *p);             /*声明自定义输出函数原型*/
main()                                      /*定义主函数*/
{
    float stu_score[N];
    struct student *p;
    for(p=stu;p<stu+N;p++)                  /*输入数据*/
       input(p);                            /*传递结构体数组地址实参值*/
    for(p=stu;p<stu+N;p++)                  /*输出数据*/
       putout(p);                           /*传递结构体数组地址实参值*/
}
void input(struct student *p)               /*自定义输入数据函数*/
{
    static int i=1;
    printf("The %dth student name=",i++);
    scanf("%s",&(*p).name);
    printf("Input the 3 scores=");
    scanf(INPUTF, &(*p).score[0], &(*p).score[1], &(*p).score[2]);
}
void putout(struct student *p)              /*自定义输出成绩表函数*/
{
    printf(OUTPUTF, (*p).name, (*p).score[0], (*p).score[1], (*p).score[2]);
}
```

程序运行后,输入学生姓名和成绩,调用输出函数输出成绩表,如图 11-8 所示。

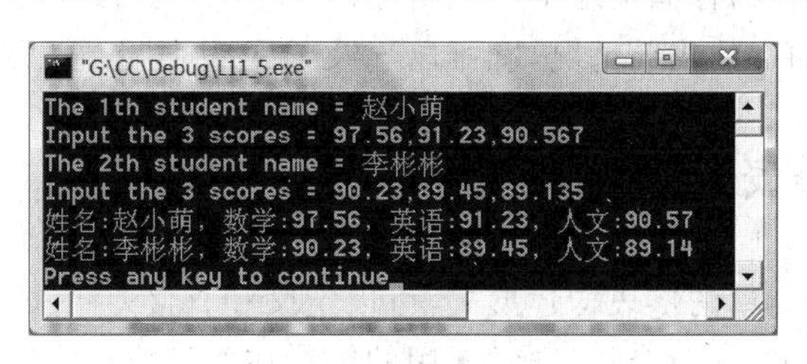

图 11-8　传递结构体数组地址实参值

主调函数中定义指向结构体的指针变量,指向结构体数组,传递实参数组地址,调用时与输入输出函数共享同一结构体数组的内存空间。

11.4　链表结构及应用

结构体数组在内存中占有固定空间,而链表结构是一种可动态分配存储空间的数据结构。结构体数组与其他数组的内存分配性质一样,一经定义将保持固定的存储空间和长度,在程序运行时是不能再改变数组存储空间大小的。如果在程序运行期间需要动态改变数据存储空间的大小,应用链表结构就可以根据程序数据需要动态使用内存空间。

链表结构以结构体数据类型为单结点，由若干结点构成，链表结点定义为结构体类型，其数据成员部分根据程序需要设计成员，指针成员用以保存后继结点的地址。按照数据之间的相互关系，链表结构可以分为单链表、循环链表和双向链表 3 种结构形式，本教程主要以单链表结构案例为主介绍链表结构的原理、创建和使用方法，其他链表结构形式的基本定义和应用原理与此相同，通常根据程序需要定义和使用。

单向链表结构，简称单链表，其每个结点均由数据成员和地址成员两部分构成，数据成员为数据域，用于存放结点数据，也是程序数据；地址成员作为指针域，用于存放地址，保存着指向下一个结构体类型结点的地址指针。访问链表结构各结点数据，需要从链表的 head 头指针起开始查找，后续结点的地址可由当前结点地址域给出，如图 11-9 所示。

图 11-9　单向链表结构

单链表结构头指针 head 指向链表所在内存的首地址，链表中每一个结点的数据类型为结构体类型，结点由两部分组成，链表中最开始位置放置一个 head 头指针，用以访问链表和对整个链表的操作，头指针中存放着第一个结点的地址，第一个结点的指针域中又存放着第二个结点的地址，依此指向链接，最后的末尾结点为尾结点，尾结点的指针域为 NULL 空指针值，表示不再指向任何结点。

程序运行无论访问链表中哪一个结点，都要从链表头开始顺序向后查询，链表的尾结点由于无后续结点，其指针域为 NULL。

链表各结点在内存的存储地址不一定是连续的，各结点的地址是在需要时向系统申请分配的，系统根据内存的当前情况，既可以连续分配地址，也可以离散分配地址。

11.4.1　静态链表的创建及引用

静态链表结构是简单的链表构建形式，可以定义和直接使用，不需要动态申请内存空间。链表结构的定义方式是在定义通常使用的结构体类型成员中增加定义一个指向本结构体类型的结构体指针变量，用以建立相同结构体类型的结构体变量之间的结点链接。例如：

```
struct student
{
    int number;
    char name[20];
    float score[3];
    struct student * next;                /* 结点指针 */
};
```

其中，student 结构体类型成员中定义指向 student 结构体类型的指针变量 next，就是用于建立结构体变量之间链接的地址指针。

例 11-6 编写程序，有几位学生，建立静态链表结构，每位学生作为一个结点，对各结点的每个成员赋值后，输出各结点数据，即学生成绩列表。

程序源代码：

```
/*L11_6.C*/
#define NULL 0
struct student
{
    long int number;
    char name[20];
    float score;
    struct student *next;                    /*定义结点成员指针*/
};
main()                                       /*定义主函数*/
{
    struct student st1,st2,st3, *head;
    head=&st1;
    st1.next=&st2;
    st2.next=&st3;
    st3.next=NULL;
    st1.number=2010030216L; strcpy(st1.name,"陈立新"); st1.score=95.6;
    st2.number=2010030217L; strcpy(st2.name,"廖玉萍"); st2.score=90.1;
    st3.number=2010030218L; strcpy(st3.name,"丁俊磊"); st3.score=87.9;
    while(head!=NULL)              /*访问链表结点非空时，输出当前结点值*/
    {
        printf("学号:%Ld,姓名:%s,成绩:%5.2f\n",head->number,head->name,\
        head->score);
        head=head->next;           /*指向下一个结点*/
    }
}
```

程序运行后的输出结果如图 11-10 所示。

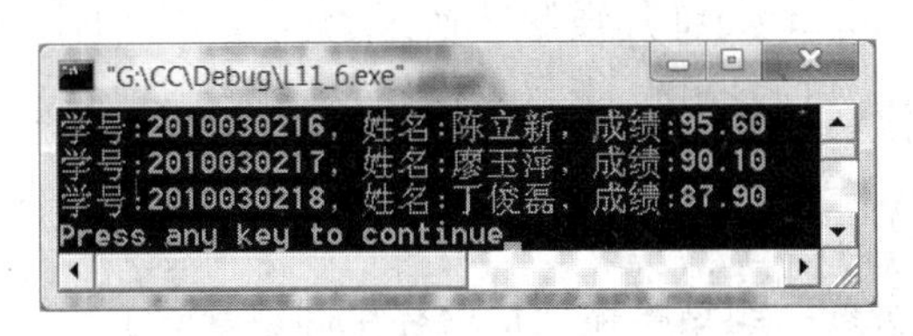

图 11-10 按链表结点输出数据

11.4.2 动态链表的创建及引用

链表结构中的结点是结构体变量，结点总数可以是确定的，表现为静态链表结构；结点总数也可以不确定，可以在程序运行过程中根据数据存储需要，按已定义的链表结点结构体类型逐一开辟结点，输入结点数据，建立链接形成链表结构，表现为动态链表结构。

C语言提供了动态开辟内存、分配内存和释放内存单元空间的相关函数，利用这些函数就可以创建和释放链表结点，实现动态链表的创建。

1. malloc()

malloc()用于申请分配单个结构体变量内存空间。

malloc()原型为 void * malloc(unsigned int size)，函数功能是在内存动态存储区域申请开辟大小为size个字节的连续存储空间，如果申请成功，函数将返回申请空间的起始地址，否则函数将返回 NULL 空指针。

malloc()原型定义为void类型，一般在使用时用强制类型转换将其转换为所需类型。例如，定义结构类型与结构类型指针：

```
struct student
{
    int number;
    char name[20];
    int score;
    struct student * next;
}   * p;
```

创建动态链表结构时，可以使用 malloc()申请一个结点内存空间，用以存放一个student结构体类型变量组成的成员数据，同时使结构体指针 p 指向该结构体变量存储空间的起始地址。

```
p=(struct student * )malloc(sizeof(struct student));
```

其中标准库函数 sizeof()用来计算内存变量或数据类型所占内存字节数，也称求字节运算符。这里，sizeof(struct student)用来计算已定义的 student 结构体类型总共占据的字节数。

使用函数 malloc(sizeof(struct student)可申请获得长度为 student 结构体类型的连续存储空间，(struct student *)将其强制转换为 student 结构体类型，赋值给 student 结构体类型的指针变量 p。

2. calloc()

calloc()用于申请分配一组结构体变量内存空间。

calloc()原型为 void * calloc(unsigned int n, unsigned int size)，calloc()的功能是申请获得动态内存区域分配 n 个长度为 size 个字节的连续存储空间。如果申请成功，calloc()将返回为其分配的内存空间的起始地址，否则函数返回 NULL 空指针。

calloc()一般用于申请分配一维数组的内存空间，使用时通常也要使用强制类型转换将其转换为所需类型。例如，对于上面定义的 student 结构体类型和结构体指针 p，再定义一个结构体指针 ps，使用 calloc()申请分配长度为 12 个结构体变量长度的一维结构体

数组内存空间，使结构体指针 ps 指向分配成功的内存空间起始地址

```
struct student *ps;
ps=(struct student*)calloc(12,sizeof(struct student));
```

将申请分配一组 12 个结构体类型为 student 的结构体变量内存空间。

3. free()

free()用于释放指针变量指向的被占用的内存空间。

free()原型为 void free(void * p)，函数功能是释放指针变量 p 所指向的内存区域。free()释放占用内存，无返回值。例如，ps＝(struct student *)calloc(12,sizeof(struct student))；命令执行后，要释放指针变量 ps 指向的内存区域，可以执行

```
free(*ps);
```

此时系统将释放 ps 指向的一维结构体数组占用的内存空间，以便其他变量可使用这部分内存空间。

11.4.3 单向动态链表的创建及引用

创建动态链表的过程，就是在程序运行中按已定义的结构类型逐个开辟内存空间，创建同一结构体类型的结点，输入数据并建立结点之间的链接，形成链表结构。创建动态链表过程需要使用申请分配内存的 malloc()和 sizeof()标准库函数，逐一开辟和建立链表的每一个结点，以创建一个单向动态链表。

1. 建立单向链表

动态单链表是根据实际数据输入的需要而建立的，比如有 20 位学生的数据需要输入，就逐一建立具有 20 个 student 结构体类型结点的链表。创建动态单向列表的步骤如下：

(1) 定义链表结构的结构体类型数据结构，如 strcut student{学号、姓名等成员变量}。

(2) 使用 malloc(sizeof(结构体类型))函数申请开辟一个链表结点内存空间。

(3) 输入该结点数据，将该结点中的指针域成员赋值为 NULL。

(4) 设置循环控制创建链表结点的个数，只要输入的数据有效就视为新结点。

(5) 判断新结点是否是第一个结点，若是，则将 head(头)指针指向该结点，将新结点作为表头。

(6) 若新结点不是第一个结点，将新结点接到表尾。

(7) 使用 malloc(sizeof(结构体类型))函数申请开辟下一个结点内存空间。

依次循环直到结点数据输入结束，链表结构创建完成。

动态单链表建立以后，要输出单链表结构中的所有数据，可以按下述过程完成：

(1) 找到要输出的链表的表头,通常为链表头指针,例如创建时使用的 head 指针。

(2) 设置循环控制结构,若为非空链表,则输出各结点成员值,否则结束并退出循环。

(3) 在循环控制结构中,使指向链表结构的指针不断指向下一结点,直到下一结点的指针域为 NULL。

例 11-7 编写程序,建立一个存放学生信息的单向动态链表,对链表各结点成员赋值后,输出每位学生结点的信息数据。

程序源代码:

```
/*L11_7.C*/
#include "malloc.h"
#include <stdlib.h>
#include <stdio.h>
#define NULL 0
struct student                                       /*定义链表结点结构体类型*/
{
    long int number;
    char name[20];
    float score;
    struct student *next;
};
struct student *creat(struct student *head);  /*创建结点函数原型声明*/
void putout(struct student *head);               /*输出结点函数原型声明*/
void main(void)
{
    struct student *head;                        /*定义链表头指针*/
    head=NULL;                                    /*创建链表表头*/
    head=creat(head);                             /*调用创建动态单链表结点函数*/
    putout(head);                                 /*调用输出单链表数据函数*/
}
struct student *creat(struct student *head)
                                          /*定义创建链表结点函数,返回链表头指针*/
{
    int n=1;
    struct student *p1, *p2;
    p1=p2=(struct student *) malloc(sizeof(struct student));
                                          /*申请新结点内存空间*/
    printf("Input %dth number,name,score:\n",n++);
    scanf("%d%s%f",&p1->number,&p1->name,&p1->score);        /*输入结点数据*/
    p1->next=NULL;                        /*将新结点 p1 的指针域 next 置空值*/
    while(p1->number>0 )                  /*输入结点学号大于 0,表示有学生数据*/
    {
        if(head==NULL)
```

```
            head=p1;                       /* 上一结点为空,第一结点为表头 */
        else
            p2->next=p1;                   /* 上一结点非空时,当前结点接入上一结点 */
        p2=p1;                             /* 移动 p2 指向当前结点 */
        p1=(struct student *)malloc(sizeof(struct student));
                                           /* p1 指向申请下一个新结点 */
        printf("Input %dth number,name,score:\n",n++);
        scanf("%d%s%f",&p1->number,&p1->name,&p1->score);
                                   /* 输入下一结点数据 */
        p1->next=NULL;             /* 在下一个新结点未接入之前,指针域置空 */
    }
    free(p1);                      /* 释放新开辟而未接入链表结点所占用的内存空间 */
    return head;                   /* 返回链表头指针作为函数值 */
}
void putout(struct student * head)
                                   /* 输出以 head 为链表头的链表各结点数据 */
{
    while(head!=NULL)              /* 访问链表结点,非空时输出当前结点值 */
    {
        printf("学号:%Ld,姓名:%s,成绩:%5.2f\n",head->number,head->name,\
        head->score);
        head=head->next;           /* 指向下一个结点 */
    }
}
```

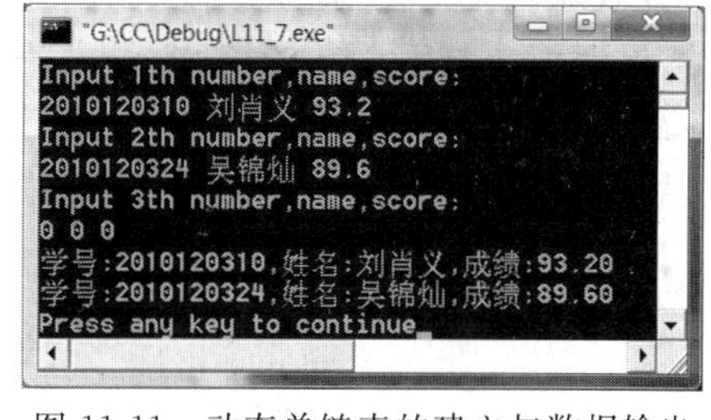

图 11-11 动态单链表的建立与数据输出

程序运行时,结点数据输入和输出结果如图 11-11 所示。

本例程序创建了一个动态单向链表,在链表创建函数 creat()中设置了 3 个指向结构体 student 的指针变量 head、p1 和 p2,其中 head 用于指向第一个结点,其初值为 NULL;p1 用于指向新结点;p2 用于链表建立过程中指向新结点的上一个结点。整型变量 n 用于统计结点的个数,设初值为 1。程序的执行过程分析如下。

首先申请创建一个 student 结构体类型新结点,使 p1、p2 同时指向该结点,之后对 student 结构类型结点空间赋值,如图 11-12 所示。

程序中 while(p1－＞number＞0)循环控制用于控制创建链表结点个数,如果结点结构体的学号成员 number 赋值为 0 或负数,表示结点数据输入结束,也是链表构建结束,程序跳出循环。

如果 student 的学号成员 number 的赋值是有效学号,即 number 值不为 0,则进入 while()循环体,先判断新结点是否为第一个结点,即 head 是否为 NULL,如果是就将头指针 head 指向该结点,新结点作为第一个结点,p2 也指向该结点,如图 11-13 所示。

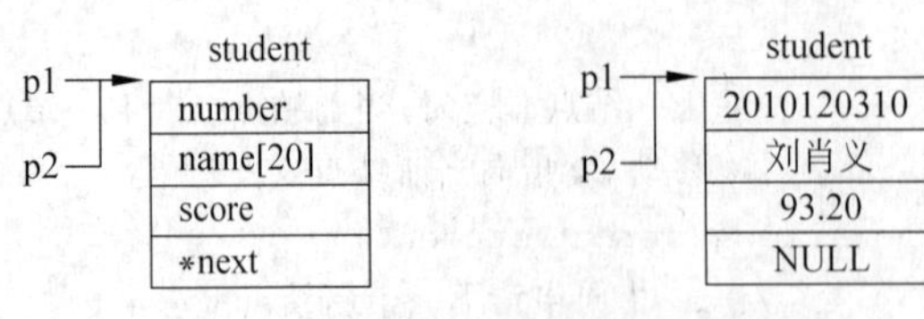

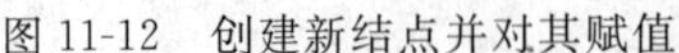
图 11-12　创建新结点并对其赋值

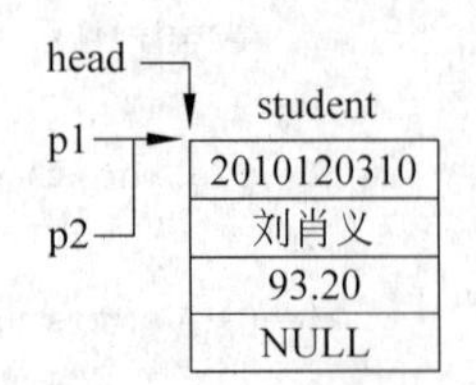

图 11-13　新结点为第一个结点

之后，在 while()循环内 p1 又指向下一个新开辟生成的结点，并输入该结点数据，如图 11-14 所示。

程序回到 while()循环控制开始位置，此时，新结点如果不是第一个结点，即 head 头指针不为 NULL 时，执行 p2－＞next＝p1；命令，使上一个结点指针域的 next 指针指向当前新结点，将当前新结点接入链表尾，如图 11-15 所示。

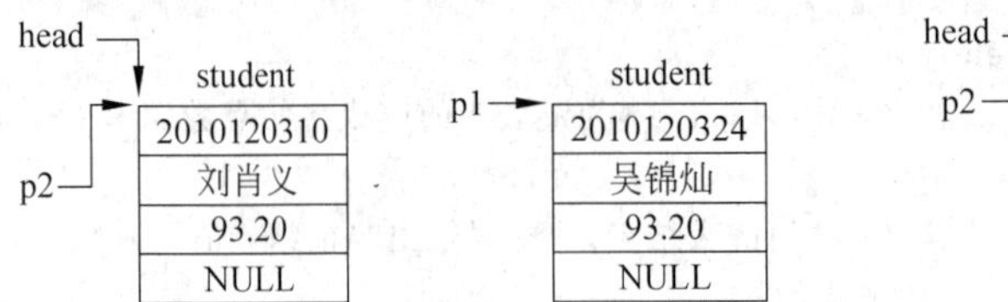

图 11-14　继续创建新结点

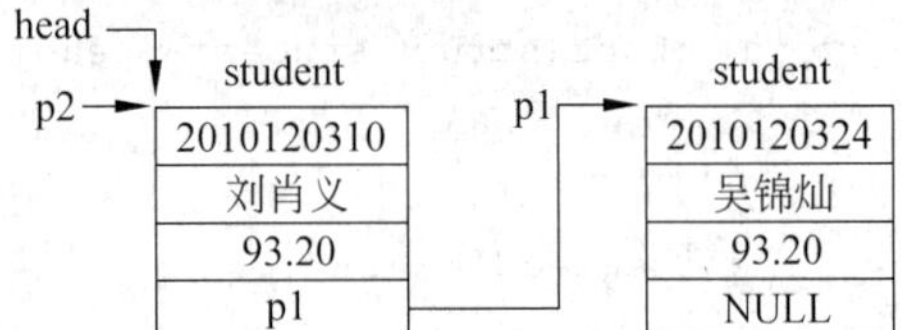

图 11-15　链接当前新结点

然后再将指针 p2 后移指向这个新结点，之后再使 p1 指向下一个新开辟生成的结点，再输入数据。如此循环，不断链接当前新结点，开辟下一个新结点，直至所有学生数据输入完成，使学号 number 值为 0 或负数时，表示链表结构结点数据输入结束，新结点不再作为链表结点接入链表，此时程序跳出循环，整个链表结构创建结束，如图 11-16 所示。

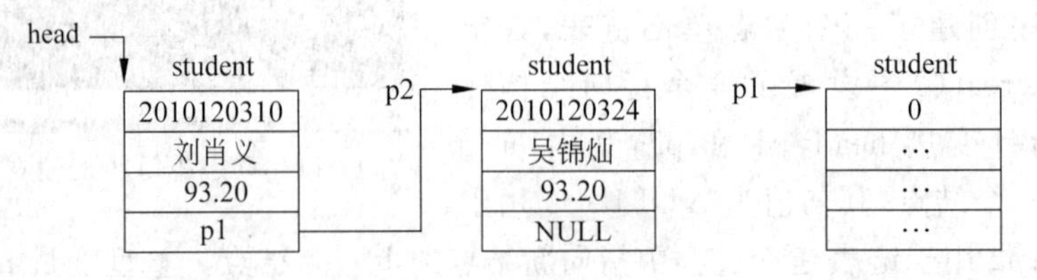

图 11-16　开辟下一新结点的数据为空时链表结束

只要学号 number 成员值有效，进入 while()循环控制，每循环一次，就重新开辟生成一个新结点并输入一位学生数据，直到输入学号成员 number 为 0 值。

所有学生数据输入结束后，p2 指向结点的指针域 next 的指针置为 NULL，此时尽管 p1 仍然指向新开辟生成的结点，但由于上一结点的指针域 next 指针并不指向这个新结点，因此这个结点就不会构成链表中的结点。

链表建立完成之后，可以使用 free()释放 p1 指向而占据的内存空间。creat()链表创建函数最后返回值是 head 头指针值，指向的是链表第一个结点的地址，也是整个链表的首地址。利用 head 头指针，使用链表输出函数 putout()即可输出整个链表数据。

2. 引用单向链表结构数据

引用一个单向链表，首先要找到指向单向链表的第一个结点，即 head 头指针，引用该结点的数据后，将指向链表头的指针指向下一个结点，接着输出这个新结点的数据，再移动指针不断指向下一个结点，如此循环，直至引用到链表尾结点。

例如，对于例 11-7 的链表结构数据的输出函数 putout()，可以在 putout()中设计指针变量不断指向要输出数据的结点。

程序源代码：

```
void putout(struct student * head)        /* 定义输出链表各结点数据的函数 */
{
    int i=0;
    struct student *p;
    p=head;
    while(p!=NULL)                        /* 访问链表结点，非空时输出当前结点值 */
    {
        printf("The %dth 学号:%Ld,姓名:%s,成绩:%5.2f\n",i,head->number,head->
        name,head->score);
        p=p->next;                        /* 指向下一个结点 */
    }
}
```

或者

```
void putout(struct student * head)        /* 输出链表各结点数据 */
{
    int i=0;
    struct student *p;
    p=head;
    if(p!=NULL)
        do
        {
            i++;
            printf("The %dth 学号:%Ld,姓名:%s,成绩:%5.2f\n",i,head->number,
            head->
            name,head->score);
            p=p->next;                    /* 指向下一个结点 */
        }
        while(p!=NULL);                   /* 直到 p 的指针域为空 */
}
```

使用上面的 putout()可以实现一个单向链表的输出。只要在主函数中加上相应的语句调用该函数，并将头指针(p)作实参，就可以将链表第一个结点的地址传递给函数。

11.4.4 在单向动态链表中插入结点

在一个单向动态链表中插入结点，首先要找到该链表插入结点的位置，如果要插入的位置在表头，就将待插入的结点连接在第一个结点之前，并使 head 头指针指向刚插入的结点；如果要插入的位置在表尾结点之后，就将表尾结点的指针域 next 指针值置为待插入结点的首地址，使其指向插入结点，并将新插入结点的指针域置为 NULL；如果要插入的位置按要求排序规则插在中间某个位置，那么就需要断开该位置两个结点之间的链接，将待插入结点接入到两个结点之间。

例如，将一位新学生结点数据按学号由小到大的顺序插入到已建成的链表中，可设计一个插入函数 insert()实现插入算法。

程序源代码：

```
struct student * insert(struct student * head, struct student * new)
                                                    /* 定义插入结点函数 */
{
    struct student * p1, * p2, * pnew;
    p1=p2=head;
    pnew=new;
    if(head==NULL)
        {head=pnew;pnew->next=NULL;}
    else
    {
        while((pnew->number>p1->number)&&(p1->next!=NULL))
        {
            p2=p1;
            p1=p1->next;
        }
        if(pnew->number<=p1->number)                /* 按学号顺序插入结点 */
        {
            if(head==p1)                            /* 插在表头 */
            {
                pnew->next=p1;
                head=pnew;
            }
        else                                        /* 插在表中两个结点之间 */
            {
                p2->next=pnew;
                pnew->next=p1;
            }
        }
        else                                        /* 插在表尾 */
        {
            p1->next=pnew;
```

```
            pnew->next=NULL;
        }
    }
    return(head);
}
```

在主函数中调用 insert()，可以实现在已定义的链表结构中插入结点的功能。调用时将已定义的链表结构的头指针和指向待插入新结点的指针作为形参 head 和 new 的实参，就可调用该函数完成插入结点操作。

在实现过程中，先定义指向 student 结构体类型的指针变量 pnew、p1 和 p2，其中 pnew 指向新插入的结点，p1 指向已存在的链表头，如图 11-17 所示。

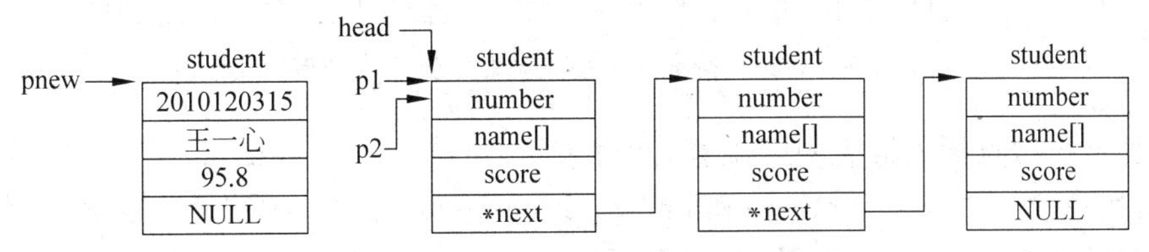

图 11-17　指针定义与指向

如果待插入结点插入的是一个空链表，应使 head 头指针指向新插入结点，同时新插入结点的指针域的指针变量 next 置为 NULL，即执行 pnew－＞next＝NULL；命令后，插入的结点成为单结点链表，如图 11-18 所示。

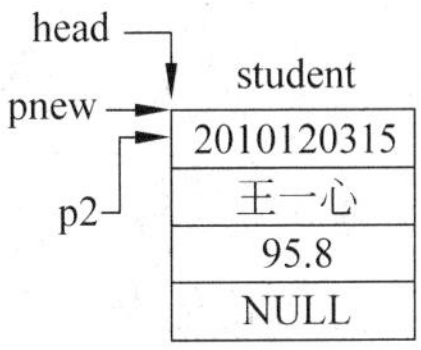

如果待插结点不是插入空链表，则通过循环控制结构

```
while((pnew->number>p1->number)&&(p1->next!=NULL))
{
    p2=p1;
    p1=p1->next;
}
```

图 11-18　待插入结点插入空链表

先使 p2 指向已存在链表的 head 头指针位置，即第一个结点，该结点指针域的指针变量 next 指向第二个结点，即执行 p1＝p1－＞next；命令，如图 11-19 所示。

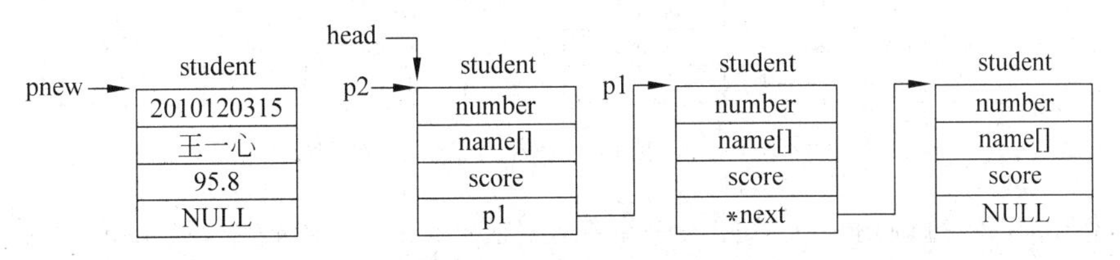

图 11-19　待插结点插入非空链表指针移动设置

在循环中不断移动 p1、p2 指针，并不断比较待插入结点与 p1 指向链表结点的 number 学号成员值，直到找到待插结点 number 学号大于链表中某一个结点 number 学号的位置，即找到插入新结点位置后，跳出并结束 while()循环。

此时需判断新插入结点插在 p1 指向链表中实际位置情况。利用 if()选择表达式(pnew－＞number＜＝p1－＞number)是否成立判断待插结点是插入非空表的表头位置、中间位置还是最后位置。

如果是插入在链表头位置，即表达式(pnew－>number＝p1－>number)成立，此时p1指向链表头head，则执行pnew－>next＝p1；命令，使待插结点指针域next置为原链表第一结点头指针head值；之后，再执行head＝pnew；命令，使新表头head置为新插入结点首地址值。插入非空表头结点的过程如图11-20所示。

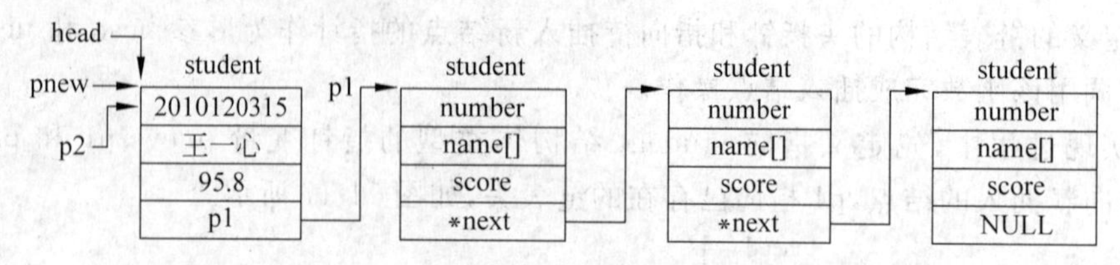

图11-20　待插结点插入到非空链表头位置

如果待插结点插入链表中间位置，此时表达式(pnew－>number<p1－>number)值为真，执行p2－>next＝pnew；和pnew－>next＝p1；命令，把待插结点插入到链表中指定位置的两个结点之间，如图11-21所示。

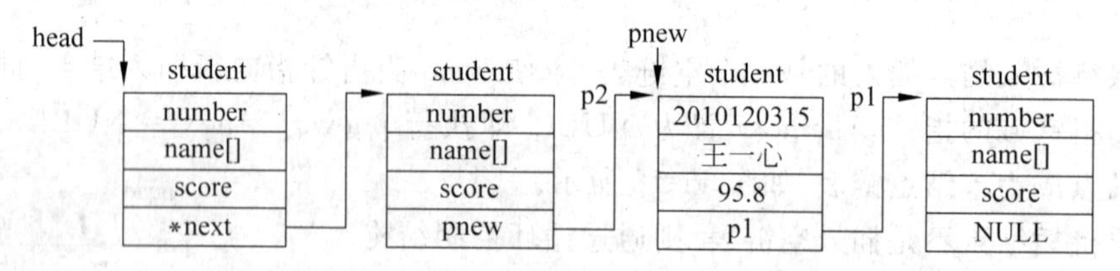

图11-21　待插结点插入到非空链表中间位置

如果待插结点插入链表最后位置，意味着pnew－>number大于各结点p1－>number，则执行p1－>next＝pnew；命令和pnew－>next＝NULL；命令，此时，把待插结点插入到链表末尾结点之后，如图11-22所示。

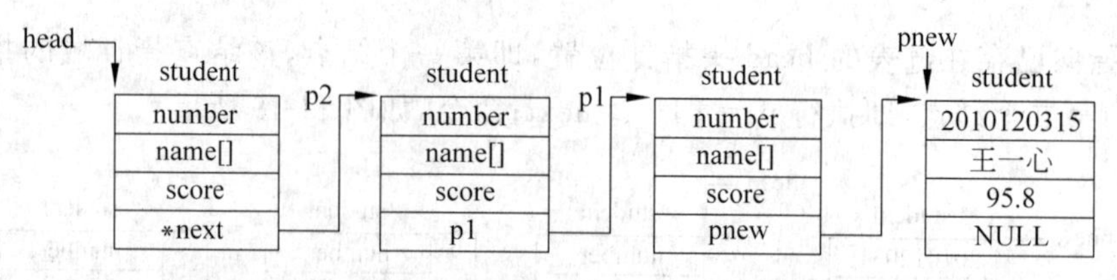

图11-22　待插结点插入到非空链表末尾

上述insert()每调用一次可插入一个结点，在main()主函数中，设head为已建链表的首地址，指针new指向新开辟并已赋值的待插结点，则执行

```
insert(head,new);
```

实现将新结点插入到链表中，返回值为插入新结点后的链表首地址，可赋值给一个指向相同结构体类型的指针变量。

如果还有另一个已赋值的结点new2，也要插入到链表中，就需要在main()主函数中重新调用insert(head,new2)，即需要插入多少个结点，就必须开辟和定义多少个结构体类型空间和指针变量用于存储和传递数据。

在实际应用中，随时可能输入数据，常常需要动态插入，程序运行时根据需要随时开辟插入新结点，实现多结点的插入，这时，在主调函数 main()中只需利用循环使用指向结构体类型的指针变量不断开辟空间输入数据，而不需预先定义所有插入结点的变量。

程序源代码：

```
struct student *new;
new=(struct student*)malloc(sizeof(struct student));
printf("Input %dth number,name,score:\n",n++);
scanf("%d%s%f",&p1->number,&p1->name,&p1->score);
while(new->number!=0)
{
    head=insert(head,new);
    new=(struct student*)malloc(sizeof(struct student);
    printf("Input %dth number,name,score:\n",n++);
    scanf("%d%s%f",&p1->number,&p1->name,&p1->score);
}
```

程序中定义了一个指向结构体类型的指针变量 new，指向新结点后读入结点数据，当读入的结构体类型成员 number 数值不为 0 时，则调用函数插入该结点，之后重新指向新生成的结点并读入下一个结点数据。如此循环，直至输入学号 number 值 0 为止，结束调用插入函数循环，即为排好序的链表结构。

例 11-8 编写程序，利用插入函数建立学生数据链表，要求随机输入学生数据，调用插入函数后，按学号顺序输出存放学生信息的单向动态链表各结点的数据。

程序源代码：

```
/*L11_8.C*/
#include "malloc.h"
#include<stdlib.h>
#include<stdio.h>
#define NULL 0
struct student                                          /*定义链表结点结构体类型*/
{
    long int number;
    char name[20];
    float score;
    struct student *next;
};
struct student *insert(struct student *head,struct student *new);
                                                        /*创建结点函数原型声明*/
void putout(struct student *head);                      /*输出结点函数原型声明*/
void main(void)
{
    int n=1;
    struct student *head;                               /*定义链表头指针*/
```

```
    struct student *new;
    head=NULL;                                      /*创建链表表头*/
    new=(struct student*)malloc(sizeof(struct student));
    printf("Input %dth number,name,score:\n",n++);
    scanf("%d%s%f",&new->number,&new->name,&new->score);
    while(new->number>0)
    {
        head=insert(head,new);
        new=(struct student*)malloc(sizeof(struct student));
        printf("Input %dth number,name,score:\n",n++);
        scanf("%d%s%f",&new->number,&new->name,&new->score);
    }
    putout(head);                                   /*调用输出单链表数据函数*/
}
struct student *insert(struct student *head, struct student *new)
                                                    /*定义插入结点函数*/
{
    struct student *p1,*p2,*pnew;
    p1=p2=head;
    pnew=new;
    if(head==NULL)
        {head=pnew;pnew->next=NULL;}
    else
    {
        while((pnew->number>p1->number)&&(p1->next!=NULL))
            {p2=p1;  p1=p1->next;}                  /*不断移动指针*/
        if(pnew->number<=p1->number)                /*按学号顺序插入结点*/
        {
            if(head==p1)
                {pnew->next=p1;  head=pnew;}        /*插在链表头*/
            else
                {p2->next=pnew;  pnew->next=p1;}    /*插在链表中两个结点之间*/
        }
        else
            {p1->next=pnew;   pnew->next=NULL;}     /*插在链表尾*/
    }
    return(head);
}
void putout(struct student *head)         /*输出以head为链表头的链表各结点数据*/
{
    while(head!=NULL)                     /*访问链表结点,非空时输出当前结点值*/
    {
        printf("学号:%Ld,姓名:%s,成绩:%5.2f\n",head->number,head->name,\
        head->score);
        head=head->next;
                                          /*指向下一个结点*/
```

```
    }
}
```

程序运行后，随机输入每位学生的学号、姓名和成绩，调用插入函数 insert()按学号顺序建立数据链表结构，输出结果如图 11-23 所示。

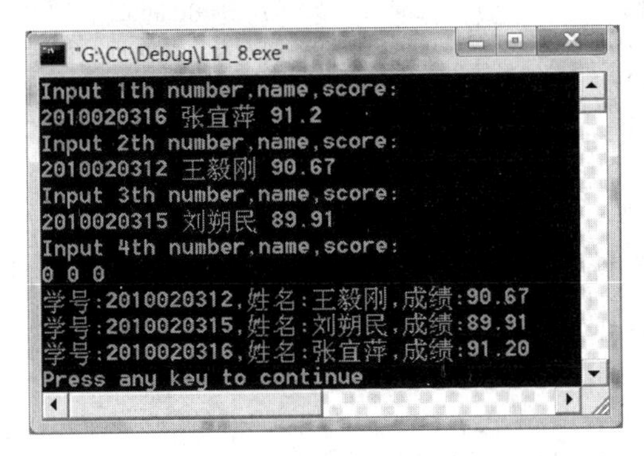

图 11-23　按数据顺序建立链表结构

11.4.5　从单向动态链表中删除结点

从一个已建成的单向链表中删除结点数据，首先需要找到待删除结点，如果待删除结点在表头，则使头指针指向第二个结点；如果待删除结点在链表中间某个位置，则断开该结点与其上下两个结点之间的链接，将上下两个结点链接起来；如果待删除结点在表尾，则断开该结点与上一结点之间的链接，并使上一结点的指针域 next 变量置 NULL。

如果要删除的结点在链表头的位置，即表达式(p1＝＝head)值为真，则执行 head＝p1－＞next;命令，删除第一个结点，如图 11-24 所示。

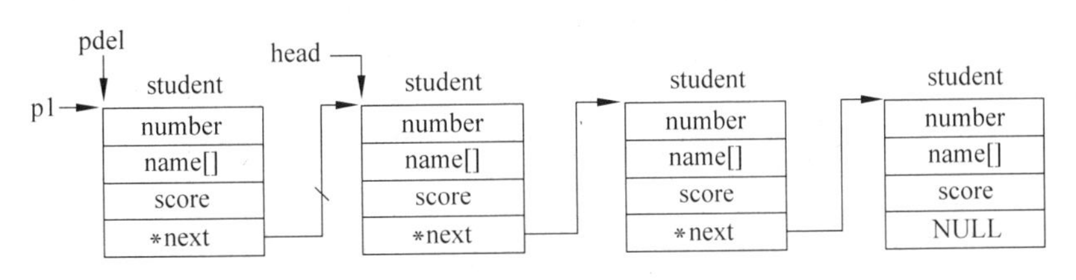

图 11-24　删除链表的头结点

如果要删除的结点在链表的中间位置，则执行 p2－＞next＝p1－＞next;命令，即断开两边结点，删除指定结点，如图 11-25 所示。

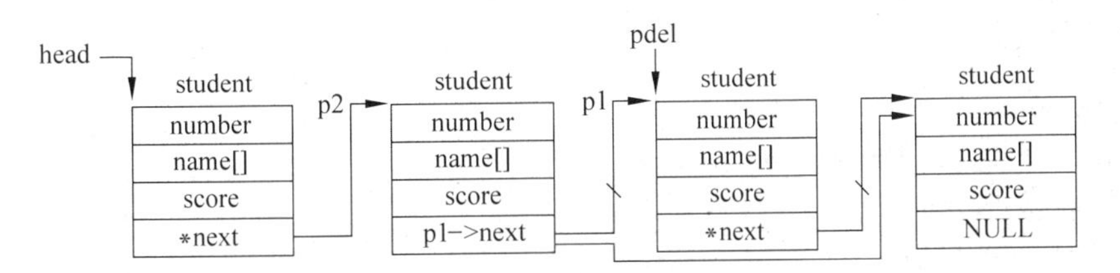

图 11-25　删除链表的中间结点

如果要删除的结点在链表的尾结点位置，执行 p2－＞next＝p1－＞next；命令，此时 p1－＞next 为 NULL，即断开删除链表的最后结点，如图 11-26 所示。

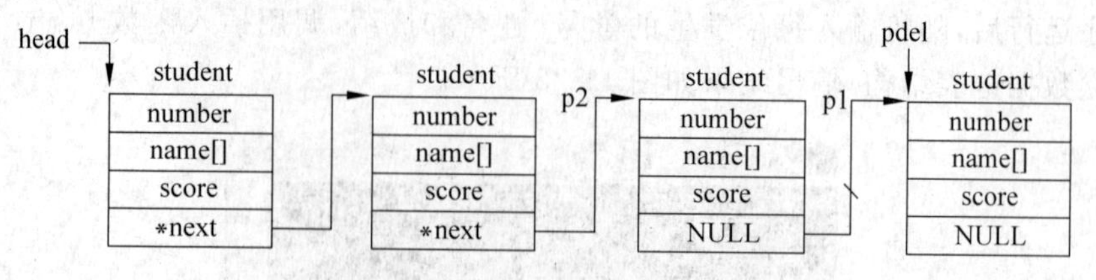

图 11-26　删除链表的尾结点

用于删除链表结点的自定义函数 delete()的程序源代码如下：

```
(struct student *)delete(struct student * head,int number)   /*定义结点删除函数*/
{
    struct student * p1, * p2;
    p1=head;
    if(p1==NULL)
        printf("The list is NULL.\n");          /*输出链表为空信息*/
    else
    {
        while(number!=p1->number && p1->next!=NULL)
            {p2=p1;    p1=p1->next;}            /*移动指针找删除结点位置*/
        if(number==p1->number)                  /*找到要删除的结点*/
        {
            if(p1==head)
                head=p1->next;                  /*删除头结点*/
            else
                p2->next=p1->next;              /*删除中间结点或尾结点*/
        }
        else
            printf("the number is not found\n");
    }
    return(head);
}
```

每调用一次 delete()可删除链表结构中的一个结点。如果要删除多个结点，可在主调函数 main()中设置循环控制结构，实现连续删除多个结点的操作，直至删除完所有需要删除的结点为止，即输入学生学号为 0 时结束删除循环的操作。

程序源代码：

```
int number;
printf("Input the delete number:");
scanf("%d",&number);
while(number>0)
{
```

```
    head=delete(head,number);
    printf("input the delete number:");
    scanf("%d",&number);
}
```

例 11-9 编写程序，利用链表结构输入和维护学生成绩信息表。要求定义函数，实现单向动态链表的建立、链表结点的插入、删除和数据输出。

程序源代码：

```
/ * L11_9.C * /
#include "malloc.h"
#include <stdlib.h>
#include <stdio.h>
#define NULL 0
struct student                                       / * 定义链表结点结构体类型 * /
{
    long int number;
    char name[20];
    float score;
    struct student * next;
};
struct student * creat(struct student * head);
struct student * insert(struct student * head,struct student * new);
                                                     / * 创建结点函数原型声明 * /
struct student * delete(struct student * head,int number);
void putout(struct student * head);                  / * 输出结点函数原型声明 * /
void main(void)
{
    int n=1,select=1,number;
    struct student * head;                           / * 定义链表头指针 * /
    struct student * new;
    head=NULL;                                       / * 创建链表表头 * /
    while(select>=0)
    {
        printf("Select 1:Creat  2:Insert: 3:Delete  4:Putout  0:end  =");
        scanf("%d",& select);                        / * 选择处理 * /
        if(select==1)
            head=creat(head);                        / * 建立单向动态链表 * /
        if(select==2)
        {
            new=(struct student * )malloc(sizeof(struct student));
            printf("Input %dth number,name,score:\n",n++);
            scanf("%d%s%f",&new->number,&new->name,&new->score);
            while(new->number>0)
            {
```

```
            head=insert(head,new);
            new=(struct student *)malloc(sizeof(struct student));
            printf("Input %dth number,name,score:\n",n++);
            scanf("%d%s%f",&new->number,&new->name,&new->score);
        }
    }
    if(select==3)
    {
        printf("Input the delete student number:");
        scanf("%d",&number);
        while(number>0)
        {
            head=delete(head,number);
            printf("Input the delete student number:");
            scanf("%d",&number);
        }
    }
    if(select==4)
        putout(head);                      /*调用输出单链表数据函数*/
    if(select==0)
        select=-1;
  }
}
struct student *creat(struct student *head)/*定义创建链表结点函数*/
{
    int n=1;
    struct student *p1,*p2;
    p1=p2=(struct student *) malloc(sizeof(struct student));
                                                /*申请新结点内存空间*/
    printf("Input %dth number,name,score:\n",n++);
    scanf("%d%s%f",&p1->number,&p1->name,&p1->score);   /*输入结点数据*/
    p1->next=NULL;                  /*将新结点 p1 的指针域 next 置空值*/
    while(p1->number>0 )            /*输入结点学号大于 0,表示有学生数据*/
    {
        if(head==NULL)  head=p1;    /*上一个结点为空,第一结点为表头*/
        else  p2->next=p1;          /*上一个结点非空时,当前结点接入上一个结点*/
        p2=p1;                      /*移动 p2 指向当前结点*/
        p1=(struct student *)malloc(sizeof(struct student));
                                    /*p1 指向申请下一个新结点*/
        printf("Input %dth number,name,score:\n",n++);
        scanf("%d%s%f",&p1->number,&p1->name,&p1->score);
                                    /*输入下一结点数据*/
        p1->next=NULL;              /*下一新结点未接入之前,指针域置空*/
    }
```

```
    free(p1);                       /* 释放新开辟而未接入链表的结点所占用的内存空间 */
    return head;                         /* 返回链表头指针作为函数值 */
}
struct student *insert(struct student *head, struct student *new)
                                         /* 定义插入结点函数 */
{
    struct student *p1, *p2, *pnew;
    p1=p2=head;
    pnew=new;
    if(head==NULL)
        {head=pnew;pnew->next=NULL;}
    else
    {
        while((pnew->number>p1->number)&&(p1->next!=NULL))
            {p2=p1;  p1=p1->next;}               /* 不断移动指针 */
        if(pnew->number<=p1->number)             /* 按学号顺序插入结点 */
        {
            if(head==p1)  {pnew->next=p1;  head=pnew;}    /* 插在链表头 */
            else   {p2->next=pnew;  pnew->next=p1;}
                                                 /* 插在链表中两个结点之间 */
        }
        else
            {p1->next=pnew;   pnew->next=NULL;}           /* 插在链表尾 */
    }
    return(head);
}
struct student *delete(struct student *head,int number)
                                                 /* 定义结点删除函数 */
{
    struct student *p1, *p2;
    p1=head;
    if(p1==NULL)
      printf("The list is NULL.\n");             /* 输出链表为空信息 */
    else
    {
        while(number!=p1->number && p1->next!=NULL)
            {p2=p1;    p1=p1->next;}             /* 移动指针找删除结点位置 */
        if(number==p1->number)                   /* 找到要删除的结点 */
        {
            if(p1==head)  head=p1->next;         /* 删除头结点 */
            else  p2->next=p1->next;             /* 删除中间结点或尾结点 */
        }
        else
            printf("the number is not found\n");
```

```
    }
    return(head);
}
void putout(struct student * head)      /* 输出以 head 为链表头的链表各结点数据 */
{
    while(head!=NULL)                   /* 访问链表结点,非空时输出当前结点值 */
    {
        printf("学号:%Ld,姓名:%s,成绩:%5.2f\n",head->number,head->name,\
        head->score);
        head=head->next;                /* 指向下一个结点 */
    }
}
```

程序运行后,选择输入数据、插入数据、删除数据和输出数据,数据输入及运行输出结果如图 11-27 所示。

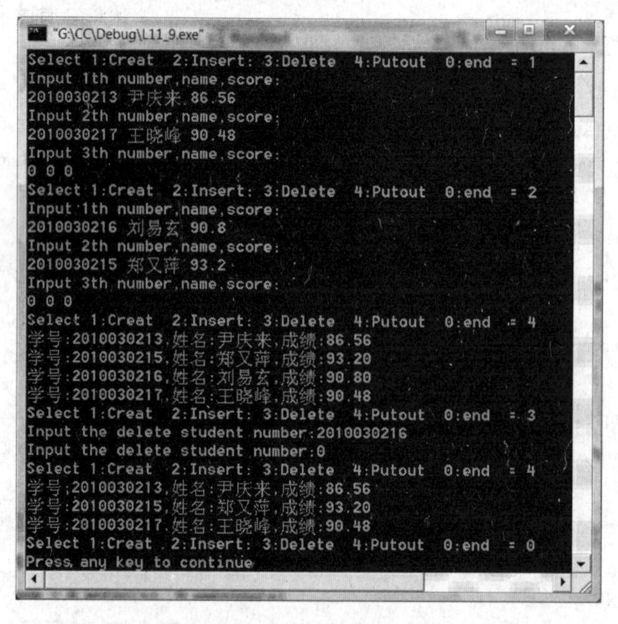

图 11-27　链表结构数据管理

本例中利用链表结构数据类型,可以灵活有效地管理类似学生成绩信息数据表等组合数据类型组成的构造类型数据结构下的数据。更大规模的数据管理与维护,可以构建数据库数据结构,增加查询等功能,原理类似,在此不再赘述。

11.5　共用体类型与共用体变量

共用体类型与结构体类型形式相似,属构造类型数据结构。共用体类型也是由不同数据类型的成员变量组合构成,与结构体不同的是,共用体类型所占内存空间不是各成员变量数据类型长度总和，而是取成员中数据类型最长的内存空间作为共用体内存空间，共用体的其他成员变量与数据类型最长的成员变量共享同一内存空间。

11.5.1 共用体类型及共用体变量的定义

结构体类型各个成员变量均拥有属于自己的内存空间，结构体变量的首地址是该结构体类型定义的第一个成员变量的起始地址，结构体变量的长度等于各个成员所占内存单元数量的总和。

共用体类型使用覆盖技术，使每一成员变量从同一地址开始存放，后续存放的成员变量值会覆盖先行存放的成员变量值。因此，共用体类型变量的首地址也是其中任意一个成员的起始地址，共用体变量的长度等于长度最长的成员变量长度。共用体类型定义的一般形式为

```
union 共用体标识名
{
    类型名 1  成员名 1;
    类型名 2  成员名 2;
    ⋮
    类型名 n  成员名 n;
};
```

关键字 union 定义了共用体构造类型数据结构，共用体标识名的命名规范符合 C 语言标识符的命名规则，共用体的成员表列用花括号括起来，定义完成时使用分号结束定义。

共用体各成员变量的定义方法与常规变量定义相同，类型名表示各个共用体成员变量的数据类型，是 C 语言提供的基本数据类型，成员名的命名规则也与常规变量命名相同，各成员定义用分号结束。例如，以下为定义一个存储人员基本情况的共用体数据结构：

```
union background
{
    short int age;
    char position
    float income;
};
```

定义 backgroud 共用体类型中有 age(年龄)、position(职位)和 income(收入)共 3 个共用体成员变量，分别为整型、字符型和单精度浮点型，共用体的 3 个成员在内存中各自的存储长度字节数示意图如图 11-28 所示。

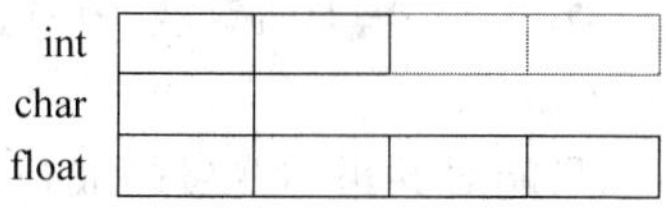

int				
char				
float				

图 11-28 共用体类型成员存储字节示意图

共用体类型各个成员均具有相同的起始地址，尽管各成员变量的数据类型不同，占据内存空间的长度不

同，但成员变量存储数据时都从内存中同一首地址开始，因此，在同一共用体的同一时刻里，只能存储一个成员变量数据，这也是共用体名称的由来。

共用体类型定义同结构体类型定义形式相同，可以先定义共用体类型，再定义共用体变量，或在定义共用体类型的同时定义共用体变量，也可以不定义共用体名而直接定义共用体变量。声明上述共用体类型的变量的 3 种形式分别如下

(1) 先定义共用体类型，再定义共用体变量。

```
union background
{
    int age;
    char position
    float income;
};
union background person1, person2, * per;
```

(2) 定义共用体类型的同时定义共用体变量。

```
union background
{
    int age;
    char position
    float income;
}
person1, person2, * per;
```

(3) 定义无名共用体类型时直接定义共用体变量。

```
union
{
    int age;
    char position
    float income;
}
person1, person2, * per;
```

最后一种共用体变量定义方式只适合不再需要定义同类型共用体变量的情况。本例中的 * per 定义的是指向该共用体类型的指针变量，可用来指向一个已定义的该共用体类型的共用体变量或共用体数组。

11.5.2 共用体变量的引用

只能对共用体变量的成员变量进行引用，而不能把共用体变量本身作为整体进行操作和引用。例如，引用如下定义的共用体变量：

```
union background
```

```
{
    int age;
    char position
    float income;
};
union background person1, person2, * per;
```

其中的 person1 可表达为

```
person1.age=23;
person1.income=2976.96
per=&person1;
per->position='B';
printf("%c",person1.position);
```

而不能表达为如下形式:

```
printf("%d %c%f", person1);
```

如果共用体的成员又是构造类型,则需要逐级引用,直至最低一级成员变量。

需要注意的是,由于共用体变量各个成员共同使用同一段内存空间,某一时刻只能有一个成员值存在,其他成员此时则并不存在,因此在赋值时,同一时刻只能实现对共用体变量的一个成员赋值,因此也不能实现对共用体变量的初始化。例如,如果有以下赋值语句:

```
person1.age=23;
person1.position='B';
person1.income=2976.96
```

顺序执行后,最后一个赋值语句执行之后前两个赋值变量值就会丢失,此时,不能使用

```
if(person1.position=='B')
```

这样的操作,因为 person1. position 成员变量值已经被 person1. income 值所覆盖。如果使用

```
printf("%c",person1.age, person1.position, person1.income);
```

执行后,同样也不能同时有效地输出共用体各成员变量值。因此,引用共用体变量时必须注意当前共用体变量中哪个成员变量值有效。由于共用体变量存储的这种特殊性,既不能将共用体变量作为函数参数,也不能使函数返回共用体类型的变量。

共用体类型一般用在某一时刻只需要一个值的情况,用来存取不同情况下会有不同类型取值的运算对象,因为在只需要一个数据类型情况下,如果定义多个不同类型的变量或数组来处理会造成内存空间的浪费,这时,使用共用体类型既节省内存空间,提高运行效率,又可以使不同的操作对象具有相对的完整性。

例 11-10 编写程序,输入输出数据,比较共用体变量与结构体变量及其成员变量在内存中的存储形式。

程序源代码：

```
/*L11_10.C*/
main()
{
    union test              /*定义一个共用体*/
    {
        long int i;
        struct
        {
            char ch1;       /*在共用体中定义一个结构体成员*/
            char ch2;
        }
            c1;
    }
    t1,*pt;
    t1.i=0X0000000f;        /*共用体变量成员 i 赋值,4 字节 i 的二进制码低位为 1111*/
    printf("t1.i=%d  t1.c1.ch1=%c  t1.c1.ch2=%c\n",t1.i,t1.c1.ch1,t1.c1.ch2);
    t1.c1.ch1='A';          /*对共用体变量中结构体成员赋值为'A'的 ASCII 码值*/
    printf("t1.i=%d  t1.c1.ch1=%c  t1.c1.ch2=%c\n",t1.i,t1.c1.ch1, t1.c1.ch2);
    t1.c1.ch2='B';          /*对共用体变量中结构体成员赋值为'B'的 ASCII 码值*/
    printf("t1.i=%d  t1.c1.ch1=%c  t1.c1.ch2=%c\n",t1.i,t1.c1.ch1, t1.c1.ch2);
}
```

程序运行结果如图 11-29 所示。

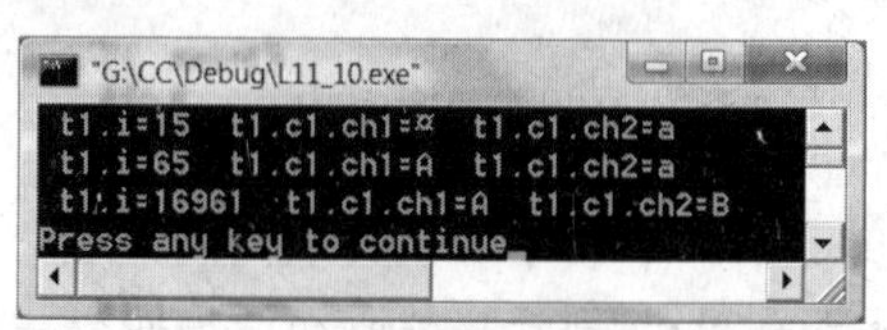

图 11-29　共用体与结构体变量的赋值与输出

程序中定义的共用体类型 test 的共用体变量 t1 中，有整型变量 i 和结构体变量 c1，共享同一首地址，即共享整型变量 i 在内存中占有的 16B 长的内存空间。而结构体变量 c1 中的两个字符类型成员 ch1 和 ch2 各占用 1B，各有不同的首地址，共占 2B 内存空间，因此，ch1 与 i 拥有相同的首地址，如图 11-30 所示。

这样，在共用体类型 test 的共用体变量 t1 中，成员变量 i 和结构体变量 c1 中的 ch1 和 ch2 的两个字符类型成员，在某一时刻 i 和 ch1 只有一个成员为有效值。

在程序中首先引用对 i 赋值为十六进制 f，输出 i 为十进制 15，此时 ch1 和 ch2 字符类型成员值为随机乱码值；接着对 ch1 成员赋值为 ASCII 字符'A'，将原来的 i 值覆盖，此时，用同样的输出语句输出 i 值为字符'A'的 ASCII 码值，即十进制 65，ch2 字符类型成员值仍为随机乱码值；最后，对 ch2 成员赋值为 ASCII 字符'B'，其内存中的数据存放如图 11-31 所示。

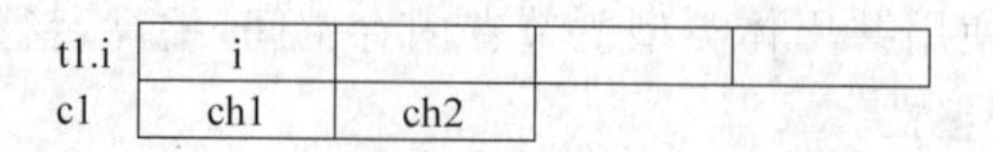

图 11-30　共用体变量 t1 与其结构体成员变量 c1 的存储形式

t1.i	'A'	'B'	00	0f
c1	ch1	ch2		

图 11-31　成员变量 i 被覆盖后的存储形式

成员变量 i 被覆盖后的值为十进制数 16 961。

11.6 枚举类型与枚举变量

当一个变量限定只有几种可能取值时，就可以将该变量定义为枚举类型，将变量标识一一列举，就可对应数字取值。例如，一星期的每一天对应取值只有 1～7 几个整数，将其定义为枚举类型，文字对应数字，使用时直观，不易出错，程序可读性也好。

11.6.1 枚举类型的定义

枚举类型也是一种组合构造类型，其定义的一般形式为

```
enum 枚举类型名 {枚举元素 1,枚举元素 2,…,枚举元素 n};
```

其中，关键字 enum 为枚举类型定义命令，枚举类型元素表列使用一对花括号括起来，使用分号结束定义。枚举类型名的命名符合 C 语言中标识符的命名规则；枚举元素是由用户定义的表示各个取值的标识符，通常使用见名知意的文字字符串表示，各枚举元素之间用逗号隔开。例如，把一周定义为枚举类型：

```
enum week{Sunday,Monday,Tuesday,Wednesday,Thursday,Friday,Saturday};
```

枚举元素的数据类型作为整型常量处理，如果省略，C 编译系统会按 0、1、2、… 依次自动为枚举元素赋值。即第一个枚举元素的值为 0，其后每个枚举元素的值是前一个枚举元素的值加 1。也可以在定义时初始化指定枚举元素值，例如：

```
enum week{Sunday=7,Monday=1,Tuesday,Wednesday,Thursday,Friday,Saturday};
```

系统编译时将第一个枚举元素设为 7，第二个元素设为 1，后面未赋值的枚举元素，系统自动按前一个元素值加 1 的规则顺序赋值，因此，Tuesday＝2，Wednesday＝3，Thursday＝4，Friday＝5，Saturday＝6。

由于枚举元素是常量，因此，在枚举类型中定义后就不能再对枚举元素重新赋值。

11.6.2 枚举类型变量

枚举类型变量（简称枚举变量）的定义与结构体变量和共用体变量的定义类似，也有 3 种定义形式。

（1）先定义枚举类型，再定义枚举量。

```
enum week{Sunday=7,Monday=1,Tuesday,Wednesday,Thursday,Friday,Saturday};
enum week day1, day2[5];
```

（2）定义枚举类型的同时定义枚举变量。

```
enum week
{
    Sunday=7,Monday=1,Tuesday,Wednesday,Thursday,Friday,Saturday
}
day1,day2[7];
```

(3) 定义无类型标识名的枚举类型时直接定义枚举变量。

```
enum
{
    Sunday=7,Monday=1,Tuesday,Wednesday,Thursday,Friday,Saturday
}
day1,day2[5];
```

枚举变量的引用方式与基本数据类型变量相同,但枚举变量的取值只能在枚举类型定义的取值范围内。例如:

```
enum week
{
    Sunday=7,Monday=1,Tuesday,Wednesday,Thursday,Friday,Saturday
}day1,day2[8];
day1=Tuesday;
day[3]=Tuesday;
```

枚举变量的各个枚举元素虽然是整型常量,但不能用整型常量数据直接对枚举变量赋值,只能使用强制类型转换将整型常量数据转换为枚举类型数据后,才能赋值给枚举变量。例如,day[3]=Tuesday;命令可以表达为

```
day[3]=(enum week)2;
```

整型常量 2 按枚举类型 week 强制转换为与枚举变量相同的类型后,再赋值给枚举类型数组 day [3]元素变量。不能表达为

```
day[3]=2;
```

这时系统会提示错误,这也是枚举类型的作用,只能限定在枚举类型定义范围内取值。

枚举变量与其他类型的变量一样,可以参与各种运算,实际运算时使用的是枚举变量已有的整型值参加运算。例如:

```
day1=Tuesday;
…
if(day1>Monday) day1=day1+2;
```

如果需要输出枚举变量数据,输出的是枚举元素对应的整型常量,而不是输出对应的枚举元素标识名。例如:

```
day1=Sunday;
printf("%d",day1);
```

执行后的输出结果将是7这个定义时初始化的值。

例 11-11 编写程序，定义指向字符串的指针数组和枚举变量，用枚举变量控制指针数组元素指向数据的输出。

程序源代码：

```
/*L11_11.C*/
#include "stdio.h"
enum week {Monday,Tuesday,Wednesday,Thursday,Friday,Saturday,Sunday};
                                                        /*定义枚举类型*/
void main(void)
{
    enum week day;                                      /*声明枚举类型变量*/
    char *name[]={"Monday","Tuesday","Wednesday","Thursday","Friday",\
    "Saturday","Sunday"};
    for(day=Monday;day<=Sunday;day++)                   /*用枚举类型变量控制循环输出*/
    printf("%9s is weekday %d.\n",name[day],day+1);
                                                        /*输出元素指向字符串和枚举变量值*/
}
```

程序运行结果如图11-32所示。

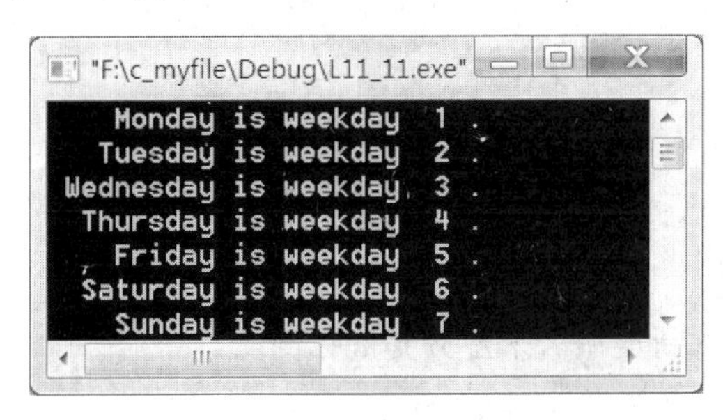

图 11-32 枚举变量作循环控制变量

C语言系统将枚举类型元素处理为整型常量，枚举变量day的取值为1～7的整数。因此程序中使用枚举变量day作为循环控制变量，控制*week[]字符型指针数组元素所指向的字符串循环输出，以及枚举变量day的运算输出。

枚举变量可以应用于for()循环控制结构和switch()条件选择结构等控制结构中。

11.7 自定义数据类型说明符

C语言程序允许用户自定义数据类型说明符。使用typedef关键字可定义新的数据类型说明符，新数据类型说明符一经typedef定义说明，可取代已存在的数据类型说明符。

实际上，自定义数据类型不是创建新的数据类型，而是对C语言已存在的类型说明符重新定义。例如，定义使用 INTEGER 代替 int 整型说明定义变量，因此，可以不再使用 int 关键字说明。使用时，只需在程序的前面定义说明：

```
typedef int INTEGER;
```

这样，在程序中就可以使用标识符 INTEGER 来定义变量了。例如：

```
INTEGER i,j,k;
```

使用 typedef 自定义数据类型说明符，同使用 C 语言类型标识符关键字定义变量是等价的。类型说明自定义的一般形式为

```
typedef 类型关键字 新类型名
```

其中，类型关键字是 C 语言中规定的任何数据类型定义关键字，新类型名为用户定义用以替代已有类型定义关键字的标识符，其命名符合 C 语言标识符命名规则，通常用大写字母表示，以便和 C 语言中已有的命令标识符相互区分。定义不同类型的类型定义说明符，定义形式也有所不同，可以分为以下几种形式。

1. 定义基本类型符

定义基本类型标识符的一般形式为

```
typedef 基本类型名 新类型名;
```

例如，定义

```
typedef long LONGINTEGER;
typedef char STR;
```

之后，就可使用已定义的新类型名来定义变量。例如：

```
LONGINTEGER number;
STR ch,ch1[20];
```

又例如：

```
typedef enum {Monday, Tuesday, Wednesday, Thursday, Friday, Saturday, Sunday}
WEEKDAY;
WEEKDAY day1;
```

即可定义枚举变量。因此，使用新类型名定义的变量与系统已有的数据类型定义关键字定义变量的功效完全相同。

2. 定义派生类型符

1）数组类型符定义

数组类型符定义的一般形式为

```
typedef 数据类型关键字 数组类型名[第一维长度][第二维长度]…[第 n 维长度];
```

例如：

```
typedef char STR [20];
```

则定义了一个一维字符型数组 STR 类型名，使用 STR 类型名可定义含有 20 个元素的一维字符型数组。例如：

```
STR string1,str2,*p=string1;
```

其定义方法与常规定义方式相同：

```
char string1[10],str2[10],*p1=string1;
```

将数组定义方式重新定义为自定义数组类型，可以方便定义一系列同类型、同维数、同长度的数组，统一性好，易读易记，不易出错。

2）指针类型符定义

指针类型符定义的一般形式为

```
typedef 数据类型名 *指针类型名;
```

例如：

```
typedef char *PS;             /*字符指针类型*/
typedef float (*PF)()         /*指向一个返回值为浮点型的函数指针类型*/
typedef union auto
{
    int number;
    char type
}
*PUN;                         /*指向所定义共用体的共用体指针类型*/
```

自定义后可以利用类型名来声明变量：

```
PS p1,p2[10];                 /*定义 p1 为字符指针变量,p2[10]为字符指针数组*/
PF f1,f2;                     /*定义 f1 和 f2 指针变量,用以指向返回值为浮点型的函数*/
PUN pu1,pu2;                  /*定义 pu1 和 pu2 为指向 auto 共用体类型的指针变量*/
```

3. 定义构造类型符

1）结构体类型符定义

结构体类型符定义的一般形式为

```
typedef struct
{
    结构体成员表列;
}
结构体类型名;
```

例如：

```
typedef struct good
{
    int number;
    char type;
    float price;
}
MACHINE;
```

定义 MACHINE 类型符表示 good 结构体数据类型定义符之后，可以使用 MACHINE 类型名定义结构体变量。例如：

```
MACHINE TV1, * pm,mobile[10];
```

MACHINE 定义为代表 good 结构体类型的标识符，可以直接使用 MACHINE 定义 good 结构体类型的结构体变量。

2）共用体类型符定义

共用体类型符定义的一般形式为

```
typedef union
{
    共用体成员表列;
}
共用体类型名;
```

例如：

```
typedef plant
{
    int nummer;
    char name[10]
}
FRUIT;
```

定义 FRUIT 类型符代表 plant 共用体之后，可以使用 FRUIT 自定义类型名定义共用体变量。例如：

```
FRUIT apple[6],peach, * pear;
```

使用 typedef 定义类型说明符，可以用于复杂数据类型组合定义，或是需要频繁定义的数据类型。使用 typedef 定义为自定义数据类型，可增加程序的一致性和可读性，也有助于提高程序的可移植性。比如对于依赖于系统特性的数据类型，例如 int 类型等，不同系统 int 数据类型占用字节数不同，如果使用自定义类型符代替 int 类型说明进行定义，如果需要将在 4 个字节 int 类型系统定义移植到 2 个字节 int 类型系统定义的运行环境中，只需将程序中定义的

```
typedef int INTEGER;
```

改写为

```
typedef long INTEGER;
```

就可以在两种环境下兼容，而不需要在更换系统环境时再在程序中逐个修改变量定义。

例 11-12 编写程序，输入客户信息，使用结构体数据类型定义相关数组与函数，最后输出信息。

程序源代码：

```
/* L11_12.C */
#define N 2                      /* 定义两位客户 */
#include "stdio.h"
#include "string.h"
struct client                    /* 定义 client 结构体类型 */
{
    int number;
    char name[20];
    float price;
    char address[40];
};
typedef struct client PERSON;
                                 /* 将 client 结构体类型定义为自定义类型符 PERSON */
PERSON input();                  /* 声明 client 结构体函数 input()原型 */
void main(void)
{
    int i;
    PERSON user[N];              /* 定义 client 结构体数组 user */
    for(i=0;i<N;i++)
        user[i]=input();         /* 调用函数输入 user[i]结构体数组数据 */
    for(i=0;i<N;i++)             /* 输出 USER 类型的数组元素 */
        printf("The %dth client: %d  %s %f %s\n",i+1,user[i].number,\
        user[i].name,user[i].price, user[i].address);
}
PERSON input()                   /* 自定义 client 结构体函数,获取输入的客户信息 */
{
    PERSON user;
    printf("编号: "); scanf("%d",&user.number);  /* 输入结构体变量的成员数据 */
    fflush(stdin);                               /* 系统流函数 */
    printf("姓名: ");gets(user.name);
    printf("交易: "); scanf("%f",&user.price);
    fflush(stdin);
    printf("地址: ");gets(user.address);
    return user;                                 /* 返回 client 结构体类型变量值 */
}
```

程序运行时输入两位客户的信息，程序运行结果如图 11-33 所示。

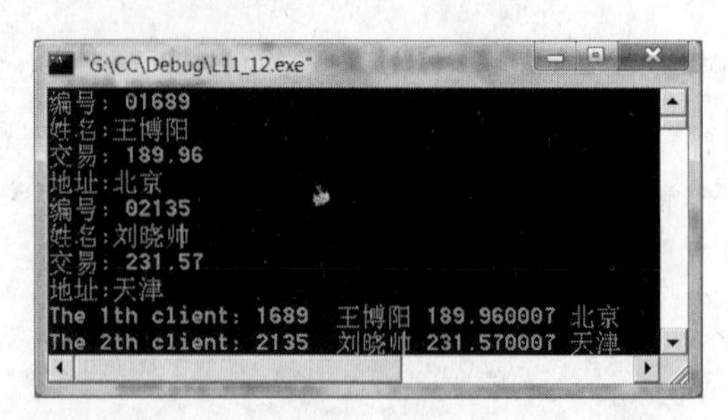

图 11-33　结构体类型定义的数据输入与输出

本例程序将 client 结构体定义为自定义类型符 PERSON，这样，在频繁定义和使用过程中，可直接用 PERSON 类型定义数组、变量和函数。

使用类型定义符定义时，类型定义声明不是真正意义上的新类型，一般使用类型定义的作用是为了方便程序的移植性。例如，定义与机器系统有关的数据类型使用类型定义，当程序需要移植时，只需修改类型定义内容就可以。

使用类型定义 typedef 与使用宏定义 # define 有相似的地方，区别在于：# define 是编译预处理命令，是在预编译时展开，通常用作简单的字符串替换；而 typedef 是 C 语言程序命令关键字，在程序执行时起作用，typedef 由编译程序解释，可以处理宏定义程序不能处理的正文替换。如执行 typedef (* P)()；命令，可创建一个指针类型 P 用以定义指向函数的指针，且该函数返回值为整型 int 数据。

本章内容较多，理论性和实用性都很强。首先通过案例比较详细地介绍了构造类型及相关的定义和应用。然后介绍了结构体类型、结构体变量与结构体数组的定义和引用，由此还有指向结构体类型的指针、指向结构体变量的指针和指向结构体数组的指针的定义和应用，以及向函数传递结构体类型数据的方法。在此基础上，介绍了链表结构的创建及应用，包括静态链表和动态链表数据结构分析与建立和引用，单向动态链表结构的输入与输出，在单向动态链表中插入结点数据或删除结点数据等。

共用体也是一种组合数据结构的构造数据类型，与结构体不同的是在内存使用方式上有本质的区别，结构体中的成员分别使用各自不同的内存空间，每个结构变量所占内存空间的大小是结构中各成员变量所占内存大小的总和，结构体中每个成员变量相互独立，独占自己的存储单元；而共用体中各个成员变量使用相同地址空间的存储区域，首地址相同，某一时刻只能有其中一个成员的数据有效存放，如果对各成员赋值，则新赋值的成员变量的数据会覆盖上一个成员变量的数据，即各个成员共享同一地址空间。

最后介绍了枚举类型数据结构和枚举类型变量的定义及引用，以及自定义数据类型的定义及使用等。

本章内容有很强的实用性，读者对案例程序可进行程序功能上的完善与扩充，可以根据数据处理的需要，增加更多的数据处理功能，还可以利用构造类型数据结构，扩展更为系统的组合结构数据应用功能，最终实现面向实际应用需求的数据库管理系统功能。

11.8 练 习 题

1. 简要分析结构体与数组两种数据结构有哪些相同与不同。
2. 简述结构体类型与结构体变量的定义形式与性质。
3. 可以用哪几种方式定义结构体类型与结构体变量?
4. 如何引用结构体变量中的成员直到最低层级成员变量?
5. 简述结构体类型成员变量的初始化方法。
6. 简述结构体数组与结构体变量中成员数组的区别。
7. 如何引用指向结构体变量的指针?
8. 如何引用指向结构体数组的指针?
9. 结构体变量成员作为参数如何传递数据?
10. 结构体变量作为函数参数传参为何属于单向“值”转递?
11. 分析结构体数组作为函数参数传参的内存共享方式。
12. 分析链表结构中结点组成结构与链表的建立和链接关系。
13. 简述静态链表结构与动态链表结构的建立过程的相同与不同。
14. 列举动态链表结构中的结点创建过程中需要使用哪些内存管理函数。
15. 简述动态单链表的创建过程与步骤。
16. 简述引用单向链表结构的数据过程与步骤。
17. 分析在单向动态链表中插入结点数据的方法。
18. 简述如何从单向动态链表中删除结点数据。
19. 简述共用体类型及共用体变量的定义。
20. 简述共用体变量与结构体变量在内存空间使用上的区别。
21. 共用体变量是如何分配和使用内存空间的?
22. 比较枚举元素与符号常量各自的使用性质与特点。
23. 简述自定义数据类型说明符的使用优点。
24. 综述构造类型数据结构的应用特点与使用方法。

第12章 位运算操作

所有的电子数字计算机都是以二进制代码表示机器电位高低状态、电平有无状态、电容充放电状态或电磁场感应变化状态的，表达这些信息使用二进制位，而使用或控制这些信息数据则需要对其二进制码进行运算与操作。C语言具有位运算功能，可结合使用对二进制位进行操作，实现使用C语言编写完成类似汇编语言功能的系统程序。本章主要内容如下：

- 位运算操作及运算符；
- 按位逻辑与和按位逻辑或运算；
- 按位逻辑异或运算；
- 按位取反运算；
- 按位左移或右移运算；
- 复合赋值位运算；
- 位段的定义及引用；
- 位运算应用案例。

12.1 位运算符及运算操作

人们把C语言归类为中级语言，是因为C语言程序设计既具有高级语言易读易用且易于表达程序算法的特点，又具有低级语言可以访问系统底层实现操作的功能。利用C语言提供的位运算等功能，就可以完成低级语言的部分低层操作。

12.1.1 位运算及运算符

二进制位(bit)是计算机操作的最小单位，通常以一个字节表示8个二进制位，即一个字节是由8个二进制位组成的，字节最右边一位称为最低有效位，简称最低位，字节最左边一位称为最高有效位，如图12-1所示。

高位							低位
1	0	0	0	1	1	0	1

图12-1　1字节数据的二进制位形式

二进制位是计算机中最小的信息操作单位，可以使用 n 位二进制表达 2^n 种不同的信息，二进制位数越多，所表达的信息量越大。例如：

- 用一个二进制位只能表达两种不同的信息状态，即0和1，共 $2^1=2$ 种不同的编码组合，最大值为 1。

- 用两个二进制位能表达 4 种不同的信息状态，即 00、01、10 和 11，共 $2^2=4$ 种不同的编码组合，最大值为 11。
- 用三个二进制位能够表达 8 种不同的信息状态，即 000、001、010、011、100、101、110、111，共 $2^3=8$ 种不同的编码组合，最大值为 111。

计算机中为了表示数值数据的正负数，数据类型的最高位通常用作符号位使用，且内部表示的数值数据又引入了原码、反码和补码的概念，因此，数值数据为负数时，采用补码方式通常会使符号位置 1，这样当有符号位的数据最高位值为 1 时，很自然就表示这个数值类型的数据值所代表的是一个负数。

通常使用 1B、2B、4B 和 8B 等为数据类型存储单元来表示一个信息数据。例如，使用 1B 表示一个英文字符的 ASCII 码值，且实际最高位不用；使用 2B 表示一个中文字符的 GB 2312 国标汉字编码值，字节最高位置 1；使用 4B 则可以表示一个浮点类型实数等。

可见，二进制位可以代表程序数据的存储方式，也可以用来表示数字电信号的工作状态。因此，各种信号均可以通过相关的设备装置进行采集，转换为数字电信号，再通过 C 语言程序就可以直接操作运算和处理，以便作为信息资源再加以利用，或作为下一个环节的控制信息，或存储起来以便于共享开发和利用，或为系统管理提供决策支持等。

C 语言提供的基本位运算符共有 6 个，其操作功能与运算对象及运算的优先级别如表 12-1 所示。

表 12-1　位操作运算符

运算符	操作功能	操作对象	运算优先级	运算符	操作功能	操作对象	运算优先级
&	按位与	双目运算	3	～	按位取反	单目运算	1
|	按位或	双目运算	5	<<	左移	双目运算	2
^	按位异或	双目运算	4	>>	右移	双目运算	2

C 语言的位运算符，除了按位取反运算符～之外，均为双目运算符。在实际应用中，位运算的对象只能是整型或字符型的数据，不能使用浮点型的实型数据。

12.1.2　按位与运算

按位与运算符为双目运算符，也称二元运算符或双项运算符。运算时两个运算对象按位展开，从右向左按位进行逻辑与运算，如果两个二进制位运算对象值都为 1，对应位的运算结果为 1，否则为 0。例如，表达式 6&5 按位展开运算的过程可以表示为

```
   00000000 00000000 00000000 00000110    (6 的补码)
&  00000000 00000000 00000000 00000101    (5 的补码)
--------------------------------------
   00000000 00000000 00000000 00000100    (4 的补码)
```

即表达式 6&5 的运算结果值为十进制数 4，对应的十六进制数为 4。

按位逻辑与的运算操作可以用来对二进制序列中指定位清零或屏蔽保留二进制序列中的某些位。例如，把一个 4 字节的短整形变量 a 的高位清零，保留低 8 位值，可以使用

表达式 a&255 进行运算，其中十进制数 255 的二进制值是 8 个 1，运算方法如下：

```
   10011010 01101110 10001001 01010111  （变量 a 的值补码）
&  00000000 00000000 00000000 11111111  （指定数 255 的补码）
---------------------------------------
   00000000 00000000 00000000 01010111  （57 的二进制补码）
```

这样，使用二进制 1 序列与某数按位进行逻辑与运算，就保留了该数的低 8 位数据；而使用二进制 0 序列与某数按位进行逻辑与运算，则会按位清零。

例 12-1 编写程序，求十进制数 6 和 5 的按位与的逻辑运算结果，然后实现保留变量 a 低 8 位值的程序算法，输出并验证上述案例分析。例如，计算验证十六进制数 9A6E8957 和 FF 按位逻辑与运算，输出结果。

程序源代码：

```
/*L12_1.C*/
main()
{
    long int a=6,b=5,c;
    c=a&b;
    printf("a=%d,b=%d,c=%d\n",a,b,c);
    a=0x9A6E8957;b=0xff;
    c=a&b;
    printf("a=%x,b=%x,c=%x\n",a,b,c);
}
```

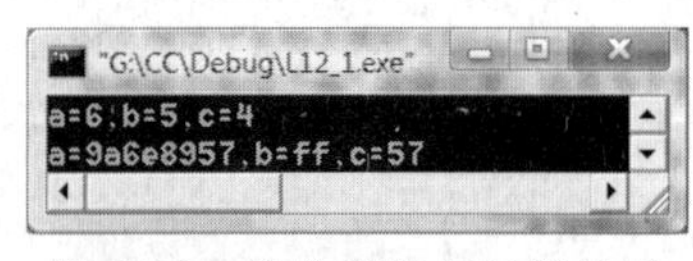

图 12-2 按位逻辑与运算结果

程序运行结果如图 12-2 所示。

程序中十进制数 6 和 5 进行按位与运算时，首先将 6 和 5 转换成二进制补码形式，然后再按位进行逻辑与运算，结果为十进制数 4，对应十六进制数为 4。

12.1.3 按位或运算

按位或运算符为双目运算符。运算时两个运算对象按位展开，从右向左按位进行逻辑或运算，如果两个二进制位运算对象值有一个为 1，对应位的运算结果为 1，否则为 0。例如，表达式 6|5 按位展开运算的过程可以表示为

```
   00000000 00000000 00000000 00000110  （6 的补码）
|  00000000 00000000 00000000 00000101  （5 的补码）
---------------------------------------
   00000000 00000000 00000000 00000111  （7 的补码）
```

即表达式 6|5 的运算结果为十进制数 7，对应的十六进制数为 7。

例 12-2 编写程序，求十进制数 6 和 5 的按位逻辑或运算的结果，输出结果。

程序源代码：

```
/*L12_2.C*/
main()
{
    long int a=6,b=5,c;
```

```
    c=a|b;
    printf("a=%d,b=%d,c=%d\n",a,b,c);
    printf("a=%x,b=%x,c=%x\n",a,b,c);
}
```

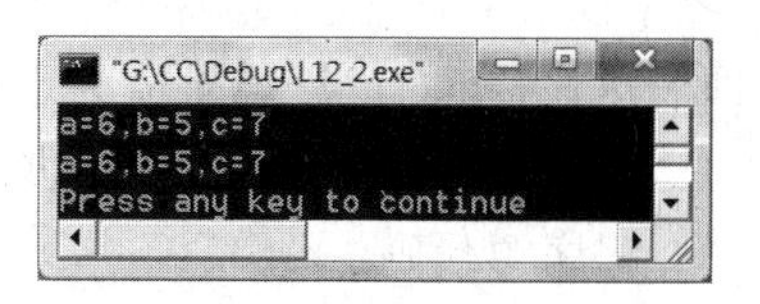

图 12-3　按位逻辑或运算结果

程序运行结果如图 12-3 所示。

程序中十进制数 6 和 5 按位进行或运算时，首先将 6 和 5 转换成二进制补码形式，然后再按位进行逻辑或运算，结果为十进制数 7，对应的十六进制数为 7。

12.1.4　按位异或运算

按位异或运算符为双目运算符。运算时两个运算对象按位展开，从右向左按位进行逻辑异或运算，如果两个二进制位运算量的值有一个为 0，另一个为 1，对应的位运算结果为 1，否则为 0。例如，表达式 6^5 按位展开运算的过程可以表示为

```
  00000000 00000000 00000000 00000110    (6 的补码)
^ 00000000 00000000 00000000 00000101    (5 的补码)
-------------------------------------
  00000000 00000000 00000000 00000011    (3 的补码)
```

即表达式 6^5 的运算结果为十进制 3，也是十六进制 3。

例 12-3　编写程序，求十进制数 6 和 5 的按位逻辑异或运算的结果，输出结果。

程序源代码：

```
/*L12_3.C*/
main()
{
    long int a=6,b=5,c;
    c=a^b;
    printf("a=%d,b=%d,c=%d\n",a,b,c);
    printf("a=%x,b=%x,c=%x\n",a,b,c);
}
```

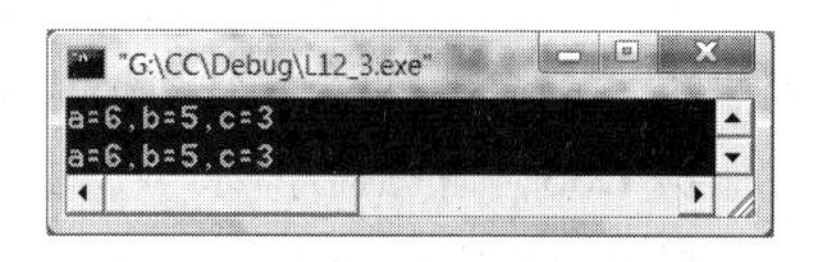

图 12-4　按位逻辑异或运算结果

程序运行结果如图 12-4 所示。

在程序中十进制数 6 和 5 按位进行异或运算时，首先将 6 和 5 转换成二进制补码形式，然后再按位进行逻辑异或运算，结果为十进制数 3，对应的十六进制数为 3。

12.1.5　按位取反运算

按位取反运算符是单目运算符，也称一元运算符或者单项运算符。运算时运算对象按位展开，从右向左按位进行逻辑取反运算，如果二进制位值为 0，则运算结果值为 1；如果二进制位值为 1，则运算结果值为 0。即把 1 变成 0，把 0 变成 1。例如，表达式～138 按位展开运算过程可以表示为：

```
～ 00000000 00000000 00000000 00101010    (138 的补码)
-------------------------------------
   11111111 11111111 11111111 11010101    (－139 的补码)
```

即表达式～a 的运算结果值为十进制数－139，对应的十六进制数为 ffffff75。

例 12-4 编写程序，求十进制数 138 的按位逻辑取反运算的结果，输出结果。

程序源代码：

```
/*L12_4.C*/
main()
{
    long int a=0x8A,c;
    c=~a;
    printf("a=%d,  c=%d\n",a,c);
    printf("a=%x,  c=%x\n",a,c);
}
```

程序运行结果如图 12-5 所示。

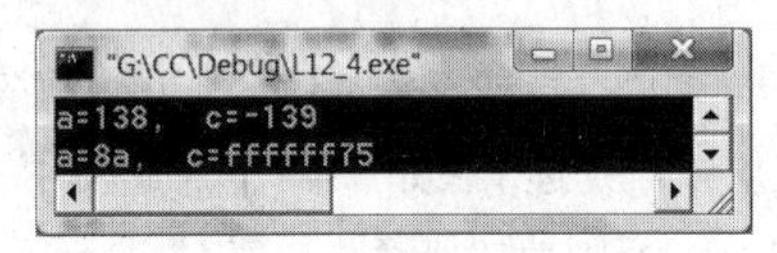

图 12-5 按位逻辑取反运算结果

在程序中变量 a 的十进制值为 138，对应的十六进制值为 8A。按位进行取反运算时，首先将 8A 转换成二进制补码形式，然后再进行按位逻辑取反运算，结果为十进制数－139，对应的十六进制数为 ffffff75。

12.1.6 按位左移运算

按位左移运算符的作用是将一个给定数值的二进制位码整体左移指定的位数。比如将 6 的二进制位左移 5 位后将成为另一个数，这个数的数值将使原来的数放大 2^5 倍，即 6×2^5。表达式 6<<5 按位展开运算的过程如下：

```
<<  00000000 00000000 00000000 00000110   (6 的补码)
    -----------------------------------
    00000000 00000000 00000000 01100000   (192 的补码)
```

即表达式 6<<5 的运算结果值为十进制数 192，对应的十六进制数为 C0。

例 12-5 编写程序，求十进制数 6 左移 5 位的位运算结果，输出结果。

程序源代码：

```
/*L12_5.C*/
main()
{
    long int a=6,b=5,c;
    c=a<<b;
    printf("a=%ld, b=%ld, c=%ld\n",a,b,c);
    printf("a=%lx, b=%lx, c=%lx\n",a,b,c);
}
```

程序运行结果如图 12-6 所示。

在程序中变量 a 的十进制值为 6，变量 b 的十进制值为 5。按位进行左移运算时，首先将 6 转换成二进制补码形式，然后再进行按位左移运算，右边补 0，结果为十进制数 192，对应的十六进制数为 C0。

左移运算时二进制高位左移后舍弃，按位左移一位相当于该数乘以 2，左移两位相当于该数乘以 2^2，而左移 5 位则相当于该数乘以 2^5，即增大 32 倍，用十六进制表示为 C0。

C 语言进行左移运算要比乘法速度快得多，左移运算时，需注意高位溢出的 0 舍弃，数据会丢失。比如，若溢出 1，则数值放大的倍数将不符合上述规律。例如，以保留低 8 位(一个字节)二进制数的存储为例，有十进制数 6，二进制数为 00000110，左移 6 位后，则高位就会溢出 1，如图 12-7 所示。

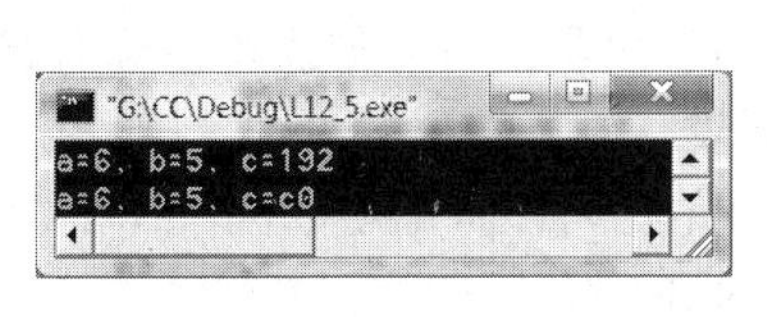

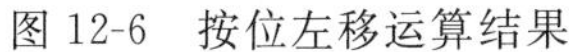
图 12-6　按位左移运算结果

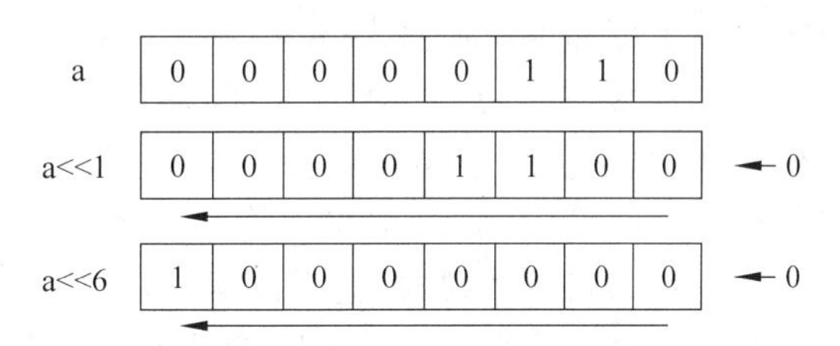

图 12-7　左移后高位溢出

没有移位之前，变量 a 值的二进制数为 00000110，左移 1 位，右端补 0，左端最高位数据丢失；左移 6 位后，高位的 1 丢失，所以 a＜＜6 的实际结果为 10000000。

该二进制值为 128，对应的十六进制数为 80，不是 $6\times2^6=384$ 倍。因此，使用时应注意数据的溢出问题。

如果左移时舍弃的高位不包含 1，则实际数每左移一位，就相当于该数乘以 2，即将该数实际值放大一倍。

12.1.7　按位右移运算

按位右移运算符的作用是将一个给定数值的二进制位码整体右移指定的位数。比如将6 的二进制位右移 2 位后成为另一个数，这个数为原数的 $1/2^2$，相当于 $6\div2^2$。表达式 6＞＞2 按位展开运算的过程如下：

$$\begin{array}{rll} \gg & 00000000\ 00000000\ 00000000\ 00000110 & (6\text{ 的补码}) \\ \hline & 00000000\ 00000000\ 00000000\ 00000001 & (1\text{ 的补码}) \end{array}$$

即表达式 6＞＞2 的运算结果值为十进制数 1，对应的十六进制数也是 1。

例 12-6　编写程序，求十进制数 6 右移 2 位的位运算结果，输出结果。

程序源代码：

```
/*L12_6.C*/
main()
{
    long int a=6,b=2,c;
    c=a>>b;
    printf("a=%ld, b=%ld, c=%ld\n",a,b,c);
    printf("a=%lx, b=%lx, c=%lx\n",a,b,c);
}
```

程序运行结果如图 12-8 所示。

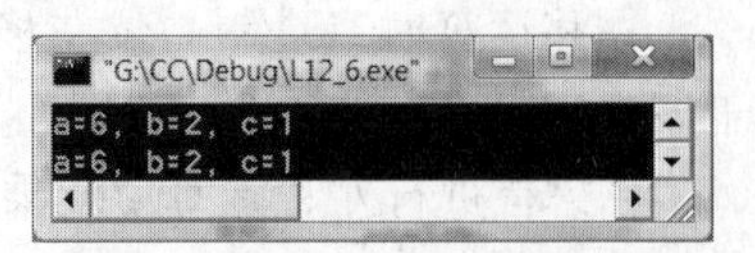

图 12-8　按位右移运算结果

在程序中变量 a 的十进制值为 6，变量 b 的十进制值为 2，按位进行右移运算时，先将 6 转换成二进制补码形式，然后再进行按位右移运算，左边补 0，结果为十进制数 1，对应的十六进制数也是 1。

按位右移运算符用来将一个数的二进制位全部右移若干位，右移的低位舍弃。右移 1 位相当于该数除以 2，右移 n 位相当于该数除以 2^n。符号位在右移时有两种情况。对无符号正数，右移时左边高位移进 0，即高位补 0。如果符号位为 1，即为负数时，则移进 0 还是 1 将与系统有关。有的系统按位右移时为算术右移，则移进 1；有的系统按位右移时为逻辑右移，则移进 0。一般采用算术右移(移进 1)方式。

如果是不同长度的数据进行位运算，系统采取右对齐方法。如 a 为 short int 型，而 b 为 long int 型时，运算表达式取长整型后，二进制码右对齐。

12.1.8　复合赋值位运算

位运算中的双目位运算符可以和赋值运算符结合，组成复合赋值位运算符，其表达形式及作用如表 12-2 所示。

表 12-2　复合赋值位运算符

复合赋值位运算符	表达式案例	等效于	复合赋值位运算符	表达式案例	等效于
&=	a&=b	a=a&b	<<=	a<<=b	a=a<<b
|=	a|=b	a=a|b	>>=	a>>=b	a=a>>b
^=	a^=b	a = a∧b			

在进行复合赋值位运算的过程中，首先将被赋值变量的当前值与复合赋值位运算符右边的表达式按位进行位运算，最后将表达式的值赋予被赋值变量。

12.2　位段定义及应用

计算机内存信息数据的存取通常以字节(B)为单位，大部分信息数据的表示和数据类型的定义也以字节为单位，通常也用字节的倍数为存储单位表示或引用。例如，使用 1B 表示一个英文字符，用 2B 表示一个中文字符编码，用 4B 表示一个浮点类型实数等。而计算机用于参数检测、信息采集、过程控制和网络通信领域，其控制信号等信息数据往往只需占用一个字节或几个字节中的几个二进制位就可以满足需要，因此需要设置位段，指定需要的二进制位在字节中的位置。

12.2.1　位段的定义

实际应用中的二进制码信息在采集或用于控制的过程中并不是以字节为单位呈现

的，通常只需要一位或控制字中的几个位就可以满足需要。例如，表示“有”和“无”状态只需要一个二进制位；在网络传输协议的控制信息往往只占一个字节中的一位或其中几位；打印机状态只占用一个字节中的三位，以最低位表示打印机在规定的时间内是否完成上一次指定操作，以右数第 5 位表示打印机当前是否缺纸，以右数第 7 位表示打印机当前是否就位等。因此，为了便于访问规定位置的信息，C 语言中设置了位段，也称位域，使用结构体定义来表示。位段定义的一般形式为

```
struct 位段结构名
{
    类型说明符 位段名 1: 位段长度
    类型说明符 位段名 2: 位段长度
    ⋮
    类型说明符 位段名 n: 位段长度
};
```

位段结构体成员数据类型必须指定为 unsigned 或 int 型。从定义形式上看，位段本质上就是一种结构体类型，其成员通过格式定义说明是以按二进制位分配各成员长度。

一个位段必须存储在同一个字节中，不能跨两个字节。如果一个字节所剩空间不够作为另一位段时，则从下一字节单元起定义该位段，也可以指定使某个位段从下一字节单元开始。例如：

```
struct net_bits
{
    unsigned a:4;          /* 长度为 4 位 */
    unsigned :0;           /* 第一字节剩余作为空域 */
    unsigned b:4;          /* 从下一字节单元开始定义 b 位段 */
    unsigned c:4;          /* 同一个字节单元定义 c 位段 */
};
```

在 net_bits 结构体类型位段定义中，位段 a 占第一字节开始的 4 位，接下来的 4 位二进制置 0 表示不使用，位段 b 则占用第二字节开始的 4 位，位段 c 占用该字节余下 4 位，如图 12-9 所示。

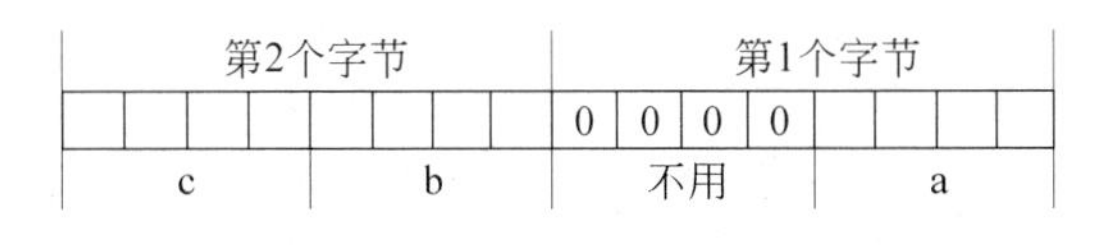

图 12-9　位段定义与分配

位段定义时，每个位段的长度不能大于一个字节的长度，即一个位段长度不能超过 8 个二进制位。位段赋值不能超过定义长度，比如位段 a 占 4 位长度，最大值为 4 个 1，即十进制 15 或十六进制 F。如果赋值大于 15，比方说 16，则取其低 4 位 0000 赋给位段变量 a。

位段定义时可以定义为有名位段，也可以定义为无名位段，无名位段只用来填充调整位置，无法指定使用。例如：

```
struct ctrl
{
    int a:1;
    int :2;                    /* 该无名位段的两个二进制位不能使用 */
    int b:3;
    int c:2
};
```

实际上位段就是把一个字节中的二进制位划分为几个不同的段，定义时说明每个位段的位数长度。每个位段有一个位段名，允许在程序中按位段名引用操作，因此，可以把几个不同位长需要的运算对象用不同二进制位段来表示，需要时按位段名引用。

12.2.2 位段的引用

位段的引用和结构体成员的引用相同，可以使用位段结构体变量名引用位段成员，也可以定义指向位段结构体变量的指针引用位段成员。使用位段结构体变量名引用位段成员的一般形式为

```
位段结构体变量名.位段名
```

若使用指向位段结构体变量的指针指向和引用位段成员，则使用分量运算符－＞。位段引用可以使用各种格式进行输出，常用十进制或十六进制格式输出相应数据进行比较。

例 12-7 编写程序，定义位段，对位段赋值，测试各位段最大值和超出各位段长度所能表示的最大值的赋值情况，输出实际结果。

程序源代码：

```
/* L12_7.C */
main()
{
    struct call
    {
        unsigned a:2;                  /* 长度为两个二进制位 */
        unsigned b:1;                  /* 长度为一个二进制位 */
        unsigned : 5;                  /* 无名位段 5 位不用 */
        unsigned c:4;                  /* 长度为 4 个二进制位 */
    }
    bits, *pb;
    bits.a=3;  bits.b=1;  bits.c=15;   /* 对各位段赋最大值 */
    printf("Decimal:      a=%d, b=%d, c=%d\n",bits.a,bits.b,bits.c);
    printf("Hexadecimal:  a=%x, b=%x, c=%x\n\n",bits.a,bits.b,bits.c);
    pb=&bits;
    pb->a=6;  pb->b=2; pb->c=16;       /* 赋给各位段超出位段长度最大值的数 */
    printf("Decimal:     a=%d, b=%d, c=%d\n",pb->a,pb->b,pb->c);
```

```
    printf("Hexadecimal: a=%x, b=%x, c=%x\n",pb->a,pb->b,pb->c);
}
```

程序运行结果如图 12-10 所示。

以结构体类型 call 定义位段成员 a、b 和 c 三个成员变量，各位段所占用的二进制位长度分配如图 12-11 所示。

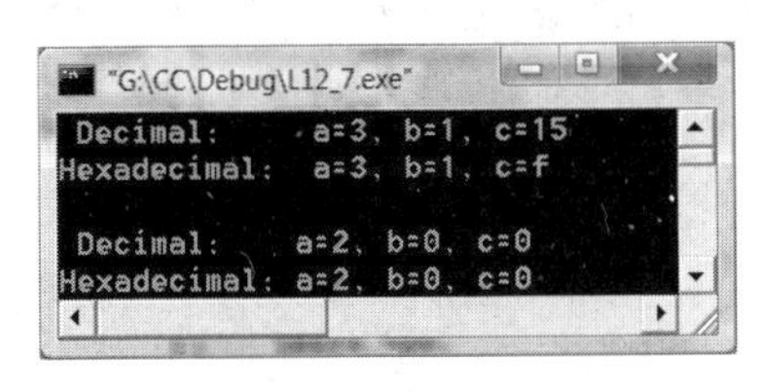

图 12-10　位段定义与引用

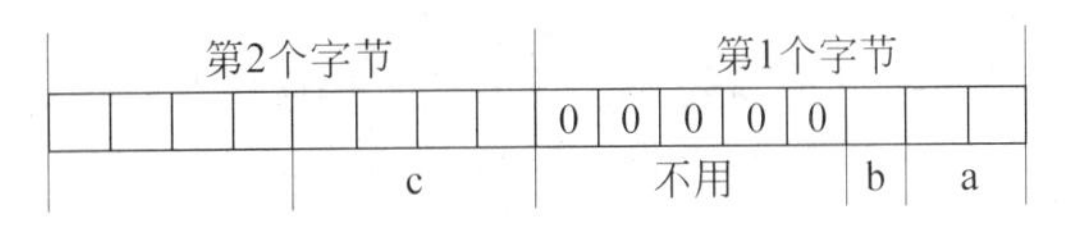

图 12-11　位段定义与分配

当赋值超出段位长度所能表示的最大值时，则取该数二进制码的低位赋值给位段成员变量，高位则舍去。例如 pb－＞a＝6；命令，对两个二进制位的位段 a 赋值，十进制数 6 的二进制码为 110，取其低位为 10，赋给位段 a 后，以十进制和十六进制输出均为 2。

12.3　位运算操作应用案例

位运算在二进制代码信息数据处理时非常有用。比如使用按位与运算符可以屏蔽某些指定位，使用按位或运算符可以将某些指定位置为 1 值，使用移位运算符可以对运算对象进行移位操作，获得需要的二进制码等。

例 12-8　编写程序，设有一个数 a，需要取出二进制码指定位置的二进制位。例如，指定取出自右端 0 位开始的 3～6 位二进制码数据。

算法分析：首先使 a 右移 3 位，表达式为 a＞＞3，使需要取出的几个二进制位向右移至最低位对齐。再设置一个低 4 位二进制码全为 1，其余则为 0 的数 b，要获得这个数，可以先将二进制 0 序列取反，变为 1 序列，左移 4 位后再取反，低 4 位均为 1。最后将 a 和 b 进行按位逻辑与运算，即得到所需数据。其位运算过程分析如下：

将需要取出的位列右移：

a＝106 的补码　00000000 00000000 00000000 01101010
a＞＞3 的补码　00000000 00000000 00000000 00001101　低位 010 舍去

求低位屏蔽码：

b＝0 的补码　00000000 00000000 00000000 00000000
～b 的补码　11111111 11111111 11111111 11111111
(～b)＜＜4 的补码　11111111 11111111 11111111 11110000
～((～b)＜＜4)的补码　00000000 00000000 00000000 00001111

最后按位进行逻辑“与”运算：

　　00000000 00000000 00000000 00001101　(a＞＞3 的补码)
&　00000000 00000000 00000000 00001111　～((～b)＜＜4)的补码
　　00000000 00000000 00000000 00001101　(13 的二进制补码)

程序源代码：

```
/*L12_8.C*/
main()
{
    unsigned a=0x6A,b=0,c,d;
    a>>=3;                  /*复合位移运算使取位码向右对齐*/
    b=~((~b)<<4);           /*求得 0xf*/
    c=a&b;
    printf("a=%ld, b=%ld, c=%ld\n",a,b,c);
    printf("a=%lx, b=%lx, c=%lx\n",a,b,c);
}
```

程序运行结果如图 12-12 所示。

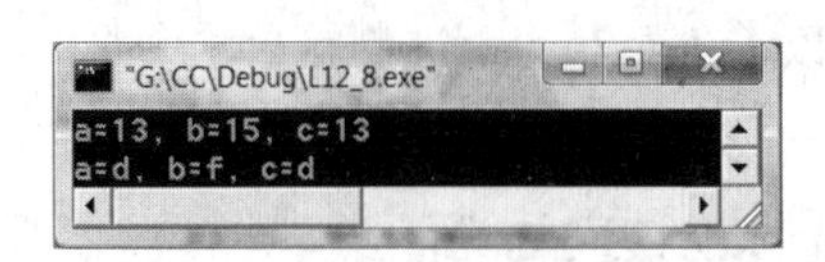

图 12-12　取出指定二进制位码运算结果

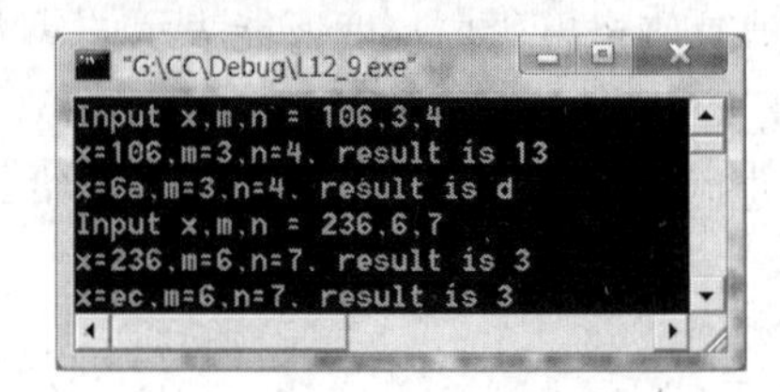

图 12-13　对输入数获取指定位置和长度数据

例 12-9　编写程序，给定一个数，指定截取从右端 0 位起第 m 位开始的 n 位数据。

程序源代码：

```
/*L12_9.C*/
get_bits(unsigned x,unsigned m,unsigned n);
main()
{
    unsigned x,m,n,i=2;
    while(i>0)
    {
        printf("Input x,m,n=");
        scanf("%u,%u,%u",&x,&m,&n);
        printf("x=%u,m=%u,n=%u. result is %u\n",x,m,n, get_bits (x,m,n));
        printf("x=%x,m=%x,n=%x. result is %x\n",x,m,n, get_bits (x,m,n));
        i--;
    }
}
get_bits(unsigned x,unsigned m,unsigned n)
{
    return((x>>m)&~(~0<<n));
}
```

程序运行结果如图 12-13 所示。

其中的 x＞＞m 是将所需 n 位数整体右移 m 位，屏蔽码按 n 位对 0 序列取反得到 1 序列，再左移 n 位后使最右端得到 n 位的 0 序列，然后再次取反得到最右端的 n 位 1 序列，和右移 m 位的 n 位数进行按位逻辑与操作，即取出指定的 n 位二进制序列值。

12.4 练 习 题

1. 用二进制代码可以表示电路中哪些具有两种稳定状态的信号编码？
2. 使用 n 位二进制可以表达几种不同的信息？
3. 数值数据正负数的原码、反码和补码是如何表示的？
4. 采用补码方式的数值数据为负数时如何会使符号位置 1？
5. 如何使用逻辑与运算完成二进制序列中指定位清零或保留某些位的操作？
6. 按位逻辑或运算和按位逻辑异或运算有何区别？
7. 简述按位取反单目运算的运算规则。
8. 为何高位不溢出情况下的二进制数按位左移 1 位相当于该数乘以 2？
9. 位于硬件底层的位移运算为何要用补码的方式进行操作？
10. 位运算中有哪些双目位运算符可以组成复合赋值位运算符？
11. 位段是如何定义和使用的？
12. 如何处理一个位段长度跨字节的问题？
13. 如何使用指向位段结构体变量的指针引用位段成员？
14. 简述取出二进制序列中指定位序列的过程。
15. 若给位段赋值的数超出了段位长度所能表示的最大值时如何对位段赋值？

第13章 文件系统管理与操作

在前面各章的程序设计中的输入和输出都以键盘和显示器作为终端进行操作，比如由键盘输入数据，在显示器上输出运行结果等。而在实际应用系统的程序运行过程中，更多的情况是需要将数据从磁盘读入计算机内存进行程序处理，或随时将处理的数据输出到磁盘上存储，此时的程序设计就需要使用磁盘文件管理与操作功能。文件是C语言程序设计的重要概念，而文件管理与操作则是系统程序设计应用的基础。本章主要内容如下：

- 文件的组成结构与操作形式；
- 缓冲型文件的操作与使用；
- 缓冲型文件结构类型与文件指针；
- 缓冲型文件的标准库函数；
- 文件的打开与关闭；
- 文件中数据的读写操作；
- 文件指针的定位；
- 文件操作错误的检测；
- 文件结束位置测试函数；
- 磁盘文件删除函数。

13.1 文件的组成结构

计算机运行时需要的所有信息与数据都以文件的形式存储在外部介质上，文件是存储于外部存储器上的数据集合，计算机操作系统也是以文件的形式对所有信息数据进行管理和操作的。系统运行时为各种文件分配内存空间，结束时将文件信息从内存中导出存放于外部存储设备上，调用时对文件信息进行读写，且用户需要时还可以打印输出文件数据等。因此，对不同的文件有不同的操作和使用方法。

13.1.1 文件的概念与构成

文件是指存储在外部存储器上的数据集合，用户可以将程序指令集合或文字信息集合命名为文件，存放在外存储器上。而C语言系统一般将文件作为字节序列处理，把文件当作由字节信息数据顺序组成的有序集合，文件结尾以文件结束标记EOF结束。计算机操作系统对所有外存储器信息都是以文件的形式组织、管理和调用的。

1. 文件的概念

文件是字符数据的序列集合，文件中的所有数据组成文件的元素，每个文件中所有元素之间有严格的排列次序和逻辑关系，要访问文件中的元素，需要按照文件中元素的排列规则依次进行读取。文件的读写方式决定了不同文件的基本特性以及对文件进行操作的基本方式。

文件创建时按其中数据字节存储形式不同，可以分为二进制文件和ASCII文件两种方式。其中，二进制文件中所有的字节存储的都是二进制数；ASCII文件也称文本文件，在字节中存放的是字符的ASCII码，占用的外存空间相对较大。

例如，字符'9'用文本文件存储时占一个字节，使用二进制文件存储时也是占一个字节，如图13-1所示。

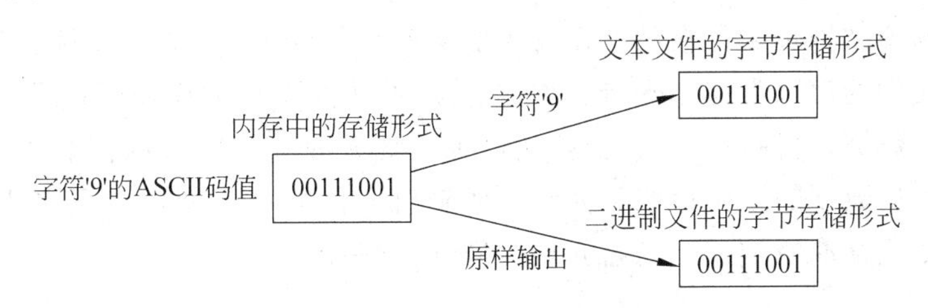

图13-1　字符数据在内存与两种外存文件的存储方式

可见，字符数据在内存中的存储方式与输出到文本文件和二进制文件中字节存储方式比较，所占用的外存空间是一样的。

再以数值数据为例比较两种文件的存储方式，例如十进制数21 468，如果用ASCII文件存储方式存放，要占5B外存空间；如果使用二进制文件存储方式存放，则只占2B外存空间，如图13-2所示。

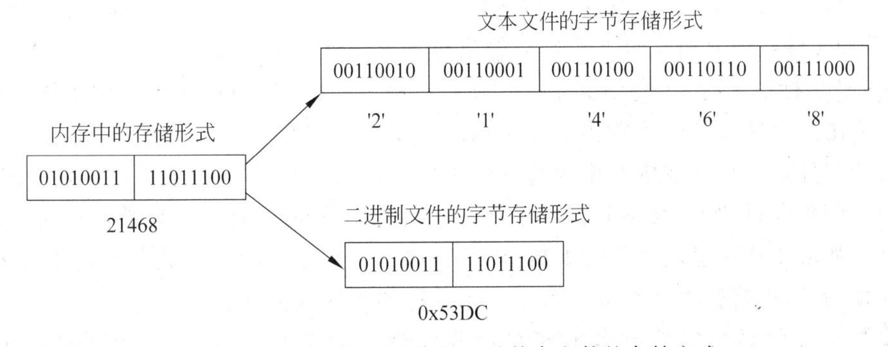

图13-2　数值数据的内存与两种外存文件的存储方式

可见，使用ASCII文件存储方式时，需要将计算机内存中的数值数据从二进制码转换为ASCII码进行存储，会占据较多的存储空间；而使用二进制文件存储方式是原样从内存复制，不需要进行转换，同时也可以节省存储空间。

两种文件有各自的特点，ASCII 文件方式便于字符逐个处理，因此实际应用中多用于保存数据或最终结果；二进制文件则多用于保存程序运行的中间结果。

总之，C 程序文件如果从系统运行和操作方面讲，实际上就是字符流或者是二进制流的操作，对应于文件也称为流式文件。因此，在 C 语言中对文件数据的存取都是以字节为单位进行的，文件的输入输出由程序控制。

2. 文件的组织结构

文件的组织结构可分为逻辑结构和物理结构两方面。

文件的逻辑结构反映的是文件数据的组织形式，有标准文件和流式文件两种形式。标准文件也称记录式文件，是一种结构型文件格式，这类文件的整体结构由记录、记录组和文件本身构成，操作系统文件具有这样的文件形式。流式文件是字符的有序集合，是一种非结构型文件，文件长度由文件所包含的字符数决定，这类文件便于操作系统管理，C 语言提供了这类文件结构形式。

文件的物理结构是文件在外存设备中的实际存储结构，有顺序文件和随机文件两种形式。顺序文件的存取类似于磁带文件的存取，必须从开始顺序访问找到相应的位置，才能存取指定的数据，这使得对文件数据的增加或修改时比较耗费时间和资源，因此，顺序文件不适于大量数据的随机存取与修改。而随机文件的访问相比之下快速便捷得多，类似于访问可随机存取的磁盘和光盘介质，可随时读写。

13.1.2 文件系统操作形式

C 语言对文件的操作处理有缓冲文件系统和非缓冲文件系统两种方式，缓冲文件系统通常用来处理文本文件，运行时系统会自动在内存区域开辟缓冲区，存取磁盘文件时首先将数据读入内存缓冲区，装满缓冲区后再将数据一起送到磁盘存储或逐一读入程序进行处理；而非缓冲文件系统通常用来处理二进制文件，运行时由程序设定缓冲区，而不是由系统来自动开辟缓冲区。缓冲文件系统进行文件数据输入输出称为高层磁盘输入输出，非缓冲文件系统进行文件数据输入输出称为低层磁盘输入输出。

ANSI C 标准规定，无论是文本文件还是二进制文件，只采用缓冲文件系统处理文件的输入输出。缓冲文件输入输出工作示意图如图 13-3 所示。

缓冲文件系统自动在内存中为每一个正在使用的文件开辟一个缓冲区，如果需要从内存输出向磁盘写数据，必须先将数据流送入到内存缓冲区，待缓冲区装满后再写入磁盘中；同样，如果要从磁盘向内存读取数据，则首先是把从磁盘读取的数据不断装入缓冲区，缓冲区装满后，再将数据从缓冲区直接读入内存的程序数据区。

非缓冲文件系统的特点是不能自动开辟确定的缓冲区，需要由用户在程序中为每个文件设定缓冲区。实际上，自 1983 年开始，ANSI C 标准就不再采用非缓冲文件系统方式了。因此，非缓冲文件系统使用得相对较少，一般的系统都采用缓冲文件系统。

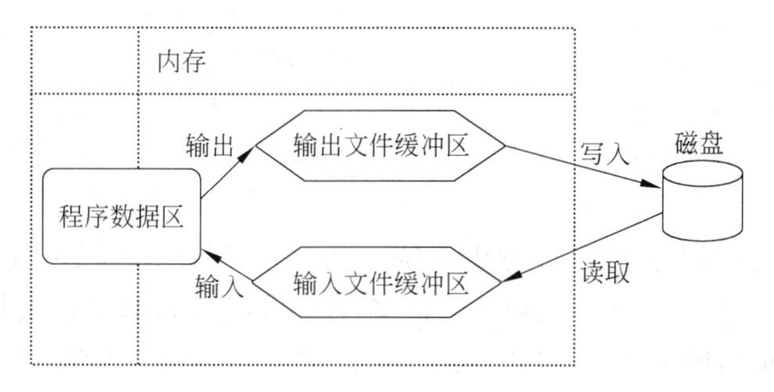

图 13-3　缓冲文件的输入输出

13.2　缓冲型文件的操作与使用

文件的输入和输出是相对计算机内存而言的。输出是将计算机内存中的数据存入磁盘或其他外部设备，又称向磁盘写文件；输入是从磁盘或其他外部设备中将数据读入内存，又称从磁盘读文件。在C语言中没有输入输出语句，对文件的读写都是用函数实现的。数据可以按格式进行输入输出，文件也可以按格式进行输入输出。

13.2.1　缓冲型文件结构类型与文件指针

对于缓冲文件系统，C语言在对文件进行输入输出操作时，由系统为每个正在使用的文件开辟一个缓冲区，用来存放文件的有关信息。C语言提供了一个FILE结构体类型用来保存与缓冲区以及文件操作有关的信息，比如缓冲区的位置、缓冲区大小、缓冲区的空或满的程度、打开文件的名字、文件状态及当前位置等，这些信息均保存在FILE结构体变量中，无论是通常使用的磁盘文件还是其他设备存储文件，都要通过FILE结构体类型的数据集合进行文件数据的输入和输出处理。

在C语言中，FILE结构体类型是由系统定义的，包含在stdio.h头文件中。由系统定义的FILE结构体类型为

```
typedef struct
{
    char  fd;                          /* 文件位置指针 */
    int _mode;                         /* 文件操作模式 */
    short level;                       /* 缓冲区“满”或“空”的程度 */
    int _cleft;                        /* 文件缓冲区剩余字节数 */
    unsigned flags;                    /* 文件状态标志 */
    unsigned char hold;                /* 如无缓冲区就不读取字符 */
    unsigned char * buffer;            /* 数据缓冲区的位置 */
    short bsize;                       /* 缓冲区的大小 */
    unsigned char * curp;              /* 指针当前的指向 */
```

```
    char * nextc;                       /* 用于文件读写的下一个字符位置 */
    unsigned istemp;                    /* 临时文件指示器 */
    short token;                        /* 用于有效性检查 */
}
FILE;
```

FILE 结构体类型在文件打开时由系统自动建立，所以在程序中需要进行文件操作时不必重复定义。但是，对所有需要打开的文件进行操作时，必须通过指向 FILE 结构体类型的指针变量指向操作文件，因此，需要定义 FILE 类型指针变量

```
FILE * p;
```

用以指向操作文件。其中 p 是指向 FILE 结构体类型的指针变量，通过文件指针变量 p 指向相关文件进行读写等相关操作。

当程序中需要定义与 FILE 类型有关的变量或者需要调用文件操作相关的标准库函数时，需要在程序的开头包含 stdio.h 头文件。

```
#include "stdio.h"
```

通过定义 FILE 类型的指针变量，可以指向并打开一个文件、对这个文件进行读写等相关操作，可以说，与文件有关的操作是通过 FILE 类型的文件指针变量指向相关文件后，利用已有的标准库函数完成的。

13.2.2 缓冲型文件的标准库函数

缓冲型文件在程序中的操作和使用通常是利用 C 语言系统提供的标准库函数来实现的。常用的缓冲型文件标准库函数如表 13-1 所示。

表 13-1 常用的缓冲型文件操作函数

分　类	函 数 名	功　能
打开文件	fopen()	打开指定文件待操作
关闭文件	fclose()	关闭打开的文件，释放资源
文件定位	fseek()	查找文件的指向位置
	rewind()	把文件位置指示器定位在文件头
	ftell()	返回文件指针当前位置值
文件读写	fputc(),putc()	向指定文件输出一个字符
	fgetc(),getc()	从指定文件输入一个字符
	fputs(),puts()	向指定文件输出一个字符串
	fgets(),gets()	从指定文件输入一个字符串
	putw()	向指定文件输出一个 int 型机器字

续表

分　类	函 数 名	功　能
文件读写	getw()	从指定文件输入一个 int 型机器字
	fprintf()	按指定格式将数据写到指定文件中
	fscanf()	按指定格式从指定文件中读入数据
	fwrite()	将数据项输出到指定文件中
	fread()	从指定文件读取数据项
文件控制	feof()	至文件 EOF 结尾时函数值为真
	ferror()	文件出错时函数值为真
	clearerr()	使 feof()和 ferror()值置 0
	remove()	删除指定文件

程序中对文件的操作和使用主要是程序数据的输入和输出，应用时，首先要定义指向 FILE 结构体类型的指针变量，然后利用定义的指针变量指向指定的文件，调用函数进行读写等操作。待相关文件操作完成后，通常也会使用这个指针变量指向并关闭指定的文件，释放文件打开时所占用的系统资源。

13.3　文件的打开与关闭

C 语言在对文件进行读写操作之前首先需要打开文件，而在文件操作使用结束后，应该关闭打开的文件，释放系统资源。文件的打开和关闭操作是通过调用标准库函数完成的。

13.3.1　文件打开函数与操作模式

C 语言程序设计中，如果需要对某个文件访问和操作，通常调用标准库函数中的文件打开函数 fopen()来完成。fopen()是 ANSI C 规定的标准输入输出函数库中的函数，在 stdio. h 中说明。fopen()的原型为

```
FILE * fopen(char * filename,const char * mode)
```

fopen()是文件类型指针函数，用于打开由 filename 指定的一个外部文件，使文件与系统文件流(stream)相连，函数调用结束后，返回用于指向系统文件流的指针，即 * fopen()。在 fopen()调用中所使用的操作模式指针 mode 所指向的字符串决定了对打开文件的操作模式与操作结果。

如果文件的打开操作成功，函数将返回指向 FILE 类型的指针，否则函数返回空指针 NULL，这里 NULL 在 stdio. h 文件中已被定义为 0 值。在实际编程应用中，fopen()调

用的一般方式为

```
FILE * fp;
fp=fopen(文件名, "文件读写方式符");
```

其中，定义 fp 为指向待操作文件的指针变量，fopen()中的第一个参数“文件名”是指待打开文件的文件名，该参数可以是字符串、字符数组名或者是指向有效字符串的指针变量；fopen()中的第二个参数代表打开文件的使用方式，即读写方式，表示对打开的文件是进行读还是写操作。文件读写方式及含义如表 13-2 所示。

表 13-2　文件读写方式及作用

文件读写方式符	读写方式	含　义
"r"	只读	以读出方式打开一个文本文件(指定文件必须已存在)
"w"	只写	以写入方式打开一个文本文件
"a"	追加	向文本文件末尾追加数据
"rb"	只读	以读出方式打开一个二进制文件(指定文件必须已存在)
"wb"	只写	以写入方式打开一个二进制文件
"ab"	追加	向二进制文件末尾追加数据
"r+"	可读或写	以读和写方式打开一个文本文件(指定文件必须已存在)
"w+"	可读或写	以读和写方式打开一个文本文件
"a+"	可读或写	以追加数据方式打开一个文本文件
"rb+"	可读或写	以读和写方式打开一个二进制文件(指定文件必须已存在)
"wb+"	可读或写	以读和写方式打开一个二进制文件
"ab+"	可读或写	以追加数据方式打开一个二进制文件

文件存取方式参数说明如下：

- "r"：为只读方式，对应的文件名必须是已经存在的文件，否则 fopen()出错。对于以只读方式"r"打开的文件，只能从该文本文件中读取数据，而不能向该文本文件写入数据。如果指定文件打开成功，fopen()将返回指向该文件的指针，该指针指向该文件在内存中的 FILE 结构体类型存储单元，此时文件指针将指向文本文件的起始位置；如果该文件不存在，则 fopen()返回空指针值 NULL。
- "w"：为只写方式，对于以"w"打开的指定文本文件，只能向文件中写数据，而不能从该文件中读取数据。如果文件不存在，则创建一个以指定文件名命名的新文件，这时 fopen()返回该文件的指针值；如果原来已经存在同名文件，则 fopen()打开该文件并将文件中的数据删除，然后返回指向该文件的指针，文件指针将指向文件的起始位置。
- "a"：为追加数据方式，以"a"打开一个文本文件是在文件末尾添加数据。如果指定文件不存在，则创建一个新文件，fopen()返回该文件的指针；如果指定文件已经存在，打开该文件后，fopen()返回打开文件的指针，文件指针将指向文件的结尾位置。
- "r+"、"w+"和"a+"：与文本文件读写方式"r"，"w"和"a"对应，既可以从文件中读取数据，也可以向文件中写入数据。其使用规则与"r"、"w"以及"a"的存取方式相类似。若使用"r+"方式,则该文件需已经存在;若使用"w+"方式,要是文件存在就先删除其中内容,否则就创建一个新文件;如果以"a+"方式打开或创建新文件,既可以在文件的末尾添加数据,也可以从文件头至文件尾读取文件中的数据。注意,使用"r+"和"w+"打开的文件,文件指针将指向文件的起始位置;使用"a+"方式打开的文件,文件指针将指向文件的结尾位置。

- "rb"、"wb"和"ab":与文本文件读写方式"r"、"w"和"a"对应,适用于二进制文件操作。
- "rb+"、"wb+"和"ab+":与文本文件方式"r+"、"w+"和"a+"对应,适用于二进制文件操作。

当文件以文本方式打开后,如果计算机从磁盘文件读取数据,文件中回车换行符将转换为换行符;如果计算机内存是向磁盘文件写入数据,则换行符转换为回车和换行两个字符。当文件以二进制方式打开后,计算机内存和磁盘文件之间的数据交换就不必进行任何转换。

如果 fopen()是为"读"或"追加"数据操作打开一个指定文件,而要打开的文件不存在,这时 fopen()就不能返回有效的文件指针,将返回空指针值 NULL。如果 fopen()是为"写"打开文件,则已存在的文件将会被重写,以新内容覆盖原有的内容;若文件不存在,将创建一个新文件并写入数据,此时若磁盘空间已满,无法写入,fopen()将返回空指针值 NULL。为了在打开文件的操作中使程序提示系统错误,可以增加判断与提示命令语句,一般在调用 fopen()打开一个文件时,先要判断返回的指针是否为空,以判断文件打开的操作是否成功,即只有当 fopen()返回值为非空文件指针值时,才能对文件进行相关读、写或追加等操作。例如:

```
FILE * fp;                                  /* 定义一个指向打开文件的 fp 文件指针 */
If ((fp=fopen("datafile","r"))==NULL /* 判断文件打开操作是否失败 */
{
    puts("Cannot open the file");        /* 提示信息 */
    exit(0);                              /* 关闭所有文件并终止正在执行的程序 */
}
```

该程序段表示定义一个文件指针 fp,以"只读"方式打开 datafile 文本文件进行操作。调用 fopen()时,系统会在内存里为打开的文件 datafile 开辟一个 FILE 结构体类型的存储单元,将 datafile 文件的基本信息数据存入指定存储单元,然后再将该存储单元的起始地址返回并赋给指针变量 fp,文件打开成功之后,对文件进行的所有操作都是使用 fp 指针实现的。

C 文件系统在程序刚开始运行时会自动打开通常与键盘或显示器终端相联系的标准输入、标准输出和标准错误输出 3 个标准文件,与之对应自动定义了 stdin、stdout 和 stderr 3 个指针分别指向这 3 个系统流式文件。

实际上,通常从键盘输入数据以及向显示器输出数据,就是对标准输入文件和标准输出文件进行操作。如果程序中需要输入数据,就是把键盘输入的数据放入 stdin 指向的系统流式文件输入到内存;如果程序中需要输出数据,就是把 stdout 指向的文件数据输出到显示器屏幕上显示出来。

例 13-1 编写程序，利用系统流式文件输入与输出键盘字符，并统计从键盘输入数据字符的个数。

程序源代码：

```
/*L13_1.C*/
#include<stdio.h>
main()
{
    int x=0;char ch;
    while((ch=getchar())!=EOF)          /*EOF为系统流式文件结束符*/
    {
        putchar(ch);                    /*单个字符输出函数*/
        if(ch!='\n')
          x++;
    }
    printf("You input %d characters!\n",x);
}
```

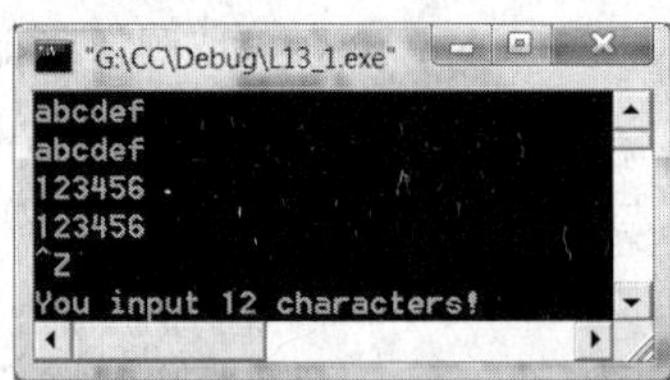

图 13-4 系统流式文件控制字符输入与输出

程序运行后的输入与输出结果如图 13-4 所示。

输入计算机系统的字符放在 stdin 指向的系统流式输入文件上，读入内存缓冲区，此时屏幕暂无输出。当需要数据输出而回车时，通过调用 putchar()函数将内存缓冲区中的数据放到 stdout 指向的系统流式输出文件上，输出到显示器屏幕上显示出来。按 Ctrl+Z 组合键结束循环操作，最后执行 printf("You input %d characters! \n",x)语句，输出键盘输入字符的个数。

对于系统流式文件，可以通过文件相关函数操作命令来调用与执行。

例 13-2 编写程序，将系统配置文件 CONFIG. SYS 做备份，生成内容与格式完全一样的备份文件 CONFIG. BAK。

程序源代码：

```
/*L13_2.C*/
#include <stdio.h>
main()
{
    FILE *in,*out;
    if ((in=fopen("CONFIG.SYS ", "r"))==NULL)     /*打开CONFIG.SYS文件*/
    {
        fprintf(stderr, "Cannot open input file.\n");
        return 1;                                  /*结束程序*/
    }
    if ((out=fopen("CONFIG.BAK", "w+"))==NULL)    /*打开CONFIG.BAK文件*/
    {
```

```
        fprintf(stderr, "Cannot open output file.\n");
        return 1;                                       /* 结束程序 */
    }
    while (!feof(in))           /* 不指向 CONFIG.SYS 文件尾不结束 */
        fputc(fgetc(in), out); /* 读入 CONFIG.SYS 内容,输出到 CONFIG.BAK 备份文件 */
    fclose(in);                 /* 关闭 CONFIG.SYS 文件 */
    fclose(out);                /* 关闭 CONFIG.BAK 文件 */
    return 0;                   /* 结束程序 */
}
```

本例程序用于创建与 CONFIG. SYS 系统文件内容和格式完全一样的,名为 CONFIG. BAK 的备份文件。首先定义两个指针 in 和 out,分别指向这两个文件,先打开 CONFIG. SYS 文件,如果找不到,则从 stderr 标准错误信息流式文件输出

```
Cannot open input file.
```

表示没有成功打开 CONFIG. SYS 文件,指针没有指向有效打开的已存在文件,结束程序。如果没有该项错误信息提示,则表示打开成功,文件指针 in 指向 CONFIG. SYS 系统文件。接着打开 CONFIG. BAK 文件,如果找不到则创建,如果创建也不能成功,则从 stderr 标准错误信息流式文件输出

```
Cannot open output file.
```

表示没有成功打开或创建 CONFIG. BAK 文件,指针没有指向有效文件,结束程序。如果没有该项错误信息提示,则表示打开或创建成功,文件指针 out 指向 CONFIG. BAK 文件。

利用至文件尾测试函数 feof(in)控制循环调用 fputc(fgetc(in), out),进行 CONFIG. SYS 和 CONFIG. BAK 文件之间数据的读写操作,直到读至 CONFIG. SYS 文件尾结束。

13.3.2 文件关闭函数的使用

当打开的数据文件使用完成后,应当将其关闭,这是因为 C 语言文件系统为缓冲型文件系统设置了内存缓冲区工作机制。在向打开的文件写数据时,先是将数据读入到缓冲区,待缓冲区读写满后,才将数据一起写入磁盘文件。假设打开的文件使用完之后没有关闭,而此时文件缓冲区也未写满,系统就不会把缓冲区中的数据有效输出,这时若恰好结束了程序运行,那么缓冲区中的数据就会丢失。

所谓文件的"关闭"就是有效释放缓冲区,使文件的指针变量不再指向该文件。C 语言系统使用文件关闭函数 fclose()来关闭一个打开的文件,函数原型为

```
int fclose (FILE * stream);
```

其中的 * stream 是指向被关闭文件的指针变量。如果函数调用成功,将返回 0 值,否则返回 EOF(文件尾)。

通常情况下，执行 fclose()时，所有与打开文件相关的缓冲区内容在关闭前都会被清除，文件关闭后，系统分配给该文件的缓冲区被释放。但程序中若使用函数缓冲区设置函数 setbuf()设置缓冲区时，则不能被 fclose()自动释放，只有用 setvbuf()为缓冲区指针传递 NULL 值时，其内存缓冲区才会被释放。

例 13-3 编写程序，将初始化定义的数组在内存缓冲区中的数据写入到一个打开的文件中，操作完成后关闭该文件。

程序源代码：

```
/*L13_3.C*/
#include<string.h>
#include<stdio.h>
int main(void)
{
    FILE *fp;
    char chr[15]="abcdefghijklmn";          /*定义并初始化数组*/
    fp=fopen("MYFILE.txt", "w");            /*创建一个包含 14 个字节的文件*/
    fwrite(&chr, strlen(chr), 1, fp);       /*将数组缓冲区数据写入指定文件*/
    fclose(fp);                             /*关闭文件*/
}
```

本例程序将初始化定义的 chr[]数组数据"abcdefghijklmn"共 14 个字节的字符内容，用写文件函数 fwrite()写入新创建并打开的 myfile.txt 文件中，操作完成后使用 fclose()关闭 *fp 指向的 myfile.txt 文件。

fclose()在关闭文件时，会将缓冲区中没有写入磁盘文件的数据先写入到磁盘文件中，然后再释放文件指针变量指向的文件资源，将文件打开时占据的内存区域释放并归还操作系统。

13.4 文件中数据的读写操作

无论是创建新文件还是对已有文件进行数据读写，都需要打开文件，将文件信息读入内存缓冲区进行操作。文件打开成功后，可以使用 C 语言提供的各种文件数据读写函数，对文件中的数据进行字符数据、数值数据、格式以及字符串的读或写等相关操作。

13.4.1 文件中字符数据的读写操作

文件中字符数据的读函数为 fgetc()，写函数为 fputc()。fgetc()可以从指定的文件中读入一个 ASCII 字符，fputc()则是把一个 ASCII 字符写入到指定的磁盘文件中。

1. fgetc()

fgetc()的功能是从指定文件中读入一个字符，其原型为

```
char fgetc(FILE * stream);
```

fgetc()为字符类型，其中 * stream 为文件指针变量，在调用 fgetc()时，指向待读取操作的磁盘文件。调用 fgetc()的一般形式为

```
ch=fgetc(fp);
```

其中，fp 为文件类型指针变量，所指向的文件必须是以只读或读写方式打开的磁盘文件；ch 是一个字符型变量。fgetc(fp)调用是从 fp 指向的文件读取一个字符，并将返回值结果赋给字符变量 ch。

如果读取操作成功，函数的返回值就是读取的字符；如果读取失败，则在读字符时遇到文件结束标志 EOF，fgetc()将返回文件结束标志 EOF，值为－1。例如，需要从 fp 文件指针变量指向的一个磁盘文件中顺序读取字符并显示在屏幕上，程序算法可表示为

```
…
char ch;
ch=fgetc(f1);                    /* 从文件 f1 读取字符赋给 ch */
while(ch!=EOF)                   /* 文件不结束继续循环 */
{
    putchar(ch);                 /* 将读取的字符输出到终端 */
    ch=fgetc(f1);                /* 读取字符赋给 ch */
}
…
```

使用符号常量 EOF 来判断一个文本文件是否结束，是因为字符的 ASCII 码值不可能是－1。如果函数返回－1，表明读入内存不是一个正常的字符，而是文件结束标记。但对于二进制文件来说，文件存储的数据为二进制数，由于符号位数据有可能是－1，这样读取字节时采用 EOF 为－1 值来判断文件是否结束就会出现歧义问题。因此，ANSI C 提供了专用于判断文件是否结束的 feof()进行判断，其调用的一般形式为

```
feof(fp);
```

其中，fp 为指向文件的指针变量。当指向文件当前位置的 fp 指针指向的是文件结尾时，函数 feof()返回值为 1，否则函数 feof()返回 0。使用 feof()，可以有效判断一个二进制文件或文本文件内容的当前位置是否为文件结尾。

例 13-4 编写程序，将初始化定义的数组数据写入到一个文件中，然后再从该文件中读取写入的字符数据，并输出到屏幕上。

程序源代码：

```
/* L13_4.C */
#include <string.h>
#include <stdio.h>
main()
{
    FILE * fp;
```

```
    char str[]="This is a test program for the fgetc().";
    char ch;
    fp=fopen("MYF.TXT","w+");
    fwrite(str,strlen(str),1,fp);          /* 向文件中写入数组字符串 */
    fseek(fp,0,SEEK_SET);                  /* 从文件起始点逐字符移动指针 */
    do
    {
        ch=fgetc(fp);                      /* 从文件中读入一个字符后指针后移 */
        putchar(ch);                       /* 输出到屏幕上 */
    }
    while(ch!=EOF);                        /* 或 while(!feof(fp)); */
    fclose(fp);
}
```

程序运行结果如图 13-5 所示。

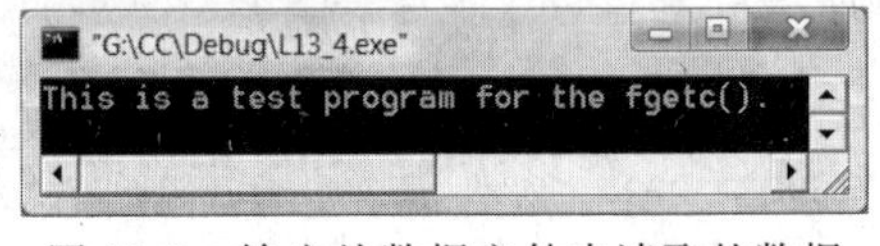

图 13-5 输出从数据文件中读取的数据

fgetc()以逐字方式读取磁盘文件字符数据，函数执行时，将文件 MYF.TXT 中的字符逐个读入内存，调用成功时带回读取的字符，调用失败时则返回文件结束标志 EOF，即−1 值。

2. fputc()

fputc()的功能是向指令文件中逐个输出字符数据，即把内存中的字符数据逐一写入到指定的磁盘文件中。fputc()的原型为：

```
char fputc(char c,FILE * stream);
```

函数如果调用成功，将返回字符 c，否则返回文件结束标志 EOF。函数 fputc()调用的一般形式为

```
fputc(ch,fp);
```

其中，ch 是要输出的字符，可以是一个字符型常量，也可以是字符形变量；fp 是文件指针变量，用于指向要写入字符的文件。fputc()的作用是将 ch 代表的字符输出到 fp 所指向的文件中。该函数调用时，fp 必须指向以只写或读写方式打开的文件，如果调用成功，函数的返回值就是输出写入文件的字符值；如果调用时写文件操作失败，则返回文件结束标志 EOF 值(−1)。

实际上，前面介绍过的 putchar()是由 fputc()衍生出来的字符输出函数，putchar(c)在 stdio.h 头文件中的宏定义为

```
#define putchar(c) fputc(c,stdout)
```

当调用 putchar(c)时，实际上调用的是 fputc()，将 putchar(c)中的实际参数 c，即要输出的字符 c 传递给 fputc()；参数 stdout 代表标准输出流式文件，这样，调用 putchar(c)的作用是将字符 c 通过 stdout 标准输出流式文件输出到终端输出设备，如屏幕显示器上。

例 13-5 编写程序，通过 stdout 系统标准输出流式文件，将初始化定义的数组数据输出到显示器屏幕上显示出来。

程序源代码：

```
/*L13_5.C*/
#include <stdio.h>
main()
{
    char msg[]="To study C program language!\n";
    int i=0;
    while (msg[i])
    {
        fputc(msg[i], stdout);
        i++;
    }
}
```

```
To study C program language!
```

图 13-6　输出流式文件数据

程序运行结果如图 13-6 所示。

例 13-6 编写程序，从键盘输入文件名，创建并打开一个文件，输入字符数据后保存到这个磁盘文件中，键盘数据输入至“^”字符为止，关闭该文件。然后，重新输入该文件名将其打开，将文件内容读出并输出到屏幕显示器上。

程序源代码：

```
/*L13_6.C*/
#include "stdio.h"
main()
{
    FILE *fp;                              /*定义文件类型指针 f1*/
    char ch,fname[20];
    printf("Input file name for read in=");
    scanf("%s",fname);                     /*输入文件名*/
    if((fp=fopen(fname,"w"))==NULL)        /*如果文件打开失败则退出程序*/
    {
        printf("cannot open this file!");
        exit(0);                           /*退出程序*/
    }
    ch=getchar();                          /*输入文件名时的回车符*/
    ch=getchar();                          /*第一个有效字符*/
    while(ch!='^')                         /*不是'^'字符则继续循环*/
    {
        fputc(ch,fp);                      /*将获取的字符写入 fp 指向的文件*/
        ch=getchar();                      /*读入键盘字符*/
    }
    fclose(fp);                            /*关闭文件*/
```

```
    printf("Input the file name for write out=");
    scanf("%s", fname);                         /* 输入文件名 */
    if((fp=fopen(fname,"r"))==NULL)             /* 如果文件打开失败,输出信息后退出程序 */
    {
        printf("cannot open this file!");
        exit(0);
    }
    ch=fgetc(fp);                               /* 从文件中读取一个字符 */
    while(!feof(fp))                            /* 若文件未结束 */
    {
        putchar(ch);                            /* 将字符输送到终端 */
        ch=fgetc(fp);                           /* 继续读取字符 */
    }
    fclose(fp);                                 /* 关闭文件 */
}
```

程序运行结果如图 13-7 所示。

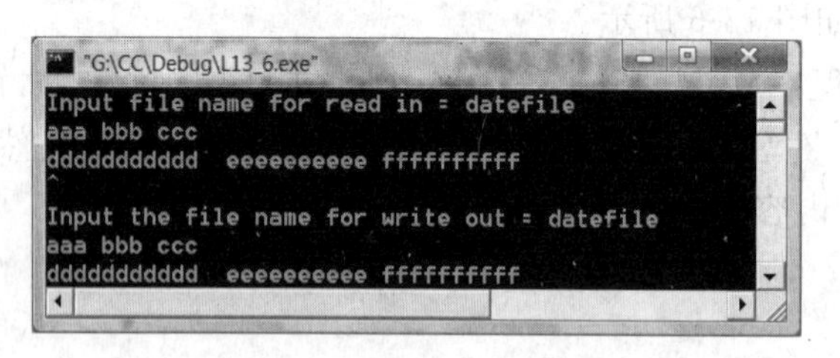

图 13-7　创建数据文件后再输出该文件内容

本例输入文件名 datefile 创建文件,输入字符数据。关闭后重新输入 datefile 文件名打开文件,读取文件中的数据,输出显示到屏幕上。

13.4.2　文件中字符串数据的读写操作

使用 fgets()和 fputs()可以处理文件中的字符串数据,完成文件字符串的读和写操作。其中 fgets()是从指定的文件中读取一个字符串,fputs()是向指定的文件中写入一个字符串。

1. fgets()

fgets()的功能是从打开的文件中按字符串方式读取数据,函数原型为

```
char *fgets(char *s,int n,FILE *stream);
```

字符串读取函数 fgets()调用时,如果打开调用成功,将返回指向字符串的地址指针 s 值;如果遇到文件结束符 EOF 或访问出错,将返回−1 值。fgets()调用的一般形式为

```
fgets(sp,n,fp);
```

其中，参数 sp 是指向内存中存储字符串的地址指针，调用时可以是字符数组名，也可以是指向内存的字符型指针变量；参数 n 为整型数据，表示要从文件中读取 n－1 个字符构成字符串存入 sp 指向的内存空间，存入该内存的第 n 个字符为字符串结束标志'\0'；参数 fp 是指针变量，指向需要读取字符串的文件。

例如，定义一个字符数组 ch[20]，打开一个指定的数据文件，从文件中读取一个包含 10 个字符的字符串，函数调用可表示为

```
fgets(ch,11,fp);
```

函数调用结果是从 fp 指向的文件中读取包含 10 个字符的字符串，并将该字符串与'\0'字符串结束标志一起存入 ch[]数组。

例 13-7 编写程序，初始化定义一个数组，将数组数据写入一个文件，然后从文件中读取后，将文件内容输出到显示器屏幕上。

程序源代码：

```
/*L13_7.C*/
#include <string.h>
#include <stdio.h>
main()
{
    FILE *fp;
    char string[]="A string test program!";
    char msg[20];
    fp=fopen("MYF.1", "w+");
    fwrite(string, strlen(string),1,fp);     /*向文件中写入字符串*/
    fseek(fp, 0, SEEK_SET);                  /*从文件起始位置移动指针*/
    fgets(msg, strlen(string)+1, fp);        /*从文件中读取以'\0'结尾的字符串*/
    printf("%s\n", msg);                     /*输出字符串*/
    fclose(fp);
}
```

程序运行结果如图 13-8 所示。

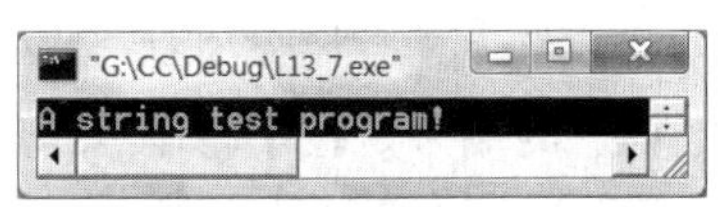

图 13-8　字符串数据写入文件并输出

本例程序执行时，将字符串数据写入新创建的文件，然后用 fgets()读取字符串，以%s 输出从文件中读取的以'\0'结尾的字符串。

使用 fgets()读取字符串后，文件的位置指针将后移 n－1 个字节。如果在读完 n－1 个字符之前遇到了换行符或者 EOF，则结束读取操作。函数调用成功后将返回 sp 指向的字符串的起始地址作为函数值。

2. fputs()

fputs()的功能是向指定的磁盘文件或输出流式文件写入一个字符串。fputs()原型的一般格式为

```
fputs(const char * s,FILE * stream);
```

其中,s 为字符类型指针,可用于指向字符串,s 可以是字符串常量、数组名或指向字符串的指针变量,也可以是返回字符串的函数调用;stream 为文件类型指针,指向输出字符串的文件。

例 13-8 编写程序,利用 fputs()将字符串常量输出到 stdout 系统标准输出流式文件上,显示在显示器屏幕上。

程序源代码:

```
/* L13_8.C */
#include <stdio.h>
main()
    {fputs("Welcome to study C program language!\n",stdout);}
```

该程序向 stdout 系统标准输出流式文件输出了一个字符串,显示在显示器屏幕上,程序运行结果如图 13-9 所示。

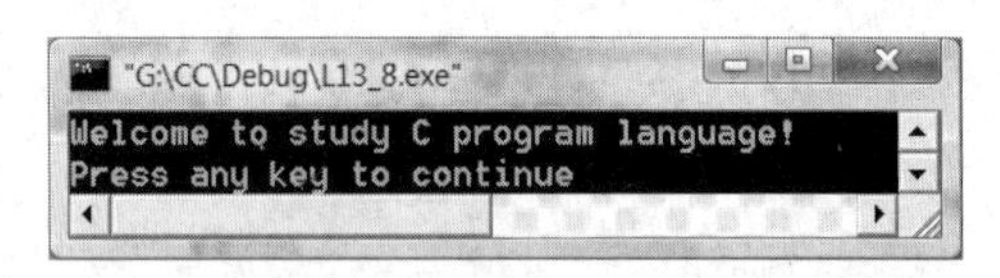

图 13-9 输出到系统标准流式文件的字符串

fputs()执行复制的过程中不复制字符串结束符,也不附加换行符。fputs()调用的一般形式为

```
fputs(str,fp);
```

其中,str 为待输入的字符串,fp 为指向要输入输出字符串的文件的指针。fputs()如果调用成功,返回 0 值,否则返回文件结束标志 EOF。fputs()输出字符串时,字符串末尾的字符串结束标记'\0'不输出。例如:

```
fputs("C Programming!",fp);
```

函数调用的结果是把字符串"C Programming!"输出到 fp 所指向的文件中。

例 13-9 编写程序,创建一个文本文件 file1.txt,分别输入两行字符串,然后从该文件中顺序读取字符串,分 3 行读出并显示到屏幕上。

程序源代码:

```
/* L13_9.C */
#include "stdio.h"
main()
{
    char str1[30],str2[30],str3[30],ch[30]="The Summer Palace is";
    FILE * fp, * fin;
    fp=fopen("file1.txt","w");      /* 创建文件 file1.txt */
    if(fp!=NULL)
```

```
    {
        fputs(ch,fp);      /*将字符数组中的字符串写入 fp 指向的 file1.txt 文件*/
        fputs("\nOK!",fp);     /*再将换行符'\n'和"OK!"字符串写入同一文件*/
        fclose(fp);            /*关闭 fp 指向的 file1.txt 文件*/
        if((fin=fopen("file1.txt","r"))==NULL)
        {
            printf("file cannot open!");
            exit(0);
        }
        fgets(str1,5,fin);     /*从 fin 指向的文件中读取前 5 个字符赋给 str1[]*/
        printf("%s",str1);     /*显示输出 str1[]*/
        fgets(str2,16,fin);    /*再从同一文件中读取后面的 16 个字符赋给 str2[]*/
        printf("\n%s",str2);   /*换行显示输出 str2[]*/
        fgets(str3,6,fin);     /*再读取余下的 6 个字符赋给 str3[]*/
        printf("\n%s\n",str3);/*换行输出 str3[]*/
        fclose(fin);           /*关闭 fin 指向的文件*/
    }
}
```

创建的 file1.txt 文本文件有两行字符串数据，文件内容如图 13-10 所示。

程序运行结果如图 13-11 所示。

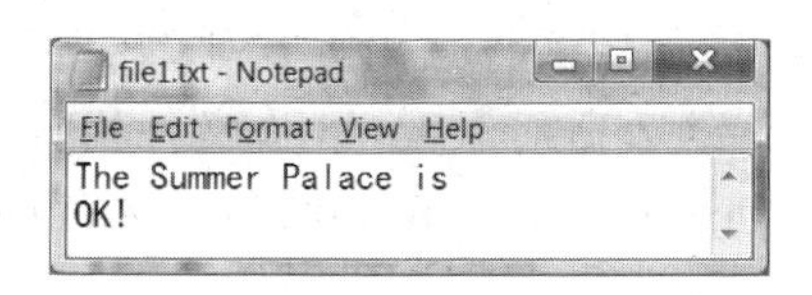

图 13-10　创建的 file1.txt 文件内容

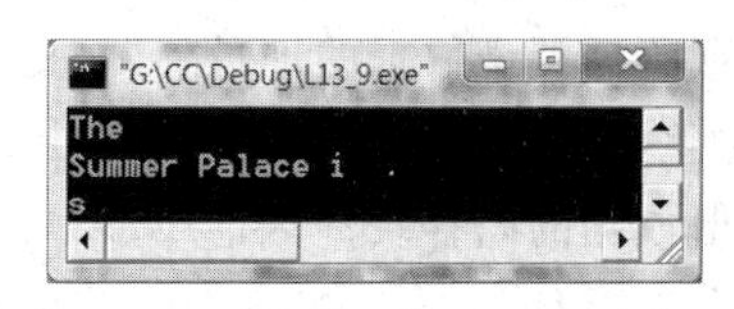

图 13-11　顺序读取字符串分行显示

本例程序创建了一个 file1.txt 文本文件。由于 fputs()不能自行将字符串结束标记'\0'写入文件，也不能向文本文件自动写入'\n'换行操作符，因此，如果需要保存分行存储格式的字符串文本文件时，只能通过单独的操作加入'\n'换行符。源程序中首先向 file1.txt 文件写入 ch[]字符数组初始化时的字符串，再次写入字符串是将'\n'换行符和"OK!"字符串写入同一文件。使用 fgets()读取文件数据时，首先读取指定的前 3 个字符"The"，选择参数 5 是由于连同空格在内，加上字符串结尾的结束标志符'\0'，实际上从文件中读取的是 5 个字符，输出结果为"The"，接着依顺序读取指定的 16 个字符，只读到字符'i'，最后读取剩余的字符串赋给 str3[]。但由于读完字符's'后，遇到换行符'\n'，因此结束读取，输出数据无"OK!"字符串。

13.4.3　文件中数值数据的读写操作

文件中数值数据的读写操作使用 C 语言提供的 fread()和 fwrite()，可用来实现整型数、浮点类型实数、结构体变量值等数值数据的输入与输出。fread()的作用是从文件读取一组数据，fwrite()的作用是向文件写入一组数据。

1. fread()

调用 fread()可以从当前打开的文件中读取一组数值型数据。fread()调用的一般形式为

```
fread(buffer,size,count,fp);
```

其中,buffer 是地址指针,指向一组用来存放将要从文件读入的数据的内存空间存储单元,可以是指向任意数据类型数据的地址;size 是一个整型数据,表示从文件读取数据项的字节数;count 是整型数值,表示将从文件读入的大小为 size 字节的数据的个数;fp 为文件指针,指向待读取数据的文件。fread()调用成功将返回 count 值。fread()执行后,文件的当前指针自动后移 count×size 个字节位置。

2. fwrite()

调用 fwrite()可以向当前打开的文件中写入一组数值型数据。fwrite()调用的一般形式为

```
fwrite(buffer,size,count,fp);
```

其中,buffer 是地址指针,指向存放向文件输出数据的内存缓冲区存储单元,根据定义可指向任意数据类型数据的地址;size 是一个整型数据,表示向文件输出数据项的字节数;count 是整型数值,表示将向文件输出大小为 size 字节的数据的个数;fp 为文件指针,指向待输出数据的内存缓冲区。fwrite()调用成功将返回 count 值。函数执行后,文件的当前指针自动后移 count×size 个字节位置。

例如,将浮点型数据的数组 a[10]数据写入 fp 指向的文件中,用 fwrite()可一次写入一个实数,命令语句形式为

```
fwrite(a,sizeof(float),10,fp);
```

函数中第 1 个参数 a 为数组名,第 2 个参数 sizeof(float)表示写入文件数值类型长度的字节数,比如浮点类型数据所占内存字节为 4B,fwrite()调用时将以 4B 为一个浮点数据值写入文件;第 3 个参数 10 表示写入文件浮点数据的个数为 10 个;第 4 个参数 fp 为指向写入数据文件的指针。函数 fwrite()如果成功执行,则返回整型值 10,表示写入了 10 个数。

如果要将文件中的数值数据读出,例如,将读取的指定文件数据赋值给一个浮点型一维数组 b[10],则可以使用 fread(),调用形式为

```
fread(b,4,10,fp);
```

由于 fread()和 fwrite()这两个函数是按数据类型长度和数据值的个数来整体处理输入和输出的,因此,当存取数值数据为浮点类型、整型、数组和结构体等数据时,使用 fread()和 fwrite()这两个函数实现较为方便。

例 13-10 编写程序,将已赋值的浮点型数组元素数据保存到文件里,然后从该文件

中读取数据显示到屏幕上。

程序源代码：

```
/*L13_10.C*/
#include "stdio.h"
main()
{
    FILE *fp;
    int i;
    float b[3], a[3]={1.12345678,2.12345678,3.123123123};
    if((fp=fopen("data.txt","wb"))==NULL)
    {
        printf("this file cannot open!\n");
        exit(0);
    }
    fwrite(a,sizeof(float),3,fp);            /*将数组元素按浮点型字节数写入文件*/
    fclose(fp);
    if((fp=fopen("data.txt","rb"))==NULL)
    {
        printf("this file cannot open!\n");
        exit(0);
    }
    for(i=0;i<3;i++)
    {
        fread(&b[i],sizeof(float),1,fp);     /*从文件中读取数据赋给数组元素*/
        printf("b[%d]=%10.6f\n",i,b[i]);     /*输出数组元素值*/
    }
    fclose(fp);
}
```

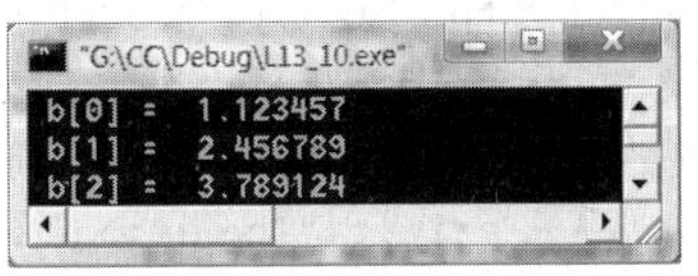

图 13-12　文件中数值数据的读写操作

程序运行结果如图 13-12 所示。

本例程序调用 fwrite()，将数组 a[3]中的元素值写入创建的文件 data. txt 中，关闭文件后再打开，使用循环控制结构调用 fread()，分别读出 data. txt 文件中的数据，赋给数组 b[i]的对应元素，同时输出数组 b[i]的元素值。

由于二进制文件在存取数据时不需要像 ASCII 文件那样在输入输出时进行 ASCII 码字符转换，因此字符数据转换时不会出现按数据存储单元长度来取数据而可能会产生的与原数据不符的现象，所以 fwrite()和 fread()通常用于二进制文件数值数据的输入和输出。

13.4.4　文件中数据的格式化读写操作

文件中的数据如果需要以格式化形式进行读写，可以使用 fprintf()和 fscanf()实现。

fprintf()用于将数据格式化写入文件，fscanf()用于将格式化数据读入内存缓冲区。

1. fprintf()

fprintf()的格式输出功能与 printf()类似，不同的是 fprintf()的输出对象不是显示屏幕而是磁盘文件。fprintf()原型的一般格式为

```
fprintf(FILE * stream,const char * format,输出表列);
```

fprintf()调用时，用 format 指针指向的格式串所包含的格式控制符对应输出表列参数，将格式化数据输出到流式文件或磁盘文件中。其中格式控制说明符的个数与代表的数据类型必须与参数表列运算对象的个数与数据类型相同。fprintf()如果调用成功，将会返回输出数据的字节数，否则返回文件结束标志 EOF。

例 13-11 编写程序，将初始化定义的数据写入一个文件，显示文件中写入数据的存放形式。

程序源代码：

```
/*L13_11.C*/
#include <stdio.h>
main()
{
    FILE * fp;
    char c='R';
    int i=1024;
    float f=3.14159;
    fp=fopen("DATAFILE.txt", "w+");
    fprintf(fp, "%c %d %f\n", c,i,f);          /*输出到 DATAFILE.txt 文件中*/
    fprintf(fp, "%c %d %f\n", c+1,i+1,f);
    fclose(fp);
    printf("The first  is %c %d %f\n", c,i,f);          /*输出到显示屏幕上*/
    printf("The second is %c %d %f\n", c+1,i+1,f);
}
```

程序执行时，调用 fprintf()创建 DATAFILE.txt 文件，并以格式化方式分两次写入一组数据。程序执行后，可以打开 DATAFILE.txt 数据文件，其中调用 fprintf()时写入该文件中的数据如图 13-13 所示。

程序执行后，使用 printf()以同样格式化方式在屏幕上显示该组数据，如图 13-14 所示。

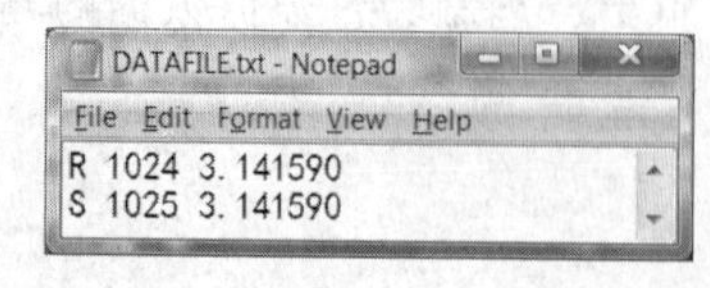

图 13-13 使用 fprintf()格式化写入文件中的数据

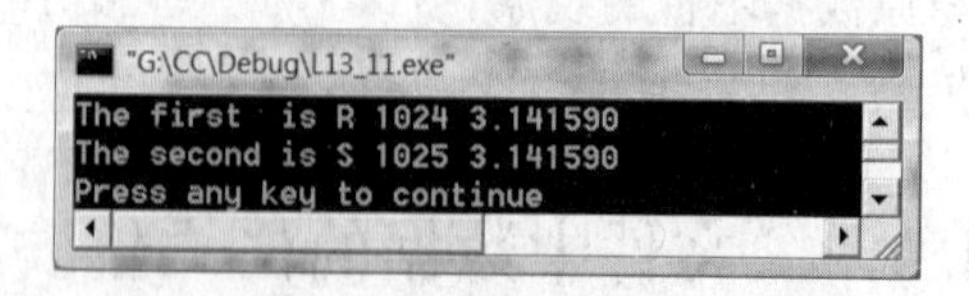

图 13-14 使用 printf()格式化显示数据

2. fscanf()

fscanf()的格式输入功能与 scanf()类似，不同的是 scanf()的输入对象不是键盘而是磁盘文件。fscanf()原型的一般格式为

```
fscanf(FILE * stream,const char * format [地址列表]);
```

fscanf()根据格式控制说明符从文件中扫描输入数据字段，格式控制说明符以 format 指针指向的格式传递给 fscanf()，将格式化输入的数据赋予参数地址列表对应的变量，其中格式控制说明符和地址的个数与数据类型必须与输入字段的个数和数据类型一一对应。fscanf()如果调用成功，会返回从文件中读取的输入数据字段的个数，返回值不包括没有被存储的数据字段。如果文件中没有数据，函数将返回 0 值；如果有数据或遇到文件结束终止符，则返回文件结束标志 EOF。

例 13-12 编写程序，使用 fscanf()将键盘输入的数据写入 stdin 输入流式文件，输入不同格式的数据，显示文件中写入数据的操作结果。

程序源代码：

```
/* L13_12.C */
#include<stdlib.h>
#include<stdio.h>
main()
{
    int i;
    printf("Input an integer number: ");
    if (fscanf(stdin, "%d", &i))                    /* 读入一个整型数据 */
        printf("\The integer read was: %i\n", i);
    else
    {
        fprintf(stderr, "Error reading an integer from stdin.\n");
        exit(1);
    }
}
```

程序执行时，输入整型数据，执行结果如图 13-15 所示。

程序执行时，输入字符型数据，由于和格式控制说明符不符，因此显示错误信息提示，如图 13-16 所示。

图 13-15 以正确格式输入数据的显示结果

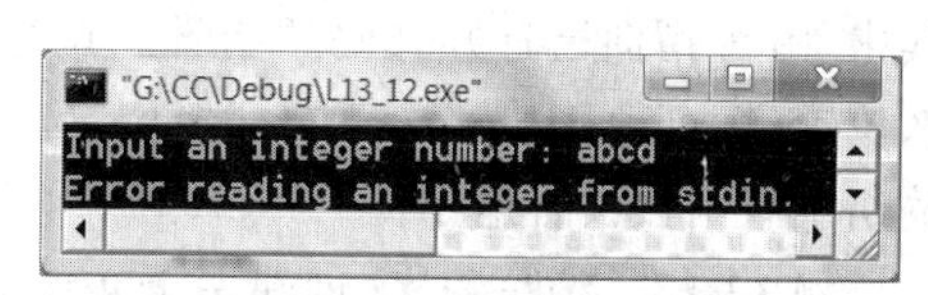

图 13-16 格式输入数据不正确

13.5 文件位置指针的定位

如果需要在文件的任意位置进行数据的读写操作，则使用 rewind()、fseek()定位函数将文件位置指针(简称文件指针)指向文件中指定的位置，使用 ftell()测试位置指针的当前位置。

13.5.1 文件指针的定位操作

文件操作时首先需要打开文件，文件打开时，通过文件内部的位置指针对文件中的数据进行读写操作。因此，对一个打开的数据文件无论做何种数据操作，都需要将指针指向文件中当前读写位置。

文件指针是一个整型值，可以指向文件的任意字节位置，文件打开后的读写操作就从文件指针所指向的位置开始，通常情况下指向文件的指针在文件打开时是指向文件的起始部分。

对于顺序读写文件，每读写完成一个字符，文件指针自动指向下一个字符，如果每次读写 n 个字符，文件指针就将自动指向 n 个字节后的字节位置；而对于以只读方式打开的文件，文件指针指向文件的开始位置；而以追加方式打开的文件，文件指针则指向文件的结尾位置。了解了这些文件操作的使用特性，才能对文件进行有效的管理与操作。

13.5.2 文件指针复位函数

文件操作过程中，文件指针根据需要移动位置，如果需要将指针复位，即回到文件头起始位置，则使用复位函数 rewind()。

rewind()的功能是使文件指针重新定位在文件的起始位置。rewind()原型的一般形式为

```
rewind(FILE * stream);
```

其调用形式为

```
rewind(fp);
```

其中，fp 为指向已打开文件的指针。调用 rewind()后，无论文件指针原来指向文件的什么位置，将自动移动到文件的开始位置。对于打开的新文件的操作可以是输入，也可以是输出。该函数没有返回值。

例 13-13 编写程序，创建一个文件并写入数据，使用 rewind()定位文件指针，读取数据，显示读写数据的操作结果。

程序源代码：

```
/*L13_13.C*/
#include <stdio.h>
main()
{
    FILE *fp;
    char *fname="file.txt", put[20], first;
    fp=fopen(fname,"w+");
    fprintf(fp,"Welcome to China!");
    rewind(fp);                         /*文件指针复位至文件头*/
    fscanf(fp,"%c",&first);             /*读取文件中第一个字符,赋予 first 变量*/
    printf("The first character is: %c\n",first);
    fgets(put,18,fp);                   /*读取文件当前 18 个字符,赋予 put[]数组*/
    printf("%s\n",put);                 /*输出 put[]数组元素值*/
    rewind(fp);                         /*文件指针复位至文件头*/
    fgets(put,18,fp);                   /*读取文件当前 18 个字符*/
    printf("%s\n",put);
    fclose(fp);
}
```

图 13-17　移动文件指针读写数据

程序执行结果如图 13-17 所示。

在文件的顺序读写过程中,文件指针是按照字节顺序向下移动的,可以利用 rewind(fp)使文件指针复位,移至文件头的起始位置。

13.5.3　当前指针位置测试函数

如果在当前打开的文件操作过程中,需要获得文件指针的当前位置,可以使用当前指针测试函数 ftell()实现。

ftell()的功能是返回文件指针的当前位置,位置值用相对于文件头的位移量来表示,即从文件头开始至当前位置有多少个字节。ftell()原型的一般形式为

```
long int ftell(FILE *stream);
```

调用 ftell()后,如果调用成功,返回 stream 指针指向的文件当前位置偏移量,该偏移量从文件头开始位置按字节数计算,否则返回－1L。例如,该文件不存在,则返回值为－1L。可以使用如下程序段:

```
f=ftell(fp);
if(f==-1L)
printf("File Error!\n");
```

程序段中的长整型变量 f 用来存放文件的当前位置,执行时如果 ftell()调用失败,就会输出"File Error!"错误信息提示。

例 13-14　编写程序,创建一个文件并写入数据,使用 rewind()定位文件指针读写文

件数据，显示读写数据的操作结果。

程序源代码：

```
/*L13_14.C*/
#include <stdio.h>
main()
{
    FILE *fp;
    fp=fopen("myfile.TXT", "w+");
    fprintf(fp, "Welcome to Visit our city!");
    printf("The file pointer is at %ld Bytes position\n", ftell(fp));
    fclose(fp);
}
```

程序运行结果如图 13-18 所示。

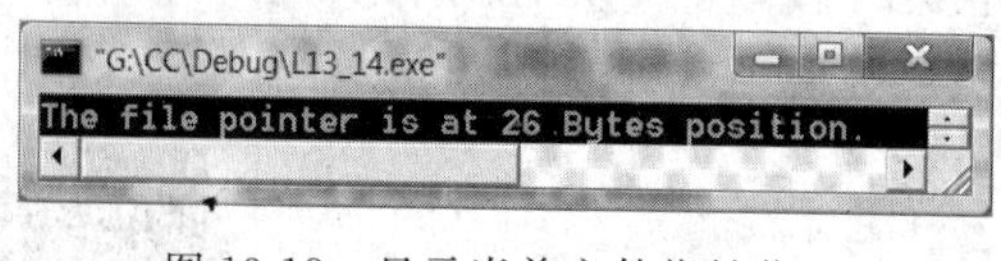

图 13-18　显示当前文件指针位置

调用 ftell()的返回值可以用于后续 fseek()的调用。

13.5.4　定位指针位置函数

如果文件需要以随机方式读写数据，与顺序读写方式不同的是，需要使文件指针按需要移动到指定位置。使用 fseek()可以实现文件指针的移动。fseek()原型的一般形式为

```
fseek(FILE *stream,long offset,int where);
```

fseek()的功能是使文件指针按 offset 个字节位移量，从 where 指定的起始点移动到新的位置。

fseek()调用的一般形式为

```
fseek(fp,offset,origin);
```

其中，fp 为指向文件的指针，位移量参数 offset 为长整型数据，代表将文件指针从 origin 指定的起始点开始移动 offset 个字节，其值可以是正值，也可以是负值。当 offset 为正数时，表示将文件指针从 origin 指定的起始点向文件尾部方向移动 offset 个字节位置；而当 offset 为负数时，则表示将文件指针从 origin 指定的起始点向文件头部方向移动 offset 个字节位置。

参数 origin 表示移动起始点的位置，取值可以是数值 0、1 和 2 三个之一，分别代表移动起始点为文件的开始位置、文件的当前位置和文件的结束位置。origin 参数也可以用与之对应的符号常量表示。ANSI C 指定的符号常量及其含义如表 13-3 所示。

表 13-3　文件指针移动起始点值及其含义

符号常量	数字表示	表示的文件位置	符号常量	数字表示	表示的文件位置
SEEK_SET	0	文件开始	SEEK_END	2	文件末尾
SEEK_CUR	1	当前文件指针位置			

fseek()调用如果成功，将返回 0 值，否则返回非 0 值。

例 13-15　编写程序，创建一个文件并写入数据，使用 rewind()定位文件指针，读写文件数据，并显示读写数据的操作结果。

程序源代码：

```
/* L13_15.C */
#include <stdio.h>
long file_size(FILE * fp);                    /* 函数原形 */
main()
{
    FILE * fp;
    fp=fopen("test.TXT", "w+");
    fprintf(fp, "The test program is OK!");
    printf("This file size is %ld Bytes.\n", file_size(fp));
    fclose(fp);
}
long file_size(FILE * fp)
{
    long current, length;
    rewind(fp);                               /* 文件指针移至文件头 */
    current=ftell(fp);                        /* 保留文件指针当前位置 */
    fseek(fp, 0L, SEEK_END);                  /* 将指针定位到文件尾 */
    length=ftell(fp);                         /* 保留文件指针当前位置 */
    return (length);
}
```

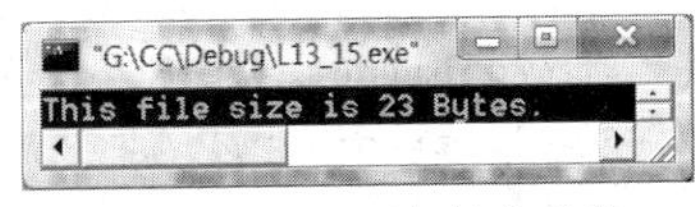

图 13-19　测试文件字节数

程序执行结果如图 13-19 所示。

本例中的函数 fseek(stream,0L,SEEK_SET)调用与 rewind(fp)调用作用相似，fseek()调用仅清除文件结束状态回到文件头，而 rewind()会清除文件结束状态和错误状态回到文件头。调用 fseek()后，在当前文件中接下来的操作既可以是数据输出，也可以是数据输入。

13.6　文件操作错误的检测

在文件打开进行读写的操作过程中，可能会遇到一些读写执行过程的问题，需要系统检测处理，避免文件操作不能正常进行。C 语言系统提供了系统标准出错检测函数，可用于检测函数调用过程中输入输出现的错误。

13.6.1 文件读写操作检测函数

对于文件读写操作是否正确，可以在操作完成之后使用 ferror()进行检测。ferror()的功能是检测对文件的操作过程是否出现错误，函数原型的一般形式为

```
ferror(FILE * stream);
```

ferror()是一个用于检测指定文件读写错误的宏定义，每一次对文件的操作都会产生一次函数值，如果对指定的文件操作成功，则 ferror()值为 0；如果文件错误标志被置位，其状态值将保持不变，直到调用 clearerr()或 rewind()，或到文件关闭为止才会释放置位状态；如果检测到对指定文件的操作有错误，则 ferror()返回的是非 0 值。

ferror()调用的一般形式为

```
ferror(fp);
```

其中，fp 为指向文件的指针，函数调用后，若返回值为 0，则表示执行最近一次文件操作过程没有出现错误；如果返回值为非 0 值，则表示最近一次文件操作出现了错误。

例 13-16 编写程序，创建一个文件，以“写入”方式打开，试用读取文件数据操作函数对文件进行操作，使用 ferror()检测文件操作是否正确，显示读写文件数据操作的检测结果。

程序源代码：

```
/*L13_16.C*/
#include <stdio.h>
main()
{
    char str[10];
    FILE *fp;
    fp=fopen("MYFILE.txt","w");     /*以写方式打开新文件*/
    (void)fgetc(fp);                /*读取文件数据*/
    if(ferror(fp))                  /*如果为非 0 值,则表示 fgetc(fp)操作出错*/
    {
        printf("Reading Error from MYFILE.TXT \n");
        rewind(fp);                 /*清除错误信息状态并回到文件头*/
    }
    fp=fopen("MYFILE.txt","r+");    /*以读和写的方式打开已有文件*/
    if(ferror(fp))                  /*如果为非 0 值,则表示 fgetc(fp)操作出错*/
    {
        printf("Error from opening MYFILE.TXT \n");
        clearerr(fp);               /*清除错误信息状态*/
    }
    else
    {
```

```
        fprintf(fp,"123456!");        /* 向文件写入数据 */
        rewind(fp);                   /* 回到文件头 */
        fgets(str,9,fp);              /* 读取 9 个字符赋给 str[]数组 */
        printf("%s\n%s",str,"Writing to MYFILE.TXT is OK!\n");
                                      /* 输出 str[]数组 */
    }
    fclose(fp);
}
```

```
"G:\CC\Debug\L13_16.exe"
Reading Error from MYFILE.TXT
123456!
Writing to MYFILE.TXT is OK !
```

图 13-20　文件读写错误检测

程序执行结果如图 13-20 所示。

在执行 fopen()打开一个文件时，ferror()的初始值自动置 0，随后对同一文件的每次输入输出操作，即每调用一次输入输出函数，都会产生一个新的 ferror()值。因此，应在每调用一次输入输出函数之后，随即调用 ferror()的检查函数值，以判断上次操作是否正确，再作处理，否则文件读写操作就可能会丢失信息。

13.6.2　文件错误状态清除函数

当文件读写出现错误时，会产生标志信息，表示文件操作处于出错状态，使用 clearerr()可以解除状态标志，便于重新操作。

clearerr()的作用是释放错误标志状态，其功能是使文件错误标志和文件结束标志置为 0 值的初始状态。clearerr()原型的一般形式为

```
clearerr(FILE * stream);
```

调用 clearerr()时，对于文件指针 stream 指向的文件在以往操作过程发生的出错状态进行复位操作，回到初始状态。clearerr()没有返回值，该函数调用的一般形式为

```
clearerr(fp);
```

其中，fp 为指向文件的指针。假设该文件之前的输入输出操作出现了错误，将会产生错误标志信息，即 ferror()值为非 0 值状态，这时，调用 clearerr()则会清除错误标志状态，重新使 ferror()的函数值复位为 0 值。程序运行中只要出现文件读写操作错误，ferror()标志状态值就一直保留，直到对该文件调用 clearerr()或者 rewind()，或者关闭该文件后重新打开文件进行下一个输入输出操作为止。如果错误标志被置位，文件的操作将不断返回错误状态，直到调用 clearerr()或 rewind()解除其状态。

例 13-17　编写程序，创建一个新文件并以“写入”方式打开，使用 ferror()检测文件操作是否正确，显示读写数据的操作的检测结果。

程序源代码：

```
/* L13_17.C */
#include <stdio.h>
main()
{
    FILE * fp;
```

```
    char ch,str[30];
    fp=fopen("MYFILE.TXT", "w");                        /* 以写方式打开新文件 */
    ch=fgetc(fp);                                       /* 读取文件头第一个字符 */
    printf("%c\n",ch);
    if (ferror(fp))
    {
        printf("Error reading from MYFILE.TXT\n");
        clearerr(fp);
    }
    fprintf(fp,"Reopen To read and Write......");      /* 将字符串数据写入文件 */
    rewind(fp);                       /* 回到文件头,或执行 fclose(fp);关闭文件语句 */
    fp=fopen("MYFILE.TXT", "r");                        /* 以读方式打开已有文件 */
    ch=fgetc(fp);                                       /* 读取文件头第一个字符"R" */
    printf("%c\n",ch);                                  /* 输出字符"R"并回车 */
    fgets(str,26,fp);     /* 从文件头第二个字符开始读取 26 个字符并赋给 str[]数组 */
    printf("%s\n%s",str,"reading and Writing is OK!\n");     /* 输出 str[]数组 */
    fclose(fp);
}
```

程序执行结果如图 13-21 所示。

图 13-21　文件操作错误后重新复位

13.7　其他缓冲型文件函数

对文件数据的读写操作过程中需要移动文件指针,何时移动到文件尾,需要使用 feof()进行检测。如果有时创建的文件仅作为程序执行时输入输出的数据接口文件,操作使用结束后需要删除,则可以使用 remove()删除指定的文件。

13.7.1　文件结束位置测试函数

对当前打开的文件进行操作,需要了解文件中的所有数据是否全部操作完成,当前文件指针是否指向文件结束位置,这种情况下,需要使用文件结束测试函数 feof()测试文件尾标志。

feof()的功能是检测指定文件结尾的结束符 EOF 值。feof()原型的一般形式为

```
feof(FILE * stream);
```

feof()是一个用于检测指定文件结束符的宏定义，如果检测到打开的文件的文件结束符 EOF 标志值，则文件读操作将返回文件结束符标志值 EOF，直到调用 rewind()或关闭该文件为止。如果在指定文件最后一次输入操作中检测到文件结束符 EOF 值，feof()返回非 0 值，否则返回 0 值。

例 13-18　编写程序，创建一个新文件并以“读写”方式打开并写入数据，使用 feof ()检测文件操作是否至文件尾，显示文件操作的检测结果。

程序源代码：

```
/* L13_18.C */
#include <stdio.h>
main()
{
    FILE * fp;
    char ch,str[20];
    fp=fopen("test.txt", "w+");                 /* 以文件写方式打开一个新文件 */
    ch=fgetc(fp);                               /* 读取文件头第一个字符"T" */
    if(feof(fp))                                /* 检查 EOF 值 */
        printf("Reached End Of File!\n");
    fprintf(fp,"This is a test file.....");    /* 将字符串数据写入文件 */
    rewind(fp);                                 /* 回到文件头 */
    ch=fgetc(fp);                               /* 读取文件头第一个字符"T" */
    printf("%c\n",ch);                          /* 输出字符"T"并回车 */
    rewind(fp);                                 /* 再回到文件头 */
    fgets(str,10,fp);                    /* 从文件头读取 10 个字符并赋给 str[]数组 */
    printf("%s\n%s",str,"reading characters is OK!\n");
                                                /* 输出 str[]数组 */
    fclose(fp);
}
```

图 13-22　文件尾测试及移动指针读写操作

程序的执行结果如图 13-22 所示。

本例以文件写方式打开一个新文件 test.txt，然后使用了 fgetc()文件数据读取函数读取数据，操作出错后文件指针会移动至文件尾，使用 feof(fp)即可以检查文件结束符 EOF 值。使用 rewind()使文件指针回到文件头，读取一个字符后，指针下移，接着读取后 10 个字符，分别显示在屏幕上。

13.7.2　磁盘文件删除函数

如果使用后的文件不再需要，可以使用磁盘文件删除函数 remove()将指定文件从磁盘永远删除。remove()的功能是删除一个指定的文件。remove()原型一般形式为

```
remove(const char * filename);
```

remove()也是一个宏定义,执行 remove()可以删除指定的文件。如果待删除的文件处于打开状态,则必须将该文件关闭才能够删除。如果 remove()调用成功,则返回 0 值,否则返回-1 值。自动设置系统的全局变量 errno 为 ENOENT 值,表示没有该文件或目录文件夹;或为 EACCES 值,表示没有删除权限。

例 13-19 编写程序,打开两个文件并写入数据,从键盘输入要删除的文件名,关闭指定文件后,使用 remove()删除该文件,显示文件操作结果。

程序源代码:

```
/*L13_19.C*/
#include <stdio.h>
main()
{
    FILE *fp1; FILE *fp2;
    char fname[20],ch,str[20];
    fp1=fopen("f1.txt","w");
    fprintf(fp1,"test1 file......");                    /*将字符串数据写入文件*/
    fp2=fopen("f2.txt","w");
    fprintf(fp2,"test2 file......"' );                  /*将字符串数据写入文件*/
    printf("Input the file to delete f1.txt or f2.txt=");
    gets(fname);
    fclose(fp1);                                        /*关闭指定要删除的文件*/
    if(remove(fname)==0)                                /*删除指定文件成功*/
        printf("Removed the %s file!\n", fname);
    else
        perror("remove");
}
```

程序执行时,输入一个待删除的文件名 f1.txt,由于该文件当前处于关闭状态,因此可以被正常删除。程序运行结果如图 13-23 所示。

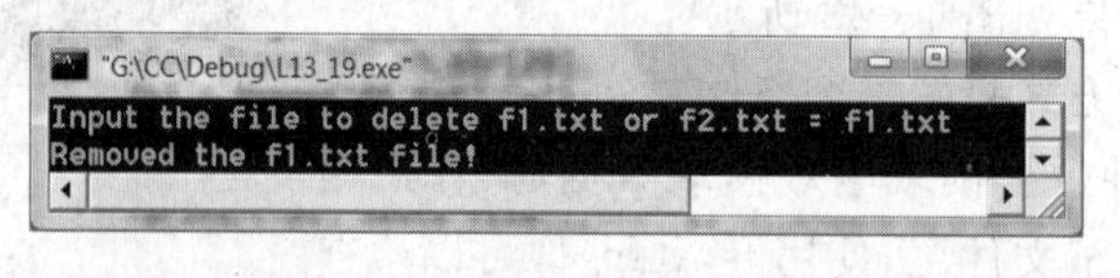

图 13-23 删除已关闭的文件

再运行一次程序,输入一个待删除的文件名 f2.txt,由于该文件当前仍处于打开状态,系统不允许删除,通过函数 perror("remove")调用,提示系统标准错误信息提示。程序运行结果如图 13-24 所示。

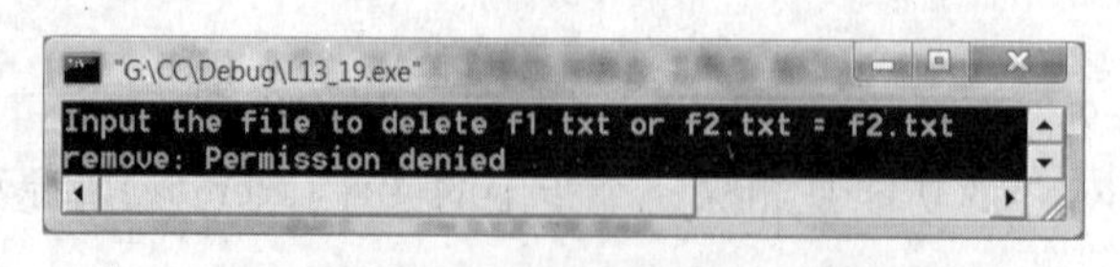

图 13-24 文件尾测试及移动指针读写操作

13.8 文件操作管理综合应用案例分析

例 13-20 编写程序，统计选票。现假设有 3 位候选人老张、小王和小李，投票代码分别对应为小写字母 z、w 和 l，每位投票人只限一次投票权。创建一个计票数据文件，输入候选人代码并写入该文件，要求统计所有投票人对 3 位候选人投票的计票结果。

程序源代码：

```
/* L13_20.C */
#include "stdio.h"
#define PERSON 6                                   /* 确定参加投票的人数 */
main()
{
    FILE *fp;
    int i=0,j=0,k=0,n=PERSON;
    char name;
    if((fp=fopen("count.txt","w+"))==NULL)
                                                   /* 以只读方式打开 count.txt 文件 */
    {
        printf("file not found!");
        exit(0);
    }
    while(n-->0)                                   /* 当投票人数大于 0 时进入计数 */
    {
        printf("Input Zhang,Wang,Li for z, w, l=");    /* 输入候选人代码 */
        scanf("\n%c",&name);                           /* 读入键盘字符 */
        fputc(name,fp);
    }
    rewind(fp);name='l';
    while(!feof(fp)&&++n<PERSON)       /* 循环至文件结束，且投票人数不能超过参加人数 */
    {
        fscanf(fp,"%c",&name);         /* 读取文件中的数据赋给 name 变量 */
        if(name=='z') i++;             /* 当数据为张姓代码"z"时 i 累加 */
        else if (name=='w') j++;       /* 当数据为王姓代码"w"时 j 累加 */
        else if(name=='l') k++;        /* 当数据为李姓代码"l"时 k 累加 */
            else
                printf("Be not a candidate!");
    }
    fclose(fp);                                        /* 关闭文件 */
    printf("\n Zhang: %d, Wang: %d, Li: %d\n",i,j,k);  /* 输出投票统计数据 */
}
```

程序运行后，输入各个候选人姓名代码，统计得票数结果，如图 13-25 所示。

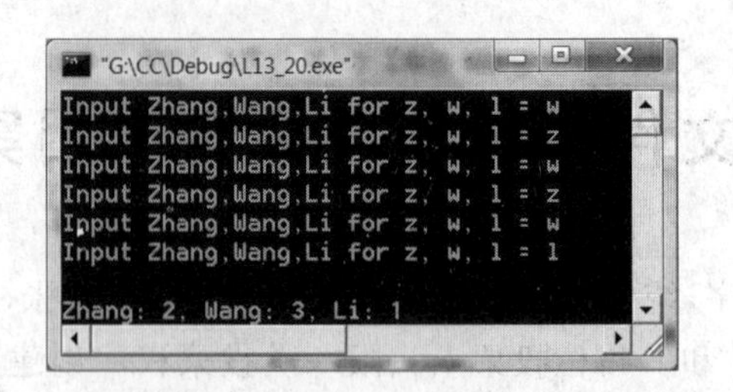

图 13-25　输入候选人代码并统计个人得票数

例 13-21　编写程序，从键盘输入若干学生信息数据，写入指定盘指定文件夹目录下创建的文件，然后读取该文件中的信息数据，输出显示在屏幕上。

程序源代码：

```
/*L13_21.C*/
#include<stdio.h>
#define STUDENTS 3              /*定义学生人数*/
struct student                  /*定义学生信息结构体类型*/
{
    unsigned long int num;
    char name[30];
    int age;
    char depart[40];
    float score;
}
stu[STUDENTS],*ps;             /*定义结构体数组及指向 student 结构体类型的指针变量*/
void main()
{
    FILE *fp;
    int i;
    ps=stu;                    /*ps 指向 student 结构体数组 stu[]*/
    if((fp=fopen("G:\\cc\\student.txt","wb"))==NULL)
                               /*在 G 盘 CC 文件夹建立 student.txt*/
    {
        printf("Cannot open file strike any key exit!");
        exit(0);               /*退出程序*/
    }
    printf("Input student's data\nNumber\t\t Name\t\tAge\tDepartment\t Score\n");
    for(i=0;i<STUDENTS;i++,ps++)      /*输入 STUDENTS 位学生数据*/
        scanf("%d%s%d%s%f",&ps->num,ps->name,&ps->age,ps->depart,&ps->score);
    ps=stu;
    fwrite(ps,sizeof(struct student), STUDENTS,fp);
    fclose(fp);
    if((fp=fopen("G:\\cc\\student.txt","rb"))==NULL)
    {
```

```
        printf("Cannot open file strike any key exit!");
        exit(0);              /*退出程序*/
    }
    printf("\nNumber\t\t Name\tAge\t  Department\t  Score \n");
    fread(ps,sizeof(struct student),STUDENTS,fp);   /*读取 STUDENTS 位学生数据*/
    for(i=0;i<STUDENTS;i++,ps++)                    /*输出学生数据*/
    printf("%-14d%-10s%-10d%-15s%5.2f\n",ps->num,ps->name,ps->age,ps->
   depart,ps->score);
    fclose(fp);
}
```

程序运行结果如图 13-26 所示。

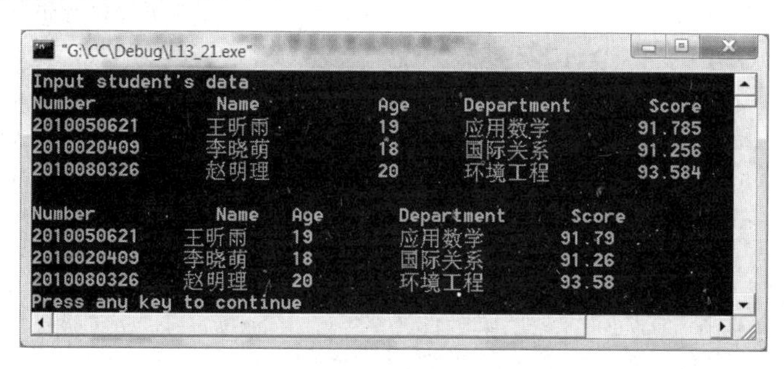

图 13-26　创建与读取文件数据

本例程序定义了一个 student 结构体类型，由 5 个成员组成，并定义了 student 结构体类型数组 stu[]，以及一个指向 student 结构体类型的指针变量 ps。程序以写入方式创建并打开在 G 盘 CC 文件夹下的二进制文件 student.txt。以键盘 Tab 键和回车键作为数据分隔符，输入每位学生各项信息数据，写入 student.txt 文件中，之后以读取方式打开该文件，输出文件中的所有数据。

例 13-22　编写程序，从存放有固定人数的学生信息的文件中读取指定位置和人数的数据，例如读取文件中指定人数信息，输出到屏幕上。

程序源代码：

```
/*L13_22.C*/
#include <stdio.h>
#define STUDENTS 3                /*学生总人数*/
#define NUMBERS 2                 /*定义读取学生人数*/
struct student                    /*定义学生信息结构体类型*/
{
    unsigned long int num;
    char name[30];
    int age;
    char depart[40];
    float score;
}
```

```
stu[NUMBERS];
void main()
{
    int i;
    FILE * fp;
    if((fp=fopen("G:\\CC\\student.txt","rb"))==NULL)
                                                    /* 打开文件,以二进制读的方式 */
        printf("can not open file\n");
    else
    {
        fseek(fp,(STUDENTS-NUMBERS) * sizeof(struct student),SEEK_SET);
                                                    /* 定位读写指针 */
        for(i=0; i<=NUMBERS; i++)
        {
            fread(&stu[i],sizeof(struct student),1,fp);     /* 读一条记录 */
            printf("%-14d%-10s%-10d%-15s%5.2f\n",stu[i].num,stu[i].name,\
            stu[i].age, stu[i].depart,stu[i].score);
        }
    }
    fclose(fp);
}
```

程序运行结果如图 13-27 所示。

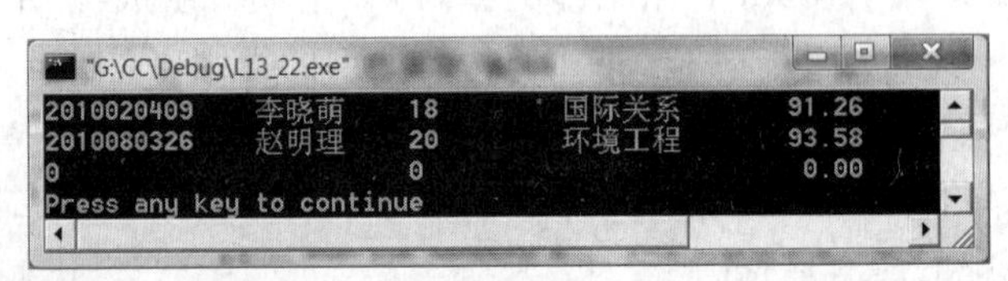

图 13-27 读取文件中指定位置的数据

本例程序定义了一个 student 结构体类型和 student 结构体类型数组 stu[],数组大小为需要读取信息数据的学生人数,程序以读出方式打开在 G 盘 CC 文件夹下的二进制文件 student.txt。读取文件中的指定数据,输出到屏幕上。

13.9 练 习 题

1. C 语言程序设计系统对于文件在组成结构操作方面是如何处理的?
2. 简述二进制文件和 ASCII 文件在存储方式上的主要区别。
3. 简述文件组织结构在逻辑和物理结构两方面的不同性质。
4. 简述 C 语言缓冲文件和非缓冲文件两种操作方式的特点。
5. 简述缓冲型文件系统 FILE 结构体类型指针的使用方法。
6. 简述文件打开操作方式的选择与作用。

7. 简述文件关闭函数的使用和作用。

8. 简述文件字符数据读写操作函数的使用特点。

9. 简述文件字符串数据读写操作函数的使用特点。

10. 简述文件数值数据读写操作函数的使用特点。

11. 简述文件数据的格式化读写操作函数的使用特点。

12. 简述文件指针定位操作函数及其功能作用。

13. 如何使用文件读写操作检测函数?

14. 如何使用文件错误状态清除函数?

15. 如何使用文件结束位置测试函数?

16. 简述磁盘文件删除函数的使用方法。

17. 试分析以下程序中如何将路径为 D:\CC\myfile 文件夹中的数据文件 file2. dat 的内容连接到 file1. dat 数据文件后面,file1. dat 为何要选择"a"而不选择"w"方式? 两种方式有何操作区别?

程序源代码:

```
/*L13_23.C*/
#include <stdio.h>
void main()
{
    FILE *fp1, *fp2;
    char ch;
    if((fp1=fopen("D:\\CC\\myfile\\file1.txt","a"))==NULL)
    {
        printf("File could not be opened!\n");
        exit(0);                    /*若文件打开操作失败则结束程序*/
    }
    if((fp2=fopen("D:\\CC\\myfile\\file1.txt","r"))==NULL)
    {
        printf("File could not be opened!\n");
        exit(0);                    /*若文件打开操作失败则结束程序*/
    }
    while(!feof(fp2))               /*不到 file2.dat 文件尾则继续循环*/
    {
        ch=fgetc(fp2);              /*读取一个字符*/
        fputc(ch,fp1);              /*写入一个字符*/
    }
    fclose(fp1);                    /*关闭文件*/
    fclose(fp2);
}
```

18. 将两个按字符升序排列的数据文件 test1. dat 和 test2. dat 中的字符读取后,比较相同位置上的字符大小,将较小者写入新文件 test3. dat。试分析文件数据读写和生成文件的操作过程。

程序源代码：

```
/*L13_24.C*/
#include "stdio.h"
main()
{
    char a,b;
    FILE *fp1,*fp2,*fp3;
    fp1=fopen("test1.txt","w+");          /*以读写方式创建并打开文件*/
    fp2=fopen("test2.txt","w+");
    fp3=fopen("test3.txt","w+");
    if(!fp1||!fp2||!fp3)                  /*判断是否所有文件都成功打开*/
        {printf("file not found!");  exit(0);}
    printf("Input test1.txt=  ");         /*回车结束循环*/
    while((a=getchar())!='\n')
        fputc(a,fp1);                     /*写入 test1.txt 文件*/
    printf("Input test2.txt=  ");
    while((b=getchar())!='\n')            /*回车结束循环*/
        fputc(b,fp2);                     /*写入 test2.txt 文件*/
    rewind(fp1); rewind(fp2);             /*指针指回文件头*/
    a=fgetc(fp1);                         /*读取 test1.txt 第一个字符*/
    b=fgetc(fp2);                         /*读取 test2.txt 第一个字符*/
    while(!feof(fp1)&&!feof(fp2))         /*都不是文件尾才进入循环*/
    {
        if(a<b)                           /*取较小值写入 test3.txt 文件*/
        {
            fputc(a,fp3);
            a=fgetc(fp1);
        }
        else                              /*表示 a>b*/
        {
            fputc(b,fp3);
            b=fgetc(fp2);
        }
    }
    if(feof(fp1))                         /*test1.txt 不到文件尾*/
        while(!feof(fp2))                 /*继续读 test2.txt 循环*/
    {
        fputc(b,fp3);
        b=fgetc(fp2);
    }
    if(feof(fp2))                         /*test2.txt 不到文件尾*/
        while(!feof(fp1))                 /*继续读 test1.txt 循环*/
```

```
        {
            fputc(a,fp3);
            a=fgetc(fp1);
        }
    rewind(fp3);                                /* 回到 test3.txt 文件头 */
    printf("Output test3.dat=");
    while(!feof(fp3))
        {a=fgetc(fp3);  putchar(a);}
    fclose(fp1); fclose(fp2); fclose(fp3);      /* 关闭所有文件 */
}
```

程序运行结果如图 13-28 所示。

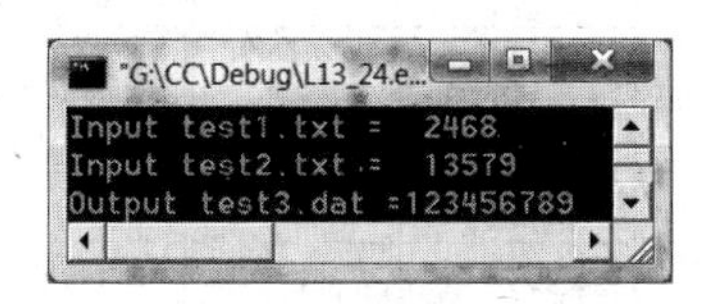

图 13-28　合并生成文件

附录 A　常用字符与 ASCII 码对照表

ASCII 码的全称是美国信息交换标准码(American Standard Code for Information Interchange)。表中 ASCII 码值用十进制数表示。

表 A-1　常用字符的 ASCII 码

ASCII码值	控制字符	含　义	ASCII码值	字符	ASCII码值	字符	ASCII码值	字符
000	NUL	空白	032	空格	064	@	096	`
001	SOH	文件头	033	!	065	A	097	a
002	STX	测试开始	034	"	066	B	098	b
003	ETX	文本结束	035	♯	067	C	099	c
004	EOT	传输结束	036	$	068	D	100	d
005	END	查询	037	%	069	E	101	e
006	ACK	确认	038	&	070	F	102	f
007	BEL	蜂鸣	039	′	071	G	103	g
008	BS	退格	040	(	072	H	104	h
009	HT	水平制表	041	)	073	I	105	I
010	LF	换行	042	*	074	J	106	j
011	VT	垂直制表	043	+	075	K	107	k
012	FF	换页	044	,	076	L	108	l
013	CR	回车	045	—	077	M	109	m
014	SO	移出	046	.	078	N	110	n
015	SI	移入	047	/	079	O	111	o
016	DLE	数据链接脱离(通信控制用)	048	0	080	P	112	p
017	DC1	设备控制 1	049	1	081	Q	113	q
018	DC2	设备控制 2	050	2	082	R	114	r
019	DC3	设备控制 3	051	3	083	S	115	s
020	DC4	设备控制 4	052	4	084	T	116	t
021	NAK	否认	053	5	085	U	117	u
022	SYN	同步空闲	054	6	086	V	118	v
023	ETB	块传输结束	055	7	087	W	119	w
024	CAN	取消	056	8	088	X	120	x
025	EM	介质结尾	057	9	089	Y	121	y
026	SUB	替代	058	:	090	Z	122	z
027	ESC	换码	059	;	091	[	123	{
028	FS	文件分隔符	060	<	092	\	124	|
029	GS	组分隔符	061	=	093	]	125	}
030	RS	记录分隔符	062	>	094	^	126	~
031	US	单元分隔符	063	?	095	_	127	¤

附录 B　运算符的优先级与结合性

优先级	运　算　符	含　　义	操作数个数	结合性
1	()	圆括号		自左至右
	[]	下标运算符		
	->	指向结构成员运算符		
	.	结构成员运算符		
2	!	逻辑非运算符	1(单目运算符)	自右至左
	~	按位取反运算符		
	++	自增运算符		
	--	自减运算符		
	-	负号运算符		
	(类型)	类型转换运算符		
	*	取目标值运算符		
	&	取地址运算符		
	sizeof	类型字节数运算符		
3	*	乘法运算符	2(双目运算符)	自左至右
	/	除法运算符		
	%	求余运算符		
4	+ -	加、减运算符	2(双目运算符)	自左至右
5	<<　>>	左移、右移运算符	2(双目运算符)	自左至右
6	< <=　> >=	关系运算符	2(双目运算符)	自左至右
7	==　!=	关系运算符	2(双目运算符)	自左至右
8	&	按位与运算符	2(双目运算符)	自左至右
9	^	按位异或运算符	2(双目运算符)	自左至右
10	|	按位或运算符	2(双目运算符)	自左至右
11	&&	逻辑与运算符	2(双目运算符)	自左至右
12	||	逻辑或运算符	2(双目运算符)	自左至右
13	?　:	条件运算符	3(三目运算符)	自右至左
14	=　+=　-=　*=　/=　%=　>>=　<<=　&=　^=　|=	赋值运算符	2(双目运算符)	自右至左
15	,	逗号运算符		自左至右

参 考 文 献

[1] 张莉. C 程序设计教程[M]. 北京：电子工业出版社，1999.
[2] 张莉，等. C 程序设计教程[M]. 北京：机械工业出版社，2003.
[3] 张莉，等. C/C++ 程序设计教程[M]. 2 版. 北京：清华大学出版社，2006.
[4] 谭浩强. C 语言程序设计[M]. 2 版. 北京：清华大学出版社，2008.
[5] 谭浩强. C 语言程序设计(第 2 版)学习辅导[M]. 北京：清华大学出版社，2008.
[8] 谭浩强，张基温. C/C++ 程序设计教程[M]. 北京：高等教育出版社，2001.
[9] 谭浩强. C 程序设计[M]. 4 版. 北京：清华大学出版社，2010.
[10] Herbert Schildt. ANSI C 标准详解[M]. 王曦若，李沛，译. 北京：学苑出版社，1994.
[11] Herbert Schildt. C 语言大全[M]. 2 版. 戴健鹏，译. 北京：电子工业出版社，1999.
[12] H M Deitel, P J Deitel. C How to Program[M]. 2nd Ed. 蒋才鹏，等译. 北京：机械工业出版社，2000.
[13] 龚沛曾，杨志强. C/C++ 程序设计教程(Visual C++ 环境) [M]. 北京：高等教育出版社，2004.
[14] 苏小红，王宇颖，孙志岗，等. C 语言程序设计[M]. 北京：高等教育出版社，2011.
[15] 李凤霞. C 语言程序设计教程[M]. 2 版. 北京：北京理工大学出版社，2007.
[16] 陈家俊，等. 程序设计教程(用 C++ 语言编程)[M]. 北京：机械工业出版社，2009.
[17] 罗建军，朱丹军，等. C++ 程序设计教程[M]. 2 版. 北京：高等教育出版社，2004.